新編　家畜生理学

加藤和雄・古瀬充宏・盧　尚建
編　著

養　賢　堂

はじめに

　津田恒之先生（東北大学名誉教授，2010年12月25日逝去）が1994年に出版された「家畜生理学」（養賢堂）は，家畜関連分野における革新的な教科書です．先生は東京帝国大学で獣医学を学ばれ，戦後まもなく東北大学医学部で生理学を勉強されたことから，神経など基礎分野に関しても正確に記述されております．さらに，先生は，基礎分野から実際の畜産分野までを網羅するという驚くべきコンセプトを持って，この本を執筆されました．

　それにもかかわらず，津田先生が残された優れた教科書を，今回，養賢堂の快諾を得ながら多くの若い研究者を新たに加えて，敢えて「新編　家畜生理学」に衣替えして出版しようとした理由は，2点あります．第一に，津田先生が残された優れた遺産を是非とも後世に引き継ぎたいと思ったからです．津田先生が亡くなられ，また共著者である小原嘉明先生（東北大学名誉教授）もご退官され，加藤は退職がせまっていることから，現在第一線で活躍されている若い先生方に，この優れた遺産をぜひ引き継いでもらいたいと考えたからです．第二に，反芻動物や豚，馬以外，すなわち鶏の記述に対する従来からの強い要望に答え，より多くの学生に利用し，勉強していただきたいからです．日本畜産学会のホームページには，旧来の家畜・家禽に加え，実験動物，伴侶動物そして野生動物をも研究対象として挙げています．本書の基礎的内容や比較生理学的な観点は，多くの動物種の生理を理解する上で役立つものと確信いたします．

　今回，旧本の内容を基本にして，新規に加えた分野は以下の通りです．情報伝達機構（第1章），鶏の消化や採食調節に関する記述（第2章，第10章），免疫機能に関する記述（第8章），脂肪組織の機能（第6章）などです．さらに，家畜の分野でより多く研究されている分野を前半に，神経系や植物機能などの基礎的な分野は後半に配置するなど構成も変更いたしました．

　平成27年3月

加藤和雄・古瀬充宏

執筆者一覧

章	項　目	執　筆　者
はじめに		加藤和雄[1]・古瀬充宏[2]
第1章	情報伝達機構	盧　尚建[1]
第2章	消化管機能	古瀬充宏[2]・山﨑　淳[3]
第3章	内分泌	盧　尚建[1]・加藤和雄[1]
第4章	代謝・成長	佐野宏明[4]
第5章	筋肉の機能	麻生　久[1]・野地智法[1]
第6章	脂肪組織の機能	盧　尚建[1]
第7章	血　液	野地智法[1]
第8章	免疫機能	麻生　久[1]・野地智法[1]
第9章	神経系の機能	米倉真一[5]・古瀬充宏[2]
第10章	感覚・採食調節	古瀬充宏[2]・米倉真一[5]
第11章	繁殖および泌乳	萩野顕彦[1]
第12章	腎　臓	林　英明[6]
第13章	循　環	林　英明[6]
第14章	呼吸・体温調節	米倉真一[5]・林　英明[6]

【所属】[1]東北大学　[2]九州大学　[3]北里大学　[4]岩手大学
　　　　[5]信州大学　[6]酪農学園大学

目　次

第1章　情報伝達機構 ………………… 1
 Ⅰ　生体の機能調節機構 ………………… 1
 Ⅱ　細胞の情報伝達機構 ………………… 1
  1．細胞間情報伝達機構 ………………… 1
  2．細胞内情報伝達機構 ………………… 2
   1）細胞膜受容体 ………………… 2
   2）細胞内受容体 ………………… 5

第2章　消化管機能 ………………… 8
 Ⅰ　消化管の形態と食性 ………………… 8
 Ⅱ　消　化 ………………… 8
  1．口腔内消化 ………………… 10
   1）摂　餌（捕捉） ………………… 10
   2）咀　嚼 ………………… 10
   3）唾液分泌 ………………… 11
   4）嚥　下 ………………… 17
  2．単胃内消化 ………………… 17
   1）単胃の構造 ………………… 17
   2）胃運動 ………………… 18
   3）胃液の分泌 ………………… 19
   4）胃液分泌の調節 ………………… 21
  3．反芻動物の胃内消化 ………………… 22
   1）反芻家畜の胃の構造 ………………… 23
   2）胃の生後発育 ………………… 24
   3）第一・二胃運動 ………………… 24
   4）神経支配 ………………… 26
   5）反　芻 ………………… 26
   6）あい気排出 ………………… 27
   7）第二胃溝反射 ………………… 27
   8）消化管内の飼料通過速度 ………………… 28
   9）第一胃内発酵 ………………… 28
   10）第三胃および第四胃の機能 ………………… 38
  4．小腸内消化 ………………… 39
   1）小腸の構造 ………………… 39
   2）小腸運動 ………………… 40
   3）小腸運動の調節 ………………… 40
   4）消化液の分泌 ………………… 40
  5．大腸内消化 ………………… 43
   1）大腸の構造 ………………… 43
   2）大腸の運動 ………………… 43
   3）大腸における消化 ………………… 44
 Ⅲ　吸　収 ………………… 44
  1．腸管からの吸収 ………………… 44
   1）水および無機物質 ………………… 44
   2）糖 ………………… 45
   3）タンパク質 ………………… 46
   4）脂　肪 ………………… 46
   5）ビタミン ………………… 47
  2．前胃からの吸収 ………………… 47
   1）水 ………………… 47
   2）無機物質 ………………… 48
   3）有機物質 ………………… 48
   4）第一胃粘膜での代謝 ………………… 49

第3章　内分泌 ………………… 50
 Ⅰ　内分泌一般 ………………… 50
  1．ホルモンの分類 ………………… 50
  2．ホルモンの特徴 ………………… 50
  3．ホルモンの作用機構 ………………… 51
 Ⅱ　下垂体 ………………… 51
  1．前葉ホルモン ………………… 52
   1）成長ホルモン ………………… 53
   2）甲状腺刺激ホルモン ………………… 57
   3）副腎皮質刺激ホルモン ………………… 57
   4）卵胞刺激ホルモン ………………… 58
   5）黄体形成ホルモン ………………… 58
   6）プロラクチン ………………… 59
  2．中葉ホルモン ………………… 59

3.	後葉ホルモン ································ 60
	1) 抗利尿ホルモン ························ 61
	2) オキシトシン ···························· 61
Ⅲ	松果腺 ·· 62
Ⅳ	甲状腺 ·· 62
Ⅴ	上皮小体 ·· 67
Ⅵ	膵　臓 ·· 68
1.	インスリン ···································· 69
2.	グルカゴン ···································· 71
Ⅶ	副　腎 ·· 72
1.	皮質ホルモン ································ 72
	1) 電解質コルチコイド ···················· 73
	2) 糖質コルチコイド ······················ 74
	3) 性ホルモン ································ 76
2.	髄質ホルモン ································ 76

第4章　代謝・成長 ·· 80
Ⅰ　エネルギー代謝 ·· 80
　1.　エネルギー代謝の概略 ······························· 80
　　　1) エネルギーの変換 ······························· 80
　　　2) エネルギーの単位 ······························· 80
　2.　エネルギー代謝量の測定 ··························· 81
　　　1) 直接熱量測定法と間接熱量測定法 ······· 81
　　　2) 呼吸商による熱量測定 ························ 81
　3.　基礎代謝 ·· 82
　　　1) 基礎代謝測定のための条件 ·················· 82
　　　2) 代謝体重 ·· 83
　　　3) 熱増加 ·· 83
　4.　異化作用とエネルギー産生 ······················· 84
　　　1) 飼料の消化と吸収 ······························· 84
　　　2) 中間代謝 ·· 84
　　　3) 電子伝達系と酸化的リン酸化 ············· 85
　　　4) 細胞内におけるエネルギー担体 ········· 85
　　　5) クレアチンリン酸 ······························· 85
Ⅱ　炭水化物の代謝 ·· 86
　1.　炭水化物の分解 ·· 86
　　　1) 解　糖 ·· 86
　　　2) TCA 回路 ·· 87
　　　3) 電子伝達系と酸化的リン酸化 ············· 89
　　　4) ペントースリン酸回路 ························ 91
　2.　グリコーゲン ·· 91
　　　1) グリコーゲンの貯蔵 ··························· 91
　　　2) グリコーゲンの合成 ··························· 92
　　　3) グリコーゲンの分解 ··························· 92
　　　4) グリコーゲン合成と分解の制御 ········· 93
　　　5) 乳酸回路 ·· 93
　3.　糖新生 ··· 94
　　　1) ピルビン酸→ホスホエノールピルビン酸 ·· 94
　　　2) フルクトース 1,6-ビスリン酸→フルクトース 6-リン酸 ··· 95
　　　3) グルコース 6-リン酸→グルコース ····· 95
　　　4) 糖新生の基質 ·· 95
　　　5) グルコース-アラニン回路 ···················· 95
　4.　血　糖 ··· 96
　　　1) 血糖値 ·· 96
　　　2) 糖の排泄 ·· 96
Ⅲ　タンパク質の代謝 ··· 96
　1.　タンパク質の構造 ······································ 97
　2.　アミノ酸 ·· 97
　　　1) アミノ酸の代謝回転 ··························· 98
　　　2) アミノ酸代謝 ·· 98
　　　3) アミノ酸の特徴的な代謝 ···················· 100
　　　4) 尿素生成 ·· 100
　3.　窒素平衡 ·· 100
　4.　タンパク質代謝の内分泌調節 ·················· 101
　5.　タンパク質分解の制御機構 ······················· 101
　　　1) ユビキチン・プロテアソーム系 ········· 101
　　　2) オートファジー ······································· 101
　6.　反芻家畜の窒素代謝の特徴 ······················· 101
　7.　核酸の代謝 ·· 101
Ⅳ　脂質の代謝 ·· 102
　1.　トリアシルグリセロール ·························· 102
　2.　脂肪酸 ··· 103

1）脂肪酸の役割 …………………103
　　　2）脂肪酸の酸化（β酸化）………103
　　3．ケトン体の生成 …………………104
　　4．脂肪酸の生合成 …………………105
　　5．血液中の脂質と脂質輸送 ………106
　　　1）カイロミクロン ………………107
　　　2）脂質の輸送 ……………………107
　　6．反芻家畜における揮発性脂肪酸の代謝…108
　Ⅴ　水とミネラルの代謝 ………………108
　　1．水の代謝 …………………………108
　　　1）動物体内の水 …………………108
　　　2）水の出納 ………………………108
　　　3）水の移動 ………………………109
　　2．ミネラルの代謝 …………………109
　　　1）動物体のミネラル ……………109
　　　2）ミネラルと生理機能 …………109
　Ⅵ　成　　長 ……………………………112
　　1．動物の成長 ………………………112
　　　1）成長曲線 ………………………112
　　　2）体組成の変化 …………………113
　　2．成長の内分泌制御 ………………113
　　　1）成長ホルモン（Growth Hormone, GH）
　　　　……………………………………113
　　　2）インスリン様成長因子-Ⅰ（Insulin-like
　　　　growth factor I, IGF-I）………113
　　　3）インスリン（Insulin）………114
　　　4）レプチン（Leptin）…………114
　　　5）エストロジェン（Estrogen）…115

第5章　筋肉の機能 ……………………116
　Ⅰ　筋肉の構造 …………………………116
　　1．横紋筋 ……………………………116
　　2．平滑筋 ……………………………117
　　3．心　筋 ……………………………118
　Ⅱ　収　　縮 ……………………………118
　　1．収縮の種類 ………………………118
　　　1）単収縮（twitch）……………118

　　　2）強　縮（tetanus）……………118
　　　3）硬　直（rigor）………………119
　　2．収縮の型 …………………………119
　　3．収縮の機構 ………………………120
　　　1）筋の収縮性タンパク質 ………120
　　　2）収縮のメカニズム ……………121
　　　3）収縮時の化学的現象 …………123
　　　4）筋の熱発生 ……………………124
　　　5）筋の疲労 ………………………124
　Ⅲ　平滑筋 ………………………………125
　Ⅳ　心　筋 ………………………………126
　Ⅴ　筋電図 ………………………………128

第6章　脂肪組織の機能 ………………129
　Ⅰ　脂肪組織の特徴：エネルギー貯蔵と内分泌
　　器官 …………………………………129
　Ⅱ　白色脂肪組織を構成する細胞成分 …130
　Ⅲ　脂肪細胞分化・成熟課程と関連因子 …131
　Ⅳ　脂肪細胞の脂質合成と分解 ………132
　Ⅴ　アディポカイン（Adipokine）……133
　Ⅵ　反芻動物の脂質代謝の特徴 ………136
　Ⅶ　脂肪蓄積と家畜生産性 ……………137
　Ⅷ　家畜における脂肪蓄積部位 ………138
　Ⅸ　脂肪組織内の幹細胞 ………………139

第7章　血液 ……………………………140
　Ⅰ　体液の構成 …………………………140
　　1．体水分 ……………………………140
　　2．体液の組成 ………………………141
　Ⅱ　血液の一般性状 ……………………141
　　1．血液の物理化学的性状 …………141
　　2．血液量 ……………………………141
　Ⅲ　赤血球 ………………………………145
　　1．一般性状 …………………………145
　　2．血色素 ……………………………147
　　3．赤血球の新生と破壊 ……………150
　Ⅳ　白血球 ………………………………153

1. 一般性状 ……………………… 153
2. 白血球の機能 ………………… 154
Ⅴ 血小板 …………………………… 155
Ⅵ 血漿 ……………………………… 156
1. 無機質 ………………………… 156
2. 有機質 ………………………… 156
1) 炭水化物 …………………… 156
2) タンパク質 ………………… 156
3) 脂質 ………………………… 160
4) 非タンパク窒素化合物 …… 160
5) その他 ……………………… 161
Ⅶ 血液の凝固 ……………………… 161
1. 凝固の機構 …………………… 161
2. 凝固因子の生成部位 ………… 163
3. 凝固時間 ……………………… 163
4. 凝固防止 ……………………… 163
Ⅷ 血液型 …………………………… 164

第8章 免疫機能 …………………… 166
Ⅰ 血液中に存在する細胞 ………… 166
Ⅱ 白血球の一般性状 ……………… 166
Ⅲ 各種白血球の機能 ……………… 166
1. 好中球 ………………………… 166
2. 好酸球 ………………………… 167
3. 好塩基球 ……………………… 167
4. 単球 …………………………… 168
5. T細胞 ………………………… 168
1) TCR遺伝子の再構成 ……… 169
2) 胸腺でのT細胞分化と膜表面分子の発現 …………………………… 170
3) TCRの分子構造 …………… 170
4) 細胞障害性T細胞 ………… 170
5) ヘルパーT細胞 …………… 171
6) 制御性T細胞 ……………… 172
7) γδT細胞 …………………… 172
6. B細胞 ………………………… 172
1) BCRの遺伝子再構成 ……… 173

2) BCRの分子構造 …………… 173
3) 抗原提示細胞としてのB細胞の機能 ‥ 174
4) 体細胞高頻度突然変異 …… 174
5) 免疫グロブリンのクラススイッチ …… 174
7. ナチュラルキラー細胞 ……… 175
Ⅳ 一次リンパ組織と二次リンパ組織 …… 175
1. 骨髄 …………………………… 175
2. 胸腺 …………………………… 176
3. 脾臓 …………………………… 176
4. リンパ節 ……………………… 177
Ⅴ 粘膜免疫系 ……………………… 177
1. パイエル板 …………………… 177
2. M細胞 ………………………… 178
3. 粘膜固有層 …………………… 178
4. 粘膜ワクチン ………………… 179

第9章 神経系の機能 ……………… 180
Ⅰ 内外相関と内部統制 …………… 180
1. 内部環境と外部環境 ………… 180
2. 神経系の発達 ………………… 180
Ⅱ 神経細胞の性質 ………………… 180
1. ニューロン …………………… 180
2. 静止電位と活動電位 ………… 182
1) 静止電位 …………………… 182
2) 活動電位 …………………… 184
3. 興奮伝導の機序 ……………… 184
1) 興奮の伝導 ………………… 184
2) 興奮伝導の特徴 …………… 185
Ⅲ シナプス ………………………… 186
1. シナプスの性質 ……………… 186
2. 化学伝達物質とシナプス電位の発生 …… 187
1) 興奮性伝達物質 …………… 188
2) 抑制性伝達物質 …………… 189
3. シナプス電位から活動電位の発生 …… 189
4. シナプス可塑性 ……………… 190
Ⅳ 神経系 …………………………… 190
1. 中枢神経系 …………………… 190

1）脳··190
　　2）脊髄··197
　2. 末梢神経系····································199
　　1）脳神経····································199
　　2）脊髄神経································200
　　3）自律神経系····························201
Ⅴ ストレス··204
　1. ストレッサー································206
　2. ストレスの脳への入力····················207
　3. ストレス反応································207
　　1）成長に関わる反応····················207
　　2）免疫に関わる反応····················209
　　3）生殖に関わる反応····················210
　4. ストレス時の脳内代謝変化と適応········210
　5. ストレスの制御······························210

第10章　感覚・採食調節····················212
Ⅰ 感覚とその種類································212
　1. 感　覚··212
　2. 感覚の種類····································212
　3. 受容器の構造································213
Ⅱ 視　覚··213
　1. 眼の構造··213
　　1）眼球の構造····························213
　　2）眼の付属装置························215
　2. 眼の遠近調節································216
　3. 瞳孔反射··216
　4. 視覚の化学····································216
　　1）網膜の構造····························216
　　2）光化学反応····························217
　　3）明暗順応································218
　5. 網膜の電気現象······························218
　　1）受容器電位····························218
　　2）色　覚····································219
　6. 視覚伝導路····································219
Ⅲ 聴覚と平衡感覚································220
　1. 耳の構造··220

　2. 耳の機能··222
　　1）聴覚のメカニズム··················222
　　2）平衡感覚のメカニズム··········224
Ⅳ 嗅　覚··224
　1. 鼻腔の構造····································225
　2. においの受容································226
　3. 家畜とにおいに対する感受性········227
　4. においと行動································227
　　1）フェロモン····························227
　　2）鋤鼻器····································228
Ⅴ 味　覚··229
　1. 味覚受容器····································229
　2. 味の受容··230
　3. 飼料の選択と味覚························230
　4. 飼料に対する嗜好性····················231
Ⅵ 採食調節··231
　1. 脳による採食調節························232
　　1）エネルギー代謝に関連した採食制御理論
　　　···233
　　2）栄養素に関連した採食制御理論········234
　　3）ペプチドホルモンによる制御·········235
　　4）感　覚····································239
　2. 末梢による採食調節····················239
　　1）消化管における制御··············239
　　2）肝臓における知覚··················241

第11章　繁殖および泌乳····················242
Ⅰ 繁殖機能の発現································242
　1. 性成熟··242
　2. 繁殖の周期····································242
　　1）発情周期（estrous cycle）···············242
　　2）季節周期（seasonal cycle）············244
　　3）分娩間隔（delivery interval，牛の場合は calving interval）··············244
　3. 生殖ホルモン································245
　　1）種　類····································245
　　2）役　割····································247

3) 消　長 ························248
Ⅱ 精子と卵子 ·······························250
  1. 精　子 (spermatozoon, *pl.* spermatozoa)
     ···250
     1) 精子の形成と成熟 ···············250
     2) 射出精液中の精子 ···············251
  2. 卵　子 (ovum, *pl.* ova) ··············252
     1) 卵子の形成と成熟 ···············252
     2) 卵子の構造 ························255
Ⅲ 受精・妊娠・分娩 ···················255
  1. 受　精 (fertilization) ···············255
     1) 配偶子の輸送 ·····················255
     2) 精子の受精能獲得 ···············256
     3) 受精現象 ···························256
  2. 妊　娠 ·····································256
     1) 妊娠の成立 ························256
     2) 胚の発育と着床 ··················257
     3) 胎盤形成 (placentation) ······258
     4) 胎児の成長 ························259
  3. 分　娩 ·····································260
Ⅳ 繁殖技術 ·································260
  1. 凍結保存 ·································260
  2. IVMFC (*in vitro* maturation, fertilization and culture) ···························261
  3. 発生工学 ·································261
Ⅴ 泌　乳 ·····································262
  1. 乳房・乳腺の構造 ···················262
  2. 乳腺上皮細胞の構造と役割 ·····262
  3. 乳　量 ·····································263
  4. 牛乳成分 ·································264
  5. 乳腺発育 ·································265
  6. 泌乳開始 ·································265
  7. 泌乳の維持 ·····························265
  8. ミルク合成の制御 ···················265
  9. 乳腺の退行 ·····························266
  10. 乳腺上皮細胞の新規機能調節因子 ········266

第12章　腎臓 ·······························267
Ⅰ 腎臓の構造 ·······························267
Ⅱ 腎小体の機能 ···························268
  1. 糸球体濾過 ·····························268
  2. 糸球体濾過量 ·························268
     1) 濾過面積（メサンギウム細胞）······269
     2) 血漿膠質浸透圧 ··················269
     3) 糸球体毛細血管圧 ···············269
     4) 血　圧 ·······························269
  3. クリアランス ·························269
Ⅲ 尿細管の機能 ···························270
  1. 栄養素の再吸収 ·····················270
  2. 有機物の分泌 ·························270
  3. 電解質の再吸収と分泌 ···········271
  4. 水の再吸収 ·····························271
  5. 酸の分泌 ·································273
Ⅳ ホルモン分泌と作用 ···············273
  1. 体液量調節 ·····························273
     1) バゾプレッシン（ADH）······273
     2) レニン・アンジオテンシン・アルドステロン系（RAA系）················273
     3) 心房性ナトリウム利尿ペプチド（ANP）····························274
  2. 腎臓からのホルモン分泌 ·······274
Ⅴ 尿量の調節 ·······························274
  1. 水利尿 ·····································274
  2. 浸透圧利尿 ·····························274
  3. 利尿剤による利尿 ···················275
  4. 尿量の減少 ·····························275
  5. 採食と尿量 ·····························275
Ⅵ 排　尿 ·······································275
Ⅶ 尿 ···276

第13章　循環 ·······························277
Ⅰ 心臓の運動 ·······························277
  1. 心臓の構造と自動性 ···············277
  2. 心電図 ·····································278

3. 心臓周期 ……………………………… 279
4. 心拍出量 ……………………………… 281
　1) 標識物質希釈法 ……………………… 281
　2) フィックの原理 ……………………… 281
Ⅱ 血管系 …………………………………… 282
1. 全身の血液循環 ……………………… 282
2. 血　管 ………………………………… 282
3. 血　圧 ………………………………… 283
　1) 血圧の成因と測定 …………………… 283
　2) 血圧の変動 …………………………… 283
4. 血流速度 ……………………………… 284
Ⅲ 循環機能の調整 ………………………… 284
1. 心臓機能の調節 ……………………… 284
　1) 心臓の内因性調節 …………………… 284
　2) 心臓の外因性調節 …………………… 285
2. 血管系の調節 ………………………… 285
　1) 血管の神経性調節 …………………… 285
　2) 血管の内分泌性調節 ………………… 286
　3) 血管の局所性調節 …………………… 286
Ⅳ 各種臓器における循環 ………………… 287
1. 脳の循環 ……………………………… 287
　1) 脳の血流とその調節 ………………… 287
　2) 血液脳関門 …………………………… 287
　3) 脳脊髄液 ……………………………… 287
2. 心臓の循環 …………………………… 288
3. 肝臓の循環 …………………………… 289
4. 胎仔の循環 …………………………… 289
5. リンパ循環 …………………………… 290
　1) リンパの構造と分布 ………………… 290
　2) リンパ節のはたらき ………………… 291
　3) リンパの性質 ………………………… 291
　4) 浮　腫 ………………………………… 291

第14章　呼吸・体温調節 …………………… 292
Ⅰ 呼吸運動 ………………………………… 292
1. 気道の構造と機能 …………………… 292
2. 呼吸力学 ……………………………… 292
3. 呼吸気量 ……………………………… 293
4. コンプライアンスと表面張力 ……… 293
Ⅱ 呼吸によるガスの交換と運搬 ………… 294
1. 肺におけるガス交換 ………………… 294
2. 酸素の運搬 …………………………… 295
3. 二酸化炭素の運搬 …………………… 295
Ⅲ 呼吸運動の調節 ………………………… 297
1. 呼吸中枢 ……………………………… 297
2. 化学的調節 …………………………… 297
3. 肺の受容器と反射 …………………… 298
4. 呼吸の異常 …………………………… 298
Ⅳ 血液の緩衝作用と酸塩基平衡 ………… 298
1. 緩衝作用 ……………………………… 298
2. 血液における緩衝系 ………………… 299
3. 酸塩基平衡異常と代償作用 ………… 300
　1) アシドーシス ………………………… 300
　2) アルカローシス ……………………… 300
　3) 代償作用 ……………………………… 300
Ⅴ 熱バランス ……………………………… 300
1. 体　温 ………………………………… 301
2. 熱産生 ………………………………… 301
　1) ふるえ産熱と非ふるえ産熱 ………… 301
　2) ホルモンと体内代謝 ………………… 302
3. 反芻家畜の第一胃内発酵熱 ………… 302
4. 熱放散 ………………………………… 302
　1) 皮膚における血流 …………………… 302
　2) 対向流熱交換 ………………………… 303
　3) 発　汗 ………………………………… 303
　4) 浅速呼吸 ……………………………… 303
　5) 唾液分泌 ……………………………… 303
　6) 立　毛 ………………………………… 304
　7) 行動的変化 …………………………… 304
Ⅵ 体温調節作用 …………………………… 304
1. 温度受容器 …………………………… 304
2. 体温調節中枢 ………………………… 304
3. 体温の調節 …………………………… 305

参考文献 …………………………… 308 | 索　引 …………………………… 312

第1章 情報伝達機構

I 生体の機能調節機構

　生体における諸器官の機能を調節する機構として，神経系，内分泌系および免疫系がある．これらの機構は互いに協調しながら器官（あるいは細胞集団）の機能を調節している．具体的な調節機構については各章を参照されたい．

　神経系の機能については，少なくとも 19 世紀にはすでに知られていた．たとえば，イギリスのベル（C. Bell, 1774〜1841）やフランスのマジャンティ（F. Magendie, 1783〜1855）は，脊髄の前根から運動神経が出て，後根からは感覚神経に入るという"ベル・マジャンティの法則"を確立している．マジャンティの弟子であるベルナール（C. Bernard, 1813〜1878）とドイツのミューラー（J. Müller, 1801〜1858）は，神経・消化・代謝，さらには解剖学や病理学に至るまで，広範な分野で活躍した．一方，内分泌系の発見は 20 世紀初頭まで待たねばならなかった．イギリスのベイリス（W. M. Bayliss, 1860〜1924）とスターリング（E. H. Starling, 1866〜1927）は 1905 年消化管ホルモンであるセクレチン（Secretin）を発見し，"ホルモン（Hormone）"という概念を確立した．

II 細胞の情報伝達機構

1．細胞間情報伝達機構

　内分泌系（endocrine），傍分泌系（paracrine），自己分泌系（autocrine）およびシナプス系（Synapse）情報伝達に分類される（図 1・1）．内分泌系は第 3 章を参照されたい．内分泌型は全身的な調節機構であるのに対して，残りの 3 種類の型は局所的な調節機構である．すなわち，傍分泌系では，情報伝達物質（ホルモン，化学物質など）を分泌する細胞が近傍にある細胞の機能を調節する．自己分泌系では，情報伝達を分泌する細胞が自分自身の分泌機能を調節する．シナプス系では，神経終末から分泌された伝達物質が後膜の機能を調節するが，伝達物質そのものが終末からの分泌を調節する場合がある．

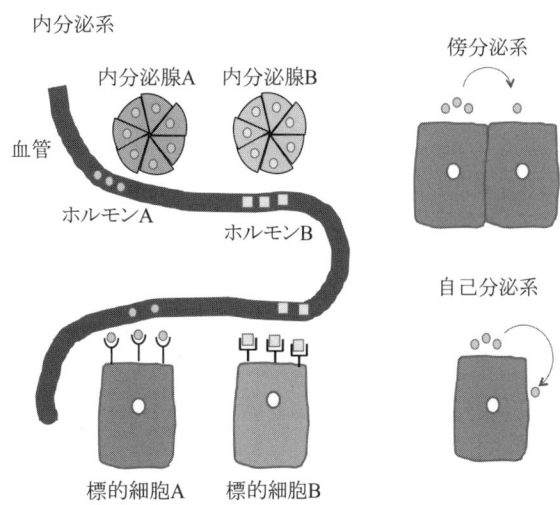

図 1・1　細胞間の内分泌系，傍分泌系および自己分泌系の情報伝達機構

表1・1 細胞膜受容体と細胞内受容体のリガンドと特徴

		リガンド	特徴
細胞膜受容体	Gタンパク共役型	アドレナリン，カルシトニン，グルカゴン，副甲状腺ホルモン	セカンドメッセンジャーとしてcAMPを利用
		オキシトシン，アセチルコリン	セカンドメッセンジャーとしてCa^{2+}を利用
	イオンチャネル直結型	ニコチン性アセチルコリン受容体，GABA受容体，セロトニン受容体，カプサイシン受容体	受容体を介してイオンチャネルが開く，あるいはリガンドがイオンチャネルに結合しチャネルを開く
	酵素結合型	成長ホルモン，インスリン，サイトカイン	受容体がリン酸化され，細胞内に情報伝達
細胞内受容体		性ホルモン，ステロイドホルモン，活性型ビタミンD，甲状腺ホルモン	細胞内あるいは核内受容体に介してDNA転写を調節

2．細胞内情報伝達機構

　細胞外からの情報は，多くの場合，化学物質の形で細胞膜上あるいは細胞内の受容体に結合し，細胞内に情報が伝達され，細胞は必ず応答する．情報伝達物質には水溶性リガンドと脂溶性リガンドがあり，水溶性情報伝達物質は細胞膜を通過することはできないが，脂溶性情報伝達物質は細胞膜を通り抜けることができる．水溶性リガンドは，細胞膜の受容体と結合し，特有の反応カスケードが活性化し，セカンドメッセンジャーと呼ばれる分子が生成され，これが対応する酵素の活性化を促す．脂溶性の情報伝達物質の受容体は，細胞膜を通過することができるため細胞質あるいは核内に存在する．

　カスケードとは，リガンドと受容体が結合すると信号が細胞内で次々と引き起こされ，カスケード（滝）のようにだんだんと下流に行くにしたがい増幅される反応をいう．

　表1・1は細胞膜受容体と細胞内受容体のリガンドの種類と特徴について記述している．

1）細胞膜受容体

　細胞膜受容体は Gタンパク共役型，イオンチャネル直結型と酵素結合型に分類できる．

① Gタンパク共役型

　アデニル酸シクラーゼ系：Gsタンパク質と共役する受容体にリガンドが結合すると，Gsタンパク質を介してアデニル酸シクラーゼ（AC：adenylate cyclase）が活性化される（図1・2）．これによって環状AMP（cyclic AMP, cAMP）が増加され，セカンドメッセンジャーとして情報を伝達する．リガンドが他のGタンパク質のGiタンパク質と共役する受容体に結合すると，アデニル酸シクラーゼが抑制され，cAMPが減少する．cAMPの標的物質はプロテインキナーゼA（Aキナーゼ）であり，cAMPの濃度が上昇するとプロテインキナーゼAに作用して活性化させる．β-アドレナリン受容体は脂肪細胞中のGsを介しアデニル酸シクラーゼ活性を増加させ，ATPからcAMPを生成し，cAMPはAキナーゼを活性化し，ホスホリラーゼ（phospholipase）とホルモン感受性リパーゼ（HSL, hormone sensitive lipase）を活性化し，血中の遊離脂肪酸含量を増加させる．しかし，α-アドレナリン受容体はGiを介してcAMPの減少させる．

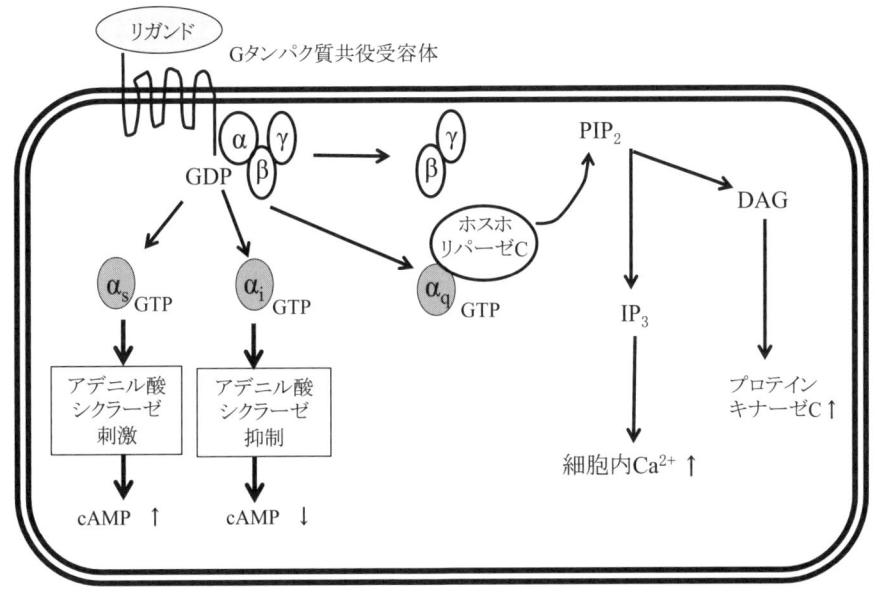

図1・2 Gタンパク質共役受容体の細胞内情報伝達経路

　イノシトールリン脂質系：リガンドがGqタンパク質と共役する受容体に結合すると，ホスホリパーゼCを活性化する．この時，細胞膜にあるホスファチジルイノシトール-4,5-ビスリン酸（PIP2）が加水分解されてジアシルグリセロール（DAG, diacylglycerol）とIP$_3$（inositol-1,4,5-trisphosphate）が産生される（図1・2）．PIP2は，細胞膜上でホスファチジルイノシトール（PI）とホスファチジルイノシトール-4-リン酸（PIP）から生成される．ホスホリパーゼCの作用がこの反応の律速段階で，この時産生されるDAGはプロテインキナーゼCを活性化する．また，IP$_3$は小胞体に存在するIP$_3$感受性Ca^{2+}チャネルに作用し，細胞質内へCa^{2+}の遊離を促進する．このように，DAGはプロテインキナーゼC系に作用し，IP$_3$はCa^{2+}系に作用する．

② **イオンチャネル直結型**
　イオンチャネル共役受容体はリガンドの結合部位をもち，リガンドによって受容体の構造が変化し，特定のイオンの透過性が変化する．また，Gタンパク質共役型受容体のGタンパク質を介してCa^{2+}チャネルやK$^+$チャネルと共役し，イオンの透過性が調節を受ける（図1・3）．
　グルタミン酸受容体は，その構造や性質によってイオンチャネル型受容体と代謝型受容体に分類されている．イオンチャネル型受容体は，グルタミン酸と

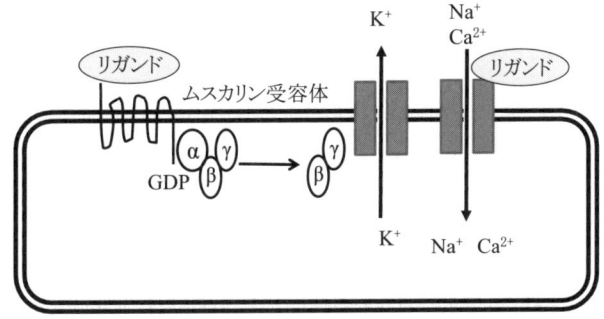

図1・3 イオンチャネル直結型の受容体の細胞内情報伝達機構

の結合によりその構造が変化し，イオンチャンネルが開口することで，膜電位応答を引き起こす．主に，ナトリウムイオンやカリウムイオンを通過させる一方で，カルシウムイオンも通過させることが特徴である．代謝型受容体は，それ自体がイオンチャンネルをもたず，Gタンパク質と呼ばれる別のタンパク質などを介してイオンチャンネルの開閉や酵素活性の変化などを引き起こす．ムスカリン受容体もGタンパク質を介してイオンチャネルの開閉を引き起こす。

③ 酵素結合型

　成長ホルモン，インスリンとサイトカインは受容体に結合すると，細胞内のチロシンキナーゼ (tyrosine kinase) と相互作用して，受容体のタンパク質中のチロシンにリン酸基を付加し活性化する．リン酸化カスケードで細胞内にシグナルが伝達され，細胞増殖，分化，生存，代謝を制御する．

　成長ホルモンは肝臓，筋肉と脂肪組織において作用機構が異なる（図1・4）．肝細胞においては，成長ホルモン受容体（チロシンキナーゼ共役型）が二量体を形成した状態で結合し，近傍のチロシンキナーゼ（JAK, janus family of tyrosine Kinase）を活性化する．JAK は下流の STAT（signal transducers and activators of transcription family）をリン酸化して活性化され，核内に移動し，IGF-1 などのプロモーターに存在する GHRE（growth hormone response element）に結合し，遺伝子の転写を調節する．成長ホルモンの受容体にはインスリン受容体のようにチロシンキナーゼ活性はない．脂肪細胞においては JAK の活性は PI3 キナーゼの活性を抑制し，細胞へのグルコースの取り込みを抑制する．さらに，PKB/AKT と PDE-3B の活性を抑制し，cAMP 濃度が増加し，ホルモン感受性リパーゼが活性され脂肪分解を促進する．

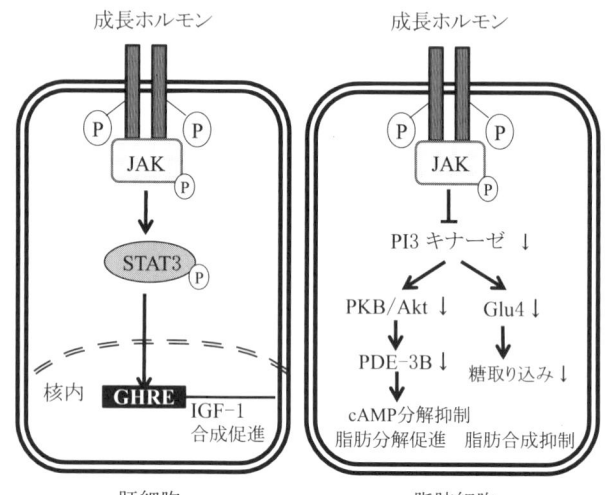

図1・4 肝細胞と脂肪細胞における成長ホルモン受容体の情報伝達機構
JAK：janus family of tyrosine kinase
STAT：signal transducers and activators of transcription family
GHRE：growth hormone response element
Glu4：glucose transporter 4

　インスリン受容体はチロシンキナーゼ内蔵型受容体であり，インスリンの結合によりチロシンキナーゼを活性化することで作用を発現する．チロシンキナーゼによって，インスリン受容体基質1（IRS-1）や shc 蛋白質などの基質がチロシンリン酸化され，下流にそれぞれ代謝性と増殖性のシグナルが伝達される（図1・5）．

　IRS-1 のリン酸化が促進されると，PI3 キナーゼを活性化し，さらに下流の AKT が活性化され，

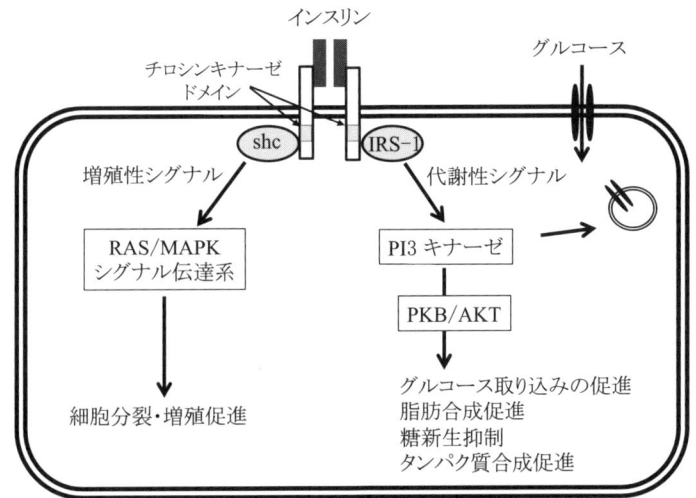

図1・5　インスリンの細胞内への情報伝達経路
IRS-1：インスリン受容体基質因子−1
PKB/AKT：プロテインキナーゼB/AKT

細胞内へ多様な作用を引き起こす．グルコーストランスポーター4（Glu4）の発現を上昇させ，グルコースを細胞内に取り込ませ，血糖値を低下させる．また，PDE3B，Foxa2，GSK3を活性化させ，脂質分解，中性脂肪放出，糖新生やグリコゲン合成を抑制する．AMPKの活性により脂肪合成促進作用を，mTORを介しタンパク質の合成を促進する．Shcタンパク質を介した作用では，RAS-MAPK経路を経由し，細胞の分裂・増殖を促す．

④ グアニル酸シクラーゼ型

　グアニル酸シクラーゼはグアノシン三リン酸（GTP）を3′,5′-環状GMP（cGMP）とピロリン酸へ変換させ，cGMPが情報を伝達する．cGMPは膜結合型と可溶性グアニル酸シクラーゼが存在し，前者は心房性ナトリウム利尿ペプチドやナトリウム利尿ペプチドの受容体に，後者は一酸化窒素の受容体である．cGMPがセカンドメッセンジャーとして，ホスホジエステラーゼ，リン酸化酵素，イオンチャネルなどに結合して，血管機能調節，神経伝達などの重要な生理反応が起きる．

2）細胞内受容体

　細胞内受容体は，細胞質または核内に存在し，リガンドが受容体と結合すると細胞核内にある特定の遺伝子のDNA配列に結合して転写調節因子として転写を調節する（図1・6）．細胞内受容体をリガンドにするホルモンは，性ホルモン（アンドロジェン，エストロジェン，プロジェステロン）受容体，ビタミンD受容体，糖質コルチコイド受容体，電解質コルチコイド受容体，甲状腺ホルモン受容体，レチノイド受容体（ビタミンA関連化合物を結合），ペルオキシソーム増殖剤受容体（PPAR），内分泌攪乱物質などがある．

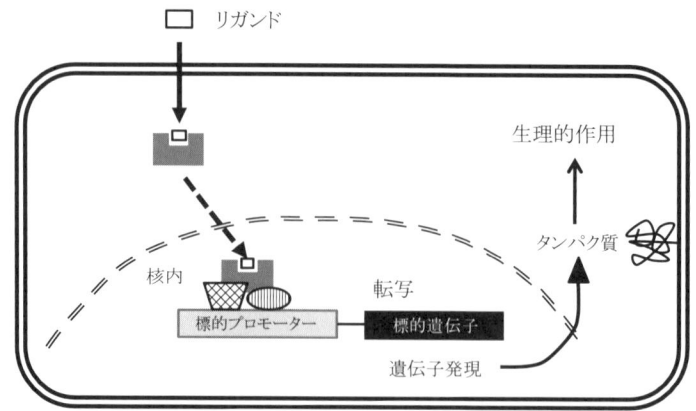

図1・6 細胞内受容体の典型的な情報伝達機構

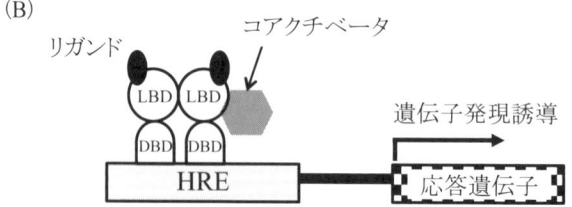

図1・7 核内受容体の典型的な構造（A）と核内受容体とDNA結合配列（B）
転写促進領域（AF, activation factor），保存DNA結合ドメイン（DBD, DNA binding domain），ヒンジ領域（hindge），保存リガンド結合ドメイン（LBD, ligand binding domain），ホルモン応答エレメント（HRE, hormone response element）

　核内受容体は1985年ヒトグルココルチコイド受容体が初めてクローニングされ，その後に，ヒトエストロジェン受容体α，電解質コルチコイド受容体が相次いで同定された．ヒトとマウスゲノム解析によりヒトでは48遺伝子，マウスでは49遺伝子にコードされていることが判明された．分子系統樹に基づく分類では，甲状腺ホルモン型，レチノイドX受容体型，エストロジェン受容体型，神経成長因子B型，ステロイド産生因子型，胚細胞核因子型に分けられる．

　核内受容体の典型的な構造は，N末端には多様性に富む転写促進領域-1（AF-1）領域があり，リガンド非依存的に転写活性化作用をもつ．核内受容体間で中央部にDNA結合領域（DBD）が

あり，受容体間のホモロジーが高く，多くの場合二つのジンクフィンガーモチーフからなる．C末端側にリガンド結合領域（LBD）とAF-2があり，受容体の活性を調節する（図1・7）．

核内受容体は通常2量体，ホモダイマー（ステロイド受容体）あるいはヘテロダイマー（RXRとPPARs，LXR，FXRなど）を形成して下流の遺伝子転写を調節する．単量体でDNAに結合するもの（ERR，LRH1，SF1，NGFIB）も報告されている．HNF4sやNGFIBは，活性化するリガンドが同定されてないことから，これらはオーファン核内受容体と呼ばれる．

ホモダイマー化したグルココルチコイド受容体などホルモン受容体は，パリンドローム（回文配列）状に並んだ二つのホルモン応答エレメント（HRE）に結合する．ヘテロダイマー化したRXRと他の核内受容体（FXR）は，同方向に並んだ（ダイレクトリピート）二つのHREに結合する．モノマーのまま一つのHRE（ハーフサイト）に結合する．

第2章 消化管機能

　家畜が生命を維持し，生産を続けるためには絶えざる栄養素の補給（ingestion）が必要である．家畜に対する栄養は飼料の形で与えられるが，飼料の成分は一般に高分子化合物が多く，そのままの形態では家畜の栄養素となり得ない．家畜の消化管内では高分子化合物をより低分子の物質とするために，物理的消化あるいは宿主の消化酵素と微生物の働きによる化学的消化（digestion）が行われる．消化された物質が家畜の栄養素となるためには，その物質が血液またはリンパ中にとり込まれなければならないが，消化管壁を通って生体の内部へ物質が輸送されることを吸収（absorption）という．本章では，消化における一般的な事項を単胃動物で説明し，その後，反芻動物を中心として説明する．鶏の特性については単胃動物の項に付記する．

I　消化管の形態と食性

　動物が何を主に食物としているかを食性（feeding habitat）と呼び，簡便的に肉食・草食・雑食に分類する．動物が地上に現れた時はすべて肉食であったと考えられる．しかし，それでは食物連鎖を維持することができず，その後，食物を擦りつぶすことができる臼歯を持つことと消化管内に微生物を生息させることで植物食を可能とする動物が出現した．家畜としての歴史がもっとも古いと考えられている犬は，猫とともにミアキスというイタチのような肉食動物を共通の祖先とすると考えられている．犬は臼歯の数を増やすに至ったが，育種の開始時点の動物である狼と歯式（歯並び）は同じである（表2・1）．猫はネズミを捕ること目的として飼われていたために，肉食の歯式を頑なに守り抜いている．消化管に関すれば，犬は肉食動物の様相を残し，猫に近いものである．消化管の形態は食性に合致するように進化してきたが，草を摂取する比重が大きい動物ほど複雑になっている．

表2・1　動物の歯式（歯並び）

種	歯式
人	2123 / 2123
ラット・ハムスター	1003 / 1003
犬・狼	3142 / 3143
猫・ライオン	3131 / 3121
牛・山羊・めん羊	0033 / 3133
豚	3143 / 3143

上段は上顎の門歯，犬歯，小臼歯，臼歯の数．下段は下顎の門歯，犬歯，小臼歯，臼歯の数．
　歯は左右対称に生えるから歯式は片側で示される．
　上段は上顎の，下段は下顎の，それぞれ左から切歯（ヒトでは門歯），犬歯，前臼歯（同，小臼歯），後臼歯（同，臼歯）の数を示す．

II　消　化

　飼料が口腔内に摂取され，糞として排出されるまでに，消化管内では，1）消化管運動による磨砕，攪拌，輸送などの物理（機械）的作用，2）消化液または微生物の分泌する酵素による分解な

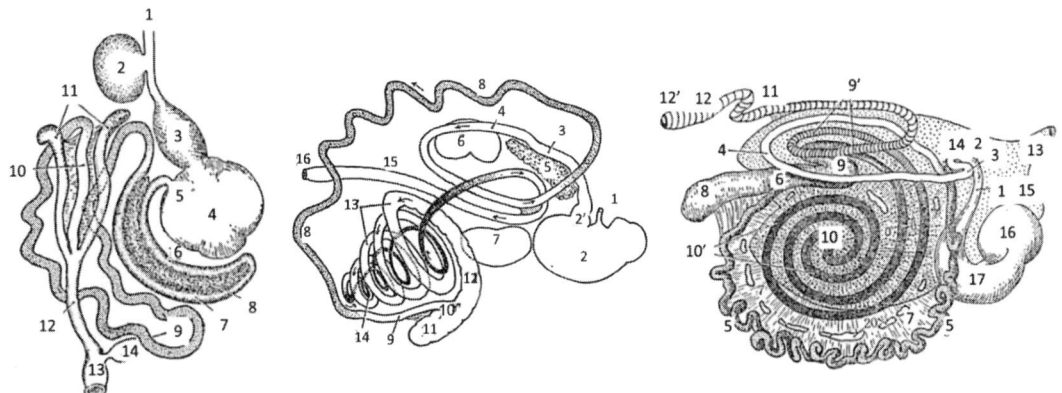

図2・1 鶏、豚および牛の腸の走行を示す模式図（加藤、家畜比較解剖図説）
鶏（左）：1. 食道、2. 嗉嚢、3. 腺胃、4. 筋胃、5. 幽門、6. 十二指腸下行部、7. 十二指腸上行部、8. 膵臓、9. 空腸、10. 回腸、11. 盲腸、12. 結腸および直腸、13. 総排泄腔、14. 卵管.
豚（中央）：1. 食道、2. 胃、3. 十二指腸前部、4. 十二指腸下行部、5. 膵臓、6. 右腎、7. 左腎、8. 空腸、9. 回腸、10. 回盲結口、11. 盲腸、12. 結腸、13. 求心回、14. 遠心回、15. 直腸、16. 肛門
牛（右）：1. 十二指腸、2. S状ワナ、3. 前十二指腸曲、4. 後十二指腸曲、5. 空回腸、6. 回盲結口、7. 総腸間膜、8. 盲腸、9. 結腸近位ワナ、9'. 結腸遠位ワナ、10. 中心曲、10'. 結腸ラセンワナ、11. S状結腸、12. 直腸、12'. 肛門、13. 食道、14. 第一胃、15. 第二胃、16. 第三胃、17. 第四胃

どの化学的作用によって消化が行われる．飼料の消化過程は家畜によって，それぞれ特徴を有しており，消化管の形態も家畜によってかなり異なっている．たとえば，同じ草食家畜であっても，馬は単胃動物であり，飼料の消化の主要部分は巨大な盲腸および結腸を主体とした大腸における微生物発酵に依存する．豚は雑食動物とみなされるが，家畜化された段階では，むしろ草食動物であり，大腸における微生物による消化の占める割合はかなり大きい．馬や豚は後腸発酵動物と定義される．牛やめん羊は複胃動物であって，飼料の消化はおもに第一胃における微生物による発酵によるため，前胃発酵動物と定義される．また，本来，肉食動物である犬や猫においては，消化液に含まれる酵素による消化が主であって，微生物の作用は少ない．したがって，胃や腸の容積も相対的に小さいものである．鶏では盲腸で微生物による繊維成分の消化が行われることが知られている．哺乳類ばかりでなく，鳥類においても植物食のために消化管の形態に変化が起こっている．南米に住むツメバケイは樹上生活をし，その主食は木の葉である．極端に発達した嗉嚢内で葉を前胃発酵する．走鳥類であるレアやダチョウは大腸を発達させ，後腸発酵を行う．図2・1に鶏，豚および牛の消化管の模式図を示すが，形態的に大きな違いを確認できる．鶏の消化管は短いが，飼料を効率よく消化する．その理由を適宜後述する．

1. 口腔内消化
1）摂餌（捕捉）

各家畜によって飼料の口腔内への取り込み方，すなわち摂餌または捕捉（prehension）の方法がそれぞれ異なる．馬ではよく動き，かつ感覚に富んだ口唇で飼料を掴み取り，あるいは口唇をのばし，切歯を露出させて，草を噛み切る．めん羊や山羊などもこれに近い方法をとるが，舌が馬より多く利用される．牛では舌が長くてよく動く．野外では草を舌にまきつけて頭を後方に動かしながら噛みとり，また飼槽からは口唇を協同させて飼料を口腔内にとり入れる．豚は鼻で掘りだし下唇を使って飼料を口腔内に入れる．犬や猫などの肉食動物では前肢を使って餌を押え，犬歯や切歯で噛み切り，次に舌と頭の運動で餌を口中に取り入れる．

飲水をする時は，草食動物では舌と頬の運動で口腔内に陰圧を作り出して水を吸い込むが，肉食動物では舌の先を彎曲させて水を汲み取り，口中に運ぶ．舌は，細長くて先端が尖っている．哺乳類の舌は純然たる筋組織であるが，鶏の舌の筋組織の発達は悪い．先端近くでは横紋筋はほとんどない．中舌骨や底舌骨などからなる舌骨装置により支えられており，運動性には乏しい．したがって，鶏は舌で水を送り込めないので，頭部を上向きにして流し入れる．

2）咀嚼

口腔に入った飼料は歯で噛み砕かれ，またはすりつぶされて唾液と混ざり，機械的消化が行われる．これを咀嚼（mastication）という．咀嚼により飼料は小片となり，唾液により粘滑性が増し，嚥下（deglutition, swallowing）が容易になる．馬は飼料を嚥下する前に十分咀嚼をするが，反芻家畜は採食時の咀嚼に加えて，反芻時に再咀嚼を行う．肉食動物は嚥下に必要なだけの咀嚼を行うにすぎず，唾液との混和も少ない．肉中の糖質はグリコーゲンであるが，1％にも満たない．後述するように唾液中の酵素が糖質の消化に関わることを考えれば，混和の少なさは理にかなっている．

家畜の歯には乳歯と永久歯があって，乳歯は一定の年齢時に脱落し，永久歯が次に発生する．しかし，歯によって最初から永久歯であるものもある．歯は絶えず磨滅しているが，同時に成長もしている．草食動物の臼歯には固いエナメル質とやや軟かい象牙質が適当に配列され，上顎と下顎歯を密着させており，飼料を磨砕するための十分な広さの表面が形成されている．草食動物の上顎は下顎より広く，下顎が一方向に水平に連動することによって飼料が磨砕される．飼料が十分に磨砕されることは，ことに反芻家畜において微生物による発酵をより容易にし，かつ飼料植物自身による自己消化を助ける．歯が不均一に磨滅したり，う歯になったりすると採食が困難となり，飼料の消化性も低下する．

肉食動物では切歯の後に大きな犬歯があり，獲物を捕えることなどに役立つ．前臼歯と後臼歯はエナメル質で覆われ，餌を切り裂き，また噛み砕くのに都合がよい．下顎骨は側頭骨と関節を作り，強い上下運動のみを行う．代表的な家畜の歯式を表2・1に人を含めて示す．鶏は口唇と歯を持たず，嘴と筋胃がそれらの代わりをしている．始祖鳥の化石には歯が認められるが，白亜紀の鳥

類の化石では歯の一部が失われている．進化とともに鳥類の歯が消失したことが分かる．

3) 唾液分泌

　細胞がその生産物を細胞外に出すことを分泌（secretion）という．普通はその生産物が生体にとって有用なものの場合には分泌といい，生体に不用なものの場合には排泄（excretion，または排出）といって区別する．

　明らかな分泌機能をもった細胞を腺細胞という．腺細胞，またはそれらが集まってできた腺組織からの分泌物が導管を通って体表や消化管などの上皮表面に分泌されることを外分泌（external もしくは exocrine secretion）という．

　外分泌腺は，細胞や脂肪粒を分泌する場合とタンパク質やイオン液を分泌する場合など，分泌様式によって次の三つに分類される．

(1) ホロクリン腺（holocrine gland，全分泌腺）：細胞が変性し，崩壊して分泌物となり一回の分泌で細胞は死滅する（皮脂腺など）．

(2) アポクリン腺（apocrine gland，離出分泌腺）：細胞表面に大きな突起ができ，細胞内の分泌顆粒は溶解し，突起が離断されて分泌物となる（胃腺，乳腺など）．

(3) エクリン腺（eccrine gland，漏出分泌腺）：高分子のタンパク質は分泌顆粒膜と細胞膜が融合してできた小孔から放出される（エクソサイトーシス，図2・2）．細胞質の損失をほとんど伴わないが，細胞膜の一時的な増大が膜容量を測定することで観察できる（汗腺，膵外分泌腺など）．イオンなどの小分子の輸送は，種々のポンプ，輸送体（交換体）およびチャネルによって行われる（胃腺壁細胞のHCl分泌，図2・3）．

①**唾液腺の構造**：唾液腺は外分泌腺である．唾液腺の組織学的構造は円錐状の腺細胞が中心腔（central lumen）をとりまいて集まり腺房（acinus）を形成する．腺房の中心腔は立方上皮からな

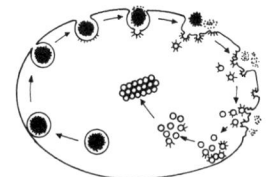

図2・2 エクソサイトーシスとエンドサイトーシスの模式図
分泌顆粒が細胞膜に近づき，接着するとそこに小孔ができ顆粒内容は放出される．残った顆粒の限界膜は細胞膜の一部となる．しかし再びちぎれて細胞内に吸収される．

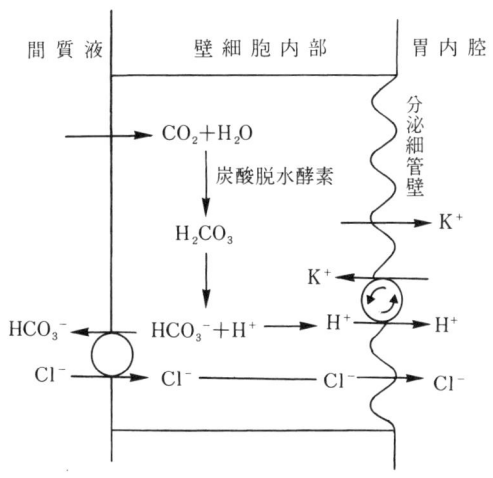

図2・3 壁細胞における塩酸の分泌機能

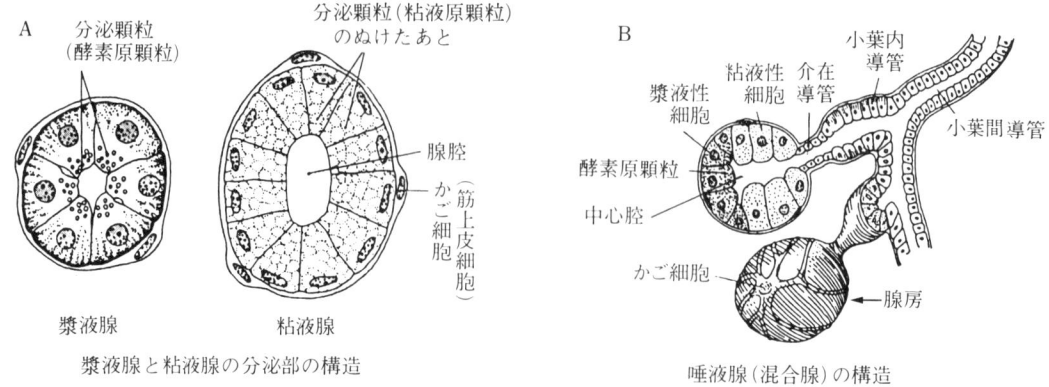

図2・4 唾液腺の構造
（入来，外山，生理学）

る介在導管（intercalated duct）に続き，さらに管腔のより広い小葉内導管（intralobular duct，または線条導管（striated duct））を経て，小葉間導管（interlobular duct）につながる．小葉を構成する細胞のみならず導管を形成する細胞も分泌または吸収の機能を備え，唾液の生成に役立つ（図2・4）．唾液腺（salivary glands）とは普通，耳下腺（parotid gland），下顎腺（maxillary gland，人の場合は顎下腺というが家畜では腺の位置から下顎腺という），舌下腺（sublingual gland）の三大唾液腺のことをさす．これらはいずれも対をなして存在し，多数の小葉から構成されている．このほかに，口唇腺，頬腺，口蓋腺などの小唾液腺がある．

唾液腺にはそれぞれ粘液細胞，漿液細胞からなる粘液腺，漿液腺およびそれらの細胞が混合して構成された混合腺がある．人および哺乳動物の耳下腺は漿液腺であり，人，有蹄類，犬，猫の下顎腺は混合腺である．舌下腺は人では粘液腺であるが，他の動物では混合腺である．しかし，粘液性が高い場合が多い．

漿液腺からの分泌液は水分に富み，酵素やイオン類を含むがムチン（mucin）を含まない．粘液腺からのものはムチンを含み粘稠性が高い．また，唾液腺は外分泌腺であり，エクリン腺（漏出分泌腺）としての分泌様式を示す．

②**唾液量**：1日の唾液量は人：約1〜1.5 l，豚：15 l，めん羊：6〜16 l，牛：100〜180 l である．耳下腺，下顎腺，舌下腺の大きさは一般に耳下腺がもっとも大きく，舌下腺がもっとも小さい．また各腺の単位重量あたりの分泌能力も耳下腺がもっとも大きく，舌下腺がもっとも小さい．しかし，左右の腺の大きさは必ずしも同一ではなく，耳下腺で50％の重量差があることがあると報告されている．

③**唾液成分**：耳下腺，舌下腺，下顎腺から分泌される各唾液の量および成分はそれぞれ異なる．混合唾液として得られるものは，それらの各腺から唾液の混合物である．唾液は水分に富み，乾物含量はほぼ1％にすぎない．有機物としてはタンパク質，酵素，非タンパク窒素などを含む．タンパ

ク質ではアルブミン，α-, β-, γ-グロブリン，ムチンがおもなものである．ムチンはグルコサミンを含む糖タンパク質であって，下顎腺や舌下腺唾液に多い．酵素としては糖質分解酵素であるプチアリン（ptyalin，唾液 α-アミラーゼ）があり，人のものは作用が強いが，豚のそれは弱い．草食および肉食動物の唾液にはほとんど含まれない．プチアリンはデンプンに作用し，1,4-α グルコシド結合を分解し，二糖類であるマルトース，三糖類であるマルトトリオース，およびグルコース約8個の分岐性重合体である α-限界デキストリン（α-limit dextrin）を生成する．至適 pH は 6.9 付近で Cl^- の存在を必要とする．鶏の唾液にはほとんど酵素が含まれていない．飼料は咀嚼されることもなく嚥下されるので，鶏の口腔では消化はほとんど起こらない．

非タンパク窒素としてはアミノ酸，尿素などがある．無機物には Na，K，Ca，Mg，Cl，重炭酸塩，リン酸塩，僅かの硫酸塩，硝酸塩，アンモニアなどが含まれる．これらの成分はいずれも血漿に由来するものであるが，単純な拡散によるものではない．

唾液の成分には分泌速度が変化すると，その濃度が変化するものがある．人で分泌速度が増加すると，Na^+ 濃度は増え，K^+ 濃度は減少するが，それはこれらのイオンの再吸収（Na^+）や分泌（K^+）の程度が小さくなるためである．このほか，唾液成分を変化させる要因として日内変動，年齢，飼料，血液成分などがある．

④唾液の作用：唾液は飼料に水分を与え，ムチンの作用と相まって，咀嚼や嚥下を容易にする．飼料中の有味成分を溶出し，味蕾を刺激する．口腔内を洗い，抗菌作用を示す．プチアリンはある程度デンプンを消化する．ラットなどでは，体表を舐め，唾液水分を蒸散させることにより体熱放散作用を示す．

⑤唾液分泌機構：

a）神経支配：唾液腺は交感神経と副交感神経の二重支配を受けている．交感神経は第1～4胸髄に発し，頸部交感神経幹を経て，前頸神経節に達し，ニューロンを代えて各腺の血管や分泌細胞に分布する．副交感神経の節前線維は延髄の後唾液核から舌咽神経を経て耳神経節に至りニューロンを代え，耳下腺に至るものと，同じく延髄の前唾液核から鼓索神経，舌神経を経て，下顎神経節に至り，ニューロンを代え，舌下腺，下顎腺に分布するものとがある（図2・5）．

交感神経の刺激で犬や人では下顎腺から少量の唾液が，猫ではかなりの量の唾液が分泌される．一方，副交感神経を刺激すると，下顎腺からムチンを含む唾液と耳下腺から水分に富む唾液がいずれも多量に分泌される．アトロピンは副交感神経の作用を阻害する．すなわち，副交感神経は主に分泌細胞の活性に影響を与え，交感神経は血管運動に影響を与える．

唾液分泌の求心経路は口腔に分布する知覚神経，その他，食道や胃に存在する求心性神経の興奮による．

b）無条件反射と条件反射：飼料が口腔内に入ると，口腔粘膜や舌にある受容器が化学的，機械的，温熱的刺激で興奮し，唾液分泌反射が起こる．また，食道や胃の刺激によっても唾液分泌が生ずるが，この反射は迷走神経の求心枝を介するものである．これらの反射はすべて延髄の唾液分泌

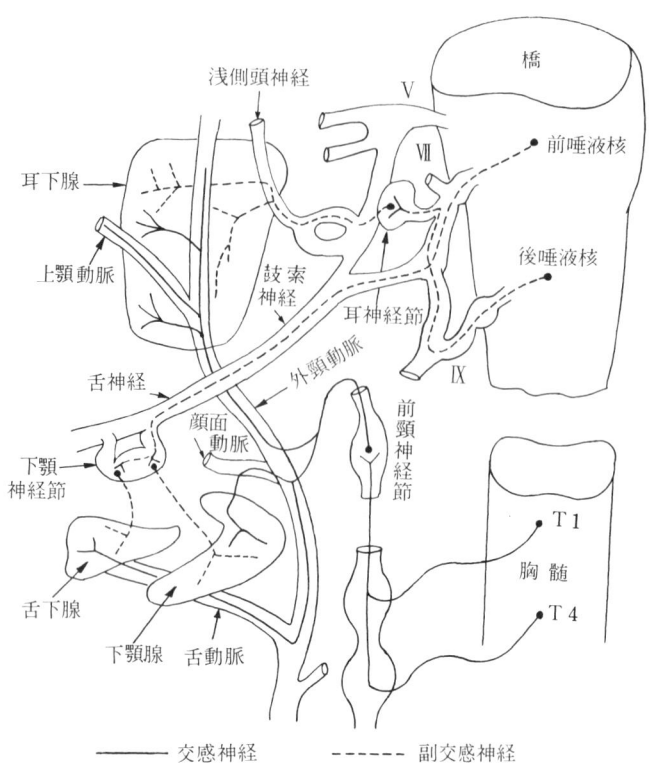

――― 交感神経　　------ 副交感神経

Ⅴ：三叉神経　　Ⅶ：顔面神経　　Ⅸ：舌咽神経

図2・5　唾液腺への神経支配模式図

中枢を介する無条件反射である．一方，それだけではなんらの効果もない刺激が，ある特定の反応を引き起こす刺激と組合わされて，繰り返し与えられると，ついには本来効果のない刺激を与えるだけで反応を引き起こすことができるようになる．パヴロフ（I. P. Pavlov）は犬を用い，肉を与えるという刺激の直前にベルを鳴らすという刺激を繰り返すと，ついにはベルを鳴らすだけで唾液が分泌されることを見出した．このように一定の条件を与えることにより形成された反射を条件反射という．条件となる刺激が視覚，聴覚，嗅覚などを通じて大脳皮質に及び，新しく形成された神経路を経て，無条件反射の興奮をもたらすと考えられる．条件反射の形成されやすさは動物種によって異なり，人や犬では容易である．

c）**唾液の生成**：唾液腺小葉をとりまく血管中の血液から，水，Na^+，K^+，Cl^-，HCO_3^- が腺細胞内に取り入れられ，次に唾液腺管内に分泌される．分泌された原唾液は前記の各イオンを含み，K^+ は能動輸送されるため，血漿中濃度より高い．導管部を流れる過程で Na^+ と Cl^- が再吸収され，K^+ と HCO_3^- が分泌される．導管中の流速が遅いときは，イオンの再吸収が大きく作用するが，水の移動は少ないため低張の唾液が得られる．一方，流速が早くなると再吸収や分泌される時間が少なくなるため，唾液の浸透圧は等張に近づく．

表2・2　飼料の種類と牛の唾液分泌量

飼料の種類	飼料量 (乾物kg)	唾液分泌量 (l/日) 採食	反芻	休息	総量	推定反芻時間
アルファルファ・サイレージ	7.7	21	44	45	110	7
中級乾草	5.5	26	70	53	149	8
乾草＋ディリー・キューブ	7.7	17	42	64	123	5
乾草＋圧扁とうもろこし＋落花生ケーキ	6.4	12	18	78	108	2
生　草	5.5	38	57	83	178	5

(BAILEY, Brit. J. Nutr.)

⑥ **反芻家畜の唾液**：反芻家畜の唾液は他動物とは異なる特徴を有している．まず，分泌量がきわめて多量でかつ間断なく流出している．人や犬でも刺激の有無とは関係なく，口腔内を湿潤させるために頬粘膜にある小唾液腺から僅かな唾液が継続的に分泌されているが，反芻家畜ではおもに耳下腺から相当量の唾液が絶えず分泌されている．また，飼料の性質によって分泌量は異なる（牛の例を表2・2に示す）．めん羊で採食中の一側耳下腺からの分泌量は飼料乾物1gあたり，生草および乾草で4～5 ml，濃厚飼料で2 mlであり，反芻時には再び増加する．成分的には陽イオンではNa^+が多くK^+は少ない．陰イオンはHCO_3^-とHPO_4^{2-}が主なものである．耳下腺や頬腺から分泌されるアルカリ性唾液は，血液とほぼ等張であるが，下顎腺，舌下腺から分泌される粘液性唾液は低張である．一般に分泌速度が増加すると，HCO_3^-濃度は上昇し，HPO_4^{2-}濃度は低下する（図2・6）．しかしNa^+やK^+濃度はあまり変化しない．耳下腺唾液を体外に除去すると動物は容易にNa不足（Na depletion）に陥り，Na/Kの

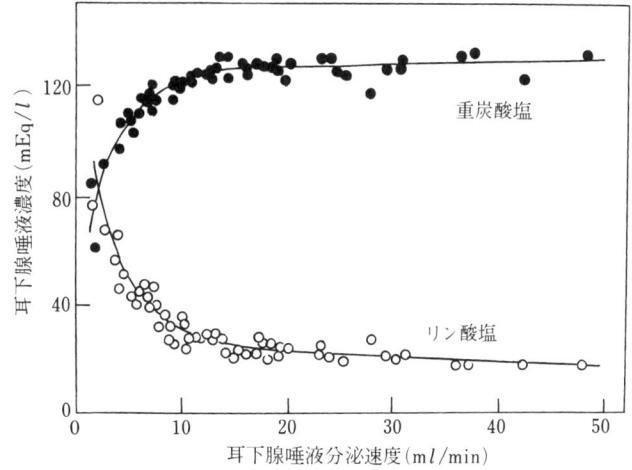

図2・6　牛の耳下腺唾液分泌速度と重炭酸塩およびリン酸塩濃度の変化　　（BAILEY & BALCH, Brit. J. Nurt.）

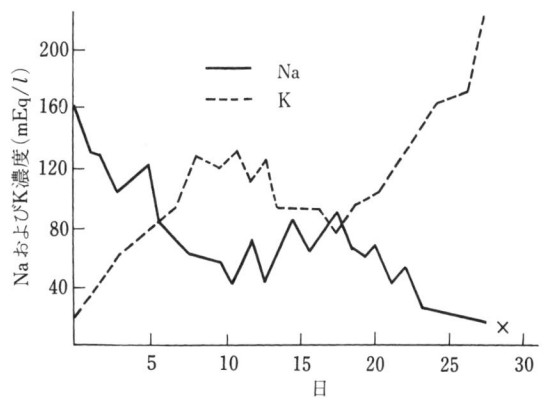

図2・7　めん羊の一側耳下腺唾液除去によるNaの喪失にともなう唾液中NaおよびK濃度の変化　×：死　　　　　　　（五味（享））

第 2 章 消化管機能

値は正常時に 18～20 程度のものが，0.1～0.05 となる．この際，Na を給与しなければ食欲を失い死に至る（図 2・7）．この唾液における Na 濃度の低下，K 濃度の上昇はアルドステロンの作用による．採食に伴い唾液流量が大きく増加するが，咀嚼に伴う口腔内機械刺激受容器および噴門部，第一・二胃襞に存在する張力受容器が飼料の粗い粒子によって刺激され，生じた興奮が迷走神経の求心枝によって中枢に伝達されることによる．また，下部食道の刺激や軽く拡張すること，第一胃内圧を 5～20 mmHg 程度に上昇させることも唾液分泌を増加させる．唾液分泌が採食終了直後に著しく減少するが，その理由はおもに唾液流出に伴う血液水分の減少に由来する血液浸透圧の上昇の結果と理解されている（図 2・8）．また，第一胃が過度に拡張すると，唾液分泌は減少する．

牛で副交感神経の刺激により耳下腺唾液の分泌が増加するのは，血流量の増加によるものであり，また頭部交感神経幹の刺激による耳下腺唾液の瞬間的な増加は筋上皮細胞の収縮によるものと考えられる．

唾液のおもな作用は，さきに述べた一般的な作用以外に第一胃に水分を与え，かつ連続的に行われる第一胃内発酵の結果生ずる短鎖脂肪酸（short-chain fatty acids, SCFAs, もしくは揮発性脂肪酸 volatile fatty acids, VFAs）による第一胃内 pH の酸性化を緩衝し良好な発酵を続けさせることにある．しかし，第一胃内発酵が盛んになり，SCFA の生産量が増大して，pH が低下したからといって，唾液分泌量が増す

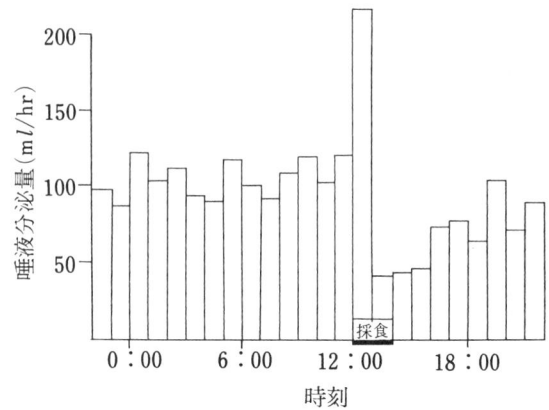

図 2・8　めん羊の一側耳下腺唾液分泌量の日内変動
（佐藤（良））

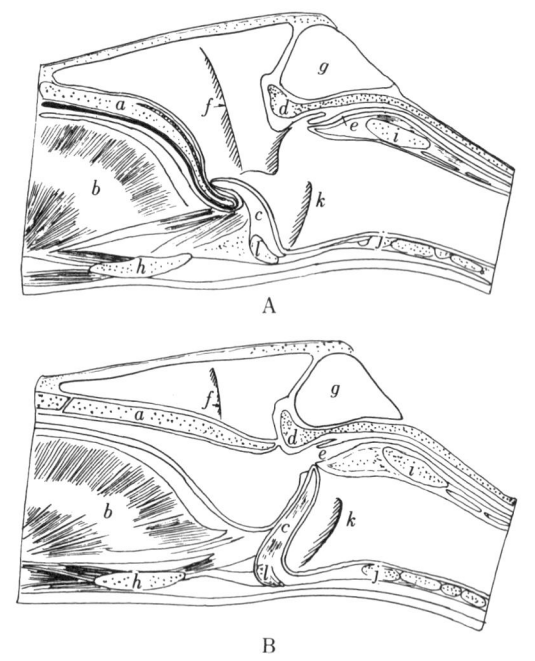

図 2・9　咽頭部における嚥下運動（馬）
A：気道開放，食道閉鎖　　B：気道閉鎖，食道開放
a：軟口蓋　　　　　b：舌根　　　　　c：喉頭蓋
b：パサパンド隆起　e：食道　　　　　f：耳管咽頭口
g：耳管憩室　　　　h：舌骨　　　　　i：輪状軟骨
j：輪状軟骨　　　　k：喉頭　　　　　l：甲状軟骨
（SCHEUNERT & TRAUTMANN, Lehrbuch der Veterinär-Physiologie）

とは限らない．プロピオン酸や酪酸の増加によりpHが6以下に低下するような場合は，唾液分泌はむしろ減少することが実験的に確かめられている．この原因は血液を介する体液性のものよりも，神経性の分泌抑制であるらしい．

4）嚥下

口腔内で咀嚼され，唾液と混和した食塊（food bolus）や液体は，咽頭（口腔と食道間の膨大部）から食道を経て胃内に送り込まれる．この運動を嚥下という．食塊が舌や下顎筋の随意運動によって咽頭の方に送り込まれると，咽頭に分布する知覚神経が刺激され，その興奮が延髄にある嚥下中枢に伝わり，不随意的な嚥下反射が引き起される．まず，軟口蓋が引き上げられて，咽頭後壁に押しつけられ，鼻腔との間を遮断する．さらに舌が口蓋につき，舌口蓋弓が舌の両側を強く囲んで口腔と咽頭との間が閉鎖され，また喉頭（気管の入口部）が上方に動いて舌骨に近づき声門は閉じ，喉頭の入口も閉鎖される．これらの運動によって咽頭部の内圧が上り，喉頭の運動によって食道の入口が拡がり，食塊は食道内に入る．この時，呼吸も反射的に止まる（図2・9）．

食道は四層よりなり，粘膜，粘膜下層，筋層，外膜で構成される．犬および反芻家畜では，胃に至るまでは横紋筋であるが，豚では胃の直前で，馬では肺根部から，人では下半部から平滑筋に代わる．休息時は食道と咽頭は括約筋によって閉じられている．食道と胃の接合部には解剖学的な括約筋は存在しないが，生理学的には括約筋としての作用がある．鶏には食道が変形し，一旦飼料を蓄えることができる嗉嚢が存在する．飼料の一部は嗉嚢に滞留中に乳酸発酵を受けることがある．

食塊が食道に入ると，蠕動（peristalsis）がはじまり，食塊は胃に向かって送り込まれる．食塊が胃に近づくと，胃，食道接合部は弛緩して食塊は胃内に入る．この蠕動は嚥下反射の一部を構成している．

食道には迷走神経が，また咽頭や食道上部にはその枝である反回神経が分布する．頸胸（後頸）神経節から発する交感神経が食道に分布しているが，その作用は十分に明らかでない．食道下部に分布する交感神経を刺激すると，食道下部の生理的括約筋が弛緩する．

食道の蠕動は動物の種類や，神経分布のあり方で異なるが，犬で2～5 cm/秒の速さで伝わり，食塊が食道を通過するのに4～5秒，猫では9～12秒かかるが，豚は早く2～3秒である．馬では35～40 cm/秒の速さで伝わり，牛も大体同じ速さとしてよい．液体の通過速度は固形物の5倍以上である．

2．単胃内消化

胃には内部が単一の腔である単胃（simple stomach）と2個以上の区画よりなる複胃（complex stomach）とがある．単胃での消化と四つの腔からなる反芻家畜の胃内での消化は，その様相が大きく異なる．

1）単胃の構造

単胃は生物学的に，噴門部（cardiac region），胃底（fundic region），幽門部（pyloric region）

に分けられ，各部位に腺がある．この他に食道から胃につながる部分に無腺部があり，馬では広く，豚では狭く，犬にはみられない．

噴門腺および幽門腺からは粘液が分泌される．胃底の粘膜には主細胞（chief cell, peptic cell），壁細胞（傍細胞，parietal cell, oxyntic cell）および頸粘液細胞（mucous neck cell，副細胞）があり，主細胞からはペプシノーゲン，壁細胞からは HCl，頸粘液細胞からは粘液が分泌される（図2・10）．鶏では，嗉嚢を通過した飼料は，腺胃に移送される．この腺胃が単胃哺乳類における胃に相当する部分となる．部分的に消化を受けた飼料はその後，筋胃に運ばれる．鶏の幽門は腺胃の後方に位置するのではなく，筋胃と十二指腸の間に細いリング状で存在する．

2）胃 運 動

胃内容がない場合は蠕動（peristalsis）が時に起こるが，平常は静止の状態にある．食塊が胃内に入ると，胃壁の筋線維は伸展され，その容積は増大するが，胃内圧にはほとんど変化がない．食塊は摂取した順序に胃底に層をなして重なるが，重い食塊は下に沈む傾向がある．これは胃底の胃壁が薄く，運動も弱いことによる．食塊で胃壁がある程度以上に

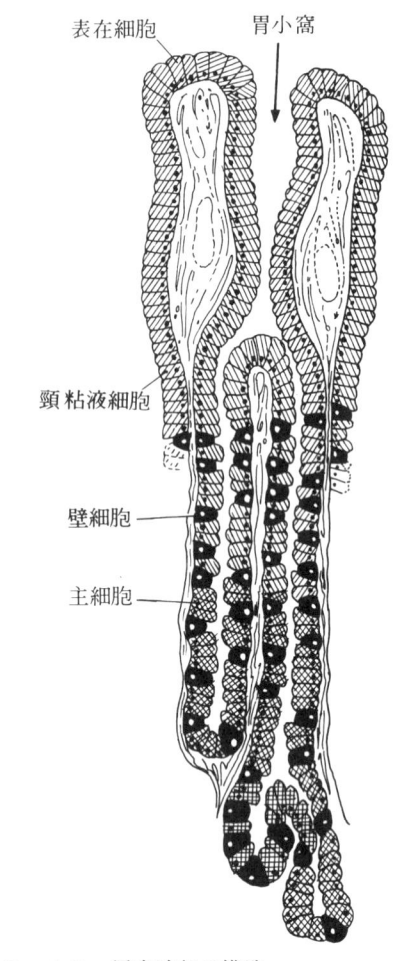

図2・10 胃底腺部の構造
（GROLLMAN, The Human Body）

伸展されると，その刺激によって3〜6回/分の蠕動運動がはじまる．この運動は噴門部から幽門部に波及し，胃内攪拌を行う．消化が進むにつれて，蠕動運動は盛んになり，胃内容は幽門部へと少量ずつ運ばれる．蠕動波が幽門にまで達すると幽門括約部は一時的に閉鎖して，十二指腸内容の胃内への逆流を防ぐと同時に胃内容物は押し返えされ，再び混和されて，消化が進行する．

幽門部における強い収縮によって，内圧が上昇し，十二指腸との間に大きい圧差が生ずると胃内容は十二指腸内に排出される．鶏では歯の代償として，筋胃で筋肉の力を借りた物理的消化が行われる．飼料の摩砕を助けるためにグリット（砂粒）を飲み込んで利用することもある．筋胃は，著しく厚く発達した筋層に特徴付けられる．内輪走筋層が外側筋および中間筋として発達して筋胃を形作っている．粘膜面は，硬いケラチン様の層で覆われており，物理的な消化に適合している．鳥類が歯を失った理由として体重を軽くするためとの考えがある．しかし，鳥類の祖先と考えられている恐竜は鋭い歯とともに筋胃を有していたと化石から判断されている．歯よりも重い筋胃が残っ

たことは単に体重を軽くするという考えでは説明できない．ただし，体重のバランスを考えると筋胃は体の下方に位置するために，飛行するには都合がよい．

①**胃内容の流出**：胃内容の流出は食塊が幽門部を通過し得るほどに流動化し，かゆ状となった時にはじまる．胃液で消化され半液状となって下部消化管に入った飼料物質はかゆ状液（chyme，びじゆく）と呼ばれる．胃内容の流出は十二指腸内のかゆ状液の性質によって調節される．かゆ状液が酸性である時は，迷走神経の求心枝を介して，また脂肪やペプトンなどが存在すると，十二指腸粘膜よりアミノ酸43個からなる胃抑制ペプチド（gastric inhibitory polypeptide，GIP）が分泌されて胃運動を抑制する．胃内容のなくなる速さには動物差があり，肉食動物では4～6時間，馬や豚では24時間もかかるという．胃内容がなくなると強い蠕動運動が起こり空腹感をもたらすとされている．これを飢餓収縮（hunger contraction）という．この現象は馬では採食後5時間で胃内になお食塊が存在していても起こる．しかし，これには胃内に風船を入れて胃運動を計測する際の人工的刺激によるものが含まれる．

②**神経支配**：胃は内臓神経（交感神経）と迷走神経（副交感神経）の二重支配を受ける．交感神経の刺激は蠕動運動を抑制し，副交感神経はこれを亢進させる．両神経の活性は一方が高まると他方は低くなる．胃壁の平滑筋細胞それ自体にも自動性があるが，蠕動のような協調性をもった運動は胃壁にある筋層間神経叢（アウエルバッハ神経叢）の作用が必要である．交感神経や副交感神経はさらに外来神経として，その作用を調整している．

③**嘔吐**：小腸上部内容を含む胃内容を口に吐き出すことを嘔吐（vomiting）という．草食動物よりも肉食動物によくみられる．嘔吐は，はきけと唾液分泌にはじまり，深い吸息ののち，声門が閉じる．横隔膜および腹筋の強い収縮で胃は圧迫され噴門部が弛緩し胃内容が咽頭を経て口中にもどされる．軟口蓋が上がり鼻腔との間を閉じて，鼻腔側への流出を防ぐ．

　嘔吐は複雑な反射運動であり，嘔吐中枢は延髄に存在している．求心刺激は胃，他の消化管や迷路（船酔い）に起こる．また，嘔吐中枢の付近に化学受容器があり，血中の異常物質により刺激されて中枢を興奮させる．

3）胃液の分泌

　胃の各部に存在する腺からの分泌物はただちに混合して胃液となる．その内容と性質はかなり変動する．胃液はHCl，ペプシン，レンニンのほかに，Na^+，K^+，Ca^{2+}，Mg^{2+}などの電解質，胃リパーゼ，粘液などを含む．壁細胞からの分泌が多い時は酸性が強く（pH 1），水分含量が多いが，絶食時には粘性が高く酸度の低い胃液となる．最大水素イオン分泌量（mEq/kg/時）は，人で0.48，ラットで0.75，猫で1.40，犬で1.82，鶏で3.24と鶏の胃酸分泌は他の動物に比べ高い．飼料タンパク質の構造は胃酸により修飾を受けることから，多量の胃酸によって鶏の短い消化管でも消化が進みやすいものと考えられる．

①**主細胞からの分泌**：ペプシンは主細胞からペプシノーゲンの形で分泌され（図2・11，A），酸またはペプシンそれ自身の作用でペプシンになる．ペプシノーゲン（分子量約39,000）およびペ

プシン（分子量約 34,500）は一種類ではなく動物種によって異なることが知られている．ペプシノーゲンの活性化は塩酸酸性下（pH2 付近）でよく起こり，ペプシノーゲンからペプシン抑制因子が分離することによる．

ペプシンはタンパク質のおもに芳香族アミノ酸につながるペプチド結合に作用し，ポリペプチド，ペプトンにまで加水分解する．

レンニン（rennin, キモシン，chymosin）は若い反芻動物やその他の幼若動物の主細胞から分泌されるタンパク質分解酵素である．乳汁中のカゼイ

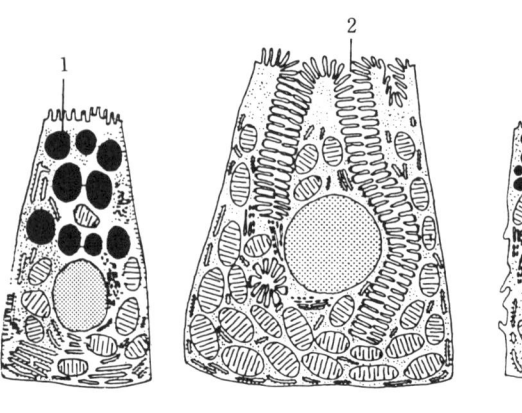

図 2・11　胃腺細胞
　　A：主細胞　　B：壁細胞　　C：頸粘液細胞
　　1. 酵素原顆粒　2. 分泌細管　3. 粘液
　　　　　　　　（星野，畜産のための形態学）

ンに作用して乳汁を凝固させる．レンニンを含む酵素剤をレンネット（rennet）という．

②**壁細胞からの分泌**：壁細胞からは塩酸が分泌される．壁細胞が活動をはじめると形態変化を生じ，細胞内の小管状小胞は細胞内分泌細管（secretory canaliculi）と呼ばれる小溝となって，腺腔に開口する（図 2・11，B）．壁細胞の細胞質は中性赤で染まるにもかかわらず，細管部は強酸性を示すことから，H^+ の生成は細胞質と細管の境界部で行われると考えられる．壁細胞内には多量の炭酸脱水酵素が含まれていて，血中から拡散してきた CO_2 は H_2O と作用して H^+ と HCO_3^- を生成する．HCO_3^- は間質液側の漿膜にある輸送体によって Cl^- と交替して血中に排出される．一方，生成された H^+ は細管側の膜部に存在する H^+/K^+ ATP アーゼ（H^+ ポンプ）によって，胃内腔側に排出される（図 2・3）．血中に入った HCO_3^- によって血液はアルカリ側に傾くが，アルカリ尿の排泄と呼吸による CO_2 の排出抑制によって緩衝される．H^+ と K^+ の能動輸送に用いられるエネルギーは ATP の分解によって供給される．嫌気的状態下では酸の分泌は抑制される．

壁細胞はまた内因子を分泌する．コバルトを含むビタミン B_{12}（シアノコバラミン）は葉酸とともに赤芽球の核酸合成に関与し，これらが欠除すると巨大な赤芽球が生じてくる．内因子は腸で B_{12} と固く結合し，回腸にある特別な受容器に結合して，B_{12} の細胞内への飲作用による吸収を助ける．胃の切除後や，胃粘膜の大部分が萎縮した時にみられる悪性貧血は内因子の欠除によるものである．

③**頸粘液細胞，表在細胞，噴門腺および幽門腺細胞からの分泌**：これらの細胞からは主として粘液が分泌される（図 2・11，C）．粘液は糖タンパク質やムコ多糖類を含み，アルカリ性の層をなして胃粘膜表面を覆い，胃壁を保護している．

4）胃液分泌の調節

①消化液の分泌調節：消化液の分泌は次の三つの方法によって調節される．

　a）**神経による分泌調節**：飼料を口腔内に入れると，口腔粘膜にある知覚神経の末端が刺激されて，唾液，胃液，膵液などの分泌中枢に興奮が伝わり，各分泌神経を経て，各分泌細胞の興奮が起こり，無条件反射としての消化液の分泌が起こる．一方，後天的に形成された条件反射による精神性分泌もある．分泌神経は自律神経系に属し，副交感神経性のものと，交感神経性のものとがある．唾液腺のように両者がともに分泌促進神経である場合もあるが，一般には副交感神経（ACh）が主として分泌作用をいとなむ．

　b）**ホルモンによる分泌調節**：消化液の分泌を特異的に起こさせるホルモンが消化管から分泌される．胃液はガストリンやヒスタミンによって分泌が起こる．これらの化学物質は消化管粘膜が化学的または機械的に刺激された時に分泌されて血中に入り，各消化液分泌細胞に作用する．

　c）**機械的および化学的刺激による分泌調節**：飼料が胃粘膜や腸粘膜を直接，刺激することにより局所反射的に分泌神経の興奮が起こり，胃液や腸液が分泌される．

②胃液の分泌調節機構：調節機構は古典的には以下の三相に分類されるが，具体的な調節は上記の因子（①）による．

　a）**頭相（cephalic phase）**：飼料に対する視覚，嗅覚，あるいは聴覚を介しての条件反射と，味覚や咀嚼，嚥下の刺激による無条件反射によって，分泌中枢の興奮が起こり迷走神経を介して胃液分泌の高進が生ずる．この胃液分泌の様相を頭相（または脳相）という．

　b）**胃相（gastric phase）**：飼料が胃に達して，幽門部が拡張されたり，タンパク質やポリペプチドが胃に存在したり，または迷走神経が刺激されたりすると，幽門部にある細胞（G細胞）からガストリン（gastrin）というホルモンが分泌される．ガストリンは，ガストリン/コレシストキニン（cholecystokinin, CCK）ファミリーに属するペプチドホルモンであり，両ホルモンのアミノ酸配列は類似している（図2・12）．分泌されたガストリンは一旦，血中に入り胃底腺細胞に作用して塩酸に富むペプシン含量の少ない胃液を分泌する．また胃粘膜に対する刺激による局所反射によっても胃液は分泌される．CCKの作用に関しては後述する．鶏のガストリンのアミノ酸配列は，哺乳類と異なる点が認められる．カルボキシル末端のテトラペプチドアミドのアミノ酸はよく保存されているが，カルボキシル末端から5番目の位置のアミノ酸残基は哺乳類のものとは異なる．哺乳類のガストリンにおいては，CCKのアミノ酸配列と比較して，チロシン残基の位置がカルボキシル末端側へ一つずれている．一方，鶏ガストリンのチロシン残基の位置はCCKと同じで

```
CCK-8                    DYMGWMDF-NH2
人ガストリン-17           QGPWLEEEEAYGWMDF-NH2
鶏ガストリン-36   FLPHVFAELSDRKGFVQGNGAVEALHDHFYPDWMDF-NH2
```

図2・12 コレシストキニンオクタペプチド（CCK-8），人ガストリン-17および鶏ガストリン-36のアミノ酸配列．

あるが，その作用は哺乳類のCCKの作用というよりはむしろガストリンの作用をもつ．これは鶏ガストリンのカルボキシル末端側から6番目に位置するプロリン残基が，ペプチドの立体構造を変え，7番目のチロシン残基の位置をよりカルボキシル末端側に近づけるためと考えられている．

c) **腸相（intestinal phase）**：胃内容が十二指腸に入ると胃液分泌が起こる．タンパク質分解産物による効果が大きい．これは，十二指腸から神経を介しての機構と十二指腸粘膜からもガストリンが分泌されるので，このホルモンを介しての機構との二つが作用する．

なお，副腎皮質刺激ホルモン（adrenocorticotropic hormone, ACTH），糖質コルチコイドも胃液の分泌を促す．

d) **分泌抑制機構**：恐怖などの情動は胃液分泌を抑制する．胃における血流量の低下や，大脳からの迷走神経に対する抑制によるものである．脂肪やグルコースが十二指腸内に入ると胃液分泌が低下する．これは十二指腸と空腸粘膜から分泌されるGIPの作用とみなされる．GIPは胃液分泌と胃運動の抑制，インスリンの分泌増を引き起こす．

3．反芻動物の胃内消化

反芻動物は偶蹄目の反芻亜目に分類され，マメジカからキリンまで属しているが，家畜化されているものには牛，めん羊，山羊，水牛などがある．図2・13に示すように，胃の形態は単純な腸管の膨らみから多岐にわたって進化してきている．また，同じ草食動物の中でも，単純な形態を維持してきたウマ（1）やウサギ（2）のような動物と，前胃の発達を伴った複雑な形態をもつようになったラクダ（11）や反芻動物（12,13,14）のように，二方向の進化戦略があることがわかる．ウマやウサギは，胃の形態は単純なままでも，膨大な容積を有する後腸（盲腸や結腸）をもつように進化してきた．複雑な胃の形態をもつ反芻動物でも，植物繊維を積極的に摂取し，細胞壁成分を前胃内の微生物発酵によって消化・利用する動物（たとえば，ウシやヒ

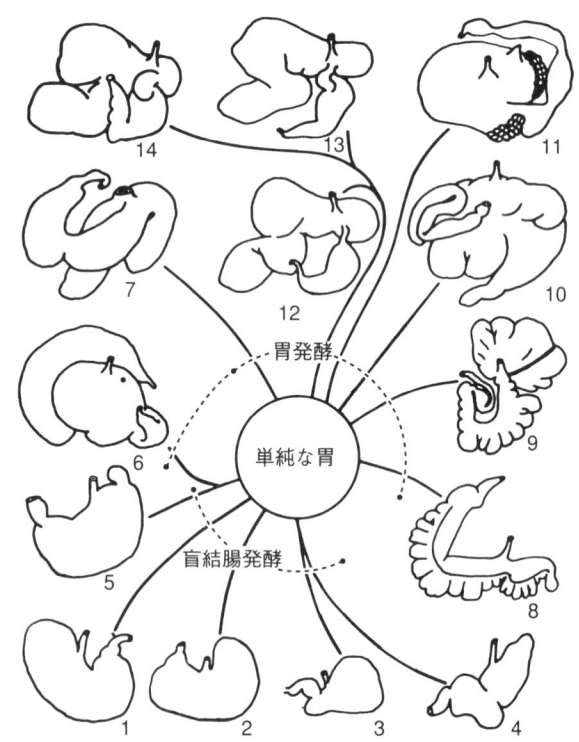

図2・13 胃の形態の多様性
(1)ウマ　(2)ウサギ　(3)カンガルーネズミ　(4)サバクネズミ　(5)ブタ　(6)ペッカリー　(7)カバ　(8)カンガルー類　(9)ヤセザル　(10)ミツユビナマケモノ　(11)ラクダ　(12)マメジカ　(13)アンテロープ　(14)ヒツジ
(MOIR, Handbook of Physiology)

ツジなど）と，前胃による植物繊維利用を保ちつつ小腸による易消化性栄養素の吸収にも依存する動物（ヘラジカなど）の二方向へ進化してきたと考えられている（R. R. Hofmann）.

アリストテレスはすでに反芻動物の胃が四つに区分されていることを記載している．Peyer（1685）は第一胃で発酵が起こることを知り，Tiedeman ら（1831）は酢酸の存在をみつけている．第一胃におけるプロピオン酸の存在は Elseden ら（1945）によりようやく確認された．Haubner（1855）はセルロースが消化の過程で消失することを知ったが，それが第一胃内微生物の作用によることを確認したのは，Zuntz（1879），Tappeiner ら（1884）の研究による．1940 年代に至りイギリスのケンブリッジ大学で精力的な研究が行われ，第一胃内発酵の様相，発酵生産物の種類，それらの吸収と体内における利用などの大要がほぼ明らかになった．一方，アメリカの Hungate ら（1942）の第一胃内微生物の培養の研究なども進み，第一胃内微生物と宿主の間の共生関係が注目されるに至った．

1）反芻家畜の胃の構造

反芻家畜の胃は第一胃（rumen, 瘤胃），第二胃（reticulum, 蜂巣胃），第三胃（omasum, 重弁胃）および第四胃（abomasum, 皺胃）よりなる．第一胃はもっとも大きく，その容積は全消化管の 50％以上，全胃の 70％以上を占め，牛で 100～150 l，めん羊で 15 l ぐらいある（図 2・14）．第一胃の外部は溝で，内部はそれに対応する筋柱（pillar）または襞によって七つに区分される．胃壁は粘膜層，粘膜下織，筋層，漿膜層よりなる．第一胃粘膜内面には特徴ある乳頭が密生し，その高さは牛で 10 mm 以上になる．部位によって，発達の程度が違い，第一・二胃襞部や第一胃陥凹前部などでもっとも発達し，背嚢上部や筋柱部では劣る．通常，暗緑－黒褐色を呈しているが，飼料条件によって異なり鉄イオンが不足すると退色する．

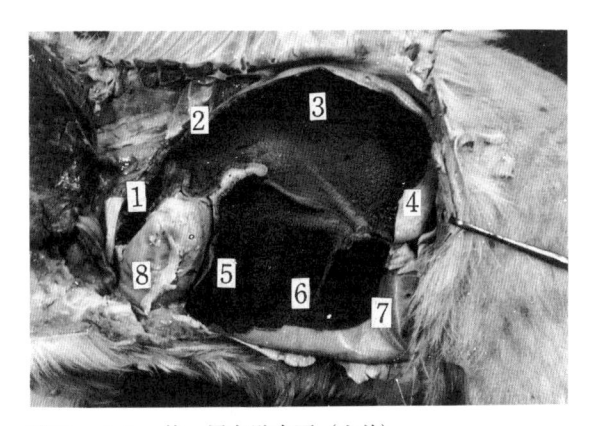

図 2・14　第一胃右壁内面（山羊）
1：第二胃　2：第一胃前房　3：背嚢体　4：後背盲嚢　5：第一胃陥凹　6：腹嚢体　7：後腹盲嚢　8：第四胃胃底部（玉手（英））

第二胃は胃全体の約 5～8％を占め，第一胃とは第一・二胃襞で区別され，第三胃とは第二・三胃口で通じている．粘膜内面は 4～6 角形をした特有の第二胃襞で覆われている．それぞれの小室の底部には二次的な小さな襞がある．

第三胃の大きさは胃全体の 2～7％を占め，多数の第三胃葉（襞）で占められている．葉の大きさは最大の第一次葉から第五次葉まであり，第一次葉の数は 10～14 枚である．各葉には乳頭が無数にある．第四胃とは第三胃溝を経て第三・四胃口で通じている．第四胃は胃全体の 8～11％を占

め，単腔胃動物の胃に相当するものである．胃底部の前半には発達したラセン状の襞がある．第一，第二胃を総称して反芻胃（reticulorumen），第一，第二，第三胃を前胃（forestomach）と呼ぶことがある．前胃の内部は，すべて重層扁平上皮で覆われ，分泌腺は存在しない．かつて前胃は食道の膨大したものとされたが，現在は胃の一部の拡大したものであることが確認されている．

　第一胃と第二胃で起こる現象は，それぞれ区別しがたいことが多いので，本書ではそれらのすべてを第一胃で起こる現象として記載する．

2）胃の生後発育

　成獣の第一胃はきわめて大きいが，新生児では小さく，第一・二胃の全胃に対する割合は約30％にすぎない．成獣の割合に達するには，通常の飼養条件下では牛で約12週を要する（表2・3）．この日数は飼料条件によって変化する．全乳のみで飼育すると，動物は発育はするが，第一胃の発達は著しく遅れる．第一胃の発達を促す物質は粗飼料またはその物理的性質のみにあるのではなく，第一胃発酵産物であるプロピオン酸や酪酸にもあることが知られている．これらの物質はまた第一胃乳頭の発育を促す．この他にも発育促進物質としてプロピレングリコールやインスリンなどがある．

表2・3　牛の胃の発達

牛	第一胃＋第二胃	第三胃＋第四胃
新生児	33％	67％
10～12週	67	33
4ヵ月	80	20
1～1.5年	85	15

全胃容積に占める割合．

　胃は単に解剖学的な発達をするばかりでなく，生化学的にも発達する．すなわち新生児においては，あたかも単胃動物と同じような代謝像を示すが日数の経過とともに反芻家畜としての特徴を現わしてくる．

3）第一・二胃運動

　第一胃と第二胃の運動は協調して起こることが多い（図2・15）．まず第二胃が，その大きさが半分になる程度に収縮し，ついで一旦弛緩して再びより強く収縮する．これを第二胃の二相性収縮（biphasic contraction）という．第二胃の2回目の収縮の過程で第一胃の収縮がはじまる．前筋柱部が強く収縮し，第一胃を前部と後部に分けるほどになるが，この収縮は急速に背嚢から腹嚢へと進み，前部から後部へ波及する撹拌運動（mixing contraction）となる．この第二胃の収縮を伴った後方に進む運動をA型運動（A sequence）または第一次周期（primary cycle）という．この収縮後に続いての第二胃の収縮はみられない．第一胃背嚢が収縮し，続いて腹嚢が収縮する運動が起こる．ただし，腹嚢の収縮は起こらないこともある．すなわち，第一胃だけの運動で後部から前部へ波及する収縮をB型運動（B sequence）または第二次周期（secondary cycle）という．両者が連続して起こる場合をAB型運動という．B型運動の際，背嚢および前筋柱の収縮時にあい気の排出がみられるので，あい気性周期（eructation cycle）ともいう．あい気に関しては6）で説明する．

　第一・二胃運動は必ずしもこのように規則正しく起こるものではない．ある運動の中でどこかの

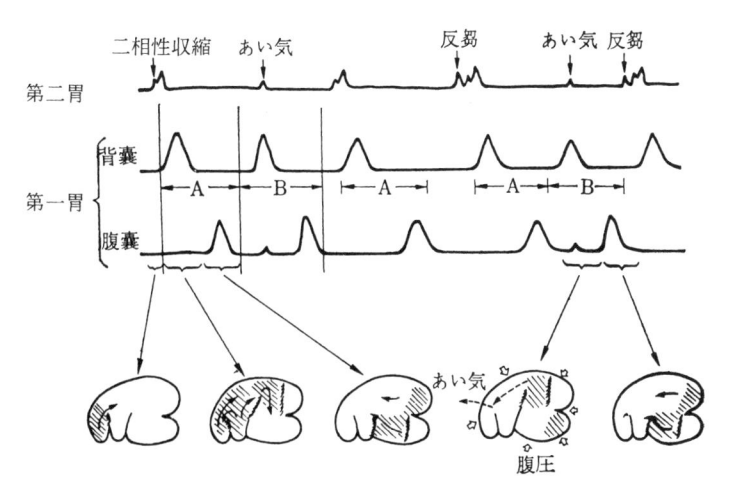

図2・15　第一・二胃運動の模式図
前胃運動の進行にともなう各部位の内圧上昇を示した．

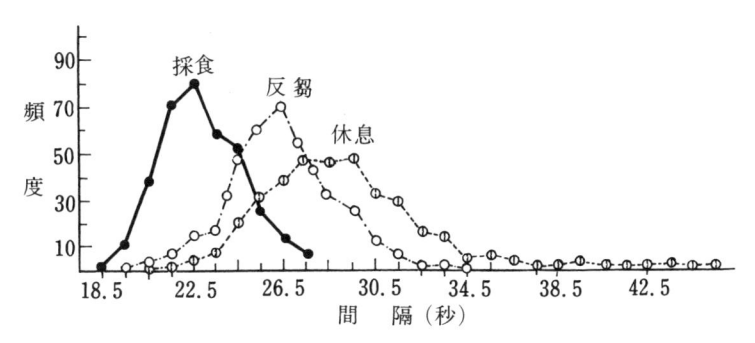

図2・16　牛の第一収縮間隔の度数分布
A型・B型の合計から算出した．
(MORILLO & DEALBA, Cornell Vet.)

収縮が欠けたり，一方の運動のみが起こったり，胃運動がみられずにあい気の排出があったり，種々の場合がある．A型運動の時にあい気が起こる場合もある．

　収縮頻度は採食中がもっとも多く，反芻時がこれにつぎ，休息時は最少になる．図2・16によれば，採食時，反芻時，休息時にそれぞれ2.7回/分，2.3回/分，2回/分の収縮をすることがもっとも多い．動物の立位あるいは臥位の差はほとんどない．

　運動回数は第一胃内液pHが低下するルーメンアシドーシスなどの第一胃内異常発酵時には減少する．実験的に酢酸やプロピオン酸，酪酸を第一胃内に大量投与すると第一胃運動は容易に停止する．胃壁に分布する神経終末に直接か，あるいは血中に吸収されたのち運動中枢に作用するのであろう．発熱や痛み，高温条件もまた第一胃運動を低下させる．

　第一胃の容積の発達と同様に，第一胃の運動の発達も飼料条件によって左右される．子牛を通常飼育すると，生後5～6週で成牛同様の運動を示すようになるが，全乳のみで飼育すると10週を経

過しても，十分な発達をしない．

4）神経支配

交感神経と迷走神経が分布している．迷走神経は気管支部で背腹に位置を変えて気管枝に沿って走り，腹側腹部迷走神経と背側腹部迷走神経に分かれる．腹側腹部迷走神経は第二，第三，第四胃に分布し，背側腹部迷走神経は第一胃に分布すると同時に，第二，第三，第四胃の大彎にも分枝を出している．交感神経は腹腔神経節および前腸間膜動脈神経節からの節後線維が第一～第四胃に分布している．迷走神経の刺激は第一・二胃運動を促進するが，コリン作動性薬物は有効ではない．両側の迷走神経を切断すると，第一・二・三胃の周期的な運動性は消失し，反芻も行われなくなり，ついには死亡する．しかし，第四胃運動は減少するが消失はしない．

5）反芻

第一・二胃内容を口腔へ吐き戻し（regurgitation）て，再咀嚼をし，唾液と混合させ再び嚥下することを反芻（rumination）という．反芻時に食道内に流入する胃内容は半液状様（めん羊で乾物含率は約6%）であって，粗大な飼料片は含まれていない．1回に吐き戻す量はかなり大きく変動するが，平均して1g/kg体重程度である．吐き戻しの機構はまずA型運動に伴う第二胃の二相性収縮に先行する収縮（図2・15）によって第二胃内容が噴門の方へ移動し，吸息的努力による胸腔内圧の低下と声門の閉鎖により食道内に陰圧が生じ，噴門が弛緩し，胃内容が食道下部に入る．食道内に入った食塊は，食道の逆蠕動によって（速度は牛で約1m/秒）口腔内にもどされる．しかし反芻が起こるのにこれらのすべてが同時に必要ではない．たとえば気管カニューレを装着している動物でも容易に反芻するし，また第二胃運動をアトロピンで抑制しても反芻は起こる．これらの

表2・4 飼料の種類と採食および反芻時間
（min/飼料乾物1kgあたり）

	採食時間	反芻時間	合計時間
大麦わら	41～58	94～133	145～191
良質牧乾草	27～31	55～74	87～105
グラスサイレージ	31～58	60～83	99～120
大麦わらと配合飼料			
60：40	18	44	62
40：60	17	36	53
20：80	16	20	36
0：100	21	0	21
牧乾草と配合飼料			
67：33	19	47	66
31：69	15	37	52
17：83	11	24	35
8：92	21	19	40
0：100	10	0	10
人工乾燥牧草	8～18	33～39	44～53
大麦わら粉砕	15～18	0～22	15～37

（BALCH, Brit. J. Nutr.）

事実から食道の横紋筋の急速な収縮と，肋骨部の筋の収縮が重要であるとする説もある．他の動物の嘔吐時にみられる腹筋の収縮はない．

反芻に際して食道内陰圧は必ずみられるが，胃運動による陽圧との間の大きな圧差は必要がないようである．口腔内に達した食塊からは，まず舌根部を持ち上げることにより絞り出された水分が飲みこまれ，再咀嚼がはじまり唾液と混りあい（再混唾），再び嚥下されて1回の反芻が終わる．途中，水分を飲み込むこともある．反芻は第二胃壁や，第一・二胃襞，または噴門周囲への触刺激によって容易に引き起こされる反射である．反芻中枢は嘔吐中枢の付近で延髄の網様体内にあり，大脳皮質からも支配されている．求心および遠心性神経はいずれも迷走神経に含まれ，唾液腺，喉頭，食道，呼吸筋および前胃との間にそれぞれ連絡がある．粗い飼料や第一胃壁の張力の増加は反芻を引き起こす刺激となることが知られている．飼料の種類によって採食時間と反芻時間がそれぞれ異なる．表2・4は粗い形状の飼料が減少するにしたがって，反芻時間か短くなることを示している．また，血中や第一胃内のアセトン濃度と反芻行動の間には負の相関が見られる．

6）あい気排出

第一胃内における飼料の発酵および唾液の流入の結果，大量のガスが発生する．このガスを第一胃から排出することをあい気（おくび）排出（eructation）という．通常はB型運動の際，噴門部付近や，第一・二胃襞と第二胃溝の接合部付近に存在する圧力および張力に感ずる受容器が刺激され，迷走神経の求心枝を介して延髄にあるあい気反射中枢が刺激される．この中枢に生じた興奮は迷走神経遠心枝を介して，あい気反射に関与する各部に伝えられる．食道は逆蠕動し，ガスを輸送する．鼻咽頭括約筋は閉鎖しており，声門は開いているので大部分のガスは気管内に流入する．そして呼吸気ガスと混和し一部分は呼気とともに排出されるが，他の部分は肺の血流に吸収される．したがって，あい気排出がある時は気管内ガス圧やその内容は変わり，動脈血のCO_2含量は高くなる．噴門付近が胃内容，水，泡，油などで覆われると，ガスの排出ができなくなり，鼓脹症（bloat）を生ずることがある．

7）第二胃溝反射

噴門部から第二・三胃口にわたって縦走する2枚の肥厚した唇状突起に囲まれた部分を第二胃溝（reticular groove，かつては食道溝と称した）という（図2・17）．幼動物が母乳や水を飲むと，唇状部が強く収縮して短くなり，かつ，巻き込んで管状になり飲んだ液体は第一胃に入らず直接第三胃に入る．この反射を第二胃溝反射（reticular groove reflex）という．反射の受容器は口腔内や咽頭にあり，遠心性線維は背側腹部迷走神経に含まれている．またこの反

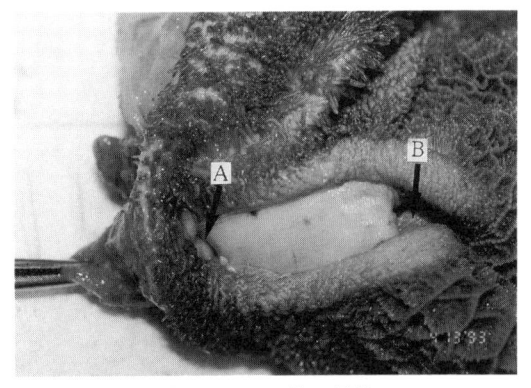

図2・17 第二胃溝
A：噴門　　B：第二・三胃口

射は日齢が進むにつれて消失し，離乳後は通常みられなくなる．母乳は反射を引き起こすもっともよい物質であり，食塩や硫酸銅を含む溶液も有効であることが知られている．また，バケツから飲むより乳首から飲む方がより反射が起こりやすいという．この反射は母乳が第一胃に入り，微生物による発酵を受けて，栄養価が低下するのを防ぐのに有効な反射であると考えられている．第二胃溝の閉鎖反射は，無条件反射であるが訓練により条件づけできることが明らかとなった．すなわち，液状飼料の給飼方法を一定にして訓練すれば，視覚（または聴覚および嗅覚）を通じて反射中枢が刺激され，第二胃溝閉鎖が離乳後も継続し得ることが知られるに至った．したがって液体が母乳あるいは水であろうと，乳首あるいはバケツから飲ませようと，それらとは無関係に給飼方式に対して条件反射が成立することが判明した．この反射を利用して，あるいは第一胃内で消化を受けないように飼料を処理して動物に給飼する方法をルーメン・バイパス法という．

8）消化管内の飼料通過速度

消化管内の飼料の通過速度を第一胃から第三胃までと第四胃以降，糞となって排出されるまでの二段階に分けて考えると，種々の実験結果から第四胃以降においては，普通の場合，飼料は24〜30時間で通過し単胃動物と同様であることがわかる．しかし各種の飼料を染色し，不消化の染色粒子が糞中へ排出される割合から計測すると，口腔から摂取した飼料の90％程度が糞中に現われるのに約100時間を要する．これは飼料がかなりの時間，第一胃内に滞留することを示すものである．

飼料の粒子が細かいほど，また密度がある程度まで大きいほど（比重として1.6程度まで）第一胃の通過速度は速い．また粗飼料の採食量が多くなるほど，通過速度は速くなり，逆に消化率は低下する．しかし飼料の質や動物種によってもこの傾向には大きな変動が生じる（図2・18）．

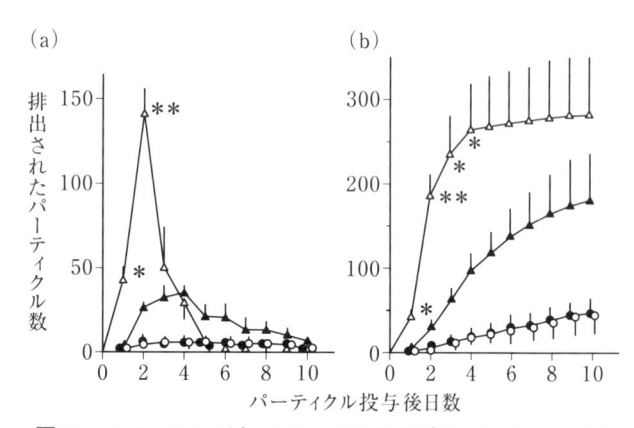

図2・18　ヒツジとヤギにおける比重別パーティクルの消化管通過速度の違い．
(a)は1日あたりの排出個数，(b)は累積排出個数を示す．
ヒツジ（●，▲）とヤギ（○，△）．比重0.92（●，○）および1.38（▲，△）．　　　　（Katoh, Brit. J. Nutr）

9）第一胃内発酵

①**微生物との共生**：第一胃内には多数の微生物（細菌，真菌，原生動物など）が共存しており，主として宿主が摂取する飼料を栄養源として生活している．微生物の代謝産物の一部は第一胃壁より吸収され，一部は下部消化管に流出し，一部は体外にガスとして排出され，また一部は微生物に再利用される．第一胃で起こる微生物による種々の物質の異化および同化の作用をまとめて第一胃内発酵（rumen fermentation）と呼ぶ．第一胃内における微生物は相互に共存関係にあり，かつ，動

Ⅱ 消化　(29)

表2・5　主要第一胃内細菌とそのエネルギー源及び生成物

細菌種	主要作用	エネルギー	主要生成物
グラム陽性菌			
Streptococcus bovis	C, D, I	デンプン	乳酸（ギ酸）（酢酸）
Sarcina ventriculi		グルコース	酢酸, エタノール, 乳酸
Ruminococcus flavefaciens	A, B	セルロース	コハク酸, 酢酸, （ギ酸）（乳酸）
Ruminococcus albus	A, B	セルロース	酢酸, ギ酸, エタノール
Ruminococcus bromii	E	デンプン	エタノール
Lactobacillus ruminis	G	グルコース	L-乳酸, D-乳酸, 酢酸
Lactobacillus vitulinus	G	グルコース	D-乳酸, 酢酸
Lactobacillus acidophilus		グルコース	DL-乳酸
Propionibacterium acnes		グルコース	プロピオン酸, 酢酸, 乳酸, コハク酸, ギ酸, イソバレリアン酸
Eubacterium ruminantium	K	グルコース	乳酸, ギ酸, 酪酸（酢酸）
Eubacterium cellulosolvens	K	セルロース	乳酸, ギ酸, 酢酸
Bifidobacterium Pseudolongum		グルコース	乳酸, 酢酸
Bifidobacterium thermophilum		グルコース	乳酸, 酢酸
Methanobrevibacter ruminantium	F	酢酸	メタン
グラム陰性菌			
Methanobrevibacter ruminantium	F	酢酸	メタン
Methanobacterium formicicum	F	CO_2の還元	メタン（グラム不定）
Clostridium cellbioparum		グルコース	酢酸, 乳酸, ギ酸, コハク酸
Clostridium clostridiiforme		グルコース	酢酸, 乳酸, ギ酸, コハク酸
Desulfotomaculum ruminis		乳酸	H_2S
Oschillospira guilliermondi		グルコース？	
Veillonella parvula		乳酸	プロピオン酸, 酢酸
Megasphaera elsdenii	H, J	乳酸	カプロン酸, 酪酸, イソバレリアン酸, イソ酪酸
Ruminobacter amylophilus	D, I	デンプン	コハク酸, 酢酸, プロピオン酸
Bacteroides ruminicola	B, C, D, E, I, J		
subsp. ruminicola		グルコース	コハク酸, 酢酸（乳酸）（ギ酸）
subsp. brevis		グルコース	コハク酸, 酢酸（乳酸）（ギ酸）
Fibrobacter succinogenes	A		
subsp. succinogenes		セルロース	コハク酸, 酢酸, プロピオン酸, イソバレリアン酸（ギ酸）
subsp. elongate		セルロース	コハク酸, 酢酸, プロピオン酸, イソバレリアン酸（ギ酸）
Fusobacterium necrophorum		グルコース	酪酸, 酢酸
Desulfovibrio desulfuricans		酢酸	H_2S
Butyrivibrio fibrisolvens	A, B, C, E, I, K	セルロース	酪酸, ギ酸, 乳酸
Succinivibrio dextrinosolvens	E, C	グルコース	コハク酸, 酢酸（ギ酸）（乳酸）
Succinimonas amylolytica	D	デンプン	コハク酸, 酢酸, プロピオン酸
Lachnospira multiparus	C	デンプン	ギ酸, 酢酸, 乳酸, エタノール
Selenomonas ruminantium	E, J, H	グルコース	プロピオン酸, 酢酸, 乳酸（酪酸）
Anaerovibrio lipolytica	K	脂質	酢酸, プロピオン酸
Wolinella succinogenes		グルコース	コハク酸（酢酸）（乳酸）
Treponema bryantii	C, E, G, K	グルコース	ギ酸, 酢酸, コハク酸
マイコプラズマ			
Anaeroplasma bactoclasticum		グルコース	ギ酸, 酢酸, 乳酸, プロピオン酸
Anaeroplasma abactoclasticum		グルコース	酢酸, ギ酸, 乳酸, コハク酸

生成物に付した＿＿＿は100 mlの培地に1白金耳の細菌を接種した際1 mEq以上の生成量があることを示す.
（　）は菌株によっては生産される物質.
各菌の主要作用：A) セルロース分解性, B) ヘミセルロース分解性, C) ペクチン分解性, D) デンプン分解性, E) 尿素分解性, F) メタン生成性, G) 糖利用性, H) 酸利用性, I) タンパク分解性, J) アンモニア生成性, K) 脂質利用性（扇元（敬））

物側からの飼料・水・唾液などの供給を受け，また胃運動・胃壁からの物質の吸収などによって宿主との間に共生（symbiosis）が成立している．これらの諸因子によって第一胃内には複雑な生態系（ecosystem）が形成されており，連続発酵槽としての恒常性が維持されている．

②**細菌**（bacteria）：第一胃内に存在する細菌の種類と数はきわめて多く，かつ複雑で飼料の種類や，採食後の時間あるいは動物の状態によっても変化する．細菌の数や種類は顕微鏡による観察，各種の培養法による研究，螢光抗体法による同定などの方法によって確かめることができる．細菌の種類は研究者によってかなり異なるが，その総数は第一胃内容物 1 g あたり $10^9 \sim 10^{11}$ である．第一胃内発酵に関与する細菌の大部分は非芽胞性偏性嫌気性菌であるが，通性嫌気性菌（例：*Streptococcus bovis*）も存在する．表 2・5 におもな細菌のエネルギー源と，主要生成物を示した．これらの細菌の多くは飼料中の炭水化物の一ないし数種類をエネルギー源として使うが，これらの炭水化物を利用できない細菌は，乳酸のような代謝産物を利用する．利用し得るエネルギー源が，きわめて限られている細菌もあるが，一般に多くの細菌が多種の物質を利用することができる．したがって一種または数種の細菌が欠除しても，第一胃発酵には，あまり大きな影響を与えないと考えられる．

　子畜は親や飼料，土壌との接触によって第一胃内に細菌を棲みこませる．飼料条件その他によっても異なるが，牛で生後 9〜13 週でおおよそ成動物と同じ細菌の種類と数が得られる．

　菌の総数は飼料条件，給飼後時間などによって変化するが，数そのものは菌の示す活性とあまり大きな関係はない．生草や濃厚飼料を給与すると菌数は増加の傾向を示す．表 2・6 に大麦と乾草の給与比率をかえた時の菌の変遷の一例が示してある．

③**原生動物**（protozoa）：多種類の原生動物が第一胃内に棲息しており，その数も第一胃内容 1 g あたり $10^5 \sim 10^6$ に達する．その大部分は繊毛虫であるが，ごく少数の鞭毛虫が含まれることもある．繊毛虫は大きく二種類に分類される．その一つは Isotrichidae に属するものであり，他は Ophryoscolecidae に属するものである（表 2・7）．前者は全身が繊毛で覆われているが，後者は体の前部にのみ繊毛が存在する．大きさは 20〜25 μm × 10〜15 μm 程度の小さなものから 150〜250

表 2・6　大麦と乾草の給与比を大麦のみから乾草のみにまで順次変化させた場合の菌種の変遷

優先バクテリア	大麦 ←		→ 乾草
デンプン分解性バクテリア	*Selenomonas ruminantium* *Bifidobacterium sp.* *Bacteroides ruminicola* *Fusobacterium* sp.	*Succinivibrio dextrinosolvens* *Streptococcus* sp. *Bacteroides amylophilus*	*Bacteroides ruminicola*
セルロース分解性バクテリア		*Bacteroides succinogenes* *Ruminococcus* sp.	*Ruminococcus* sp. *Butyrivibrio fibrisolvens* *Bacteroides succinogenes*

(押尾（秀）)

表2・7　第一胃内繊毛虫の分類

〔門〕　繊毛虫類 Ciliophora
　〔綱〕　キネトフラグミノフォーラ類 Kinetofragminoforea
　　〔亜綱〕　裸口類 Gymnostomata
　　　〔目〕　原口類 Prostomatida
　　　　〔科〕　ブチリア類 Buetschliidae
　　　　　〔属〕　*Buetschlia*
　　　　　〔属〕　*Parabundleia*
　　　　　〔属〕　*Polymorphella*
　　〔亜綱〕　前庭類 Vestibulifera
　　　〔目〕　毛口類 Trichostomatida
　　　　〔亜目〕　毛口類 Trichostomatina
　　　　　〔科〕　イソトリカ類 Isotrichidae
　　　　　　〔属〕　*Isotricha*
　　　　　　〔属〕　*Dasytricha*
　　　　　　〔属〕　*Oligoisotricha*
　　　　　　〔属〕　*Microcetus*
　　　　〔亜目〕　ブレファロコリス類 Blepharocorythina
　　　　　〔科〕　ブレファロコリス類 Blepharocorythidae
　　　　　　〔属〕　*Charonina*
　　　〔目〕　エントディニオモルファ類 Entodiniomorphida
　　　　〔科〕　オフリオスコレックス類 Ophryoscolecidae
　　　　　〔亜科〕　エントディニウム類 Entodiniinae
　　　　　　〔属〕　*Entodinium*
　　　　　　〔属〕　*Campylodinium*
　　　　　〔亜科〕　ディプロディニウム類 Diplodiniinae
　　　　　　〔属〕　*Diplodinium*
　　　　　　〔属〕　*Eodinium*
　　　　　　〔属〕　*Eudiplodinium*
　　　　　　〔属〕　*Metadinium*
　　　　　　〔属〕　*Polyplastron*
　　　　　　〔属〕　*Elytroplastron*
　　　　　　〔属〕　*Ostracodinium*
　　　　　　〔属〕　*Enoploplastron*
　　　　　〔亜科〕　オフリオスコレックス類 Ophryoscolecinae
　　　　　　〔属〕　*Ophryoscolex*
　　　　　　〔属〕　*Epidinium*
　　　　　　〔属〕　*Epiplastron*
　　　　　　〔属〕　*Opisthotrichum*
　　　　　　〔属〕　*Caloscolex*

(今井 (壮))

μm×100〜180 μm ほどの大きなものまである (図2・19, 図2・20). 第一胃内繊毛虫は嫌気性であり, 粒状物質を好んで捕食するが, 液状物質を摂取することもできる. 炭水化物を摂取して貯蔵多糖であるアミロペクチンを形成する一方, それらを代謝して酢酸, 酪酸, 乳酸, CO_2, H_2 などを生成する. また, カゼインやその他のタンパク質を分解し, ペプチド, アミノ酸, アンモニアを生成する. アミノ酸はまた虫体内にとり込まれ, 虫体タンパク質中に現われるが, 繊毛虫類の主要なN源はアミノ酸よりも, 細菌などの粒状タンパク質であろうと思われる. 繊毛虫は多数の細菌

第2章　消化管機能

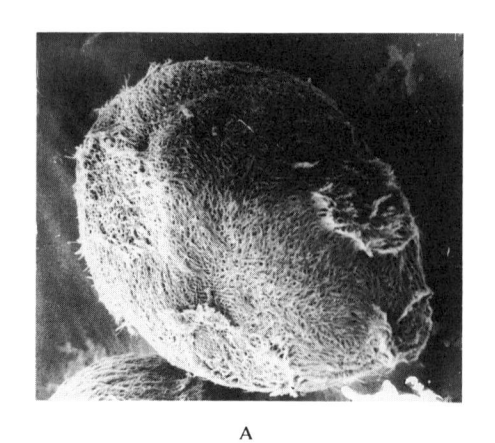

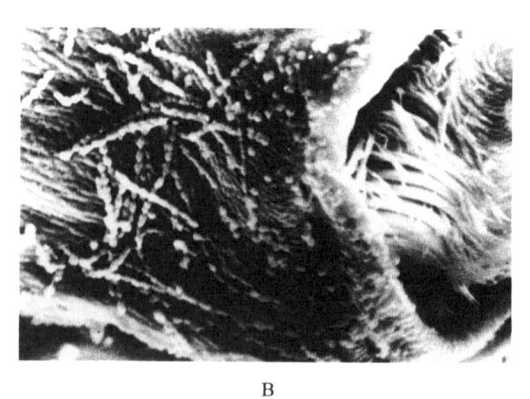

図2・19　原生動物の例
A：Isotricha intestinalis　体表に無数の繊毛が生えている（×1,000）
B：Entodinium maggi　口部に多数の細菌が附着している（×4,600）
（今井（壮））

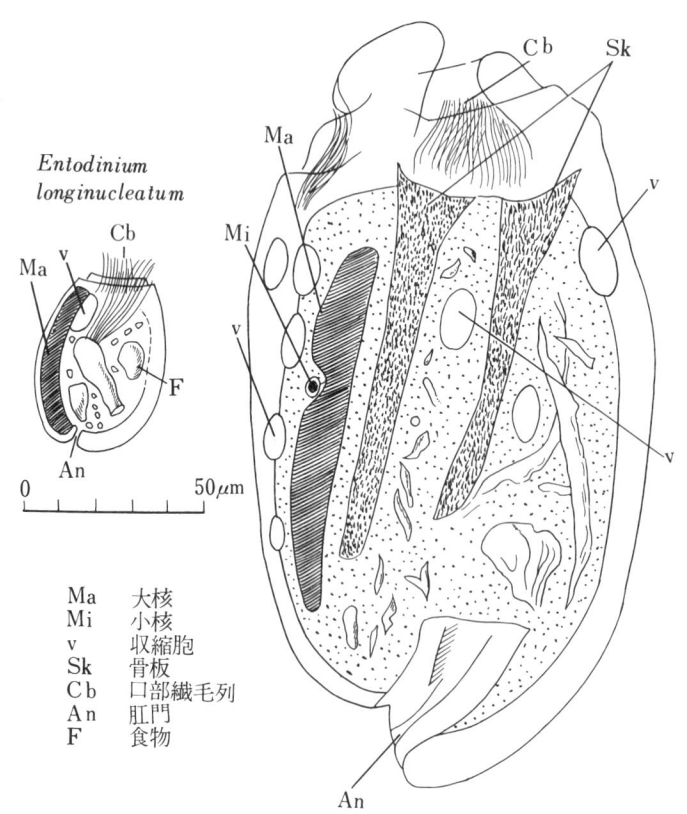

Ma　大核
Mi　小核
v　収縮胞
Sk　骨板
Cb　口部繊毛列
An　肛門
F　食物

図2・20　原生動物の模式図

を捕食することが知られている．細菌菌膜のムコペプチドに含まれる α-ε-ジアミノピメリン酸から繊毛虫はリジンを合成することができる．

　第一胃細菌の中には芽胞を形成する種類があるのとは異なり，第一胃内繊毛虫は囊胞（cyst）を形成しないようであり，また第一胃にしか存在しないことから，子畜への感染は親の第一胃内容や，それの混ざった唾液と子畜との接触によってのみ成立すると考えられている．したがって，生後，子畜をただちに親から離すと容易に無繊毛虫動物（defaunated animal）となる．

　第一胃内繊毛虫の宿主に対する役割は，未だ十分には解明されていない．有繊毛虫動物（faunated animal）の成長は無繊毛虫動物のそれよりよいようである．また有繊毛虫動物の第一胃内のアンモニア濃度や，SCFA 量は一般に高い．乾物の消化率もNの蓄積率も高いが，これには飼料の種類も関係する．繊毛虫の体タンパク質の生物価（91%）は細菌（74%）より高く，第一胃内繊毛虫は動物のタンパク要求量の約 20% をまかない得るという．また原生動物は数が少ないが，体が大きいので第一胃内細菌の占めるN量と繊毛虫のN量とほぼ等しいことが知られている．

④ **真菌（fungi）**：第一胃内には酵母や好気性ならびに嫌気性真菌が生息しており，リグノセルロ

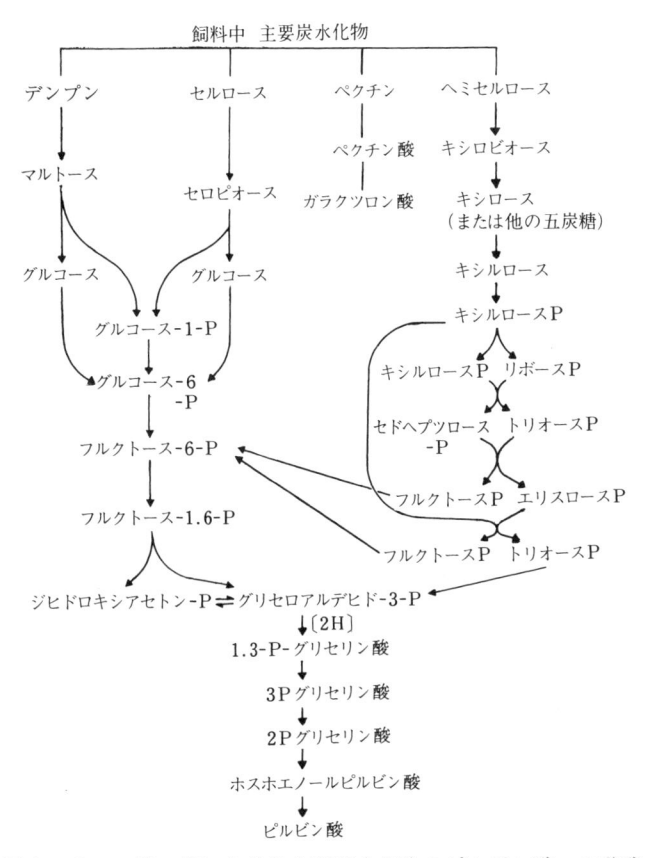

図2・21　第一胃における主要炭水化物のピルビン酸への発酵
（P ＝リン酸）

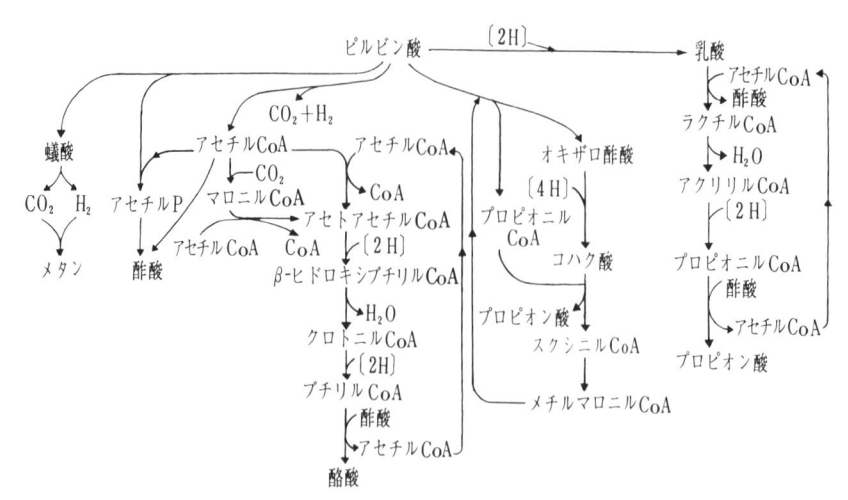

図2・22 第一胃内におけるピルビン酸からの揮発性脂肪酸生成
(LENG, Physiology of Digestion and Metabolism in the Ruminant)

表2・8 第一胃内における揮発性脂肪酸生成量

動物	飼料	日生産量 酢酸	プロピオン酸	酪酸	総カロリー (×4.184 J)
		モル	モル	モル	キロカロリー
めん羊	小麦乾草	2.4	1.06	0.504	1154.6
牛	乾 草	14.4	5.05	4.44	7189.5
	放 牧	9.6	3.72	2.64	4755.0
泌乳牛	乾草＋濃厚飼料	40.1	12.8	10.5	18580.5
乾乳牛	乾 草	28.5	7.2	4.1	10747.3

表2・9 揮発性脂肪酸とグルコースの燃焼熱（1モルあたり）(×4.184 J)

酢 酸　　　$CH_3COOH + 2O_2 \rightarrow 2CO_2 + 2H_2O + 209$ kcal
プロピオン酸　　$CH_3CH_2COOH + 3\frac{1}{2}O_2 \rightarrow 3CO_2 + 3H_2O + 367$ kcal
酪 酸　　　$CH_3CH_2CH_2COOH + 5O_2 \rightarrow 4CO_2 + 4H_2O + 524$ kcal
グルコース　　$C_6H_{12}O_6 + 6O_2 \rightarrow 6CO_2 + 6H_2O + 686$ kcal

ースの分解に関与していることが明らかとなってきている．

⑤ **炭水化物の消化**：飼料中の炭水化物には，種々の形態のものが含まれるが，可溶性糖（六炭糖，ショ糖など），デンプン，セルロース，ヘミセルロース，リグニン（フェニールプロパンよりなる高分子化合物でセルロース内に沈着する）などがおもなものである．これらの含量は飼料の種類や植物の育成時期によって大きく変動する．可溶性糖や，デンプンは単胃動物でも消化管から分泌さ

れる酵素によって分解されるが，セルロース，ヘミセルロースは分解酵素が分泌されないため消化されない．しかし第一胃では，微生物の有する酵素によってこれらの炭水化物は分解発酵され得る．発酵生成物としては SCFA，乳酸，メタン，CO_2 などがおもなものである．図 2·21，図 2·22 にその分解経路を模式的に示した．発酵性は可溶性糖がもっともよく，デンプンがこれにつぎ，セルロースやヘミセルロースはもっとも悪い．

生成される SCFA の割合（モル％）は酢酸 60〜70％，プロピオン酸 15〜20％，酪酸 10〜15％ で，さらに炭素数の多いバレリアン酸なども僅かに含まれる．飼料中に粗飼料の割合が多ければ酢酸の比率が高くなるが，可溶性糖やデンプンを含む濃厚飼料が多くなると，プロピオン酸，酪酸の比率が増加する．この場合に乳酸が増加することも多い．

SCFA の生産量は飼料の量や質，動物の状態によってかなり異なる（表 2·8）．これらは第一胃壁より大部分が吸収されてエネルギー源となる．SCFA が主要なエネルギー源となることは反芻動物のもっとも大きな特徴の一つである（表 2·9）．

⑥ **タンパク質の消化**：反芻動物の窒素化合物の代謝の大きな特徴は飼料中のタンパク質，非タンパク態窒素化合物（non-protein nitrogen compound, NPN）が第一胃内微生物の作用により分解され，あるいは別の窒素化合物に再合成されて宿主に供給されることである．

第一胃内微生物はタンパク質分解酵素を有し，飼料中のタンパク質はアンモニア，ペプチド，アミノ酸に分解される．タンパク質分解酵素の性質は非特異的で，異なる飼料を与えることによって菌相を変えても，あまり大きな変化を受けない．しかし水溶性の高いタンパク質は容易に分解され，低いタンパク質はその逆であり，アンモニアの生成量は一般にタンパク質の溶性に比例するこ

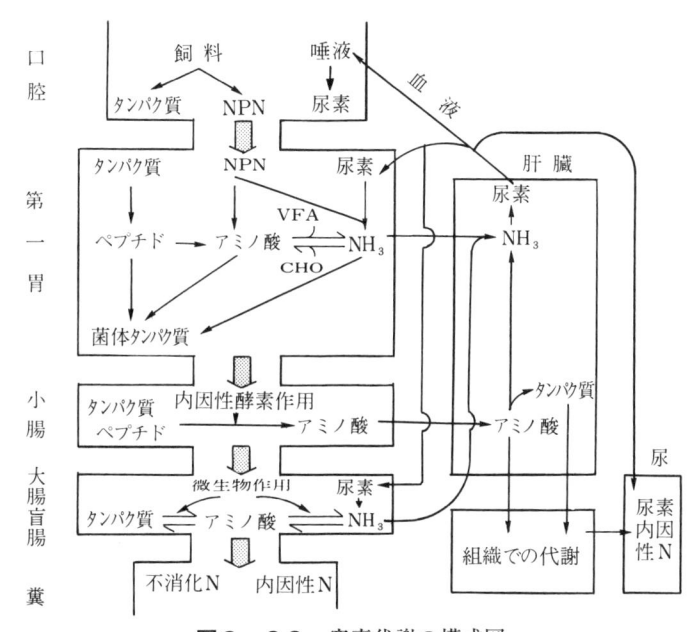

図 2·23 窒素代謝の模式図

とが知られている．第一胃内のアミノ酸やペプチドは，採食後に増加するが，通常の濃度はアミノ酸 0.5〜10 mg/dl，ペプチド 0.2〜5 mg/dl 程度である．生成されたペプチドにはアミノ酸を経て，二酸化炭素，アンモニアあるいは SCFA に変化するものがある．

アミノ酸から SCFA の生成にはスティックランド（Stickland）反応が考えられる．二つのアミノ酸の一つが水素供与体，他の一つが受容体となって次の反応が起こる．

$$2RCH(NH_2)COOH + 2H_2O + R'CH(NH_2)COOH$$
$$\rightarrow 2RCH_2COOH + R'CHOOH + 3NH_3 + CO_2 \quad (R= アルキル基)$$

ペプチドやアミノ酸およびアンモニアは直接，微生物に利用され菌体タンパク質などの窒素化合物が合成される（図2・23）．したがって成熟反芻家畜では第一胃微生物の合成作用により，単胃動物におけるような必須アミノ酸の給与は必要でない．

アンモニアは第一胃内の主要な水溶性窒素化合物で，その濃度は飼料タンパク質の量と性質，尿素の唾液からの流入や血液から第一胃内への拡散およびアンモニアの第一胃壁からの吸収などによって左右される．第一胃内細菌は強いウレアーゼ活性を有するので尿素は容易にアンモニアと CO_2 に分解する．尿素をタンパク質代替物として大量に与えた場合などに尿素中毒が生ずることがあるのは，生成されたアンモニアが血中に吸収されて，アンモニア中毒症になることによるとされている．また，易発酵性の炭水化物が相当量共存すればアンモニア濃度は低く保たれることが知られている．

第一胃内の N の分布は飼料の質や供給量によっても異なるが，乾草と濃厚飼料を給与している牛で，飼料，細菌，原生動物，可溶性 N の占める割合を 20，40，30，10% とし，第一胃内容を 50 l とした場合にその中に 165 g の N があるとすれば，各分画の占める N 含量はそれぞれ，33，66，50，16 g となる（図2・24）．

⑦**脂肪の消化**：脂肪は飼料中の大きな部分を占めることはな

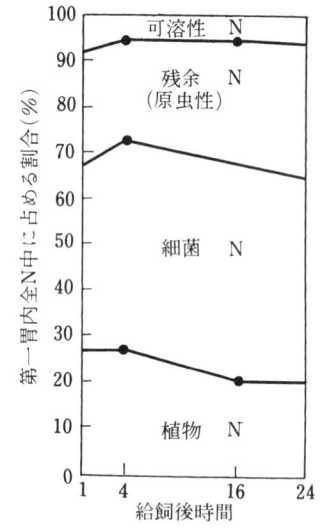

図2・24　第一胃内のN分布の例
（板橋（久））

表2・10 クローバーに富む牧草と，それを採食しためん羊の第一胃内容の脂肪酸組成の比較（重量%）

	飽和脂肪酸				不飽和脂肪酸				
	C_{14}	C_{16}	C_{18}	C_{20}	$C_{14:1}$	$C_{16:1}$	$C_{18:1}$	$C_{18:2}$	$C_{18:3}$
クローバー牧草	−	8.9	2.8	3.9	−	7.9	9.5	8.1	58.9
第一胃内容	1.2	16.9	48.5	5.8	0.2	1.8	19.4	2.9	3.3

（LOUGH & GARTON, Essential Fatty Acids）

いが，蓄積脂肪や乳脂肪の源として重要である．トリアシルグリセロールは第一胃内微生物の作用により水解されてグリセロールと脂肪酸になる．リン脂質も同様に水解される．グリセロールの一部はプロピオン酸になる．第一胃内で生ずる大きな変化は不飽和脂肪酸が水素添加を受けて飽和脂肪酸に変化することである（表2・10）．単胃動物では体脂肪の36％以内が飽和脂肪酸であるが，反芻動物では55〜62％に達する．一方，微生物体脂質の中には必須脂肪酸や奇数鎖脂肪酸が含まれることが知られている．

⑧ビタミンの合成：第一胃内の細菌はビタミンB群（ビタミンB_1，ビタミンB_2，ビタミンB_6，ビタミンB_{12}，ニコチンアミド，パントテン酸，ビオチン，葉酸，イノシトール，パラアミノ安息香酸など）や，ビタミンKを合成することができる．したがって成熟動物ではこれらのビタミンの欠乏症を生ずることはない．しかし，第一胃の十分に発達していない幼動物では不足することがある．また，飼料中にコバルトが不足するとビタミンB_{12}の合成ができなくなる．ビタミンA・D・Eは第一胃内微生物により合成されないため，反芻動物はこれらを摂取する必要がある．ビタミンCは生体内で合成できる．ビタミンCを経口的に与えても第一胃で分解されてしまい無効である．

⑨ガスの生成：第一胃ガスのおもな成分はCO_2とメタンである．またN_2が少量含まれる．H_2，O_2あるいはH_2Sが微量に含まれることがある．CO_2は炭水化物の発酵，アミノ酸の代謝の過程などで生成される．また唾液中の炭酸塩の分解によっても生ずる．メタンはCO_2の還元，またはギ酸から生成される．

ガスの生成量は飼料や飼料給与後の時間によって異なる（表2・11）．いま，乳牛の第一胃内で六炭糖が発酵して次のように生成物を作ったとする．

表2・11　第一胃内ガス組成

	採食直後	4時間後	24時間後
O_2	5	0	0
N_2	15	1	35
CO_2	55	70	20
メタン	25	29	45

表2・12　各種飼料の可消化養分の第一胃での消失割合

給与飼料	有機物	粗タンパク	粗脂肪	粗繊維	NFE	粗灰分
濃厚飼料と乾草	80.0	11.7	2.6	97.4	81.2	−19.0
青刈ライ麦	81.8	52.1	73.2	97.7	92.9	−46.0
乾草	85.4	−0.4	61.9	99.4	96.9	−2.2
乾草	75.2	−20.0	66.3	93.0	84.3	13.4

NFE：可溶無窒素物

（亀岡（暄））

第2章　消化管機能

58 モル（$C_6H_{12}O_6$）→ 62 モル酢酸 ＋22 モルプロピオン酸
　　＋16 モル酪酸 ＋60 1/2 モル CO_2 ＋33 1/2 モルメタン ＋27 モル H_2O

摂取した可消化炭水化物量を 6 kg とし，上記の式からガスの生成量を求めると，CO_2 が 778 l，メタンが 431 l となる．さらに唾液が 100 l 分泌され，第一胃の酸でその重炭酸塩（100 mEq/l）がすべて CO_2 になったとすると，224 l が生成されることになるので，CO_2 の総量は 1,002 l となる．

⑩ **第一胃内での飼料消化の割合**：摂取した飼料の可消化養分が第一胃で消失する割合を表 2・12 に示した．飼料の種類によって相違があるが，可消化粗繊維のほとんどすべてが第一胃内で消化されることがわかる．粗タンパク質や粗灰分でマイナスの値があるのは，唾液などから供給される N や灰分量が吸収量を上回ることがあるためである．

10) 第三胃および第四胃の機能

第三胃の機能は，(1) 第二・三胃口の運動と第二胃運動が同調して，第二胃内容物の第三胃への移動を調節し，第三胃から第四胃への移動を制御する，(2) 角化した小突起をもつ第三胃葉により内容物をふるいわけ，粗大な飼料片を第二胃にもどす，(3) 第三胃体の運動により酸や無機物などを吸収する，ことである．重炭酸塩も吸収するので第三胃液の緩衝能力は低下し，第四胃における塩酸分泌必要量を減少させる．一方，Cl^- は血中から分泌される．しかし，第三胃から第四胃に流出する内容物の水分量はかなり多い（表 2・13）．育成牛で第三胃から第四胃に移行する内容物量は 32～44 kg/日である．また，第三胃を拡張させると第二胃運動が抑制されることが知られている．

第四胃の機能は単胃動物のものとほぼ同じであるが，幼動物ではレンニンの分泌がある．胃液の分泌は第三胃液の流入が持続的であるのに伴って持続的で，SCFA には胃液分泌促進効果がある．また胃液の分泌に対する頭相の存在意義は少ないようである．

表2・13　第一胃液と第三胃液の比較

		第一胃液	第三胃液	
酢酸	(mmol/l)	77.6	28.4	牛
プロピオン酸	〃	23.4	7.4	〃
酪酸	〃	13.7	4.1	〃
Na	(mEq/l)	108.1	71.1	〃
K	〃	38.5	42.0	〃
Cl	〃	18.1	69.2	〃
無機 P	〃	19.1	19.7	〃
NH_3	〃	14.2	9.9	〃
緩衝能	(mmol/l)	170	60	pHを3にするに必要なHCl量
pH		6.4	6.6	めん羊
浸透圧	(mOsm/l)	247	229	〃
総 CO_2	(mmol/l)	36	22	〃
HCO_3	〃	21	17	〃
水分	(%)	90	93	〃

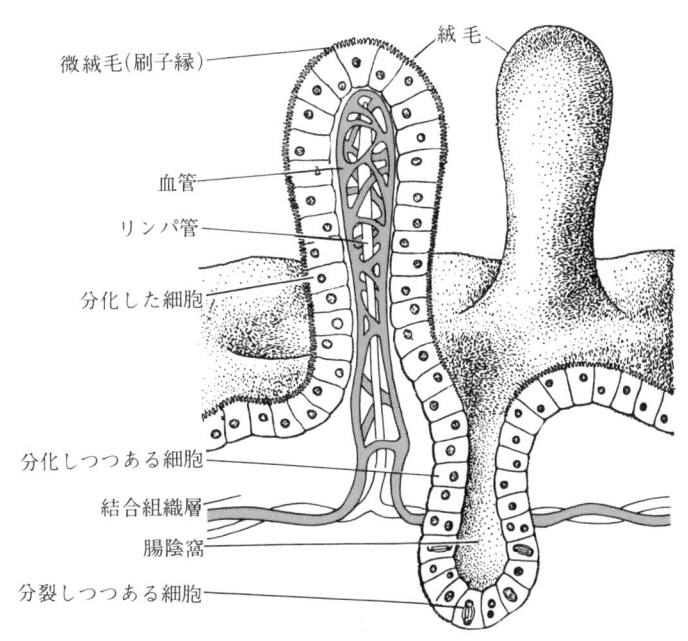

図2・25 小腸壁の構造
上皮細胞は陰窩（crypt）の中で新生し，分化して絨毛部へ移動する．
（板橋（久））

4．小腸内消化

　胃において部分的に消化された物質は小腸で膵液，腸液に含まれる酵素および胆汁で消化され，さらに盲腸，大腸で細菌の作用を受け最後に糞として排世される．腸の長さは動物によって異なり，身（体）長の，人：6倍，鶏：7倍，馬：15倍，豚：25倍，牛：15〜30倍，めん羊：25〜30倍である．

1）小腸の構造

　小腸（small intestine）は，十二指腸（duodenum），空腸（jejunum）および回腸（ileum）よりなる．小腸の壁は粘膜層，筋層および漿膜層の三層より構成される．小腸の粘膜はヒダを形成し，その表面は絨毛（villi）で覆われる．絨毛の表面は円柱上皮よりなり，さらにその表面からは無数の微絨毛（microvilli）が出ている．微絨毛はブラシ状に配列しているので刷子縁（ブラシ縁，brush border）と呼ばれる．これらにより小腸粘膜の面積はきわめて広くなり，吸収に適した構造となる．絨毛の内部は毛細血管とリンパ管が網目状をなしている（図2・25）．

　鶏の小腸は，十二指腸と空回腸で分けられる．十二指腸はU字型のワナを形作り，筋胃より骨盤腔に達する下行部と骨盤腔より反転して再び幽門近くに至る上行部からなる．解剖組織学的に空腸と回腸を区別することが困難であるために空回腸と呼ばれるが，便宜的に卵黄嚢憩室（メッケル憩室）を境界とし，それ以前を空腸，それ以降を回腸とすることがある．

2）小腸運動

三つの基本的な運動の型があり，これらの運動によって腸内容は混和され，消化吸収を受け，かつ，大腸に送られる．

分節運動（segmentation contraction）は，一定の間隔で腸にくびれが生じ，多くの分節を作るが，次にこのくびれが消失し，くびれの前後に新しくびれが生ずる運動である（図2・26）．この運動により腸内容は連続的に攪拌され，消化酵素と混ざり消化が行われると同時にある時点での弛緩部位は次の収縮部位となり内容物の撹拌が行われることを示す．絨毛と接触し，吸収が行われる．

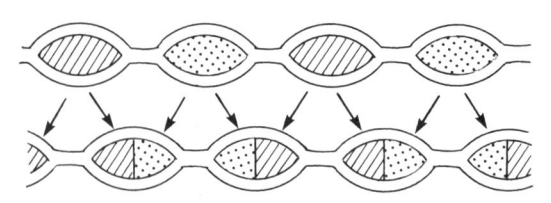

図2・26 腸の分節運動
ある時点での弛緩部位は次の収縮部位となり内容物の撹拌が行われることを示す．

振子運動（pendular movement）は，腸の長軸に沿って収縮，弛緩が連続して起こる運動である．腸内容の攪拌には僅かに有効であるが，移動には役立たない．

蠕動（peristalsis）は，腸内容を輸送する主要な運動である．腸の長軸に沿って収縮波が大腸側に向かって進行する．腸のある部分に内容物があり，その部分が受動的に拡大されると，肛門側は弛緩し，口側は収縮して内容が輸送される．小腸では逆蠕動（antiperistalsis）は起こらないが，鶏では起こることがある．鶏の消化管は非常に短いが，この逆蠕動により消化管内を消化産物が往復することで短さを補っている．

3）小腸運動の調節

小腸粘膜下織に存在する粘膜下神経叢（submucous plexus，マイスネル神経叢）と平滑筋層にある筋層間神経叢（myenteric plexus，アウエルバッハ神経叢）は相互に連絡しあって複雑な神経網を形成している．これらの内在性神経網は筋層に機械受容器を，粘膜層に化学受容器を有し，それぞれ腸壁の伸展と腸内の化学的変化を感受している．また，内在性神経網はコリン性および非コリン性の遠心性神経を有している．コリン性ニューロンからはアセチルコリンが分泌され，筋の収縮や腺からの分泌を促す．非コリン性ニューロンからは血管作動性小腸ペプチド（vasoactive intestinal polypeptide，VIP）を主とする種々のペプチドが分泌され，平滑筋の弛緩をもたらす．交感神経と迷走神経も外来神経として腸管に分布するが，内在神経網と密に連絡している．交感神経は節後線維が分布して，アセチルコリン分泌を抑制するが，一方，迷走神経は節前線維が内在神経網の細胞とシナプスを形成し，消化管運動を促進する．

4）消化液の分泌

① 腸液：腸壁から分泌される液をまとめて腸液（intestinal juice）という．腸液はアルカリ性の液でムチン，電解質を含む．少量の酵素も含まれるが，これらは粘膜表面の細胞膜に含まれているものが脱落して腸液に加わったものであり，分泌されたものではないと考えられている．腸液の分泌は採食によって増加する．迷走神経は腸液分泌を促進し，内臓神経は分泌を抑制する．

② 膵液：膵臓には内分泌腺と外分泌腺が含まれる．外分泌腺の腺房は消化酵素（チモーゲン（酵

素原）顆粒）を含む細胞よりなり，腺房はさらに介在導管に続き，介在導管は集まって膵管を作り，十二指腸に注ぐ．介在導管の細胞からは水や電解質が分泌される．

　膵液（pancreatic juice）は，無色透明な溶液でアルカリ性である．アルカリ性は重炭酸イオンによるものであり，分泌速度が増加するにつれてHCO_3^-濃度は増加し，Cl^-濃度が減少する．このアルカリ性は十二指腸内に流入するかゆ状液の酸性を中和し，膵液中の酵素の活性を高める．膵液中の酵素には次のものがある．トリプシン（trypsin）とキモトリプシン（chymotrypsin）は不活性のトリプシノーゲン（trypsinogen），キモトリプシノーゲン（chymotrypsinogen）として分泌される．トリプシノーゲンは，エンテロキナーゼでトリプシンになり，トリプシンはキモトリプシノーゲンをキモトリプシンに変える．これらのタンパク質分解酵素は，ペプチド鎖を内側から切断するエンドペプチダーゼと，末端からアミノ酸を一個ずつ切断するエキソペプチダーゼに分類され，トリプシン，キモトリプシンは前者で，胃液に含まれるペプシンもエンドペプチダーゼである．トリプシンは塩基性アミノ酸のアルギニンおよびリジンのカルボキシル基と他のアミノ酸のアミノ基との間にできたペプチド結合を特異的に切断する．キモトリプシンは芳香族アミノ酸のカルボキシル基に生じたペプチド結合を切断する．一方，カルボキシペプチダーゼ（carboxypeptidase）は，エ

表2・14　小腸内消化酵素とその作用

	酵素名	活性化物質	基質	分解産物
膵液	トリプシン（トリプシノーゲン）	エンテロキナーゼ	タンパク質，ポリペプチド	アルギニン，リジン部でペプチド結合を切断
	キモトリプシン（キモトリプシノーゲン）	トリプシン	タンパク質，ポリペプチド	芳香族アミノ酸部でペプチド結合を切断
	エラスターゼ（プロエラスターゼ）	トリプシン	エラスチン，ほか	脂肪族アミノ酸で切断
	カルボキシペプチダーゼA（プロカルボキシペプチダーゼA）	トリプシン	タンパク質，ポリペプチド	C末端から中性および酸性アミノ酸を切断
	カルボキシペプチダーゼB（プロカルボキシペプチダーゼB）	トリプシン	タンパク質，ポリペプチド	C末端から塩基性アミノ酸を切断
	膵リパーゼ	表面活性物質	トリグリセリド	モノグリセリドと脂肪酸
	膵アミラーゼ	Cl^-	デンプン	α-1-4グルコシド結合を切断．マルトース，マルトトリオース，α-限界デキストリンを生成
	リボヌクレアーゼ		RNA	ヌクレオチド
	デオキシリボヌクレアーゼ		DNA	ヌクレオチド
腸粘膜	エンテロキナーゼ		トリプシノーゲン	トリプシン
	アミノペプチダーゼ		ポリペプチド	N末端アミノ酸を切断
	ジペプチダーゼ		ジペプチド	ジペプチドを切断
	マルターゼ		マルトース，マルトトリオース	グルコース
	ラクターゼ		乳糖	グルコースとガラクトース
	スクラーゼ		ショ糖	グルコースとフルクトース
	α-限界デキストリナーゼ		α-限界デキストリン	グルコース

（　）内は前駆物質を示す．

キソペプチダーゼでペプチド鎖のカルボキシル基末端から順次アミノ酸を一つずつ切断する．膵アミラーゼはデンプンを，リパーゼはトリアシルグリセロールを分解する．小腸内に分泌されるおもな消化酵素とその作用を表2・14に示した．

膵液の分泌は主としてホルモンであるセクレチン（secretin）とCCKによって調整される．セクレチンは十二指腸に酸，脂肪，タンパク質の分解産物が流入すると，小腸上部の粘膜から分泌されて，血流を経て膵臓の介在導管の上皮細胞に作用して，水分とHCO$_3^-$に富み，酵素の少ないアルカリ性の膵液を分泌させる．一方，CCKは脂肪やタンパク質分解産物の存在により，小腸の上部粘膜から分泌されるが，腺房を刺激して，酵素に富んだ膵液を分泌させる．CCKには胆嚢を収縮させる作用もある．CCKはかつてパンクレオチミン（pancreozymin, PZ）と称された物質と同一である．飼料の口腔内への摂取や，胃底部の伸展によって膵液の分泌が高進する．これらはいずれも迷走神経を介する反射である．迷走神経の刺激によって分泌されるアセチルコリンは腺房細胞に作用し酵素に富む膵液を少量分泌する．鶏においても栄養素などでCCKの分泌は起こり，また，外因的にCCKを投与することで膵外分泌は高進される．ただし，内因的に放出される濃度のCCKに対しては，アミラーゼの分泌は鶏では起こらない．神経系を介する制御機構が主と考えられる．

消化管にはホルモン様作用を示すペプチドが存在しており，おもなものに，ガストリン，セクレチン，CCK，グルカゴン様ペプチド-1（glucagon-like peptide-1, GLP-1），GIP，VIPなどがある．GIPは胃運動や胃液分泌を抑制し，GLP-1とともに膵臓からのインスリン分泌を増加させる．VIPは消化管の平滑筋を弛緩させ，血流量を増加させるが，胃酸分泌は抑制する．

③胆汁：胆汁（bile）は肝細胞で生成され，毛細胆管，胆管を経て肝管（hepatic duct）に入る．胆嚢を有する動物では，さらに胆嚢管（cystic duct）を通って胆嚢（gallbladder）に集まる．胆嚢の収縮によって胆汁は総胆管（common bile duct）に流れ，十二指腸に注ぎ込む．十二指腸開口部には括約筋があり，肉食動物ではよく発達しているが，草食動物では劣る．胆嚢は反芻家畜，豚，鶏，犬，猫，人にはあるが，馬，鹿，ラクダ，ラットにはない．胆汁は胆嚢に蓄えられているうちに水や無機塩が吸収されて濃縮される．

胆汁は緑色のアルカリ性液で胆汁酸，胆汁色素，無機塩のほか，僅かに，コレステロール，レシチン，脂肪酸などを含む．胆汁色素はビリルビン，ビリベルジンがグルクロン酸と抱合して水溶性となり，胆汁中に分泌されたものである．胆汁酸にはコール酸（cholic acid），デオキシコール酸（deoxycholic acid），ケノデオキシコール酸（chenodeoxycholic acid），リトコール酸（lithocholic acid）があり，これらがグリシンまたはタウリンと抱合してグリココール酸（glycocholic acid）やタウロコール酸（taurocholic acid）となり，さらにこれらはNa$^+$やK$^+$と結合して胆汁酸塩を形成している．

胆汁色素には消化作用はないが，胆汁酸塩は消化，吸収に関して重要な役割をもっている．胆汁酸塩は，1）脂質と結合してミセルを形成し，水溶性として消化・吸収を容易にする．2）脂肪酸や

グリセロールと結合して乳状化し,表面張力を下げる. 3) 胆汁の生成と分泌を促進する. 4) 脂肪溶性ビタミン (A, D, E と K) やコレステロールの吸収に必須である.

胆汁の分泌は持続的であり,体液性および神経性の支配を受けている.絶食により分泌は減少し,採食により増加する.流量は犬で一日に 100～400 ml,めん羊で 500～1500 ml である.飼料が口腔内に入り,あるいはかゆ状液が十二指腸内に入ると反射的に迷走神経の興奮が起こり,胆嚢を収縮させて胆汁が小腸に入る.脂肪やタンパク質分解産物によって分泌される CCK には胆嚢収縮のみならず,十二指腸開口部に存在する括約筋を弛緩させる作用もあるので,胆汁の排出が促進される.腸内に入った胆汁酸塩の大部分は回腸で再吸収されて肝臓に至り,再び胆汁酸塩の合成に役立つ.これは腸肝循環と呼ばれている.

5. 大腸内消化
1) 大腸の構造

大腸 (large intestine) は,盲腸 (cecum),結腸 (colon),直腸 (rectum) よりなる.粘膜に絨毛はない.結腸に存在する腺からは腸内容との接触によって粘液が分泌される.豚の大腸は盲腸が発達している.豚の結腸はしだいに細くなって円錐状に回転,円錐結腸と呼ばれる.

鶏の大腸は,盲腸と結直腸からなる.盲腸は,空回腸と結直腸の境界部 (回盲結合部) に位置し,一対で存在する.盲腸の基部近くにはリンパ器官である盲腸扁桃が存在する.結直腸は非常に短く,脊柱に沿って直走した後に総排泄腔に開口する.大腸との連絡部分である糞洞,尿管および精管または卵管が開口する尿洞および尿洞の後位に位置する肛門洞が総排泄腔に位置する.肛門洞には,鳥類特有の器官で B リンパ球を産生するファブリキウス嚢が開口する.

2) 大腸の運動

回腸と結腸または盲腸間に人では括約筋があって腸内容物の急速な移動を防いでいるが,家畜には明らかな構造はみられない.採食後には回腸に一連の蠕動が起こり,その結果,腸内容が大腸に移動する.盲腸は単胃草食動物ではきわめて大きい.盲腸内容は盲腸運動により撹拌,混合され,盲腸内に存在する微生物による発酵や水,無機質などの吸収が起こる.鶏や兎では盲腸内容に由来する糞 (盲腸糞,cecal feces) と直腸糞とを区別することができる.

結腸は動物によって,大きさなどが異なるがその作用は, 1) 水と電解質の吸収, 2) 糞の貯留, 3) 有機物の発酵である.結腸には分節運動を含む腸運動がおき,内容物を撹拌,混合し,発酵や吸収を助ける.また,逆蠕動が起こり,内容物を貯留させ,消化を助長する.一日に数回,強い蠕動運動が起こり,大量の結腸内容が移動するが,排便 (defecation) とは直接関係がない.直腸壁の張力が高まると,粘膜の知覚受容器の興奮は骨盤神経 (副交感神経) を経て,仙髄 (S3～S4) にある排便中枢に至る.この中枢はさらに上位の中枢により統制されている.排便中枢の興奮は遠心的に骨盤神経を介して,結腸の蠕動と直腸の収縮および平滑筋である内肛門括約筋の弛緩をもたらす.また一方,陰部神経 (脊髄神経) の支配を受けている随意筋である外肛門括約筋が弛緩し,

排便が起こる．

3）大腸における消化

大腸からは消化酵素は分泌されない．消化は大腸内に存在する微生物によって行われる．微生物は回腸にもおり，盲腸，結腸における数は多い．単胃の草食動物や雑食動物では繊維素の分解が特に盲腸や結腸で行われ，反芻動物の場合と同じく，SCFA が生成される．しかし，これらの微生物類は動物に対し不利な作用もあり，ビタミン類を分解したり有害物質を生成したりすることが知られている．糞便中のタンパク質のかなりの部分はこれらの微生物に由来するものである．結腸中に存在するガスは HCO_3^- の分解や発酵の結果によるもので，CO_2 や N_2 がその大部分を占めている．大腸からの吸収能はきわめて大きい．無機塩，特に Na^+ は能動的に吸収され，同時に水が吸収される．

III 吸 収

すべての細胞膜は生物学的半透膜であり，ある物質は通過させるが，ある物質は通過させないという性質をもっている．消化管粘膜を通して種々の物質が血液ないしリンパ中に吸収される．生体膜を通して物質が移動することを輸送（transport）というが，輸送のしくみを大きく受動輸送（passive transport）と能動輸送（active transport）の二つに分けることができる．受動輸送は膜を介して二つの溶液間に圧差，濃度差，電位差などがあり，これらに由来するポテンシャルの勾配が物質を移動させる力となる．ポテンシャルの高い方から低い方に向けての流れで，単純な物理的駆動力にしたがうものであるから，下り坂輸送（downhill transport）ともいう．能動輸送とは，膜内外の電気化学的ポテンシャルの勾配にしたがう物質の移動としては説明できず，細胞の代謝によって生じたエネルギーを使って物質の移動が行われる場合をいう．ポテンシャルの勾配に逆らっての流れであるから，上り坂輸送（uphill transport）ともいう．

受動輸送には物質の脂溶性や分子の大きさなどに影響されるものの，原則的には，1）拡散の法則にしたがうもの，2）電位またはリガンド依存性チャネルを通るもの，3）膜内に特定の物質と結合して複合体を作る担体（carrier）が存在し，この複合体によりその物質の透過が大きく促進される促通拡散によるものがある．能動輸送は Na^+/K^+ ATP アーゼなどのエネルギー供給機構と密接に関連しており，この供給を抑制すれば輸送は起こらなくなる．能動輸送をまた活性吸収（active absorption）ということがある．

1．腸管からの吸収

1）水および無機物質

水は小腸，大腸粘膜をへだてて，また胃においても程度は劣るが両方向に移動し得る．しかし大部分の水は小腸で吸収される．小腸内容物と血漿の浸透圧はほぼ同じであるが消化の結果，浸透圧活性物質が生じ，これが吸収されてから腸管内と組織との間に浸透圧差が生ずると水も受動的に吸

収される．水の吸収はおもに浸透圧差による移動としてよい．腸内の物質が吸収されず，高張であると水も吸収されず下痢を生ずる．MgSO₄のような吸収されにくい物質が下剤として用いられるのはこの理由による．糞の水分はおよそめん羊68％，馬75％，豚80％である．

　Na⁺の吸収は水や糖の吸収とも密接に関係している．また，Na⁺はCl⁻とともに担体を利用して共役吸収（coupled absorption）される．しかしK⁺の吸収は大部分拡散によっている．Ca²⁺も比較的よく吸収される．Ca²⁺は酸性において溶解性が高いので，小腸の上部で活性型ビタミンDや上皮小体ホルモンなどによって能動的に吸収される．Feは飼料中には3価の形で含まれることが多いが，2価のFeに還元されて能動的におもに小腸上部で吸収される．余分のFeはフェリチンとして貯えられる部分があり，不足の場合は血中に出る．Cl⁻は上述のNa⁺との共役吸収のほか，細胞間を通って受動的に吸収される．またHCO₃⁻と交換して吸収されることも知られている．

2）糖

　腸管内で起こる糖の消化は二糖類までで（中間消化，intermediate digestion），単糖への消化は小腸の刷子縁膜にある酵素（表2・14参照）による．これを膜消化（membrane digestionまたは終末消化，terminal digestion）という．

　飼料中の主要な多糖類であるセルロース（繊維素）やヘミセルロースは微生物の作用によらないと消化されないが，デンプンから生じた二糖類であるマルトースや，またラクトースは膜消化によって単糖となる．生じたグルコースやガラクトースは特殊な機構で吸収される．刷子縁にはその表層にグルコースとNa⁺を特異的に結合する担体（SGLT1，sodium dependent glucose transporter 1）があり，まずグルコース-担体-Na⁺という三重複合体ができる．細胞内Na⁺濃度は低いので，Na⁺は担体をはなれ濃度勾配によって細胞内に拡散する．同時にグルコースも細胞内に放出される．細胞内に入ったNa⁺は血液側細胞膜にあるNa⁺/K⁺ ATPアーゼ（ポンプ）の作用によってただちに細胞外に汲み出されるので，Na⁺濃度は低く保たれ，SGLT1はさらにNa⁺とグルコースを細胞内に輸送する．細胞内グルコース濃度が腸内腔側濃度より高くなってもこの輸送は続くので，グルコースは細胞内に能動輸送されることになる（二次性能動輸送，secondary active transport）（図2・27）．細胞内に蓄積したグルコースは単純拡散または促通拡散で間質側に出ていき，血中に入る．ガラクトースも同様な機構で吸収されるが，フルクトースはグルコースやガラクトースとは無関係に促通拡散によって吸収される．しかし，グルコースやガラクトースに比べると，その吸収速度がかなり遅い．五炭糖の吸収は単純拡散

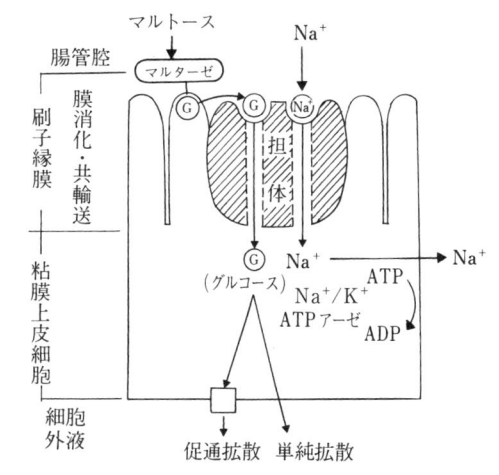

図2・27 小腸におけるNa依存性グルコース輸送

第 2 章 消化管機能

表 2・15 単糖類 (D 型) の相対的吸収速度

| グルコース | 100 | ガラクトース | 110 | フルクトース | 43 |
| マンノース | 19 | キシロース | 13 | アラビノース | 9 |

による (表 2・15).

3) タンパク質

新生子においては，タンパク質がそのままの形で飲作用によって腸壁から吸収されることが知られているが，成動物ではタンパク質が吸収されるためには膜消化によってアミノ酸またはジおよびトリペプチドにまで分解される必要がある．D-アミノ酸は受動輸送のみによって吸収されるが，天然の L-アミノ酸の一部はグルコースと同じく担体による Na^+ との共輸送によって能動的に吸収される．これには四種類の輸送系が知られている．1) 中性アミノ酸輸送系：もっとも強力な系である．ヒスチジンを含む．2) 塩基性アミノ酸輸送系：リジン，アルギニン，オルニチンを輸送する．シスチンは 1) の系以外にこの系でも輸送される．3) 酸性アミノ酸輸送系：グルタミン酸やアスパラギン酸の吸収はこの系による．4) イミノ酸 (プロリン，ヒドロキシプロリン) 輸送系：これらのアミノ酸は 1) の系でも輸送される．なお，ジおよびトリペプチドはまず，刷子縁膜にある担体 (PEPT1) を介して，H^+ 依存性にそのままの形で細胞内に吸収され，細胞内にあるペプチダーゼでアミノ酸に分解される．細胞内に蓄積したアミノ酸は細胞外液中に単純拡散か促通拡散で入っていく．

4) 脂 肪

飼料中の脂質として量の多いトリアシルグリセロールは十二指腸で胆汁酸塩とリン脂質の作用で乳化 (emulsification) する．乳化したトリアシルグリセロールは膵リパーゼの作用によって遊離脂肪酸とモノアシルグリセロールを生じ，これらは胆汁酸塩と結合してミセル (micelle) を作る．ミセルは拡散によって粘膜上皮細胞内に入るが胆汁酸塩は離れて回腸で再吸収される．粘膜細胞内では脂肪酸とモノアシルグリセロールは再びエステル化してトリアシルグリセロールを作る．これはリポタンパク質，コレステロール，リン脂質の膜によって覆われ 1μm 以下の小球である乳状脂粒 (カイロミクロン (chylomicron)) となり，エクソサイトーシスによって細胞外に出てリンパ管内に吸収される．一方，膵リパーゼ作用によって生じたグリセロール (グリセリン) は量的にはきわめて少ないが，そのまま吸収され，粘膜細胞内で α-グリセロリン酸を経て，トリアシルグ

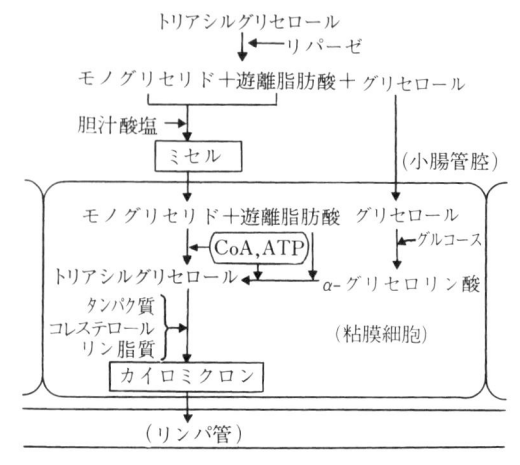

図 2・28 小腸における脂肪の吸収

リセロールに合成される（図2・28）．脂肪酸（炭素数10以下）は粘膜細胞から直接門脈内に吸収され肝臓に運ばれる．コレステロールはゆっくりと小腸粘膜から吸収され，乳状脂粒の成分として運搬される．十二指腸のpHは通常6.0付近にあり，この近辺のpHで胆汁酸塩はもっとも有効に作用する．

5）ビタミン

脂溶性ビタミンであるA，D，E，Kは腸粘膜から拡散によって吸収される．これらの吸収は脂肪の吸収と関係があり，脂肪の吸収が低下すると減少する．水溶液ビタミンであるB群およびCは同じく拡散によって急速に吸収される．ビタミンはおもに小腸上部から吸収される．ただしB_{12}は例外で回腸にある受容体と結合することにより吸収される．この吸収は胃の内因子によって促進される．

タンパク質などの巨大分子を細胞膜を通らずに細胞内に入れたり，あるいは出したりする能力をもつ細胞がある．巨大分子が細胞内に入る時はエンドサイトーシス（endocytosis），分泌される時はエクソサイトーシス（exocytosis，開口分泌）という（図2・2）．このように細胞膜の形態変化を伴う巨大分子の細胞内または外への輸送をサイトーシス（cytosis）という．能動輸送の一種とみなされる．エンドサイトーシスの一つは細胞の食作用（phagocytosis）であって，中性好性球が細菌などの異物を細胞内に取り込むのはその一例である．異物のかわりに液体を細胞内にとり込む

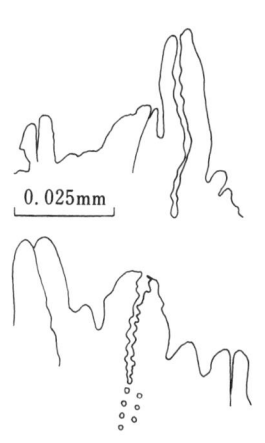

図2・29 細胞（*Amoeba proteus*）の飲作用 細胞膜の一部に溝ができ，ついでこの溝は小さい小胞として細胞内に遊離する．

時は細胞の飲作用（pinocytosis）という（図2・29）．エクソサイトーシスはまたエミオサイトーシス（emiocytosis）とも呼ばれるのは細胞の吐作用である．空胞または分泌顆粒の膜が細胞膜と融合し，ついでその場所が開口して空胞などの内容物が外部に放出される．

2．前胃からの吸収

第一胃粘膜は重層扁平上皮であり物質の吸収は行われないと考えられていたが，多くの実証により積極的に吸収の行われる部位であることが明らかとなった．第一胃乳頭の存在は第一胃表面積を約6〜7倍にし，吸収面を大きくしている．

1）水

第一胃液と血液間の浸透圧差によって水の移動は起こる．しかし，血液の浸透圧を295 mOsm/l H_2Oとして第一胃液が265〜325 mOsm/l H_2Oの範囲にある時，水はどちらの方向にも移動しないとしてよい．第一胃液の浸透圧は採食後に血液より高張となり，以後低下することが多いが生理的

条件下では水の移動はほとんどない．

2）無機物質

　第一胃液のNa⁺濃度は血液より低く，また第一胃液は血液に対して負の電位差を示すのに血液側に能動輸送される．これは第一胃粘膜を構成する細胞にあるNa⁺ポンプの作用によるのであろう．K⁺も第一胃粘膜を通って両方向に移動できるが，普通は第一胃液の濃度が血液よりも高いので濃度勾配にしたがって血液側に吸収される．Cl⁻は濃度勾配に逆らって第一胃液より血中に吸収される．この場合，第一胃液－血液間の電位差がこの移動を助ける．またCl⁻を移動させる活性吸収機構が存在するという実験事実もある．Ca^{2+}やMg^{2+}の第一胃液濃度は血液より高く，血液側に吸収される．しかし，Ca^{2+}の主要吸収部位は小腸である．リン酸は重要な陰イオンを構成しているが透過性が悪い．アンモニア（NH₃）の第一胃内濃度は高く，単純拡散によって血中に吸収される．アンモニアはアンモニウムイオン（NH₄⁺）より速く吸収されるので，第一胃液のpHが高いほどアンモニウムイオンは減少するから，アンモニアの吸収量は増加する．

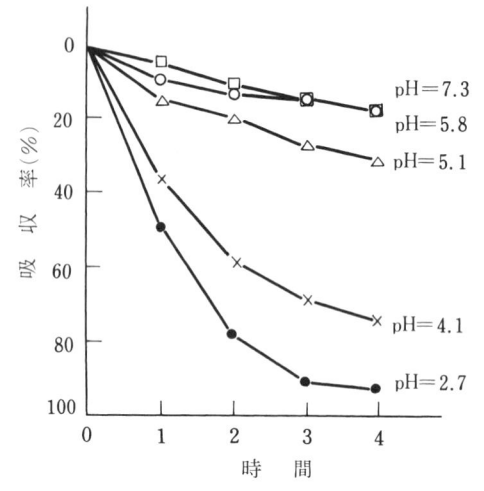

図2・30 酢酸の吸収率とpHの関係
人工小第一胃の中に苛性ソーダでpHを調整した酢酸溶液（0.2M 溶液）を0時に注入した
（TSUDAら）

3）有機物質

　酢酸，プロピオン酸，酪酸などのSCFAは容易に吸収される．第一胃液のpHが低いほどよく吸収されるが，これは未解離酸が解離酸よりも吸収されやすいためである（図2・30）．

　第一胃内液のpHが5程度に低下すると，SCFAの約半分が未解離状態で存在することになり，酪酸＞プロピオン酸＞酢酸の順で吸収される．この順序はそれぞれの物質の親油性に比例している．しかし，第一胃内pHが中性付近にある時には，上述の三酸は大部分が解離状態にあり，いずれの酸もほぼ同様な速度で吸収される．第一胃粘膜上皮は吸収に適した構造をしており，SCFAは第一胃内濃度が高いので血液間との濃度勾配によって吸収されると考えられている．乳酸も吸収されるが，その程度はSCFAに比べるときわめて小さい．アミノ酸の吸収率も悪いが，第一胃壁をへだてて血液側にも，第一胃液側にも吸収される可能性はある．尿素は第一胃液と血液間の濃度勾配にしたがって，第一胃側に吸収される．第一胃内で尿素は細菌の作用によってアミノ酸やタンパク質に再合成され，Nの再循環が行われる．第一胃内に通常は存在しない物質ではあるが，アセトンやアルコールはよく吸収される．グルコースも僅かに吸収される．この理由は，第一胃上皮細胞にSGLT1が存在するためである．また，胃腸管上皮細胞にはPEPT1のmRNA発現が報告されている．しかし，これらの担体の発現程度や生理的意義は不明である．第一胃内に生成された

ガスも一部は吸収されるが，あい気により肺からも吸収される．

4）第一胃粘膜での代謝

　第一胃を流れる静脈中に酢酸は存在するが，プロピオン酸は僅かに，酪酸はほとんど存在しない．これは第一胃内で生成される酢酸の割合が他の二酸に比べて多いことにもよるが，一部は第一胃を通過する過程で他の物質に変換されるからである．三酸とも酸化されてCO_2を生ずるほか，酢酸は一部分，酪酸はほとんどの部分がケトン体に変化する．プロピオン酸からは乳酸を生ずる．三酸はまた相互に変換もすることが知られている．

　反芻家畜の第一胃は巨大な連続発酵槽で，ここでの飼料の発酵が微生物の作用と家畜の生理機能との協同によって順調に進行することが，家畜の健康を保ちつつ，生産性を維持または増強するために第一に要求されることがらである．順調な発酵により発酵産物，温度，pH，嫌気度，ガス生成などがある一定の範囲にある時，第一胃内の恒常性（rumen constancy）が保たれているという．第一胃内の恒常性の破綻は多くの代謝性疾病の原因となる．

第3章 内分泌

I 内分泌一般

　高等動物は，種々の環境の変化に対応して内部環境を調整し，適応する機構を備えているが，その一つは伝導的（神経的）調整機構であり，他の一つは輸送的（体液的）調整機構である．この後者の機構の中で主要な役割を果たしているのが内分泌（endocrine）であり，仲介する化学物質はホルモン（hormone）とよばれる．

　ホルモンとは特定の組織や細胞で作られ，直接またはリンパを経て血中に入り，ある組織に作用してその機能に影響を与える化学的物質のことをいう．ホルモンを作る腺を内分泌腺（endocrine gland），ホルモンを分泌することを内分泌（internal もしくは endocrine secretion）という．

　しかし，近年ホルモンは特定の細胞からばかりでなく，種々の組織（消化管神経組織，脂肪組織など）からも分泌されることが知られている．

1．ホルモンの分類

　現在，ホルモンと称される物質の化学構造は大別して三つに分けることができる．1）アミノ酸誘導体（サイロキシン，カテコールアミンなど），2）ペプチド（下垂体ホルモン，パラソルモン，インスリン，グルカゴンなど），3）ステロイド（副腎皮質ホルモン，性ホルモンなど）である．また，分泌される組織の違いによって腺性ホルモン（下垂体，甲状腺，上皮小体，膵臓，副腎，卵巣，精巣より分泌されるホルモン，また腎臓皮質，松果体からのホルモンも含めることがある）と非腺性ホルモン（視床下部，消化管粘膜，胎盤などより分泌されるホルモン）に分類することができる．なお，膵臓や性腺は外分泌も同時に行っている．

2．ホルモンの特徴

　化学構造や分泌臓器が異なってもホルモンは共通の特徴をそなえている．
1）生体内で生成され，きわめて微量（血漿濃度 10^{-12}〜10^{-6}M）で作用する．ビタミンも微量で生理活性を有する物質であるが，生体内で必ずしもすべて生成されるわけではない．
2）特定組織または器官に作用して，その機能を賦活または減退させるが，新しい機能を作り出すことはない．この点は外部から投与する薬物にも同様な原則をあてはめ得る．すなわち，ホルモンはある細胞に作用して，反応の大きさや速さを変化させるのに役立つものということができる．
3）ホルモンの分泌は種々の条件により変化し，一定ではない．日長，性周期，飼料の種類，気象的環境，ストレスなどにより，たえず変化する．ホルモンによる生体内環境調整機構は，神経系による調整機構と互いに独立して作用していることではなく，よく関連し合って機能している．たと

えば外部の情報は神経を介して脳に伝わり，自律神経が分泌するアセチルコリン，ノルアドレナリンなどの伝達物質の作用によって，さらにホルモン（副腎からカテコールアミン，膵臓からインスリンなど）を分泌させて各支配部位の機能を変化させている．また，脳における興奮は視床下部を経て下垂体に伝わり，前葉ホルモンが放出ホルモンによって前葉から分泌され，または，視床下部で生成されたホルモンが後葉で分泌される．その結果は再び脳にフィード・バックされ，ホルモンの分泌が調整される．すなわち，生体内では一種類の神経—内分泌系調整機構のみが存在しているとみなすこともできる．

4) ホルモンはたえず生成されているが，一方，たえず排泄され，あるいは分解されている．これらのしくみが確立していることは，ホルモンが必要に応じてその作用を現わす上に重要なことである．しかし，すべてのホルモンが同様の速度で合成・分解されているわけではない．ノルアドレナリンは神経末端部から瞬時（0.5 ms）に分泌され，インスリンの分泌も早いが，サイロキシンは遅い．血中に分泌されたホルモンの半減期もそれぞれ異なり，アドレナリンやバゾプレッシンは2〜3分，インスリン，グルカゴンなどのポリペプチドは30分，サイロキシンでは1週間を要する．これらの相違は，それぞれのホルモンがその特有な調整作用を表わす上で必要な時間なのであろう．

3．ホルモンの作用機構

詳細については，第1章を参照する．

Ⅱ 下 垂 体

下垂体（hypophysis, pituitary gland）は口腔の一部であるラトケ嚢（Rathke's pouch）の腹側より発達した前葉（anterior lobe，腺下垂体（adenohypophysis）の一部），第3脳室の底部が発達した後葉（posterior lobe，神経下垂体（neurohypophysis）の一部）および発生的には腺下垂体であるが，解剖学的には後葉に密着した中間葉（intermediate lobe）とよりなる．さらに神経下垂体には漏斗（infundibulum）が，腺下垂体には隆起部（parstuberalis）が属している（図3・1）．漏斗と隆起部を含めて茎部（stalk）という．下垂体はこのように発生学的にまったく異なる二つの器官が合体してトルコ鞍内で一つの内分泌器官となったものである．

下垂体前葉からは成長ホルモン，プロラクチン，卵胞刺激ホルモン，黄体形成ホルモン，甲状腺刺激ホルモン，副腎皮質刺激ホルモンがそれぞれの細胞によってホルモンが分泌される．一方，下垂体後葉から分泌されるオキシトシンとバソプレシンは視床下部の神経細胞から産生され軸素を通して後葉に運ばれ分泌される．下垂体前葉ホルモンは視床下部からの放出或いは抑制ホルモンによって分泌が調節される．

第3章　内分泌

1. 前葉ホルモン

　下垂体前葉の細胞は色素に染まりにくい細胞と染まりやすい細胞とに分類される．ヘマトキシリン・エオジンで染めた場合，前者の色素嫌性細胞（chromophobe）は非分泌性細胞であり分泌細胞に分化する可能性のある細胞である．後者の色素好性細胞（chromophil）はさらにうす赤く染まる酸好性細胞とうす青く染まる塩基好性細胞に分けられる．エズリン（Ezrin）の染色で酸好性細胞はさらにα細胞とε細胞に，塩基好性細胞はβ細胞とδ細胞に分けられる．色素好性細胞のうち，75％が酸好性細胞であり，25％が塩基好性細胞である．これらの細胞は成長ホルモン（α細胞），プロラクチン（ε細胞），卵胞刺激ホルモン（δ細胞），黄体形成ホルモン（δ細胞），甲状腺刺激ホルモン（β細胞）を分泌する．副腎皮質刺激ホルモンは塩基好性の弱い，顆粒の少ない大

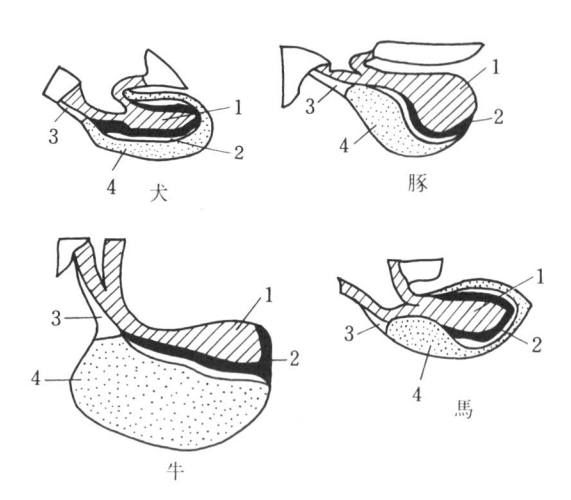

図3・1　各動物の下垂体切断面の模式図
神経下垂体…1. 漏斗と神経葉（後葉）
腺下垂体 ｛ 2. 中間部…（中間葉）
　　　　　　3. 隆起部
　　　　　　4. 主部…（前葉）　　　（星野（忠））

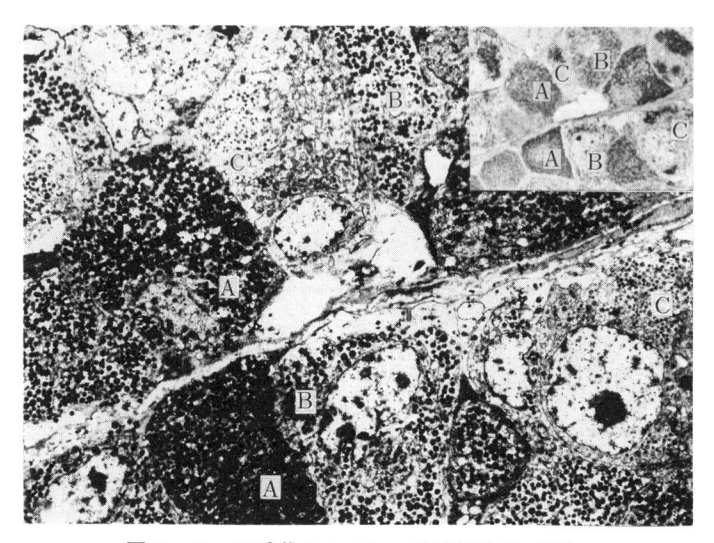

図3・2　下垂体ホルモンの分泌細胞像（豚）
連続切片を各種染色を施した光顕標本（右上端）（×1000）と電顕標本（×2500）とし，染色性や顆粒の形態などから，細胞分類することができる．
A：酸好性細胞（GH，プロラクチン）　B：δ細胞（FSH, LH）
C：β細胞（TSH）
（山口（高））

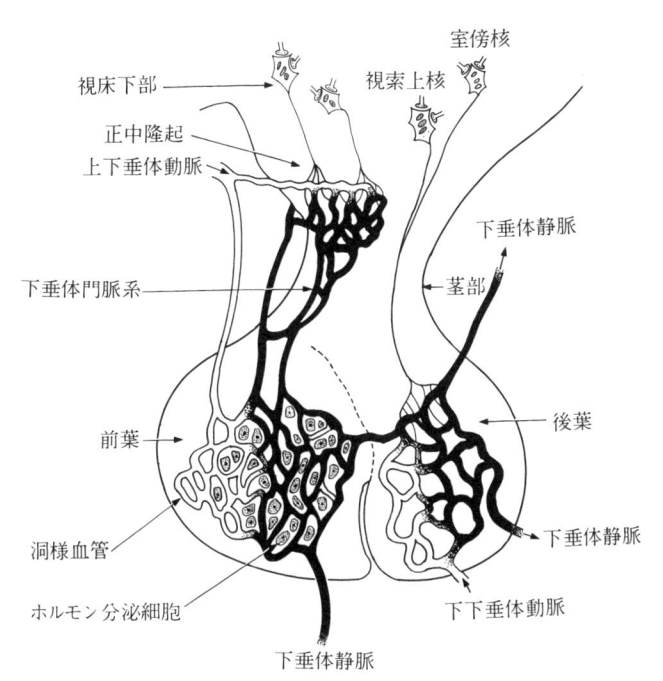

図3・3　下垂体のホルモン分泌様式模式図

型の細胞から分泌される．最近の免疫染色法により，これらのホルモンの分泌細胞をそれぞれ区別することができる（図3・2）．

　前葉に対する動脈は内頸動脈から分かれて上下垂体動脈となり，下垂体茎部を通って前葉に入り，毛細血管網（洞様血管）となる．これは前葉の栄養血管である．さらに下垂体には別の血管分布がある．すなわち，前述の上下垂体動脈は別に分かれて正中隆起（medianeminence）で毛細血管網となり，再び集まって下垂体門脈系（hypophyseal-portalsystem）となり，洞様血管に注ぐ．洞様血管の静脈血は脳底の海綿静脈洞に入る（図3・3）．正中隆起部の毛細血管網と視床下部のニューロン末端とは密に接触し合っているので，ニューロン末端で遊離されたホルモンは毛細血管網に入り，下垂体門脈系を通って前葉に注ぎ分泌細胞からのホルモンの分泌を促す．分泌されたホルモンは洞様血管の血液に入り，しかるべき器官に運搬されて作用を示すことになる．

　前葉ホルモンの分泌はすべて視床下部の神経細胞内で合成される放出ホルモンと制御ホルモンによって制御されている．中葉ホルモンもまた放出ホルモンの制御を受けている．

1）成長ホルモン

　成長ホルモン（growth hormone, GH）はペプチド性のホルモンで，牛，めん羊，豚，馬，人から得られたものは，いずれも191個のアミノ酸よりなり，分子量は約21,500である（図3・4）．人から得られたホルモンは猿，ラットなどに有効であり，一般に系統発生的に上位の動物から得られたホルモンは下位の動物に対し有効であるが，その逆は無効である．

　下垂体前葉から分泌される6種のホルモンのうち，5種は特定の作用を及ぼす標的器官をもって

```
H-Ala-Phe-Pro-Ala-Met-Ser-Leu-Ser-Gly-Leu-Phe-Ala-Asn-Ala-Val-Leu-Arg-Ala-Gln-His-Leu-
                                10                                              20
His-Gln-Leu-Ala-Ala-Asp-Thr-Phe-Lys-Glu-Phe-Glu-Arg-Thr-Tyr-Ile-Pro-Glu-Gly-Gln-Arg-Tyr-
                          30                                      40
Ser-X-Ile-Gln-Asn-Thr-Gln-Val-Ala-Phe-Cys-Phe-Ser-Glu-Thr-Ilu-Pro-Ala-Pro-Thr-Gly-Lys-
                       50                                         60
Asn-Glu-Ala-Gln-Gln-Lys-Ser-Asp-Leu-Glu-Leu-Leu-Arg-Ile-Ser-Leu-Leu-Ile-Gln-Ser-Trp-
                       70                                    80
Leu-Gly-Pro-Leu-Gln-Phe-Leu-Ser-Arg-Val-Phe-Thr-Asn-Ser-Leu-Val-Phe-Gly-Thr-Ser-Asp-
                  90                                    100
Arg-Val-Tyr-Glu-Lys-Leu-Lys-Asp-Leu-Glu-Glu-Gly-Ile-Leu-Ala-Leu-Met-Arg-Glu-Leu-Glu-Asp-
             110                              120                          Val
Gly-Thr-Pro-Arg-Ala-Gly-Gln-Ile-Leu-Lys-Gln-Thr-Tyr-Asp-Lys-Phe-Asp-Thr-Asn-Met-Arg-Ser-
    130                                140                                         150
Asp-Asp-Ala-Leu-Leu-Lys-Asn-Tyr-Gly-Leu-Leu-Ser-Cys-Phe-Arg-Lys-Asp-Leu-His-Lys-Thr-Glu-
                             160                                         170     Met
Thr-Tyr-Leu-Arg-Val-Met-Lys-Cys-Arg-Arg-Phe-Gly-Glu-Ala-Ser-Cys-Ala-Phe-OH
             180                                       190
```

図3・4 牛の成長ホルモンのアミノ酸配列
S-S結合が53と164, 181と189の間にある

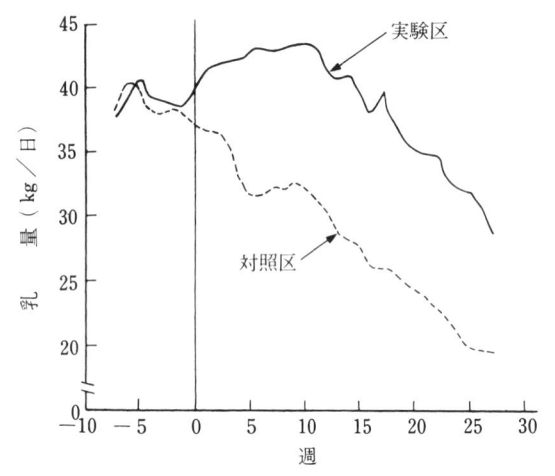

図3・5 牛に組換牛成長ホルモン（27 mg/日）を26週間注射した際の乳量変化
（BAUMAN & McCUTCHEON, Control of Digestion and Metabolism in Ruminants）

いるが，GHは異なり多くの臓器の代謝に影響を与える．GHは筋肉や内臓器官を成長させるとともに骨端の融合していない長骨の骨端板の幅を広くし，軟骨の増殖を促す．

また，GHにはタンパク質合成作用があり，血中アミノ酸量が減少し，細胞内へのアミノ酸の取り込みが増し，窒素の蓄積が正となる．鉱物質代謝に関してはCaの吸収が増し，Pの血中濃度が増加する．

GHの骨成長，タンパク質合成作用は，その直接作用と，GHによって肝臓などで合成されるインスリン様成長因子-I（insulin-like growthfactor I, IGF-I）を介するものである．IGF-Iは，分子量約8,000のポリペプチドである．動物が成長して一旦，長骨端が閉鎖すると，もはや骨の伸長は起こり得ない．

炭水化物と脂肪代謝に関しては，GHはIGF-Iを介することなく直接，肝臓のグルコースの放出を促進し，インスリンの効果を抑制するので糖尿病誘発作用がある．また蓄積脂肪を分解し，血中遊離脂肪酸濃度を増す．これらの作用からGHはケトン体生成能を示す．

さらにGHは牛において催乳性ホルモンとして知られている．GHが直接およびIGF-Iを介し

成長ホルモン放出ホルモン (GHRH)(牛)

Tyr-Ala-Asp-Ala-Ile-Phe-Thr-Asn-Ser-Tyr-Arg-Lys-Val-Leu-Gly-Gln-Leu-Ser-Ala-Arg-Lys-Leu-Leu-
　　　　　　　　　　　　　10　　　　　　　　　　　　　　　　　　　20
Gln-Asp-Ile-Met-Asn-Arg-Gln-Gln-Gly-Glu-Arg-Asn-Gln-Glu-Gln-Gly-Ala-Lys-Val-Arg-Leu-NH$_2$
　　　　　　　　　30　　　　　　　　　　　　　　　　40

ソマトスタチン (SS, SRIF)(家畜一般)

　　　　　┌─────S─────────────────────S─┐
Ala-Gly-Cys-Lys-Asn-Phe-Phe-Trp-Lys-Thr-Phe-Thr-Ser-Cys

甲状腺刺激ホルモン放出ホルモン (TRH)(人，豚，牛)

(pyro) Glu-His-Pro-NH$_2$

コルチコトロピン放出ホルモン (CRH)(めん羊)

H-Ser-Gln-Glu-Pro-Pro-Ile-Ser-Leu-Asp-Leu-Thr-Phe-His-Leu-Leu-Arg-Glu-Val-Leu-Glu-
　　　　　　　　　　　　10　　　　　　　　　　　　　　　　　　20
Met-Thr-Lys-Ala-Asp-Gln-Leu-Ala-Gln-Gln-Ala-His-Ser-Asn-Arg-Lys-Leu-Leu-Asp-Ile-Ala-NH$_2$
　　　　　　　　30　　　　　　　　　　　　　　　　40

性腺刺激ホルモン放出ホルモン (GnRH)(家畜一般)

(pyro) Glu-His-Trp-Ser-Tyr-Gly-Leu-Arg-Pro-Gly-NH$_2$

図3・6 視床下部ホルモン

て，乳腺ならびに各栄養素の代謝を高める方向に作用するホメオレーシス (p.79) の結果と考えられている（図3・5）．

下垂体除去ラットにおいてGHはテストステロンとともに副生殖器の成長を，エストロンとともに乳腺胞の成長を，ACTHとともに副腎皮質の成長を，また，サイロキシンとともに熱量生産作用を促進する．家畜の成長は多くの外的，内的要因や遺伝的要因によって左右されるが，ホルモンについてみても，単にGHのみによって影響されるのではなく，上に述べたような種々のホルモンとの相互作用によって達成されるものである．

GHの血中濃度は新生児で高いが，その後は一定の値で分泌を続ける．これはGHが単に成長のみでなく各種の物質代謝に必要であることを意味するものである．

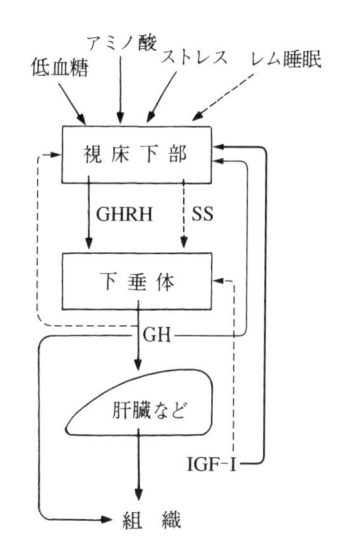

下垂体前葉ホルモンの分泌はフィードバック機構によっている．GHの場合は視床下部より分泌される成長ホルモン放出ホルモン（growth hormone-releasing hormone, GHRH）とソマトスタチン（somatostatin, SS, somatotropin release inhibiting factor, SRIF）（図3・6）により制御されている．GHRHは下垂体

図3・7 成長ホルモンの分泌調節

TSH—α

NH₂-Phe-Pro-Asp-Gly-Glu-Phe-Thr-Met-Glx-Gly-Cys-Pro-Glx-Cys-Lys-Leu-Lys-Glu-Asn-Lys-
　　　　　　　　　5　　　　　　　　　10　　　　　　　　　15　　　　　　　　　20
Tyr-Phe-Ser-Lys-Pro-Asx-Ala-Pro-lle-Tyr-Gln-Cys-Met-Gly-Cys-Cys-Phe-Ser-Arg-Ala-
　　　　　　25　　　　　　　　　30　　　　　　　　　35　　　　　　　　　40
　　　　　　　　　　　　　　　　　　　　　　　　　　　　　CHO
　　　　　　　　　　　　　　　　　　　　　　　　　　　　　|
Tyr-Pro-Thr-Pro-Ala-Arg-Ser-Lys-Lys-Thr-Met-Leu-Val-Pro-Lys-Asn-lle-Thr-Ser-Glx-
　　　　　45　　　　　　　　　50　　　　　　　　　55　　　　　　　　　60
Ala-Thr-Cys-Cys-Val-Ala-Lys-Ala-Phe-Thr-Lys-Ala-Thr-Val-Met-Gly-Asn-Val-Arg-Val-
　　　　　65　　　　　　　　　70　　　　　　　　　75　　　　　　　　　80
　　　　CHO
　　　　|
Glx-Asn-His-Thr-Glu-Cys-His-Cys-Ser-Thr-Cys-Tyr-Tyr-His-Lys-Ser-COOH
　　　　　85　　　　　　　　　90　　　　　　　　　95

TSH—β

NH₂-Phe-Cys-lle-Pro-Thr-Glu-Tyr-Met-Met-His-Val-Glu-Arg-Lys-Glu-Cys-Ala-Tyr-Cys-Leu-
　　　　　　　　　5　　　　　　　　　10　　　　　　　　　15　　　　　　　　　20
　　　CHO
　　　|
Thr-lle-Asn-Thr-Thr-Val-Cys-Ala-Gly-Tyr-Cys-Met-Thr-Arg-Asx-Val-Asx-Gly-Lys-Leu-
　　　　　25　　　　　　　　　30　　　　　　　　　35　　　　　　　　　40
Phe-Leu-Pro-Lys-Tyr-Ala-Leu-Ser-Gln-Asp-Val-Cys-Thr-Tyr-Arg-Asp-Phe-Met-Tyr-Lys-
　　　　　45　　　　　　　　　50　　　　　　　　　55　　　　　　　　　60
Thr-Ala-Glu-lle-Pro-Gly-Cys-Pro-Arg-His-Val-Thr-Pro-Tyr-Phe-Ser-Tyr-Pro-Val-Ala-
　　　　　65　　　　　　　　　70　　　　　　　　　75　　　　　　　　　80
lle-Ser-Cys-Lys-Cys-Gly-Lys-Cys-Asx-Thr-Asx-Tyr-Ser-Asx-Cys-lle-His-Glu-Ala-lle-
　　　　　85　　　　　　　　　90　　　　　　　　　95　　　　　　　　　100
Lys-Thr-Asn-Tyr-Cys-Thr-Lys-Pro-Gln-Lys-Ser-Tyr-Met-COOH
　　　　　105　　　　　　　　　110

(Glx は, Glu か Gln かわからないもの. Asx は, Asp か Asn かわからないものを示す.)

図3・8　牛の TSH-α, TSH-β のアミノ酸配列

前葉に作用して，GH を分泌させ，GH は IGF-I を介し，あるいは直接に各組織に作用する．一方 IGF-I は下垂体に作用して GH の分泌を抑制し，あるいは SS の分泌を刺激することによって GH の分泌を制御する．また，GH 自体も SS の分泌を促進し，あるいは GHRH の分泌を抑制することによって，GH 分泌を調節する（図3・7）．GH は低血糖，ある種のアミノ酸（アルギニンなど）の血中濃度増加，強いストレス，睡眠などによって分泌が増加することや，一日のうちに脈動的なリズムで分泌されることが知られている．

　アミノ酸刺激による GH 分泌効果には種差がみられ，アルギニンはウシやヒツジではインスリン分泌を刺激するが，GH 分泌をあまり刺激しない．

　下垂体 GH 分泌を刺激するホルモンとして，胃内分泌細胞から放出されるグレリン（Ghrelin）が知られている．ヒトとラットでは28個，ウシとヒツジでは27個のペプチドホルモンであり，視床下部からも分泌されている．グレリンは3番目のアミノ酸残基，セリンの側鎖がオクタン酸で修飾されており，この修飾基が活性発現に必要である．グレリンは成長ホルモンの分泌促進作用以外

にも摂食促進作用，エネルギー代謝調節作用，消化管運動促進作用，胃酸分泌促進作用，心機能の改善作用など様々な生理作用を有することが明らかになっている．

2）甲状腺刺激ホルモン

甲状腺刺激ホルモン（thyroid-stimulating hormone, TSH；thyrotropin）は糖タンパク質でペプチド部分の分子量は牛：28,000，めん羊：35,000，人：28,000である．TSHはαとβの二つの単位構造からなり，生理的活性が最大になるには両者が結合して作用することが必要である（図3・8）．

甲状腺刺激ホルモンの作用は甲状腺に働いてサイロキシン（T_4）とトリヨードサイロニン（T_3）の分泌を促進することである．下垂体摘出動物の実験によればTSHがなくても甲状腺ホルモンは僅かながら分泌される．しかし，TSHを注射するとただちに甲状腺の血流は増し，O_2とグルコースの消費も増し腺細胞内の分泌顆粒の生成が増加する．一方，腺細胞のタンパク質分解酵素が活性化されて，サイログロブリンとの間のペプチド結合が切れて，甲状腺ホルモンが遊離する．長期間このホルモンを注射すると甲状腺は肥大し，重量が増し，基礎代謝量も増加する．TSHの基本的な作用はアデニレートシクラーゼを活性化してcAMPを増加させることにある．TSHの分泌調節の第一は，視床下部より分泌される3個のアミノ酸よりなるサイロトロピン放出ホルモン（thyrotropin-releasing hormone, TRH）（図3・6）が下垂体門脈を経て前葉に達しTSHを分泌させることである．第二は循環血中の甲状腺ホルモンによる負のフィードバックである（図3・16）．甲状腺ホルモン濃度の増加は直接前葉および視床下部に作用してTSHとTRHの分泌を抑制する．寒冷および温熱刺激による甲状腺ホルモンの増減は視床下部を介するTRHの増減によるものである．

3）副腎皮質刺激ホルモン

副腎皮質刺激ホルモン（adrenocorticotropic hormone, ACTH；adrenocorticotropin）は39個のアミノ酸よりなり，分子量は約4,500である（図3・9）．前駆物質であるPOMC（pro-opiomelanocortin）からβ-エルドルフィンなどとともに生じる．1～24番と34～39番のアミノ酸配列はすべての動物種で同一であるが，25～33番のアミノ酸構成は動物種によって異なる（図3・10）．これまでに分離されたACTHはすべて他種の動物にも有効であるところから，その有効部分は共通アミノ酸配列にあるのであろう．

ACTHは副腎皮質に作用して糖質コルチコイドを分泌させる．同時にグルコースの代謝やタンパク質の合成が増し，副腎皮質内のアスコルビン酸とコレステロールの減少が起こる．また，血中

Ser-Tyr-Ser-Met-Glu-His-Phe-Arg-Trp-Gly-Lys-Pro-Val-Gly-Lys-Lys-Arg-Arg-Pro-Val-
　　　　　　5　　　　　　　　　　10　　　　　　　　　15　　　　　　　　　20

Lys-Val-Tyr-Pro-Asn-Gly-Ala-Glu-Asp-Glu-Ser-Ala-Glu-Ala-Phe-Pro-Leu-Glu-Phe
　　　　　25　　　　　　　　　30　　　　　　　　　35

図3・9　人のACTHのアミノ酸配列

```
牛   --Asn-Gly-Ala-Glu-Asp-Glu-Ser-Ala-Gln-
豚   -Asn-Gly-Ala-Glu-Asp-Glu-Leu-Ala-Glu-
めん羊 -Asp-Gly-Ala-Glu-Asp-Glu-Ser-Ala-Gln-
       25  26  27  28  29  30  31  32  33
```

図3・10 ACTHのアミノ酸配列の動物種により異なる部分

のリンパ球や好酸性球数の減少が起こる．ACTHの注射を続けると，副腎皮質の束状帯と網状帯は肥大し，細胞数が増すが，球状帯に対しては，生理的な量では無効である．

ACTHは副腎皮質細胞のアデニレートシクラーゼとタンパク質キナーゼに作用して，遊離コレステロールを生成する．コレステロールはミトコンドリアに入り，プレグネノロンに変わりさらに糖質コルチコイドに転換して細胞外へと分泌される．アスコルビン酸はコルチコイドの生成を助ける．

ACTHにはまた，遊離脂肪酸や肝脂肪を増加させ，ケトーシスを起こす作用がある．

ACTHの分泌には日周性があることが多くの哺乳動物で認められている．人では早朝に高く，夕方に低い．夜行性の動物では夜に高い．このような日周性は大脳辺縁系や，視床下部の活動に影響されているのであろう．

ACTHの分泌は視床下部より分泌されるコルチコトロピン放出ホルモン（corticotropin-releasing hormone, CRH）によって促進される（図3・6）．このホルモンは視床下部の内側隆起内で分泌され，下垂体門脈を通って，前葉に運ばれ，ACTHの分泌を刺激する．ACTH分泌を刺激する因子には種差が認められる．反芻動物においては，CRHはさほどACTH分泌を刺激せず，AVP（図3・11）刺激の方が効果ははるかに顕著である．また，ヒツジにおいて下垂体門脈血中のAVP濃度もCRHより高濃度であることが確認されている（ENGLERら，1999）．

大脳を経る恐怖・不安などの情動ストレス，または網様体を介する外傷ストレス，さらに日周変動を起こす要因などが，CRHやAVPの分泌を増進させ，これがACTHの分泌を増す．ACTHにより，血中濃度の増加した糖質コルチコイドが視床下部に働いてCRHやAVPを，また下垂体前葉に作用してACTHそのものの分泌を抑制する．いわゆる負のフィードバック機構でACTHの分泌は調節される．

4）卵胞刺激ホルモン

卵胞刺激ホルモン（follicle-stimulating hormone, FSH）は黄体形成ホルモンとともに性腺刺激ホルモン（gonadotropic hormone, GTH；gonadotropin）と称せられる．

FSHは糖タンパクで分子量は約30,000である．雌に対しては卵胞の初期の発育を刺激し，さらに，黄体形成ホルモンとともに卵胞の成熟を完成させる．

卵胞が発育し卵子を数層の細胞が囲むようになると，FSHは卵胞液を分泌させ，顆粒層と卵胞膜を発達させる．FSHは雄に対しては精子形成を維持する．

5）黄体形成ホルモン

黄体形成ホルモン（luteinizing hormone, LH；interstitial cell stimulating hormone, ICSH）はFSHと同じく糖タンパクで分子量は約30,000である．

LHはFSHとともに卵胞の発育を刺激すると同時にエストロジェンの分泌を開始させる．LHの急激な分泌は排卵を誘起し，黄体の形成を開始させる．さらに黄体からのプロジェステロンの分泌を起こさせるという．

雄に対しては間質細胞刺激ホルモン（ICSH）と呼ばれるように，精巣の間質細胞（Leydig細胞）に作用してテストステロンの分泌を促進する．

性腺刺激ホルモンの分泌調節も他の前葉ホルモンと同じく性腺ホルモンと視床下部の放出ホルモンとの間のフィード・バック機構によって調節される．生殖腺を除去すると，FSHやLHの分泌が増加し，視床下部を破壊すると，この増加が抑制される．少量のエストロジェンを視床下部内に注入すると卵巣の萎縮が起こる．これらの事実から卵胞刺激ホルモン放出ホルモン（follicle-stimulating hormone-releasing hormone, FRH）の存在が確認された．FRHはFSHの分泌を促し，成熟した卵胞から分泌されるエストロジェンはFRHの分泌を抑制する．同様に視床下部には黄体形成ホルモン放出ホルモン（luteinizing hormone-releasing hormone, LRH）が存在し，これはLHの分泌を促進するが，プロジェステロンまたはテストステロンによって抑制されることが知られている．FRHとLRHは同一の物質であることが確認され性腺刺激ホルモン放出ホルモン（gonadotropin-releasing hormone, GnRH）と呼ばれる（図3・6）．

6）プロラクチン

プロラクチン（prolactin, luteotropin, lactogenic hormone, PRL）は成長ホルモンに似た構造をもっており，めん羊のプロラクチンは198のアミノ酸よりなる．プロラクチンは乳腺の分化発達，乳汁合成分泌に作用する．プロラクチンはハトや他の鳥類の嗉嚢の発育と嗉嚢乳の分泌を促す作用があるので，かつてはこの作用がプロラクチンの生物学的検定に用いられた．

プロラクチンはマウスやラットなどの齧歯類の黄体の機能を維持する作用があるので黄体刺激ホルモン（luteotropic hormone, LTH）とも呼ばれる．しかし，この作用は兎，牛，人など，ほかの動物には認められない．雄に対するプロラクチンの作用は雌に対するほど明らかでない．

プロラクチンの分泌も視床下部によって制御されている．今までは甲状腺刺激ホルモン（TRH）にプロラクチン放出刺激効果があることが知られていたが，プロラクチン放出ホルモン（prolactin-releasing hormone, PrRH）の遺伝子が同定され，31個のペプチド（分子量3,664）が刺激効果を有することが報告されている（HINUMAら，1998）．一方，プロラクチン放出抑制因子は，齧歯類ではドーパミン（図3・29）であると考えられているが，反芻動物では明らかではない．吸乳刺激は視床下部を介するプロラクチンを含む下垂体ホルモンの分泌を促すことが知られている．

性腺刺激ホルモンの作用については第11章で詳述される．

2．中葉ホルモン

中葉はラトケ嚢の一部から形成されるが，後葉に密着しており，前葉とは残留溝（residual

cleft）で区分されている．中葉細胞の多くは顆粒をもたないが，あるものには前葉の好塩基性細胞に似た顆粒がみられる．

　メラニン細胞刺激ホルモン（melanocyte-stimulating hormone, MSH）はポリペプチドホルモンで，中葉から α および β-MSH，前葉と中葉から γ-MSH の3種が分泌される．α-MSH の前駆体は ACTH であるので，その構造は ACTH のアミノ酸配列の1～13番目とまったく一致しており，すべての哺乳動物で同一である．したがって，ACTH は弱い MSH の作用を有している．また β-MSH の前駆体はリポトロピンというホルモンであり，β-MSH のアミノ酸配列は動物種によって僅かに異なっている．γ-MSH の効果は他の MSH と似ている．

　魚類，爬虫類，両棲類にはメラニン顆粒を含むメラノフォアと呼ばれる細胞とイリドフォアと呼ばれる光を反射する小板を有する細胞とがある．MSH が分泌されると，メラノフォア中のメラニン顆粒が細胞周辺に分散し，イリドフォア中の反射性小板は凝集して皮膚の中の色が黒くなる．MSH の分泌が抑制されると，メラニン顆粒は凝集し，反射性小板は分散して皮膚の色は白くなる．環境が暗いと網膜は神経インパルスを視床下部に送り，ここから MSH 放出ホルモン（MSH releasing-hormone, MRH）が分泌され，下垂体から MSH が遊離する．環境が明るいと MSH 抑制ホルモン（MSH inhibiting-hormone, MIH）が分泌され，MSH の遊離は抑制されると信じられている．

　哺乳類や鳥類の下垂体にも MSH は含まれているが，メラノフォアやイリドフォアをもたないため，環境に応じて皮膚の色を変えることはできない．哺乳類に対し MSH は試験管内で脂肪分解作用を示すことが知られているが，生体内での作用は明らかでない．

3．後葉ホルモン

　下垂体後葉は発生的に第3脳室の底部より生じたものであるから，成動物となっても神経性の性質をもっている．後葉には視床下部の視索上核（supraoptic nuclei）と室傍核（paraventricular nuclei）に細胞体をもつ多数の無髄神経線維が分布しており，腺細胞はない．神経線維の末端は血管に密着してある（図3・3）．この神経細胞と線維には Gomori 染色で染まる顆粒が含まれている．この顆粒はある種のタンパク質と結合したホルモンであり神経線維内を軸索流によって移動して，後葉に運ばれ，神経線維の末端に貯留されたのち，必要に応じて前駆体分子の一部であるタンパク質（ニューロフィジン neurophysin）と共に血中に放出される．血中におけるニューロフィジンの生理的作用は明らかでない．ニューロン末端からのホルモン分泌を神経分泌（neurosecretion）という．

　しかし，現在では，ほとんどすべてのニューロン末端から化学物質が遊離され，伝達物質として，シナプス間あるいは神経・筋間などの興奮伝達が行われると知られているので広義にはほとんどすべての神経が神経分泌を行うと言えるが，しかし狭義には，遠隔の細胞に作用する化学物質が神経線維の末端から体液中に分泌されることを神経分泌とよぶ．

```
                              ┌S─────────S┐
アルギニン・バゾプレッシン    Cys-Tyr-Phe-Gln-Asn-Cys-Pro-Arg-Gly-NH₂
   (ADH, AVP)                   1   2   3   4   5   6   7   8
                                              （多くの哺乳類）

                              ┌S─────────S┐
アルギニン・バゾトシン        Cys-Tyr-Ile-Gln-Asn-Cys-Pro-Arg-Gly-NH₂
                                1   2   3   4   5   6   7   8
                                         （鳥類、爬虫類、両棲類、魚類）

                              ┌S─────────S┐
オキシトシン                  Cys-Tyr-Ile-Gln-Asn-Cys-Pro-Leu-Gly-NH₂
                                1   2   3   4   5   6   7   8
```

図3・11　バゾプレッシンとオキシトシンのアミノ酸配列

1) 抗利尿ホルモン

抗利尿ホルモン（antidiuretic hormone, ADH）はバゾプレッシン（vasopressin）とも呼ばれ，アミノ酸数8個，分子量約1,000のポリペプチドである．バゾプレッシンにはそのアミノ酸構成の違いからアルギニン・バゾプレッシン（AVP，ほとんどすべての哺乳類）とアルギニンがリジンに置き換えられたリジン・バゾプレッシン（豚とカバ）がある．また，鳥類，爬虫類，両棲類，魚類はアルギニン・バゾトシン（arginine vasotocin）を有している（図3・11）．

ADHは腎臓の遠位尿細管や集合管の細胞に作用して細胞内のcAMPを増加させ，タンパク質キナーゼを活性化し水の透過性を高める．すなわち，水分を体内に保留させる働きがある．生体の水分が不足し血液の浸透圧が上昇すると，視床下部にある浸透圧受容器が作動してADHを分泌させ，浸透圧を正常にもどす．また，出血などで動脈血圧が低下すると，ADHが分泌されるが，血圧を十分に上昇させるには至らない．このような場合には，おそらくカテコールアミンも同時に分泌されて血圧を上昇させるであろう．

細胞外液量の減少，したがって血液容積の減少はADHの分泌を促す．循環系の中で肺の血管や左右の心房にある伸張受容器に加わる圧が低下すると，ADHの分泌が起こる．その結果，腎臓における水分の動きが変化して血液量が調節される．

視床下部の一部を破壊したり，あるいは下垂体の疾患などによって，ADHが分泌されなくなると，尿崩症（diabetes insipidus）が起こる．この疾病の特徴は，尿量の著しい増加である．もしこの場合，下垂体前葉が同時に除去されると，尿崩症の徴候が消失する．これは前葉のACTH, TSHおよびGHが失われる結果，腎臓の水分代謝様式が変化するからであると説明されている．

2) オキシトシン

オキシトシン（oxytocin）は8個のアミノ酸よりなり，ADHとよく似た構造を示し（図3・11），分子量は約1,000である．

オキシトシンの作用は大きく分けると，子宮収縮作用と射乳作用とになる．妊娠中の子宮はプロ

ジェステロン優位の状態にあるため，オキシトシンに反応しないが，妊娠末期にはエストロジェン優位となり，子宮筋層中のオキシトシン受容体数が百倍以上にも増加するのでオキシトシンは子宮筋を強く収縮させるようになる．分娩時に子宮頸管が拡大されるとオキシトシンの十分量が分泌されて分娩を助ける．発情周期の排卵期にもエストロジェンが優位であるので，オキシトシンは子宮を収縮させ，引き続く排卵とともに精子の卵管への輸送を助けている．交尾の際にはオキシトシンが分泌され，子宮運動を刺激するらしい．

オキシトシンは乳腺濾胞や乳管にある筋上皮細胞を収縮させ射乳（milk ejection）を起こさせる．この射乳反射を起こさせる刺激は吸乳刺激である．視床下部の視索上核や室傍核を電気的に刺激すると射乳が起こることから乳頭付近の触受容器に生じた神経インパルスは上行し，視床下部を経て後葉に達する反射弓が形成されていることがわかる．この反射弓は感情的なストレスや麻酔剤で容易に抑制される．各種動物で吸乳刺激後，約30秒で乳房内圧が上昇するという．

III 松果腺

松果腺（pineal gland または epiphysis）は第3脳室の屋根の部分で視床の後方，中脳蓋の前上方にある．松果腺細胞は神経膠細胞と分泌細胞らしい細胞からなる．

松果腺の機能は，日周や季節性の調節にあると考えられている．松果腺の抽出液には副腎皮質に作用してアルドステロンの分泌を促すグロメルロトロピン（glomerulotropin）が含まれている．またオタマジャクシのメラノフォアに作用してメラニン細胞刺激ホルモン（MSH）とは逆に皮膚を褪色させるメラトニンを含んでいる．メラトニン（melatonin, N-acetyl-5-methoxytryptamine）はセロトニン（serotonin, 5-hydroxytryptamine, 5-HT）から生成される（図3・12）．哺乳動物の松果腺内にもメラトニンは含まれている．

松果腺は光受容体として作用し，光周期（photoperiod）に同調してメラトニンの合成と分泌が行われる．松果腺には交感神経が分布しており，光刺激はその末端からのノルアドレナリンの分泌を抑制して，N-アセチルトランスフェラーゼの活性を低下させ，メラトニンの合成・分泌を減少させる．暗期にはこの現象は逆転し，日周変化が生ずる．

季節繁殖性のある動物（めん羊，山羊，馬，猫）の発情は光周期に依存していることが知られている．

IV 甲状腺

多くの哺乳動物で，甲状腺（thyroid gland）は喉頭の直下で第1または第2気管輪にかぶさり，狭い峡によって連結された蝶形の腺である．鳥類では甲状腺は胸郭のすぐ外側で気管の両側に位置している．甲状腺は，多数の球形または卵形の濾胞が結合して作られており，各濾胞の壁には腺細胞が一層にならんでいる．濾胞内はヨードを含むタンパク質よりなる膠質（コロイド）で満たされている．濾胞内の膠質が少なく，腺細胞が立方形で血管がよくみえる時は，甲状腺が活動している

図3・12 メラトニンの生合成
HIOMT：ヒドロキシ・インドール-O-メチルトランスフェラーゼ

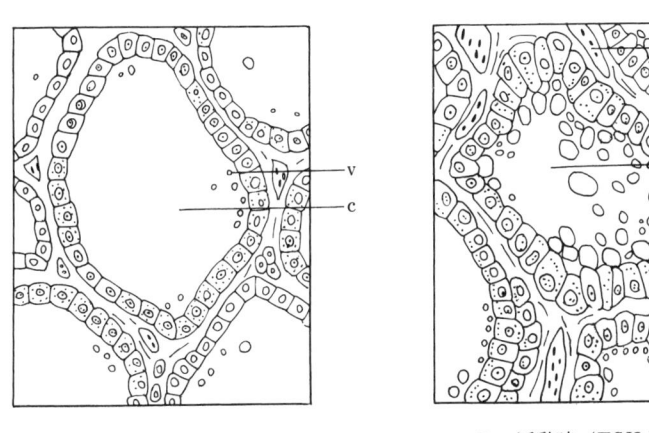

A. 正常時
濾胞上皮細胞は
扁平～立方形
コロイド (c) が充満

B. 活動時 (TSH 注射)
濾胞上皮細胞の肥大
立方～円柱化，吸収
空胞 (v) の増加，コロイド減少，b. 毛細血管

図3・13 甲状腺の組織像（玉手（英））

状態であり，濾胞内の膠質が多く，腺細胞が圧迫されて扁平状の時は，休止の状態を示している（図3・13）．各濾胞への血管分布は豊富で，動静脈吻合やリンパ管もみられる．

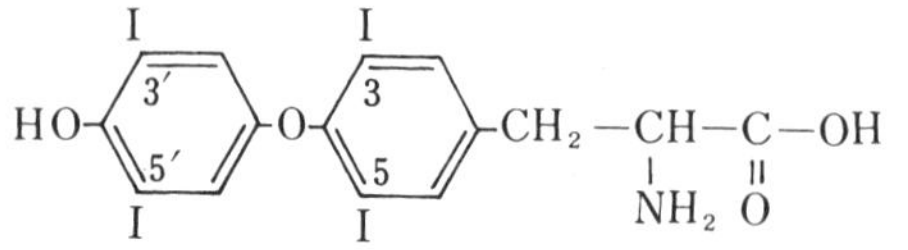

3,5,3′,5′-テトラヨードサイロニン(サイロキシン, T₄)

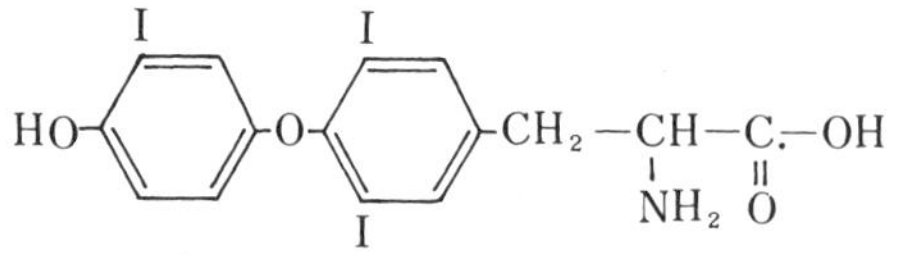

3,5,3′-トリヨードサイロニン(T₃)

図3・14　甲状腺ホルモン
環状構造内の数字は分子内の位置を示す．RT3は 3, 3′, 5′ トリヨードサイロニンである．

合成と分泌：甲状腺が分泌するおもなホルモンはサイロキシン（thyroxine, T₄）と少量のトリヨードサイロニンと逆トリヨードサイロニン（3,5, 3′-triiodothyronine, T₃および 3,3′, 5′-triiodothyronine, RT₃）（図3・14）である．これらのホルモンは膠質内でサイログロブリン（thyroglobulin, TGB）に結合して存在している．サイログロブリンは分子量約66万の糖タンパク質である．

飼料から摂取されたヨウ素はヨウ化物の形で血中に吸収され，一部は腎臓を経て尿中に排泄されるが，甲状腺によってきわめて効率的に補足される．ヨウ素イオンは活性吸収によって甲状腺細胞に取り込まれるのでその機構はヨウ化物捕捉またはポンプ（iodide trap, または iodide pump）と呼ばれる．この機構は TSH の存在で促進される．細胞内に取り込まれたヨウ化物は酸化されてヨウ素になる．この酸化反応にはペルオキシダーゼが関与している．ヨウ素はサイログロブリンにペプチド結合しているチロシンの3の位置に結合してモノヨードチロシン（MIT）となり，次に5の位置に結合してジヨードチロシン（DIT）となる．2個の DIT 分子が酸化的に縮合するとサイロキシンが，1分子ずつの MIT と DIT が縮合するとトリヨードサイロニンが生成される．この場合，アラニンが1分子放出される．生成されたサイロキシンやトリヨードサイロニンはサイログロブリン分子に結合したままで濾胞内に貯えられる（図3・15）．

濾胞中の甲状腺ホルモンと結合したサイログロブリンは，濾胞壁の腺細胞中に細胞の飲作用（pinocytosis）によって吸収され，腺細胞中のリソゾーム中のタンパク質分解酵素によってサイログロブリンとホルモン間のペプチド鎖が切れ，MIT, DIT, T₃, T₄が細胞質中に遊離する．MIT と DIT はヨードチロシンデハロゲナーゼの作用によりヨウ素が離れ，ヨウ素は再利用されるが，サイロキシンやトリヨードサイロニンは循環血中に出る（図3・15）．

普通は，甲状腺内のヨウ素の約30％がサイロキシンとして存在し，10％以下がトリヨードサイロニンとして存在している．したがって，甲状腺細胞はヨウ素を吸収集積して甲状腺ホルモンを生合成し，濾胞内に分泌する作用と再び細胞内に摂取して血中に放出する作用をもっている．

血中に放出された甲状腺ホルモンはただちに血漿タンパク質とゆるく結合する．血漿タンパク質に結合したヨウ素（protein-bound-iodine, PBI）の大部分は甲状腺ホルモンのヨウ素であるから，これを測定することによって，循環血中の甲状腺ホルモン濃度を推定することができる．豚，牛，めん羊，馬では大部分が α-グロブリンに結合し，アルブミンに結合するものは僅かである．鳥類ではアルブミンとプレアルブミンに結合している．人ではグロブリンとプレアルブミンに結合しているが，牛や豚には甲状腺ホルモン結合プレアルブミンはない．

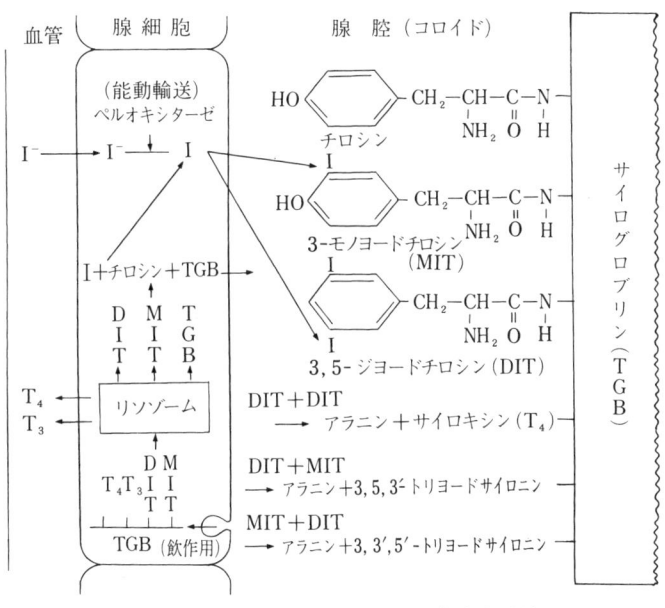

図3・15 甲状腺ホルモンの合成と分泌

作用：代謝量増加効果は甲状腺ホルモンの作用のうち，もっとも著しいものである．甲状腺ホルモンは一部の器官（脳・精巣，子宮など）を除いて，すべての組織のO_2消費量を増し熱産生量を増大させる．甲状腺ホルモンの投与による効果は数時間後に始まり，数日間続く．しかし甲状腺ホルモンの作用機構はまだ十分に明らかでない．

サイロキシンのかなりの部分が循環血中でT_3に変わり，T_3は細胞核にあるT_3受容体に結合し，その結果として生成されるmRNAの作用により，Na^+/K^+ATPアーゼの活性化が行われる．Na^+/K^+ATPアーゼはNa^+の輸送を促進し，酸素の消費量を増大させるという．また熱産生に大きな役割を有するミトコンドリアにもT_3受容体が存在している．

甲状腺ホルモンは小腸からのグルコースの吸収を促進し，肝臓のグリコーゲンのグルコースへの変換や糖新生を刺激する．タンパク質を分解し，負の窒素平衡をもたらす．しかしこれらの作用は単純ではなく，甲状腺ホルモン量によって逆の効果を生ずることもある．

甲状腺ホルモンは正常な成長と発育に不可欠である．さらに成長ホルモンと協同してその効果を増強させている．両棲類の変態に及ぼす効果は明らかで，かつてオタマジャクシに対する変態促進効果が甲状腺ホルモンの生物学的検定法として用いられたことがある．

甲状腺ホルモンとカテコールアミンの作用はよく似ており，相互に関連し合っている．交感神経系を阻害すると，甲状腺ホルモンの代謝量増加効果は現われず，甲状腺ホルモンの作用の発現にはカテコールアミンが必要である．甲状腺ホルモンはβ-アドレナリン受容体の数と親和性を増すことが知られている．

トリヨードサイロニンの生理的作用はサイロキシンより早く現われ，強さも大きいが，作用期間

が短い．

　分泌調節：甲状腺ホルモンの分泌調節は第一にTSHの作用によるものであり，TSHの分泌は循環血中の遊離サイロキシンとトリヨードサイロニンの増減により調節される．バゾプレッシンやアドレナリンのような血管収縮性ホルモン，あるいは血中のヨウ素含量，寒冷暴露なども甲状腺ホルモンの分泌に影響する（図3・16）．

　世界の各地にはヨウ素欠乏地帯が存在し，ヨウ素欠乏性甲状腺腫（iodine deficiency goiter）が発生するが，わが国ではみられない．甲状腺を除去した牛やめん羊の皮膚は腫脹（粘液水腫，myxedema）し，被毛は薄くなり，かつ，粗く，かたくなる．このような脱毛症（alopecia）は，人，犬，豚にもみられる．甲状腺機能の低下は生殖機能にも大きく影響する．流産・死産，弱子などがもっともよくみられる．雄においては，精子形成不全，性欲減退などが起こる．

　甲状腺を除去すると鶏の換羽が阻害され，また雄鶏では鶏冠の発育が抑制されるが，甲状腺ホルモンの注射により回復する．甲状腺ホルモンは性ステロイドホルモンと協同して作用することが知られている．

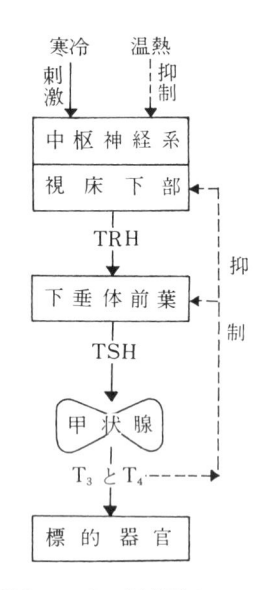

図3・16　甲状腺ホルモンの分泌調節

　甲状腺ホルモンには強い乳汁生成作用があるので，甲状腺ホルモン類似物質を乳牛に給与して乳量の増加を期待することができる．しかし，実際，ヨード化カゼインを乳牛に給与したところ，10～30％の乳量増加があったが，同時に採食量が増し，体重はむしろ減少してしまい，有効ではなかった．一方，幼鶏に甲状腺ホルモンを投与すると，採食は抑制される．

　植物中に抗甲状腺物質が含まれることがある．ことにアブラナ属の植物（キャベツ，カブなど）にはプロゴイトリンが含まれ，摂取されると腸内でゴイトリン（goitorin）に変化し，甲状腺腫を形成する．チオ尿素（チオカルバミド）に関連する物質であるプロピルチオウラシルやメチマゾールは甲状腺によるヨウ素の吸収は普通に起こるが，MITにヨウ素を結合する反応を阻害することが知られている（図3・17）．抗甲状腺剤を家畜に投与することによって，脂肪蓄積による肉質の改良や増体効率の増加を図る試みは，多くは成功しなかった．

　カルシトニン：哺乳動物の甲状腺濾胞には傍濾胞細胞またはC細胞と呼ばれる細胞が存在し，カルシトニン（calcitonin）が分泌される．カルシトニンは32のアミノ酸（分子量3,600）よりなるが，そのアミノ酸組成は動物によって異なる（図3・18）．カルシトニンは甲状腺のみならず人の胸腺などにも存在する．カルシトニンは骨のCaの吸収，すなわち，骨からのCaの遊離を抑制することによって血液のCa濃度を低下させる．甲状腺を高濃度のCa溶液で灌流するとカルシトニンの分泌が増す．カルシトニンは上皮小体ホルモンと協同して作用し，血中のCa濃度を一定に保っている．カルシトンはまたPの細胞外液から骨への移動を促進する．カルシトニンの基本的な作用は細胞内外におけるCaやPの転送によるものである．

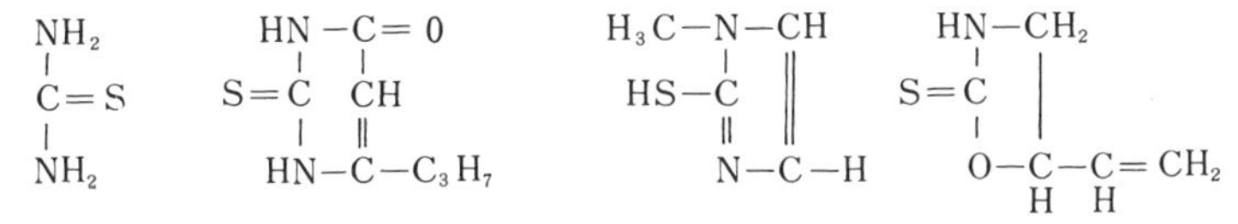

```
  NH₂           HN─C═O           H₃C─N─CH           HN─CH₂
  |              |   |              |    ||           |   |
  C═S          S═C   CH          HS─C    ||         S═C   |
  |              |   |              |    ||           |   |
  NH₂          HN─C─C₃H₇          N─C─H             O─C─C═CH₂
                                                      | |
                                                      H H
```

チオ尿素　　プロピルチオウラシル　　メチマゾール　　　ゴイトリン

図3・17　抗甲状腺物質

```
Cys-Ser-Asn-Leu-Ser-Thr-Cys-Val-Leu-Ser-Ala-Tyr-Trp-Lys-Asp-Leu-Asn-
                                    10
Asn-Tyr-His-Arg-Phe-Ser-Gly-Met-Gly-Phe-Gly-Pro-Glu-Thr-Pro-NH₂
       20                                30
```

図3・18　牛のカルシトニンのアミノ酸配列

V　上皮小体

　上皮小体（parathyroid gland）は左右一対または二対あり，馬では上部の一対は甲状腺の上部で背外側に，下部の一対は総頸動脈の分岐部あたりに位置している．反芻動物では内側の一対は甲状腺の表面にやや埋没しており，外側の一対は総頸動脈の分岐部付近にある．豚では一対のみで甲状腺上か総頸動脈分岐部にある．鶏では普通4個が一対，2個に融合し，甲状腺の後部にある．上皮小体は二種類の細胞よりなる．主細胞（chief cell）は顆粒がなく透明な細胞質を持ち，数が多い．上皮小体ホルモンは主細胞から分泌される．第二の細胞である好酸性細胞（oxyphil cell）は好酸性の顆粒をもち牛では明瞭である．この細胞の機能はまだ明らかでない．

　上皮小体ホルモンまたはパラソルモン（parathormone, PTH）は84個のアミノ酸よりなるポリペプチド（図3・19）で分子量は9,500であり，動物種によって僅かにその構成が異なる．

　作用：PTHのおもな作用は血中Ca濃度の維持にある．血漿中Ca濃度が正常値より下がろうとすると，1) 骨からのCaの遊離を増し，2) 腸からのCaの吸収を促し，3) 腎臓におけるCa再吸収を増すことによってCaの血漿濃度を維持する．一方，Caの血漿濃度が高いと，PTHの分泌は減り，上に述べた3作用は逆になってCa濃度は下がる．

　PTHはCaの動員を行うと同時に血漿リン酸濃度を減少させ，その尿中排泄量を増す．したがって血漿Ca濃度とリン酸濃度は反比例的に変化する．

　このPTHの作用は骨，腎臓の細胞におけるcAMPの生成増加に由来するものである．

　腸からのCaの吸収増加は，PTHによって生成が促進されるビタミンDの代謝産物である生理活性の高い1,25-ジヒドロキシコレカルシフェロール（1,25-(OH)₂D₃）の作用によるものである．1,25-(OH)₂D₃は腎臓の近位尿細管で生成され，腎臓からのCaの再吸収を促進し，また破骨細胞数を増加させて骨の吸収も促す．

　分泌調節：PTHの分泌は血漿中のCa濃度によって左右される．通常，血漿Ca濃度は約10 mg/

H₂N-Ala-Val-Ser-Glu-Ile-Gln-Phe-Met-His-Asn-Leu-Gly-Lys-His-Leu-Ser-Ser-
                                              10
Met-Glu-Arg-Val-Glu-Trp-Leu-Arg-Lys-Lys-Leu-Gln-Asp-Val-His-Asn-Phe-
           20   30
Val-Ala-Leu-Gly-Ala-Ser-Ile-Ala-Tyr-Arg-Asp-Gly-Ser-Ser-Gln-Arg-Pro-
                  40   50
Arg-Lys-Lys-Glu-Asp-Asn-Val-Leu-Val-Glu-Ser-His-Gln-Lys-Ser-Leu-Gly-
                                  60
Glu-Ala-Asp-Lys-Ala-Asp-Val-Asp-Val-Leu-Ile-Lys-Ala-Lys-Pro-Gln-C⦅O/OH
      70   80

図 3・19 牛のパラソルモンのアミノ酸配列

d*l* であり，上皮小体を除去しても 5 mg/d*l* 以下にはならない．この量はおもに骨における変換容易な Ca によって維持されている．したがって，PTH は Ca 濃度が 5〜10 mg/d*l* の範囲で分泌が調節され，Ca の血漿濃度を一定に保っている．

上皮小体の除去によってテタニー（tetany）が起こる．テタニーは血漿中 Ca が低下することによって生ずる神経や筋肉の興奮性の増加によるものであって，四肢や喉頭筋の痙攣が特徴的である．さらに Ca 濃度が減少すると，全身的な痙攣が起こるようになる．

分娩性起立不能症（parturient paresis，乳熱，milk fever）は乳牛の分娩時かその後数日のうちに起こり，血中 Ca と無機リン酸濃度の減少が起こる．乳牛が泌乳を開始すると多量の Ca が必要となる．したがって，血漿 Ca 濃度は減少するので，PTH が分泌されるが，骨からの Ca の動員が追いつかず，また Ca 含量の高い飼料が分娩前に与えられていた時にはカルシトニンの分泌の増加も考えられ，両ホルモンのバランスによって Ca 濃度が低下して低 Ca 血症（hypocalcemia）となる．分娩性起立不能症の予防には分娩前，Ca 含量の低い飼料を与えることが有効であるといわれる．また，その治療には Ca 剤，予防にはビタミン D₃ やその代謝産物である 1,25-(OH)₂D₃ の投与が有効である．PTH の投与は作用が速やかに消失し，また，反覆投与しても効果がしだいに減弱してしまう．

上皮小体の機能亢進の際は高 Ca 血，高 Ca 尿，カルシウムを含む腎結石の生成，骨の脱灰などがみられる．

Ⅵ 膵 臓

膵臓（pancreas）には消化酵素に富む膵液を分泌する外分泌腺細胞（99%）にまじって，球形または卵形をしたランゲルハンス島（islets of Langerhans，膵島）が存在（1%）している．

家畜のランゲルハンス島の大きさは平均幅 0.04〜0.075 mm，平均長 0.06〜0.12 mm で最大のものは牛にみられ，次にめん羊，山羊，豚，猫，犬の順に小さくなる．家畜のランゲルハンス島の平均的な数は 0.35 個/mm² である．

ランゲルハンス島を構成する細胞は各家畜によってその配列や大きさが異なるが，細胞内顆粒の形と染色性から A，B，D（α，β，δ）および F 細胞の 4 種に分類される．マロリー・アザン染色で A 細胞は赤く染まり，グルカゴンを分泌し，B 細胞はオレンジ色に染まり，インスリンを分泌

し，D細胞は青く染まり，ソマトスタチンを分泌し，F細胞は膵ポリペプチド（pancreatic polypeptide）を分泌する（図3・20）．鶏では哺乳類と異なり，主としてA細胞の集まるA島とB細胞の集まるB島があり，B島は第三葉と脾葉に分布している．

1．インスリン

インスリン（insulin）は分子量約6,000のポリペプチド（図3・21）でA鎖（アミノ酸21個）とB鎖（アミノ酸30個）が2カ所のS-S結合で結びついている．動物の種類によってそのアミノ酸構成は僅かに異なるが生物的活性に影響するほどではない．しかし，他動物に注射した時の抗

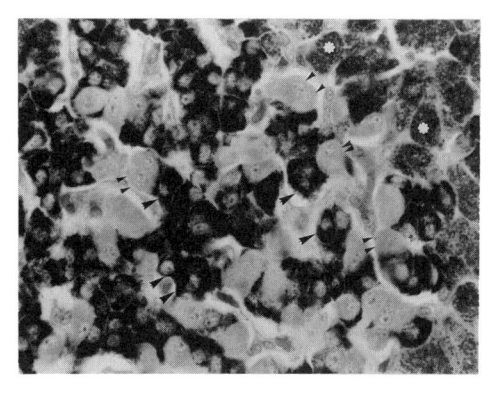

図3・20 豚の膵島
アルデヒド・フクシン染色
小さい矢印はA細胞を示し，大きい矢印はB細胞を示す．
＊印は腺房細胞．
（なおA, B, D, F，細胞を同時に染色し，分別することはできない）　　　（鈴木惇）

原としての作用は異なるから，長期間使用すると，抗体価が高くなる．インスリンは，プロインスリン（分子量9,000）と呼ばれるそれ自身ではインスリン効果のない折りたたまれたタンパク分子が，B細胞内の分泌顆粒で加水分解されて，A, B鎖および結合ペプチド（Cペプチド）という三つのポリペプチドになる．A, B鎖はS-S結合してインスリンをつくる．

作用：インスリンは，1) 糖代謝，2) 脂質代謝，3) タンパク質代謝に影響を及ぼす．体内の多様な細胞にインスリンの受容体が存在することが知られている．

骨格筋，平滑筋，心筋，脂肪組織などの細胞膜をグルコースが通過するしくみは，糖輸送担体（Glucose Transporter 1-12, GLUT1〜12）を介する促進拡散（facilitated diffusion）である．イン

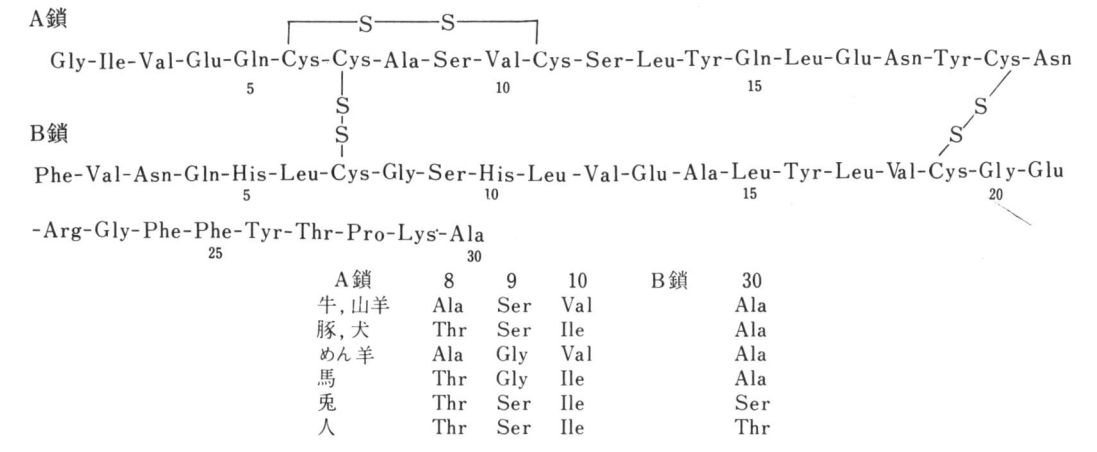

```
A鎖       ┌──S────S──┐
Gly-Ile-Val-Glu-Gln-Cys-Cys-Ala-Ser-Val-Cys-Ser-Leu-Tyr-Gln-Leu-Glu-Asn-Tyr-Cys-Asn
          5           │   10                    15
                      S
                      │
B鎖                   S                                                          S
Phe-Val-Asn-Gln-His-Leu-Cys-Gly-Ser-His-Leu-Val-Glu-Ala-Leu-Tyr-Leu-Val-Cys-Gly-Glu
          5               10                    15                     20
-Arg-Gly-Phe-Phe-Tyr-Thr-Pro-Lys-Ala
          25          30
```

	A鎖	8	9	10	B鎖	30
牛, 山羊		Ala	Ser	Val		Ala
豚, 犬		Thr	Ser	Ile		Ala
めん羊		Ala	Gly	Val		Ala
馬		Thr	Gly	Ile		Ala
兎		Thr	Ser	Ile		Ser
人		Thr	Ser	Ile		Thr

図3・21 牛のインスリンのアミノ酸配列（上）と動物種による相違（下）

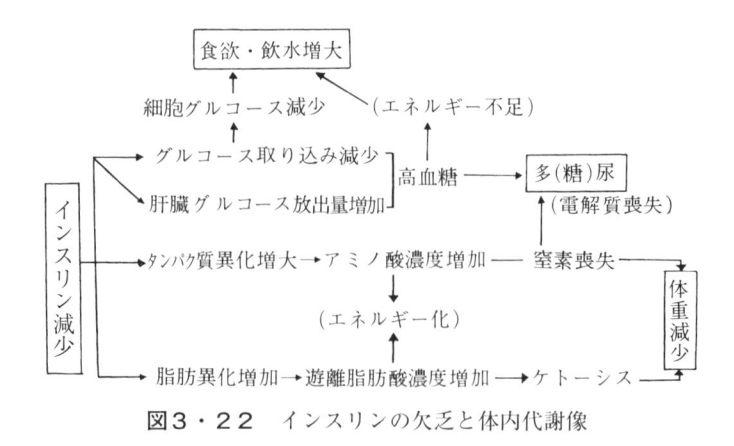

図3・22 インスリンの欠乏と体内代謝像

スリンによって活性化される輸送担体としてGLUT4が知られている．インスリンが高濃度に存在すると輸送担体の活性が増しグルコースの拡散速度は正常値の5倍となり，インスリンがないと1/4に減少する．したがって，インスリンはグルコースの拡散速度を20倍にも高めることになる．細胞に入ったグルコースは速やかにリン酸化され代謝されるが，この過程にインスリンは影響しない．インスリンは肝臓におけるグリコーゲン合成を促進し，グルコース放出を低下させる．この場合，グリコーゲンシンターゼやグルコキナーゼ活性が増大している．

インスリンはグルコースの利用を増大させ，その結果生ずるアセチル CoA やグリセロール-3-リン酸からの脂肪酸合成を促進する．また，リポタンパクリパーゼの活性を増して脂肪合成を増加させると同時に，脂肪組織における脂肪分解を抑制する．タンパク質代謝については，肝臓は例外として，多くの組織でアミノ酸の取り込みを増し，タンパク質の合成を促進し，分解を抑制する．

インスリンが欠乏すると人ではしばしば糖尿病 (diabetes mellitus) が起こる．家畜では犬，猫に起こり，牛を含む家畜でもみられる．インスリンの不足により，細胞へのグルコースの取りこみが減少し，肝臓からのグルコース放出を増す．その結果，血漿のグルコース濃度は増大し，腎臓でのグルコース再吸収の閾値を越えるので糖尿となって排泄される．血漿の浸透圧濃度が高くなるので，体水分は血中に奪われ，多飲，多尿となり，同時に電解質も奪われる．また，タンパク質合成作用が低下するのでアミノ酸の血漿濃度が増加し，糖新生の材料として使われる一方，分解してエネルギー源としても利用される．インスリンの不足は血漿中の遊離脂肪酸濃度を増加させ，その分解によりアセチル CoA が生成される．生じたアセチル CoA の一部はクエン酸回路で代謝されエネルギー源となるものの，余分のアセチル CoA はアセトアセチル CoA からアセト酢酸になる．アセト酢酸とその誘導体のβ-ヒドロキシ酪酸およびアセトンを総称するケトン体 (ketone body) が血中に増え，ケトーシスとなる．ケトン体は酸性なので，同時にアシドーシスにもなる．この場合，タンパク質，脂肪の分解により，体重は減少する（図3・22）．牛にもケトーシスがみられるが，インスリンの不足による糖尿病性ケトーシスはむしろ稀である．

分泌調節：インスリンの分泌は血中グルコース，アミノ酸，脂肪酸などの栄養素濃度に依存している．血中グルコースによるインスリン分泌刺激機構は次のように説明されている．血中グルコース濃度が高くなると，GLUT2 を介して B 細胞内に流入するグルコース量が増加することになり，細胞内での ATP 産生量が増大し，ATP 感受性の K^+ チャネルを閉じる．その結果，膜電位は脱分極し，膜電位依存性の Ca^{2+} チャネルが開き，Ca^{2+} が細胞内に流入する．細胞内の Ca^{2+} 濃度の増加は開口放出によるインスリン分泌を誘発する．一方，細胞内の cAMP 濃度を増大しても，Ca^{2+} を介してインスリン分泌が増大する．アルギニンは反芻動物においても強力なインスリン分泌刺激効果を示す．脂肪酸の単独刺激によるインスリン分泌に関しては，反芻動物では短鎖脂肪酸の，ラットにおいては長鎖脂肪酸の刺激効果がそれぞれ強いが，グルコースによる刺激効果を抑制する．

インスリン分泌はまた自律神経によって調節される．迷走神経を刺激するとインスリンの分泌が増大し，アトロピンはこれを抑制する．交感神経刺激はインスリン分泌を抑制する．これはノルアドレナリンの効果によるもので アドレナリンについても同様である．めん羊においてはこの抑制効果は α-アドレナリン受容体遮断剤によって阻害されるが β-遮断剤によっては阻害されない．このことから，カテコールアミンのインスリン分泌抑制効果は α 受容体を介する cAMP の減少によるものとされている．

消化管ホルモンの一種である GLP-1 (glucagon-like peptide 1)，GIP (glucose-dependent insulinotropic peptide)，グルカゴンおよびソマトスタチンなどもインスリン分泌を調節する．採食に伴う神経反射や消化管に達した飼料中の栄養素がこれらの消化管ホルモンの分泌を促す．GLP-1 は哺乳動物でもっとも強力なインスリン分泌刺激効果を示し，D 細胞から分泌されるソマトスタチンはインスリン分泌を抑制するという．

表 3・1　めん羊に対する各種脂肪酸およびグルコース（1.25 mmol/kg）の静脈内注入が血糖および血清インスリンの濃度増加に及ぼす影響（グルコース注入時を 100 とした値）

物質　（炭素数）	血糖増加（%）	血清インスリン増加（%）
グルコース　　(6)	100	100
乳酸　　　　　(3)	6	80
酢酸　　　　　(2)	8	130
プロピオン酸　(3)	28	180
酪酸　　　　　(4)	32	380
バレリアン酸　(5)	52	2000
カプロン酸　　(6)	49	3120
カプリル酸　　(8)	20	350

（安保 (佳)）

めん羊や牛で酢酸，プロピオン酸，酪酸，バレリアン酸，カプロン酸を静脈内注入するとインスリン分泌量が増加し（表 3・1），その程度は炭素数が増すにつれて増加するが，カプリル酸（炭素数 8）になると減少する．この分泌増加には迷走神経が関与しているらしい．

2．グルカゴン

グルカゴン（glucagon）は 29 のアミノ酸よりなる分子量約 3,500 のポリペプチドである（図 3・23）．人と家畜のグルカゴンは同じ構造である．

His-Ser-Gln-Gly-Thr-Phe-Thr-Ser-Asp-Tyr-Ser-Lys-Tyr-Leu-Asp
　　　　　　　　5　　　　　　　　　　　　10　　　　　　　　　　　15
-Ser-Arg-Arg-Ala-Gln-Asp-Phe-Val-Gln-Trp-Leu-Met-Asn-Thr
　　　　　　20　　　　　　　　　　　25

図3・23　グルカゴンのアミノ酸配列

作用：グルカゴンは肝臓におけるグリコーゲン分解とアミノ酸からの糖新生を促すことによって血糖値を上昇させる．グルカゴンは肝臓のcAMPを増加させることによってホスホリラーゼ活性を増しグリコーゲンを分解する．この点はアドレナリンの作用と同様であるが，グルカゴンは筋肉のグリコーゲンには作用しない．したがって，グルカゴンの注射によって，アドレナリンのように血中乳酸が増えることはない．一方，増加したcAMPは肝臓のトランスフェラーゼ活性をも増し，アミノ酸からの糖新生を促す．

　分泌調節：グルカゴンの分泌は低い血糖値が直接A細胞に作用して生ずる．また糖生成性アミノ酸の摂取も分泌を増す．膵臓に入る交感神経の刺激によっても起こるが，α-アドレナリン受容体の刺激による．迷走神経刺激によってもグルカゴン分泌は上昇する．ソマトスタチンはまたグルカゴンの分泌を抑制する．

　めん羊に酪酸を静脈内注射すると血糖値が上昇するが，これは酪酸がグルカゴンを分泌させるからである．同時にインスリンの分泌も起こるが，両者のバランスで血糖値が変化するもののようである．グルカゴンはA細胞からばかりでなく，胃や腸粘膜からも分泌されることが知られている．

　F細胞より分泌される膵ポリペプチドの生理的機能は明らかではない．

Ⅶ　副　　腎

　副腎（adrenal gland）は皮質（cortex）と髄質（medulla）から構成され，発生学的には中胚葉性の皮質の中に外胚葉性の髄質が入り込んだものである．皮質は外側から球状帯（zona glomerulosa），束状帯（zona fasciculata）および網状帯（zona reticularis）の三層よりなる．皮質細胞は脂肪に富み，炭水化物およびタンパク質代謝に作用する糖質コルチコイド（glucocorticoids）と電解質および水分代謝に影響を与える電解質コルチコイド（mineralocorticoids），さらに少量の性ホルモンを分泌する．髄質は交感神経の節後線維が軸索を失って分泌細胞となったもので，ここには交感神経の節前線維が皮質を通って到達している．髄質からはアミノ酸誘導体ホルモンであるアドレナリンとノルアドレナリンが分泌される．アドレナリンやノルアドレナリンのようにカテコール（図3・24）を持つアミン類をカテコールアミン（catecholamine）と総称する．

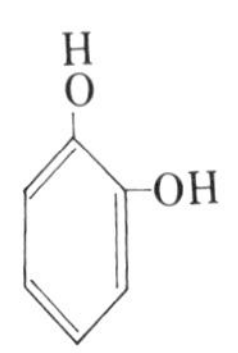

図3・24　カテコール

1．皮質ホルモン

　副腎皮質ホルモンはすべてコレステロールの誘導体でシクロペンタノペルヒドロフェナントレン

核（図3・25）を持ちステロイドと総称される．電解質コルチコイドにはC-11の位置に＝Oまたは-OHがないが，例外的にアルドステロンには-OHがついている．糖質コルチコイドではC-11の位置に＝Oまたは-OHがつく．また性ホルモンでC-17に＝Oがつくものは17-ケトステロイドと呼ばれる．

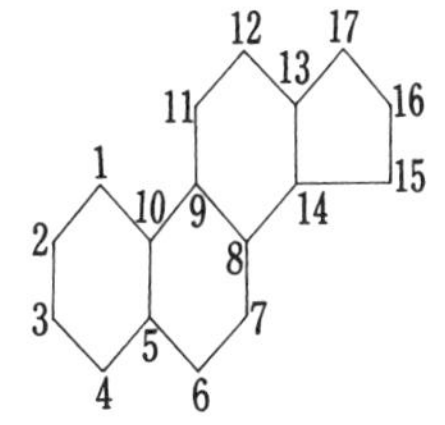

図3・25 シクロペンタノペルヒドロフェナントレン核

副腎皮質からは約50のステロイドが単離されているが，すべての脊椎動物で分泌されるおもなステロイドは電解質コルチコイドとしてアルドステロン，糖質コルチコイドとしてコルチゾルとコルチコステロンおよび性ホルモンとしてのアンドロジェンである（図3・26）．犬はコルチゾルとコルチコステロンの分泌量はほぼ同じであるが，猫，牛，めん羊，猿ではコルチゾルの方が多い．

1）電解質コルチコイド

アルドステロン（aldosterone）は球状帯から分泌され，電解質コルチコイドのおもなものである．デオキシコルチコステロン（deoxycorticosterone）も電解質コルチコイド作用を持つが，その強さはアルドステロンの3％にすぎない．

作用：アルドステロンは尿細管，汗腺，唾液腺，消化管からのNa^+の再吸収を促す．同時にK^+やH^+が交換されてK^+の排泄が増し，分泌物は酸性化する．アルドステロンが存在すると，遠位尿細管腔内のNa^+は周囲の尿細管上皮に拡散に依って取り込まれ，さらに間質液中に能動輸送によって移行する．アルドステロンは他のステロイドホルモンと同様にmRNAの合成を増大させ，

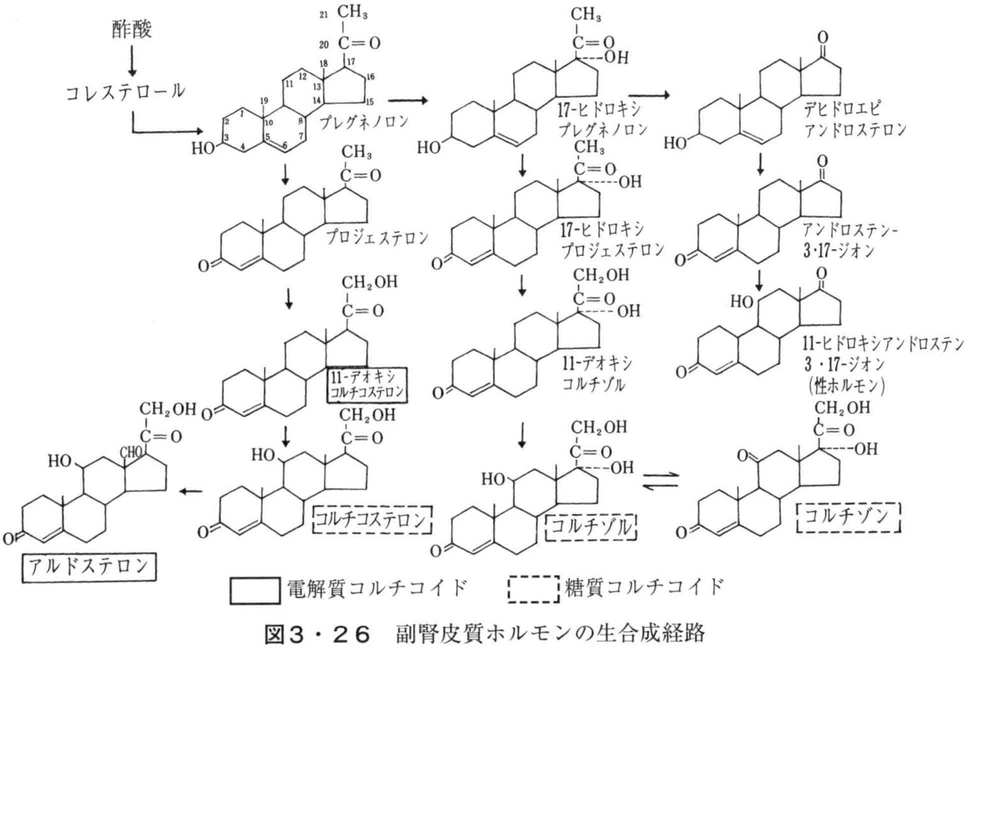

図3・26 副腎皮質ホルモンの生合成経路

```
┌─────────────アンギオテンシノーゲン─────────────┐
 ┌──────アンギオテンシンⅠ──────┐
 ┌────アンギオテンシンⅡ────┐
 ┌──アンギオテンシンⅢ──┐
Asp-Arg-Val-Tyr-Ile-His-Pro-Phe-His-Leu-Leu-Val-Tyr-Ser-R
 1   2   3   4   5   6   7   8   9   10  11  12  13  14
   アンギオテンシナーゼの作用部位 ↑      レニンの作用部位
              変換酵素の作用部位
```

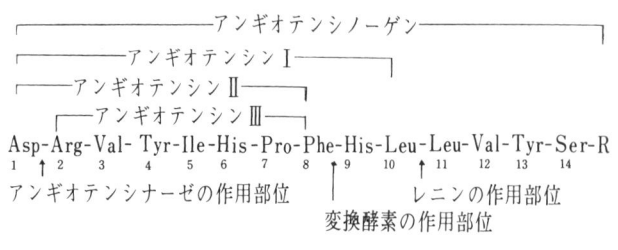

図3・27 アンギオテンシンの生成機構
（Rはタンパク質を除いた残りの部分）

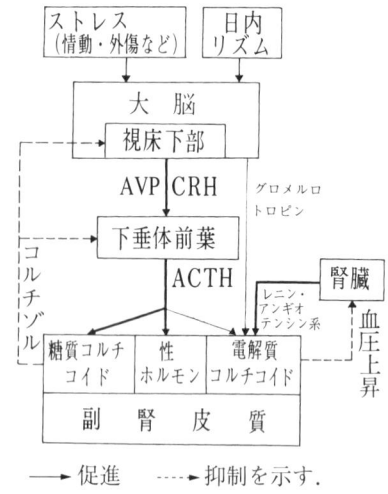

図3・28 副腎皮質ホルモンの分泌調節
→ 促進　----→ 抑制を示す．

さらにタンパク質の合成を増加させる．合成量が増したタンパク質が酸化される際にATPを生成し，Na^+/K^+ATPアーゼの活性が増加してNa^+の能動輸送のために利用される．その結果，細胞から間質液へのNa^+輸送が増し，細胞内Na^+濃度が減少すると，尿細管腔内尿から細胞内へのNa^+の拡散が増す．

糸球体から濾出されたNa^+の99%は再吸収されるが，アルドステロンによって再吸収される量はその中の3%程度であるという．副腎除去によるアルデステロンの欠損症状は血中Na^+の減少，K^+の増加とともに血漿量の減少，血圧低下，循環障害などである．

分泌調節：血中Na^+やK^+の濃度変化は直接に副腎皮質に作用してアルドステロン分泌を増加させる．しかし，主要な分泌調節要因はNa^+の減少による血液量または細胞外液量の減少である．これらが減少すると，血圧も低下し腎臓の傍糸球体装置（juxtaglomerular apparatus）にある細胞に作用してレニン（renin）の分泌が起こる．レニンは一種のタンパク質分解酵素（分子量約40,000）で，これが血液中の$α_2$-グロブリンに属する一種の糖タンパクであるアンギオテンシノーゲン（angiotensinogen）に作用してアンギオテンシンⅠとする．アンギオテンシンⅠは肺や血液中に存在する変換酵素（angiotensin converting enzyme, ACE）によってアンギオテンシンⅡとなる．アンギオテンシンⅡはアンギオテンシナーゼによってアンギオテンシンⅢとなる（図3・27）．アンギオテンシンⅡは副腎皮質に作用してアルドステロンを分泌させ，また血管を収縮させて血圧を上昇させる．しかし，アンギオテンシンⅡは体内で急速に分解する．アンギオテンシンⅢにも，アルドステロン分泌作用，昇圧作用がある．アルドステロンが作用して減少した血中Na^+や血液量が回復すると，レニンの分泌刺激因子がなくなるので，結果的にアルドステロン分泌も減少する（図3・28）．

ACTHもアルドステロン分泌を促進するが，糖質コルチコイドを分泌増加させる量よりははるかに大量が必要である．

2）糖質コルチコイド

コルチコステロン（corticosterone）は球状帯，束状帯，網状帯の三層から分泌されるが，コル

チゾル（cortisol）と性ホルモンは束状帯および網状帯から分泌される．コルチゾルは肝臓で還元されてコルチゾン（cortisone）になる（図3・26）．

作用：糖質コルチコイドは遊離の状態で標的細胞内に入り，細胞内の特定の受容タンパク質と結合し，この複合体はさらに核内のDNAと可逆性に結合する．その結果，関連するmRNAの合成が促され，特別の機能を有する酵素の合成が増す．このことが糖質コルチコイドが多様な効果を有することの基本的な理由である．

糖質コルチコイドは炭水化物代謝に影響を及ぼし，肝臓のグリコーゲンの合成，または糖新生（gluconeogenesis）を増加させる．糖新生とはグルコース以外の物質からグルコースを生成することをいう．糖質コルチコイドはタンパク質の分解を増し，生じたアミノ酸は脱アミノ作用を受けてグルコースの前駆物質となる．脂肪代謝も影響されて，遊離脂肪酸が動員され，肝臓でトリグリセリドやケトン体に変化する．また，副腎除去動物では過剰な水分を除去することができないが，糖質コルチコイドによって，回復させることができる．おそらく腎臓における水の糸球体濾過量に影響を与えるのであろう．

糖質コルチコイドはまた，循環血中のリンパ球と酸好性球をそれぞれ50%および90%も減らすことができる．これらの白血球が脾臓や肺に停滞するのを助けるからである．塩基好性球も減少するが赤血球や血小板，中性好性球は増加する．この理由は明らかでない．

分泌調節：糖質コルチコイドの分泌はおもにACTHによって支配される．ACTHは副腎皮質の発育，構造，機能の維持にもあずかる．ACTHによって増加した糖質コルチコイドは視床下部や下垂体前葉に作用してAVP，CRHおよびACTHの分泌を抑制する（図3・28）．糖質コルチコイドを長期間投与したのち，中止すると，副腎は萎縮し，ACTHへの反応性が失われ，ACTH自身の合成能も低下していることがわかる．糖質コルチコイドは一日を通じ，一定のレベルで分泌されているのではなく，昼行性の動物では夜間に低く，早朝に高いというリズムをもって変動している．

ストレスと副腎皮質ホルモン：寒冷，外傷，感染，精神的負荷など生体になんらかのひずみ（ストレス，stress）を与える刺激（ストレッサー）が加わると，生体は刺激の種類とは無関係な一連の非特異的反応を生じて，新しい事態に適応し生体の機能を維持しようとする．セリエ（H. SELYE, 1936）は，それらの反応に対して汎適応症候群（general adaptation syndrome）という名をつけ，いわゆるストレス学説を提唱した．

ストレスの状態下では視床下部―下垂体前葉―副腎皮質系が賦活され，糖質コルチコイドの分泌が増加する．また，電解質コルチコイドの分泌も増加するであろう．この場合，交感神経―副腎髄質系も活性化されており，カテコールアミンの分泌も増加している．糖質コルチコイドはカテコールアミンが各種の作用を現わすために必要な許容作用を持つとされている．

大量の糖質コルチコイドには炎症を抑制する効果がある．線維芽細胞の活動は抑えられ，腫脹や充血は減退し，ヒスタミンやキニンの放出が抑制される．糖質コルチコイドには細胞内のリソゾームの膜を安定化し，その崩壊を防ぐ作用がある．細菌感染症に対して糖質コルチコイドは劇的に有

効であるが，同時に抗生物質を投与しないと，細菌が体全体にひろがるおそれがあるから注意が必要である．一方，電解質コルチコイドには炎症を促進させる効果のあることが知られている．

3）性ホルモン

副腎皮質から分泌される性ホルモンはアンドロジェンがおもなものであるが，エストロジェンやプロジェステロンも微量に分泌されている．精巣の分泌するアンドロジェンに比べればその活性は著しく低い．副腎アンドロジェンの分泌はACTHにより調節され，性腺刺激ホルモンによって調節されない．エストロジェンは微量のため正常状態下では生理的作用を現わすには至らない．人のアンドロジェン分泌量に比べれば家畜の分泌量はきわめて少なく，かつ，その種類も人とは異なり11β-ヒドロキシアンドロステンジオンや17α-ヒドロキシプロジェステロンがおもなものである．

2．髄質ホルモン

髄質から分泌されるアドレナリン（adrenaline, エピネフリン，epinephrine）とノルアドレナリン（noradrenaline, ノルエピネフリン，norepinephrine）はいずれもアミノ酸であるフェニールアラニンとチロシンから生合成される．交感神経末端ではノルアドレナリンをアドレナリンにする酵素が存在していないのでアドレナリンが生成されることはない．

ノルアドレナリンのノルという接頭語は側鎖にあるNにメチル基（-CH$_3$）がないことからNohneRadikalの頭文字をとりnorとしたものである．

分泌されたアドレナリンとノルアドレナリンは一部はそのまま，または硫酸，グルクロン酸と抱合して排泄されるが，大部分は肝臓または腎臓などで代謝されて，メタネフリンとノルメタネフリンになり，また3-メトキシ-4-ヒドロキシマンデル酸となって尿中に排泄される．交感神経末端から分泌されたノルアドレナリンはまず，モノアミンオキシダーゼによって酸化され，次に3,4-ジヒドロキシマンデル酸アルデヒドとなり，次に3-メトキシ-4-ヒドロキシマンデル酸と3-メトキシ-4-ヒドロキシフェニルグリコールになるらしい（図3・29）．

副腎に含まれるカテコールアミンは一般にアドレナリンがノルアドレナリンより多いが，その割合は動物の種類によってかなり異なる（表3・2）．鯨では逆にノルアドレナリンが80％を占める．また同じ種類の動物でも若い動物のノルアドレナリン含量は高い．

分泌量も副腎含量と同じ割合と考えられるが，刺激の種類や強さによって変化するか否かについては十分に明らかでない．尿中排泄量で測定すると，交感神経末端から分泌されるノルアドレナリンも含まれるため，めん羊の場合でノルアドレナリンの排

表3・2　各種成動物の副腎中のカテコールアミン含量

動物種	ノルアドレナリン（％）	総カテコールアミン mg/g（全副腎）
豚	49	2.2
猫	41	1.0
めん羊	33	0.75
牛	29	1.80
犬	27	1.50
馬	20	0.84
人	17	0.60
兎	2	0.48

（WEST, Q. Rev. Biol）

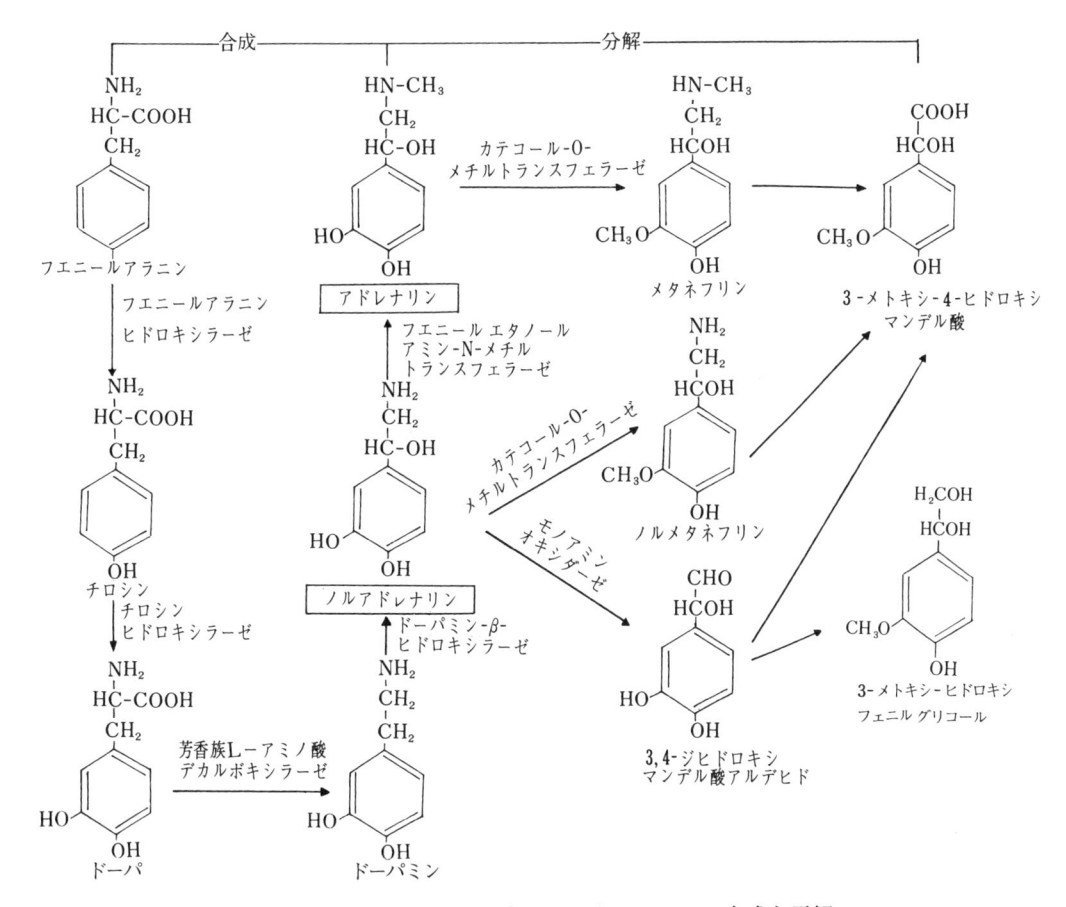

図3・29 アドレナリンとノルアドレナリンの合成と電解

泄量がアドレナリンの約7〜10倍に達する(表3・3).

作用:副腎髄質ホルモンは交感神経末端から分泌されるノルアドレナリンと協同してアドレナリン受容体を持つ効果器に作用する.この受容体には二種類あって,おもに血管収縮などの刺激的機能をつかさどる α 受容体と,血管拡張や,気管枝筋弛緩など抑制的機能をつかさどる β 受容体に分けられる(表9・3).

アドレナリンとノルアドレナリンの作用は似てはいるが,必ずしも同一ではない(表3・4).両者とも α および β 受容体に作用するが,アドレナリンは β 受容体に,ノルアドレナリンは α 受容

表3・3 各動物の血中および尿中カテコールアミン濃度

動物種	アドレナリン 血中 ng/ml	アドレナリン 尿中 μg/日	ノルアドレナリン 血中 ng/ml	ノルアドレナリン 尿中 μg/日
人	0.05		0.3	
犬	0.41		1.05	
めん羊	0.27	2.15	0.52	14.03
牛	0.76		1.00	

表3・4 アドレナリンとノルアドレナリンの作用の比較

作用	アドレナリン	ノルアドレナリン
心拍出量増加	＋＋＋	±
血圧上昇	＋	＋＋＋
皮膚血管収縮	＋	＋＋＋
筋・内臓血管収縮	－	＋＋＋
腸管平滑筋収縮	－	－
血糖上昇	＋＋＋	＋
遊離脂肪酸放出	＋	＋＋
熱産生量増加	＋＋＋	＋＋

体に大きな親和性をもっている．ノルアドレナリンは心拍出量を増し，血圧を上昇させるが，頸動脈洞や大動脈弓にある圧受容器が作動して反射性に徐脈が起こり，結果的に心拍出量はむしろ減少する．アドレナリンでは脈圧は増加するが，平均血圧はほとんど変化しない．しかし心拍出量は増加する．

呼吸作用に対しては，呼吸の深さが増し，毎分呼吸気量が多くなるので呼気 CO_2 含量は減少する．腸管平滑筋に対してはその運動と緊張を低下せしめるが，括約筋では緊張が増加する．中枢神経系にも作用し，脳波と行動を覚醒型にするとともに不安感を引き起こす．

アドレナリンはホスホリラーゼの活性を増すことにより肝臓や骨格筋のグリコーゲンを分解する．肝臓に生じたグルコース-6-リン酸は，大部分はグルコース-6-ホスファターゼの作用によりグルコースとなって血糖値を上昇させる．筋肉に生じたグルコース-6-リン酸はそのまま解糖系に入り，乳酸を生ずる．ノルアドレナリンのグリコーゲン分解作用はアドレナリンに比べると小さい．

アドレナリンとノルアドレナリンのいずれも脂肪組織中のホルモン感受性リパーゼを活性化し，血中の遊離脂肪酸含量を増加させる．

カテコールアミンには熱産生量増加作用がある．カテコールアミンにより増加したグルコースや遊離脂肪酸などのエネルギー源の酸化，および乳酸の酸化によって生ずる熱がおもなものであろう．さらに血管の収縮や立毛による熱放散量の減少も体温の維持に効果がある．副腎髄質からは少量とはいえ，たえずカテコールアミンが分泌されていて，交感神経末端から分泌されるノルアドレナリンとともに，血圧の維持など生体の恒常性維持に役立っている．キャノン（W. B. CANNON）は副腎髄質は交感神経系とともに外的および内的緊急事態に対処して生体を防衛する作用をいとなむホルモンを分泌するといういわゆる緊急反応学説（emergency theory）を発表した．交感神経—副腎髄質系より分泌されたホルモンは体の各器官を活性化し闘争または逃避（fight or flight）の目的のために作動させ，生体を危険から守る．先に述べたセリエの下垂体—副腎皮質系のホルモンに重点をおくストレス学説とともに副腎の占める生体防衛に対する役割を示すうえで意義が深い．

その機構は神経系をはじめ，種々の系が複雑に関連し合って作動し，生体内を変化はするが相対的に定常的な状態に保たせている．この状態をキャノン（1929）は恒常状態（homeostasis, ホメオスタシス）と呼んだ．"ホメオ"は「同一の」，"スタシス"は「状態」を意味するギリシャ語である．一方，ホメオスタシスが比較的短期間の生体の恒常性について説明するのに対し，長期間（成長，妊娠，泌乳などを含む）にわたる．神経・内分泌系の合目的的調節機構をホメオレーシス

(homeorhesis) ということがある.

　分泌調節：副腎髄質からのカテコールアミンの分泌は髄質細胞に分布する交感神経節前線維の末端から分泌されるアセチルコリンによって刺激される．アセチルコリン・ニコチン受容体刺激は髄質細胞膜の Ca^{2+} チャネルを開くことによって細胞内の Ca^{2+} 濃度を増加し，開口放出によるカテコールアミン分泌を促す．交感神経を興奮させる刺激には外傷，情動，窒息，運動，低血圧，寒冷曝露など種類が多いが，これらの刺激と分泌されたカテコールアミンの間に必ずしもネガティブ・フィードバックの関係があるわけではない．しかし，低血糖の場合，直接，髄質からカテコールアミンが分泌されてグリコーゲン分解を通じて血糖が上昇し，ネガティブ・フィードバック系が成立している．この場合，カテコールアミンがグルカゴン分泌を介して血糖を維持している経路も考えられている．

　神経終末から分泌されたノルアドレナリンの一部および循環血液中のカテコールアミンも少量ではあるが，交感神経性ニューロン末端において，能動的に再び取り込まれる．これは副交感神経性ニューロンにおいて，分泌されたアセチルコリンはほとんど取り込まれず，一旦コリンと酢酸に分解され，生じたコリンが再びニューロン末端に取り込まれてアセチルコリンに再合成される機構とは異なる点である．

　豚は屠殺時に，さらに輸送などによる影響も加わって，カテコールアミンが大量に分泌され，解糖が促進されて乳酸を生じ pH が低下して肉質が悪くなる（pale soft exudative pig, PSE 豚）ことがあるといわれる．

第4章 代謝・成長

代謝（metabolism）は古代ギリシア語の"変化"を語源とし，生体内で起こる化学変化とエネルギー変換を表している．動物は炭水化物，タンパク質，脂質を CO_2 や H_2O などに酸化分解し，生命現象の維持に必要なエネルギーを得ている．生体内における酸化反応は燃焼のような半爆発的な反応ではなく，異化作用（catabolism）という複雑な生体内酸化であり，反応速度が遅く，利用しやすい形でエネルギーを取り出すことができる．このエネルギーは高エネルギーリン酸化合物として貯えられてから利用されるか，貯蔵タンパク質，脂質，炭水化物の形で生体内に貯えられる．後者のように生体内で物質を合成する過程を同化作用（anabolism）という．本章ではエネルギー，炭水化物，タンパク質，脂質，水とミネラルの代謝および動物の成長と内分泌制御について述べる．

Ⅰ　エネルギー代謝

1．エネルギー代謝の概略

1）エネルギーの変換

　動物は生命の維持，成長などのために多くのエネルギーを必要とし，そのすべてを摂取した飼料から得ている．動物が摂取・吸収した飼料は体成分の構築やミルクなどの生産にも用いられるが，大部分は生命を維持するためのエネルギーとして利用される．摂取した飼料から生命維持に必要なエネルギーを取り出す過程，体内におけるエネルギーを利用する過程をエネルギー代謝という．

　動物のエネルギー源となる栄養素は炭水化物，タンパク質，脂質であり，まず，消化管内で消化された後，吸収される．次に，肝臓や他の組織で中間代謝経路に入り，それぞれに特有な中間代謝経路で分解される．最後に，TCA 回路や電子伝達系を経てエネルギーを産生する．異化作用の各過程で産生されるエネルギー（＝ 放出されるエネルギー）は生体の維持，飼料の消化や代謝，体温調節やエネルギーの貯蔵，運動などに利用される．このエネルギーの利用形態は外部に対する仕事エネルギー，貯蔵エネルギーおよび熱エネルギーである．

　エネルギー産生量 ＝ 外部に対する仕事エネルギー量 ＋ 貯蔵エネルギー量 ＋ 熱エネルギー量
単位時間あたりの産生エネルギーを代謝率（metabolic rate）という．

2）エネルギーの単位

　エネルギーは仕事をする能力あるいは仕事に変えることのできる能力と定義される．生理学および栄養学分野で国際的に幅広く使用されているエネルギーの単位は国際単位系（International System of Units, SI 単位系）の組立単位であるジュール（joule, J）である．1 J は物体を 1 ニュートン（newton, N）の力で 1 m 動かす仕事量に相当する．一方，動物が摂取した飼料のエネルギーはその飼料を燃焼して発生する熱エネルギーに相当する．そのため，我が国では熱量の単位である

カロリー（calorie, cal）が広く使われている．1 cal は水 1 g を 14.5℃から 15.5℃まで 1℃上昇させることのできる熱量である．また，1 cal＝4.184 J と換算することができる．

2．エネルギー代謝量の測定
1）直接熱量測定法と間接熱量測定法

物質の燃焼熱はボンブカロリメーターを用いて測定される．飼料として給与する炭水化物，脂質，タンパク質を 1 g ずつボンブカロリメーターで測定した場合，それぞれの燃焼熱は 4.1, 9.45, 5.65 kcal となる．ただし，消化，吸収率などを考慮した生理的に利用できるエネルギーは炭水化物 4.0 kcal（16.7 kJ），脂質 9.0 kcal（37.7 kJ），タンパク質 4.0 kcal（16.7 kJ）とされている．

動物が生産する熱量を熱生産量（heat production，熱産生量，熱発生量）という．動物の生体内における熱生産量を直接測定する方法を直接熱量測定法（direct calorimetry）という．動物の熱生産量は熱量測定装置を用いて測定する．すなわち，遮断した小室に動物を入れると，室内の温度が動物体から発生する熱のために上昇するが，小室のラジエターに水を通して室内を一定の温度に維持する．その時の水の流入温度，流失温度および水の流量を測定し，流水とともに運び去られた熱量を計算する．また，呼気や皮膚から蒸発する水分量は部屋の水蒸気を捕捉して測定する．この水分量より蒸発潜熱を計算する．これらの値に若干の補正を加えて動物体の総熱生産量を計算する．この水分量より蒸発潜熱を計算する．前述の熱の流出量に潜熱量を加えて若干の補正を加えて動物体の総熱生産量を測定することができる．直接熱量測定法は大規模な装置の建設や測定技術に熟練を要するため，大家畜用の装置は世界的に見てもわずかである．

動物体内では物質の異化作用によってエネルギーを産生するため，酸化過程の最終産物である CO_2，H_2O の産生量およびタンパク質異化作用の最終産物である尿素などの窒素排泄量を測定すること，または消費される O_2 量を測定することにより動物の熱生産量を計算することができる．このような方法を間接熱量測定法（indirect calorimetry）という．

2）呼吸商による熱量測定

呼吸によって消費された O_2 量に対する排出された CO_2 量の比率を呼吸商（respiratory quotient：RQ）という．これは動物を呼吸室に入れてその全空気の組成の変化量を測定するか，動物にマスクなどをつけて呼気を採取し，吸気と呼気を分析することによって求められる．呼吸商は体内で酸化された炭水化物，脂肪，タンパク質の割合によって変動する．

① 炭水化物の呼吸商

1 mol のグルコースの酸化に際して，O_2 6 mol を消費して CO_2 6 mol を産生し，その結果 686 kcal の熱を発生する．

$$C_6H_{12}O_6 + 6O_2 \rightarrow 6CO_2 + 6H_2O + 686 \text{ kcal}$$

したがって，炭水化物の RQ は 6/6＝1.0 となる．

② 脂肪の呼吸商

　脂肪は炭素含量に比べて酸素含量が非常に低いので，RQ は低い値を示す．トリパルミトイルグリセロールを例にとると

$$C_{51}H_{98}O_6 + 72.5O_2 = 51CO_2 + 49H_2O + 7,657\ kcal$$

となり，この場合，RQ は 51/72.5＝0.703 となる．脂肪混合物の RQ は 0.707 とされている．

③ タンパク質の呼吸商

　タンパク質の分子には，酸素，炭素，水素以外に窒素が含まれ，さらにイオウやリンが含まれることも多い．しかも窒素は完全に酸化されずに尿中に排泄されるため，炭水化物や脂肪のように単純に計算することができない．ほ乳類におけるタンパク質の RQ は 0.801 とされている．

④ 呼吸商の変動要因

　通常の飼料は炭水化物，脂肪，タンパク質を種々の割合で含んでいるため，RQ は 0.7〜1.0 の範囲になる．炭水化物代謝の比率が増すと RQ は 1.0 に近づき，絶食時には蓄積脂肪の分解が増加するので 0.7 に近づく．しかし，家畜の肥育時などの場合に RQ が 1.0 を超えることがある．これは O_2 含量の高い炭水化物が O_2 含量の低い脂肪に転換されるときに O_2 が放出され，その O_2 が体内の代謝に利用されるためである．たとえば，グルコースがステアリン酸に変換される場合，

$$3C_6H_{12}O_6 \rightarrow C_{18}H_{36}O_2 + 8O_2$$

となり，ステアリン酸 1 分子あたり 8 分子の O_2 が放出され，その分外部からの O_2 の取り込みが減少するため呼吸商が高くなる．

　反芻家畜では，CO_2 の発生量は肺から排出される CO_2 に加え，第一胃発酵で産生される CO_2 があり，呼吸商を算出するにあたっては補正が必要である．

　呼吸商による熱量測定と同時に尿中への窒素排泄量を測定し，タンパク質代謝に由来するガス代謝量を除くことによって，炭水化物と脂肪の代謝によるガス代謝量を求めることができる．

3．基礎代謝

　動物を絶食させて消化・吸収が行われていない状態におき，かつ安静な状態にし，至適な温度環境で測定した熱生産量はその動物の生命維持に必要な最小エネルギー量に相当する．これを基礎代謝（basal metabolism）という．

1）基礎代謝測定のための条件

① 安静状態

　できるだけ筋肉運動を静止させ，安静状態におくことが必要である．しかし，家畜を横臥安静状態にしておくことは困難なので，起立，横臥の回数や筋肉運動の度合を記録して補正する方法が一般的である．

② 吸収後状態

　動物が絶食した後，消化管で消化・吸収が行われなくなり，それに起因する熱生産がない状態を

吸収後状態（postabsorptive state）という．飼料摂取を中止してから吸収後状態に達するまでの時間は動物種によってかなり異なる．ヒトや肉食動物では12～18時間であるが，草食動物では消化管内に滞留する内容量が多いのでより長時間を要する．ウシやヤギでは熱生産量，メタン産生量，RQの変化から見て，粗飼料給与時には4～5日，生草，濃厚飼料給与時には2～3日で吸収後状態が得られるといわれている．

③ 至適温度環境

動物の熱生産量は環境温度によって影響されるので，基礎代謝量測定時にはその動物を至適環境温度の範囲におかなければならない．一般に小動物は大動物よりも至適温度の範囲が狭く，かつその温度が高い．ヒツジでは21～25℃，ブタ20～23℃，ウシ15～18℃とされている．

2）代 謝 体 重

各種動物の基礎代謝量を表4・1に示した．動物の熱生産量は体重と正の相関があるが，単位体重あたりの熱生産量は小動物が大動物よりもはるかに高い．そこで，さまざまな動物で基礎代謝量を測定した結果，基礎代謝量は体重の0.75乗（$kg^{0.75}$）に比例することが明らかになった．この体重の0.75乗を代謝体重（メタボリックボディサイズ，metabolic body size）という．代謝体重あたり1日の基礎代謝量は約70 kcalであり，ほぼ一定の値になる．

3）熱 増 加

動物が飼料を摂取すると，それに伴って熱生産量が増加する．このような熱生産量の増加を熱増加（熱量増加，heat increment；特異動的作用，specific dynamic action）という．熱増加は飼料摂取に伴う咀嚼，消化，吸収，消化管運動，消化液分泌のほか，肝臓におけるアミノ酸の処理などによる代謝量の増加であるといわれているが，詳細は不明である．この余分な熱生産量は体温の維持に利用されるが，飼料エネルギーの損失と考えられている．熱増加の程度は栄養素によって異なり，炭水化物約6%，脂質約4%，タンパク質で約30%であり，これらが混合給与されるとそれぞ

表4・1 各種動物の基礎代謝量

動物	体重（kg）	基礎代謝量 kcal/日	基礎代謝量 kcal/$kg^{0.75}$/日
ウマ	675	9,743	73.3
肉牛	401	7,420	83.4
乳牛	463	7,212	72.1
和牛	405	4,672	51.9
ヒツジ	46.0	1,168	65.6
ヤギ	36.0	800	54.4
ウサギ	2.2	123	68.3
アヒル	0.93	83.3	88.1
ニワトリ	2.0	112	66.7
ラット	0.226	23.6	72.2
マウス	0.021	4.81	87.5
ヒト（男）	70	1,700	70.2

れ単独で給与された時の加重平均の値よりも低くなるといわれている．

4．異化作用とエネルギー産生

飼料の分解とエネルギー産生の過程は非常に多くの化学反応の連鎖によって起こるが，全体として把握するには非常に複雑であるため，より理解しやすくするためにこの反応を3段階に分けて考える（図4・1）．

1）飼料の消化と吸収

第1段階は飼料中栄養素の大きな分子が小さい構成単位分子へ消化され，体内に吸収される過程である．炭水化物はグルコースなどの単糖類に，脂質はグリセロールと脂肪酸に，タンパク質はアミノ酸にそれぞれ加水分解される．この段階では生体が利用できるエネルギーは産生されない．

2）中間代謝

第2段階は第1段階で生成した分子を分解・変換して第3段階へ送るための反応系であり，中間代謝とよばれている．グルコースは解糖系で分解されてピルビン酸を生じる．嫌気的条件ではピルビン酸は乳酸に変換され，好気的条件ではアセチルCoAのアセチル基に変換されTCA回路へと進む．脂肪酸はβ酸化により分解されてアセチルCoAを産生する．グリセロールはリン酸化されて解糖系に入る．アミノ酸は脱アミノ化等の代謝を受けた後にピルビン酸やアセチルCoAに変換されるか，TCA回路に入る．この段階ではATP分子が生成されるが，第3段階に比べるとはるかに少ない．

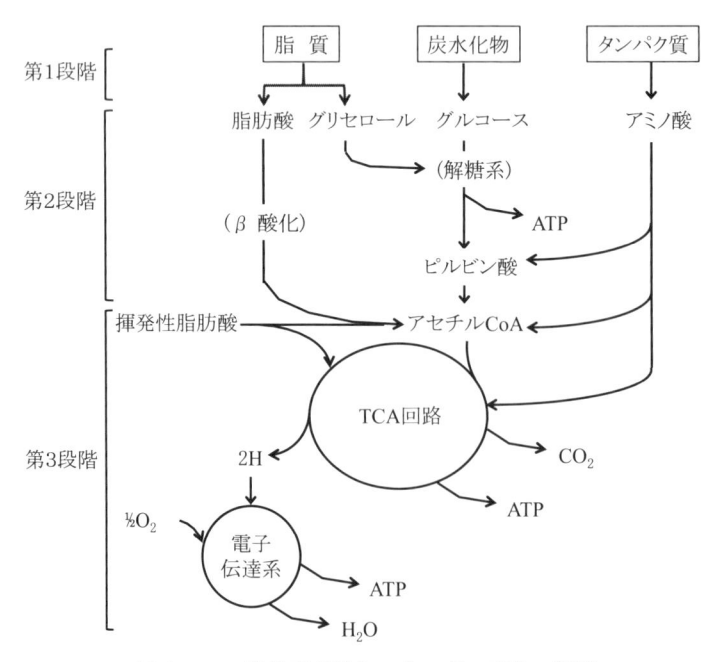

図4・1　栄養素代謝とエネルギー産生の概略

3）電子伝達系と酸化的リン酸化

第3段階はおもに TCA 回路と電子伝達系における酸化的リン酸化反応による ATP の産生である．この段階はエネルギー基質を分解する最終段階である．アセチル CoA が TCA 回路にアセチル基を持ち込み，それが完全に酸化されて CO_2 となる．この段階で電子が NAD^+，FAD に転移されてそれぞれの還元型である NADH，$FADH_2$ が生成される．次にこれらの電子が電子伝達系を移動して，酸化的リン酸化とよばれる過程で ATP を産生する．

4）細胞内におけるエネルギー担体

栄養素の酸化に由来する自由エネルギーの一部は利用しやすい形であるアデノシン三リン酸（adenosin triphosphate, ATP）になる．ATP はアデニン，リボースおよび三リン酸からなる分子である（図4・2）．ATP およびアデノシン二リン酸（adenosin diphosphate, ADP）はアデノシン一リン酸（adenosin monophosphate, AMP）のリン酸にさらにリン酸が2および1分子結合したもので，これらの結合は高エネルギーリン酸結合と呼ばれ，生体内のエネルギーの転移・貯蔵に重要な役割を果たしている．

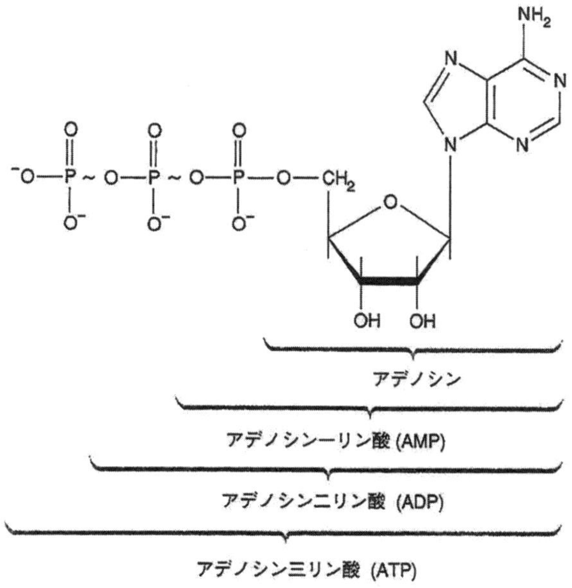

ATP がエネルギー供与体となり得るのはその三リン酸部分に二つのリン酸無水結合があるためである．ATP が ADP に加水分解されると大量の自由エネルギーが放出される．逆に，異化作用により発生した自由エネルギーにより ADP と Pi から ATP が合成される．この ATP-ADP 交換は生体内におけるエネルギー変換の基本様式である．ATP 以外にグアノシン三リン酸（GTP），ウリジン三リン酸（UTP），シチジン三リン酸（CTP）もエネルギーの転移，貯蔵を行う．ヌクレオチドから別のヌクレオチドへの末端リン酸基の転移は酵素が触媒する．

$$ATP + GDP \rightleftarrows ADP + GTP$$

図4・2　ATP の構造

5）クレアチンリン酸

筋肉には転移能の高いリン酸基を有するクレアチンリン酸（creatine phosphate, またはホスホクレアチン phosphocreatine）が含まれている．この物質はそのリン酸基を容易に ATP に転移することができる．この反応はクレアチンキナーゼ（creatine kinase）が触媒する．すなわち，クレアチンリン酸は筋肉におけるエネルギー貯蔵物質であり，しかもエネルギーを容易に ATP に転移することができる．

クレアチンリン酸 ＋ADP ⇌ ATP＋ クレアチン

II 炭水化物の代謝

1．炭水化物の分解

1）解　糖

　動物組織においてグルコースがピルビン酸まで分解される過程を解糖（glycolysis）という．この生化学反応経路を解糖系といい，Embden-Meyerhof 経路ともいう（図4・3）．好気的条件で解糖は TCA 回路と電子伝達系の前段階である．酸素供給が不十分なとき，たとえば活発に収縮している筋肉においてピルビン酸は乳酸に変換される．

① グルコースのリン酸化

　解糖系の最初の段階はグルコースからフルクトース 1,6-ビスリン酸への変換であり，これはリン酸化反応および異性化反応により行われる．細胞内に取り込まれたグルコースはヘキソキナーゼあるいは肝臓のグルコキナーゼによりリン酸化されグルコース 6-リン酸になる．この反応には 1 分子の ATP が必要である．グルコース 6-リン酸は異性化酵素であるグルコースリン酸イソメラーゼによりフルクトース 6-リン酸へと変換される．これがさらにホスホフルクトキナーゼによりリン酸化を受けてフルクトース 1,6-ビスリン酸になる．この反応にも ATP が必要である．

② 六炭糖の開裂と嫌気的エネルギー産生

　解糖系の次の段階は六炭糖の開裂およびそれに続く反応である．フルクトース 1,6-ビスリン酸はアルドラーゼにより開裂し，ジヒドロキシアセトンリン酸とグリセ

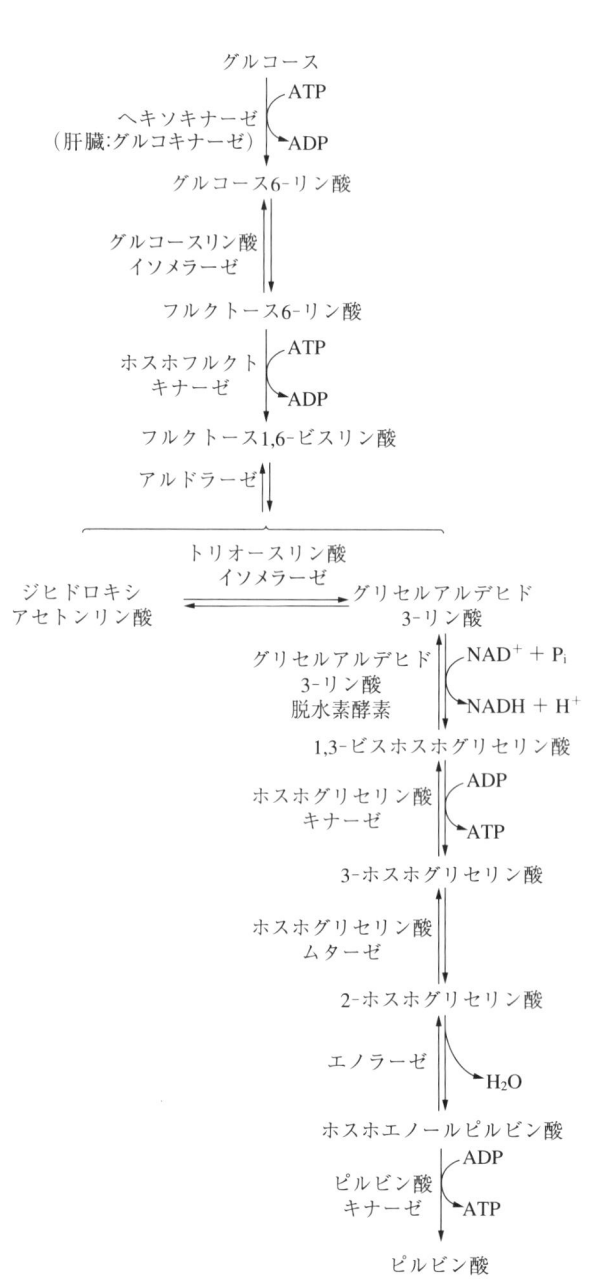

図4・3　解糖系

ルアルデヒド3-リン酸を生じる．ジヒドロキシアセトンリン酸はそのままでは解糖系に入ることはできないが，この二つの化合物は異性体であるため，トリオースリン酸イソメラーゼにより容易にグリセルアルデヒド3-リン酸に変換され，解糖系に入る．グリセルアルデヒド3-リン酸はグリセルアルデヒド3-リン酸脱水素酵素により1,3-ビスホスホグリセリン酸に変換される．NAD^+はこの反応の電子受容体であり，NADHが生成される．ホスホグリセリン酸キナーゼは1,3-ビスホスホグリセリン酸のリン酸基をADPに転移させ，3-ホスホグリセリン酸とATPを産生する．3-ホスホグリセリン酸はホスホグリセリン酸ムターゼにより2-ホスホグリセリン酸になり，さらにエノラーゼによりホスホエノールピルビン酸に変換される．ホスホエノールピルビン酸はピルビン酸キナーゼの触媒によりピルビン酸になる．このときATPが産生される．開裂までの反応で，グルコース1分子あたり2分子のATPを消費し，開裂以降の反応でグルコース1分子（三炭糖2分子）あたり4分子のATPを産生することから，反応全体ではグルコース1分子あたり正味2分子のATPを産生することになる．

開裂まで　グルコース＋2ATP→2グリセルアルデヒド3-リン酸＋2ADP

開裂後　2グリセルアルデヒド3-リン酸＋4ADP＋2Pi＋2NAD^+
　　　　　→2ピルビン酸＋4ATP＋2NADH＋2H^+＋2H_2O

合計　　グルコース＋2ADP＋2Pi＋2NAD^+
　　　　　→2ピルビン酸＋2ATP＋2NADH＋2H^+＋2H_2O

2）TCA回路

好気的条件下では，ピルビン酸は酸化的脱炭酸反応によりアセチルCoAが生成される（図4・4）．この活性化されたアセチル基はTCA回路（tricarboxylic acid cycle, トリカルボン酸回路）で完全にCO_2にまで酸化される．TCA回路はクエン酸回路（citric acid cycle），Krebs回路（Krebs cycle）ともよばれている．TCA回路はアミノ酸，脂肪酸，糖質などを酸化する最終の共通経路であり，おもにアセチルCoAとなってTCA回路に入る（図4・1）．また，TCA回路は生合成に必要な中間体を供給する．解糖は細胞質で起こるのに対し，TCA回路の反応はミトコンドリア内で起こる．

ピルビン酸から生成したアセチルCoAはクエン酸合成酵素のはたらきによりオキサロ酢酸（C4）と非可逆的に縮合してクエン酸（C6）とHS-CoAを生成する．クエン酸はアコニターゼによる異性化反応によりイソクエン酸（C6）に変換される．イソクエン酸はイソクエン酸脱水素酵素によって酸化および脱炭酸されてα-ケトグルタル酸（C5）を生じる．このときの水素受容体はNAD^+である．

クエン酸（C6）⇌イソクエン酸（C6）

イソクエン酸（C6）＋NAD^+⇌α-ケトグルタル酸（C5）＋CO_2＋NADH

α-ケトグルタル酸はさらにα-ケトグルタル酸脱水素複合体の酸化的脱炭酸反応によりスクシニルCoAに変換される．このときの水素受容体もNAD^+である．

第4章 代謝・成長

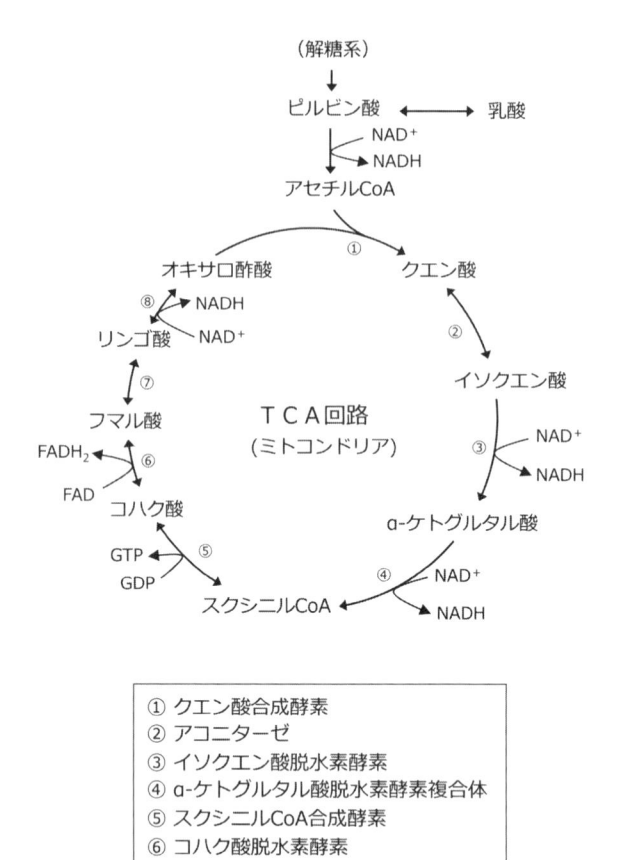

```
              （解糖系）
                 ↓
               ピルビン酸 ←→ 乳酸
                 │ NAD⁺
                 ↓ NADH
              アセチルCoA
```

図4・4 TCA 回路

① クエン酸合成酵素
② アコニターゼ
③ イソクエン酸脱水素酵素
④ α-ケトグルタル酸脱水素酵素複合体
⑤ スクシニルCoA合成酵素
⑥ コハク酸脱水素酵素
⑦ フマラーゼ
⑧ リンゴ酸脱水素酵素

α-ケトグルタル酸（C5）＋NAD⁺＋CoA → スクシニル CoA（C4）＋CO_2＋NADH

スクシニル CoA はスクシニル CoA 合成酵素の加水分解によりコハク酸を生じるとともに，エネルギーを放出し GDP を GTP に変換する．GTP のリン酸基は容易に ADP に移って ATP を産生する．

スクシニル CoA（C4）＋Pi＋GDP ⇄ コハク酸（C4）＋GTP＋CoA

GTP＋ADP ⇄ GDP＋ATP

TCA 回路の最終段階は，コハク酸が酸化，加水によりリンゴ酸に変換し，さらに酸化されてオキサロ酢酸に変わる過程である．コハク酸はコハク酸脱水素酵素により酸化されてフマル酸を生じる．この反応の水素受容体は FAD である．フマル酸はフマラーゼによる加水分解反応によりリンゴ酸に変換する．最後に，リンゴ酸がリンゴ酸脱水素酵素により酸化されてオキサロ酢酸になる．このときの水素受容体は NAD⁺である．リンゴ酸－オキサロ酢酸の変換は糖新生経路においても重要である．

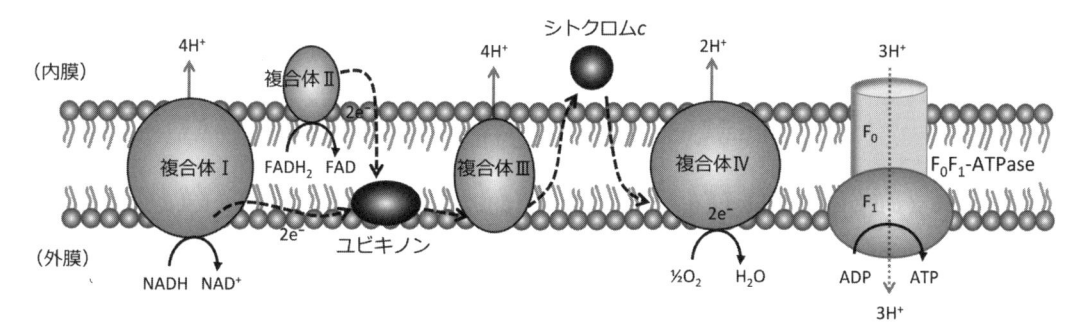

図4・5 ミトコンドリアにおける電子伝達系と酸化的リン酸化

コハク酸（C4）＋FAD ⇄ フマル酸（C4）＋FADH$_2$
フマル酸（C4）＋H$_2$O ⇄ リンゴ酸（C4）
リンゴ酸（C4）＋NAD$^+$ ⇄ オキサロ酢酸（C4）＋NADH＋H$^+$

以上の一連の反応によりクエン酸から2分子のCO$_2$が分離・放出され，再びオキサロ酢酸に戻る．TCA回路を1サイクルする間に4対8個のH原子が生じる．

3) 電子伝達系と酸化的リン酸化

電子伝達系における酸化的リン酸化はエネルギー代謝の最終段階であり，解糖系やTCA回路で生成された高エネルギー分子（NADH，FADH$_2$）からエネルギーを取り出し，ATPを合成する一連の経路である．すなわち，NADHやFADH$_2$から酸素（O$_2$）へ電子が伝達され，そのとき放出されるエネルギーを利用して共役的にATPが合成される．この反応は好気的条件での主要なATP供給源となっている（図4・5）．

NADHの高エネルギー電子はNADH脱水素酵素，シトクロム還元酵素，シトクロム酸化酵素などの酵素複合体からなる呼吸鎖を経由してO$_2$へ伝達される．これら酵素複合体内部での電子の流れがミトコンドリア内膜を横切るH$^+$の汲み出しを駆動する．

① 第1段階：NADH脱水素酵素

NADHの電子はNADH脱水素酵素を含む複合体Ⅰに渡し，複合体Ⅰで反応を繰り返して移動し，ユビキノン（CoQ）に伝達される．ユビキノンは2個の電子によってユビキノールに還元される．この反応に伴って4個のH$^+$をミトコンドリアのマトリックス側から内外膜間腔に汲み出す．TCA回路で生成されるFADH$_2$の電子はコハク酸－Q還元酵素複合体（複合体Ⅱ）を経てユビキノンに伝達される．ただし，この反応の自由エネルギー変化は小さいためプロトンポンプとはならない．

② 第2段階：シトクロム還元酵素

次の段階は複合体Ⅲと呼ばれるシトクロム還元酵素（ユビキノール－シトクロムc還元酵素，シトクロムbc$_1$複合体）で起こる．ユビキノールに渡された電子は複合体Ⅲを移動してシトクロムcに伝達される．この間に1対の電子から4個のH$^+$が膜間腔に汲み出される．

③ 第3段階：シトクロム酸化酵素

シトクロム酸化酵素（複合体Ⅳ）はシトクロム c 酸化酵素とシトクロム aa_3 複合体である．シトクロム c の電子はシトクロム酸化酵素により O_2 へ伝達され，さらにマトリックスから取り込まれた H^+ と結合して水が生成される．この反応においても2個の H^+ の汲み出しが行われる．

④ F_0F_1-ATPase による ATP 合成

電子伝達系の駆動により H^+ がミトコンドリアの内外膜間腔に汲み出されると，膜間腔とマトリックスの間にプロトン勾配が生じる．この駆動力により ATP の合成が行われる．ミトコンドリアの ATP 合成酵素は，F_0F_1-ATPase といい，プロトンチャネルである F_0 部分と ATP 合成部分である F_1 からなる．3個の H^+ を輸送して ATP 1分子が生成される．

⑤ ATP 産生の収支

酸化的リン酸化で ATP 1分子生成するために，H^+ 3個が必要であり，さらに ATP をミトコンドリア内から細胞質に輸送するために1個の H^+ が必要なので，合計約4個の H^+ の汲み出しが必要である．ミトコンドリア内の NADH は1分子あたり10個の H^+ を汲み出すことから，NADH 1分子あたり2.5分子の ATP を産生することになる．$FADH_2$ の場合は6個の H^+ を汲み出すので，1.5分子の ATP を生成する．

解糖系で生じた NADH はミトコンドリア内膜を通過できないため，二つのしくみで電子をミトコンドリア内に送り込む．肝臓，心臓，腎臓などではリンゴ酸-アスパラギン酸シャトルを通じて NADH 1分子から2.5分子の ATP が生成される．一方，それ以外の組織では $FADH_2$ が NADH の代わりになるため，NADH 1分子からグリセロリン酸シャトルを通じ1.5分子の ATP が生成される．以上より，グルコース1分子が完全に酸化されたときの ATP 生成数を計算すると，32分子または30分子となる（表4・2）．

⑥ 脱共役タンパク質

電子伝達とリン酸化の共役を打ち消す，すなわち脱共役するタンパク質が脱共役タンパク質（uncoupling protein：UCP，サーモゲニン）であり，ほ乳類では五つのタイプがある．脱共役タン

表4・2 グルコース1分子が完全に酸化されたときの ATP 生成数

細胞質					
ATP				2分子，	
NADH	2分子	→	ATP	5分子または	リンゴ酸-アスパラギン酸シャトル
				3分子	グリセロリン酸シャトル
ミトコンドリア内					
NADH	2分子	→	ATP	5分子	ピルビン酸→アセチル CoA
NADH	6分子	→	ATP	15分子	TCA回路
$FADH_2$	2分子	→	ATP	3分子	〃
GTP	2分子	→	ATP	2分子	〃
合　計				32分子または30分子	

パク質は酸化的リン酸化によってミトコンドリア内外膜間腔に汲み出されたH⁺をATP産生と共役させずにマトリックス内へ輸送し熱を発生する．この反応は大量の熱を発生させることができるため，冬眠時などの体温維持に重要な役割をはたしている．褐色脂肪組織はミトコンドリアが豊富で，大量の脱共役タンパク質を含んでおり，熱を発生する器官となっている．

4）ペントースリン酸回路

ペントースリン酸回路（pentose phosphate cycle，五炭糖リン酸回路）は，解糖系のグルコース6-リン酸からリボース5-リン酸を経由してグリセルアルデヒド3-リン酸に至る経路なので，ヘキソースモノリン酸側路（hexose monophosphate shunt）ともよばれている（図4・6）．ここで生じる五炭糖はATP，CoA，NAD⁺，FAD，RNA，DNAなどの重要な生体分子の構成要素となる．

また，ペントースリン酸回路では，グルコース6-リン酸→6-ホスホグルコン酸および6-ホスホグルコン酸→リブロース5-リン酸の脱水素反応においてニコチンアミドアデニンジヌクレオチドリン酸（nicotinamide adenine dinucleotide phosphate, NADP）に水素を渡してNADPHが生成される．NADHが呼吸鎖により酸化されてATPを生成するのに対し，NADPHは還元的な生合成

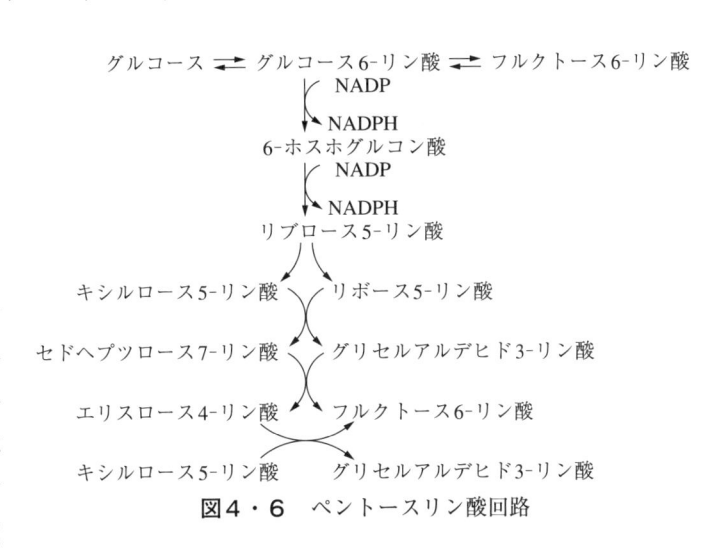

グルコース ⇌ グルコース6-リン酸 ⇌ フルクトース6-リン酸
  ↓ NADP
  ↑ NADPH
 6-ホスホグルコン酸
  ↓ NADP
  ↑ NADPH
 リブロース5-リン酸
  ↙ ↘
キシルロース5-リン酸 リボース5-リン酸
セドヘプツロース7-リン酸 グリセルアルデヒド3-リン酸
エリスロース4-リン酸 フルクトース6-リン酸
キシルロース5-リン酸 グリセルアルデヒド3-リン酸

図4・6　ペントースリン酸回路

において電子供与体の役割を果たすことから，生合成の活発な細胞においては特に重要である．事実，ペントースリン酸回路は泌乳期の乳腺，脂肪組織，肝臓，副腎皮質，精巣において活性が高く，乾乳期の乳腺や骨格筋では活性が低い．また，NADPHはグルタチオンの還元にも必要である．

2．グリコーゲン

1）グリコーゲンの貯蔵

グリコーゲン（glycogen）は動物におけるグルコースの貯蔵形態であり，体内における糖質の大部分を占める．グリコーゲンはおもに骨格筋と肝臓に貯蔵され，その貯蔵量は体重の0.5％程度である．

肝臓では，おもに吸収されたグルコースが縮合してグリコーゲンとして貯蔵され，必要に応じて分解されて再びグルコースとなり，血液を介して各組織に供給される．肝グリコーゲン含量は通常3～7％である．絶食時には速やかに低下するが，糖以外の物質からもグリコーゲンが合成されるた

め 0.1% 以下になることはない．

骨格筋では血液から取り込んだグルコースのみがグリコーゲン合成に用いられる．また，グリコーゲンは筋肉自身のエネルギー源として利用され，血液中にグルコースを放出することはない．骨格筋のグリコーゲン含量は約 1% であるが，グリコーゲン量としては肝臓よりも多い．

2）グリコーゲンの合成

グリコーゲンの合成では，グルコース 6-リン酸がホスホグルコムターゼのはたらきによりグルコース 1-リン酸になり，次にウリジン三リン酸（uridine triphosphate, UTP）と反応して活性型のウリジン二リン酸グルコース（uridine diphosphate glucose：UDP-glucose）が合成される．これがグリコーゲン合成酵素（glycogen synthase）のはたらきによりグリコーゲンに結合する．グリコーゲン合成の開始と分岐鎖形成には，それぞれグリコゲニン，分岐酵素が必要である．

グルコース 6-リン酸 → グルコース 1-リン酸

グルコース 1-リン酸 + UTP → UDP-グルコース + PPi

グリコーゲン$_n$ + UDP-グルコース → グリコーゲン$_{n+1}$ + UDP

3）グリコーゲンの分解

グリコーゲンはグリコーゲンホスホリラーゼにより加リン酸分解（phosphorolysis）されて末端の α-1,4-グリコシド結合からグルコース 1-リン酸を生じる．グルコース 1-リン酸はホスホグルコムターゼによりグルコース 6-リン酸になり解糖系に入るか，さらにグルコース 6-ホスファターゼにより脱リン酸化されてグルコースになり血液中に放出される．骨格筋にはグルコース 6-ホスファターゼがないためグルコースを生成することができない．グリコーゲンは分岐しているため，分解にはホスホリラーゼの他に α-1,6-グルコシダーゼも必要である．

グリコーゲン→グルコース 1-リン酸（グリコーゲンホスホリラーゼ）

グルコース 1-リン酸→グルコース 6-リン酸（ホスホグルコムターゼ）

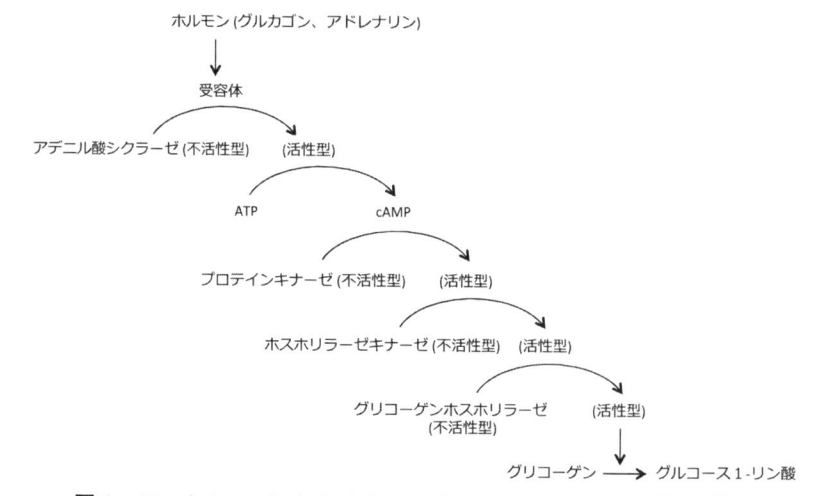

図 4・7　ホルモンによるグリコーゲンホスホリラーゼの活性化機構

グルコース 6-リン酸 → グルコース（グルコース 6-ホスファターゼ, 肝臓のみ）

4) グリコーゲン合成と分解の制御

グリコーゲン合成と分解はおもにインスリン, グルカゴン, アドレナリンという3種類のホルモンおよびアロステリックな作用によって制御されている.

グルカゴンは肝グリコーゲン, アドレナリンは肝グリコーゲンと筋肉グリコーゲンの分解を促進する. グルカゴンとアドレナリンがそれぞれの標的細胞の受容体に結合すると, アデニルシクラーゼを活性化して ATP から cAMP が産生される（図4・7）. cAMP はプロテインキナーゼを活性化し, さらに, 活性化されたプロテインキナーゼがホスホリラーゼキナーゼを活性化する. 次に, ホスホリラーゼキナーゼがグリコーゲンホスホリラーゼをリン酸化して活性化する. 活性化されたグリコーゲンホスホリラーゼがグリコーゲン末端からグルコース1-リン酸を遊離する. 一方, インスリンはチロシンキナーゼ酵素系を介してグリコーゲン合成酵素活性を促進するとともにグリコーゲンホスホリラーゼ活性を抑制することによりグリコーゲン合成促進にはたらく. さらに, グリコーゲン代謝はセカンドメッセンジャーであるカルシウムイオンとイノシトールリン脂質系を介する制御も知られている.

5) 乳酸回路

筋肉でのグリコーゲンからの乳酸生成は嫌気的解糖反応であり, 酸素供給が不十分なときに起こる. この反応はおもに白色筋線維内でグリコーゲンがグルコース 6-リン酸から解糖系を経て乳酸に分解されるものである（図4・8）. 乳酸は血液を介して肝臓に送られ, 糖新生の基質として使わ

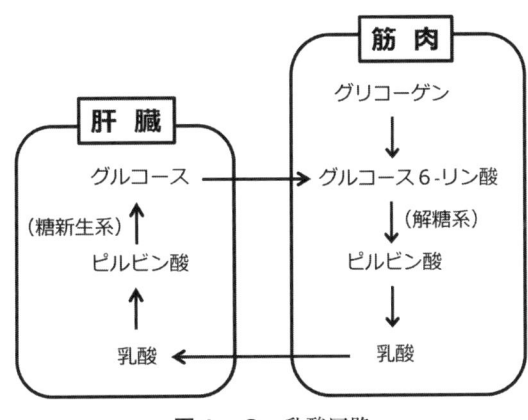

図4・8 乳酸回路

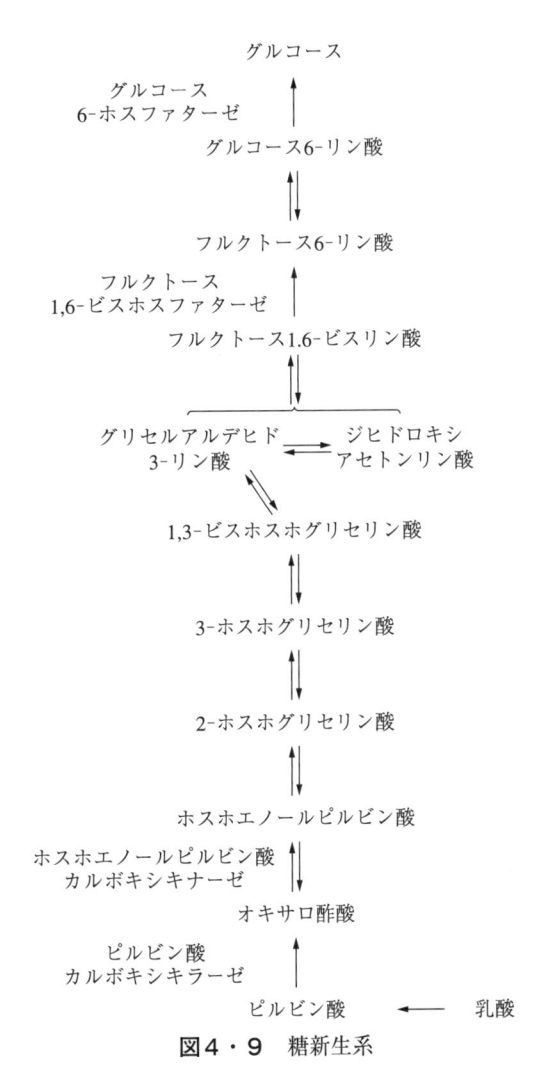

図4・9 糖新生系

れる．肝臓で生成されたグルコースは血流を介して全身で利用されるが，再び筋肉に運ばれて解糖系で分解されるものやグリコーゲンとして蓄えられるものもある．この血液を介する筋肉と肝臓間のグルコース-乳酸循環回路を乳酸回路（lactic acid cycle；Cori 回路，Cori cycle）といい，カテコールアミンにより促進され，インスリンにより抑制される．

3．糖　新　生

絶食時あるいは飼料から十分量の炭水化物が得られない場合，体内で糖以外の物質を材料にしてグルコースが合成される．この過程を糖新生（gluconeogenesis）といい，糖原性アミノ酸（アラニン，グルタミン酸など），糖中間代謝物質（コハク酸，フマル酸，乳酸など），脂質中間代謝物質（グリセロールなど）が前駆物質として使われる．糖新生は肝臓と腎臓皮質において解糖系のほぼ逆コースで行われるが，単なる逆コースではない（図 4・9）．解糖系のヘキソキナーゼ，ホスホフルクトキナーゼ，ピルビン酸キナーゼによって触媒される反応は不可逆的であり，糖新生系では以下のように置き換わっている．

1）ピルビン酸→ホスホエノールピルビン酸

解糖系ではピルビン酸キナーゼによる 1 段階の反応であるが，糖新生系では 4 段階あるいは 2 段階の反応になる（図 4・10）．ウシやラットなどではピルビン酸はミトコンドリア内に存在するピルビン酸カルボキシラーゼ（pyruvate carboxylase, PC）によりオキサロ酢酸に変換される．オキサロ酢酸はミトコンドリア膜を通過できないため，いったん，TCA 回路のリンゴ酸脱水素酵素による可逆反応によりリンゴ酸に変換される．リンゴ酸は細胞質に移動して再びオキサロ酢酸に変換された後，ホスホエノールピルビン酸カルボキシキナーゼ（phosphoenolpyruvate carboxy kinase, PEPCK）によりホスホエノールピルビン酸が生成される．PC，PEPCK の反応にはそれぞれ 1 分子の ATP，GTP が必要である．ただし，ニワトリやウサギなどでは PEPCK がミトコンドリア内

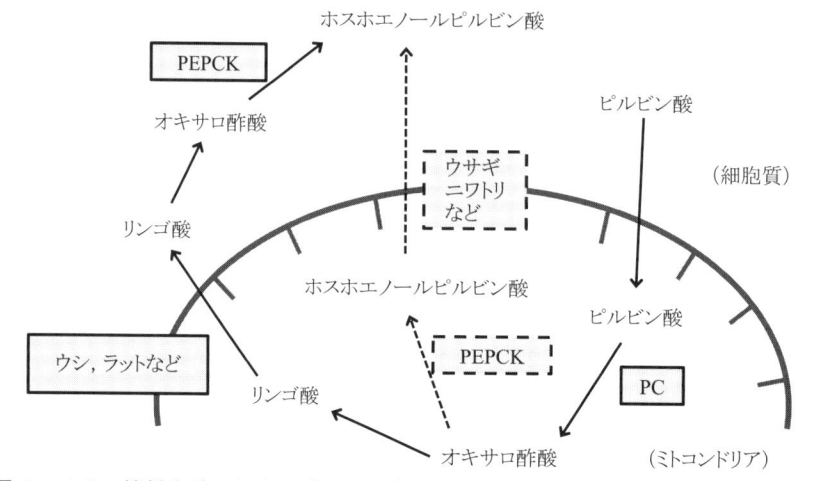

図 4・10　糖新生系におけるピルビン酸からホスホエノールピルビン酸の生成経路

に存在するため，オキサロ酢酸からホスホエノールピルビン酸への反応はミトコンドリア内で起こり，ホスホエノールピルビン酸が細胞質に運ばれて糖新生系に入る．

2）フルクトース 1,6-ビスリン酸→フルクトース 6-リン酸

解糖系ではATPを必要とするホスホフルクトキナーゼによる反応であるのに対し，糖新生系ではフルクトース 1,6-ビスホスファターゼが触媒する加水分解反応である．

3）グルコース 6-リン酸→グルコース

解糖系におけるグルコースのリン酸化はATPを必要とするヘキソキナーゼあるいはグルコキナーゼによる反応であるのに対し，糖新生系ではグルコース 6-ホスファターゼが触媒する加水分解反応である．

4）糖新生の基質

糖新生のおもな基質は乳酸，アミノ酸，グリセロールである．反芻家畜では，第一胃で産生されるプロピオン酸が量的にもっとも重要である．乳酸はピルビン酸を経由して糖新生の基質となる．糖新生の基質になるアミノ酸はTCA回路のさまざまな中間代謝産物から，プロピオン酸はスクシニルCoAから糖新生系に入る．グリセロールはリン酸化されてグリセルアルデヒド 3-リン酸になり，糖新生系に入る．

反芻家畜では，飼料中炭水化物の大部分は第一胃で発酵を受け，VFAに変換されるため，グルコースとしてはほとんど吸収されない．そのため，体内で利用されるグルコースの大部分は糖新生によってまかなわれている．反芻家畜における糖新生の基質はプロピオン酸50〜60％，アミノ酸20〜30％，乳酸5〜10％，グリセロール〜5％といわれている．絶食時間が長くなるに伴い，プロピオン酸の割合は激減する．

5）グルコース-アラニン回路

筋肉中のタンパク質分解で生じたグルタミン酸のアミノ基と解糖系で生じたピルビン酸からアミ

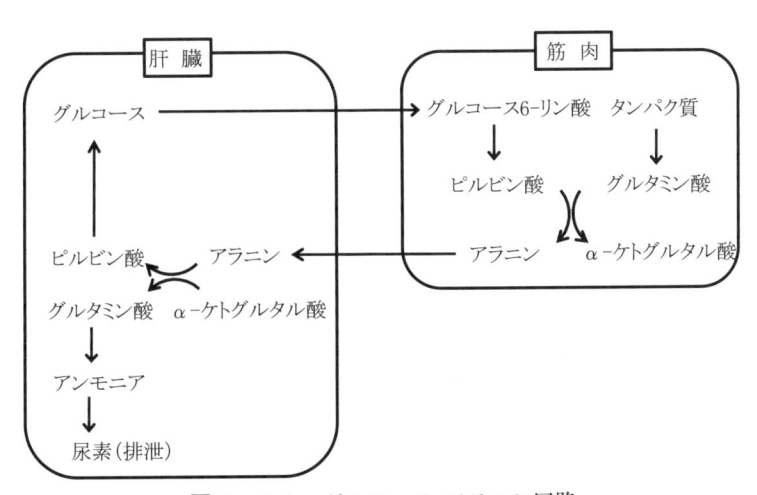

図4・11 グルコース-アラニン回路

ノ基転移反応によりアラニンとα-ケトグルタル酸を生じる．アラニンは血液を介して肝臓に運ばれ，再びアミノ基転移反応によりピルビン酸とグルタミン酸になり，ピルビン酸は糖新生系を経てグルコースが生成される．グルコースは全身で利用されるが，一部は筋肉に運ばれ，そこで再び利用される．これをグルコース・アラニン回路という（図4・11）．一方，グルタミン酸は酸化的脱アミノ反応によりアンモニアを放出する．このように，グルコース・アラニン回路はタンパク質分解による糖新生の基質を供給するばかりでなく，筋肉で生じたアミノ基の輸送にとって重要な役割をもっている．肝臓で生じたアンモニアは尿素回路で尿素に変換される．

4．血　糖
1）血糖値

血液中の糖は特別な場合（泌乳動物，胎児など）を除いてグルコースのみである．血液中のグルコース濃度を血糖値といい，それぞれの動物種内ではほぼ一定の値である（表4・3）．通常，ヒトでは食事に伴ってグルコースが吸収されて血糖値が上昇し，1.5～2時間後には正常値にもどる．これを食餌性高血糖（alimentary hyperglycemia）という．反芻家畜の血糖値は他の動物より明らかに低く，採食に伴う変化も小さい．

表4・3　各種動物の血糖値

動　物	血糖値（mg/dl） 範　囲	平　均
ヒツジ	18～57	35
ウ　シ	36～57	46
ヤ　ギ	24～65	46
ラクダ	75～99	
ラ　マ	72～121	
ウ　マ	56～85	73
ウサギ	72～119	88
ラット	89～112	
ヒ　ト	78～97	

血糖値は小腸からのグルコースの吸収，肝グリコーゲンの分解，糖新生などによる糖の供給と各組織における糖の分解，脂肪への変換，肝臓および筋グリコーゲンの合成などによって変化する．これらの過程は神経系および内分泌系による調節を受けており，血糖値を一定に保持する機構は体内でもっとも精密に調節されているものの一つである．

2）糖の排泄

血糖値がある限界を越えると，尿中にグルコースが出現する（糖尿, glucosuria）．この限界値を糖の閾値（threshold）という．血液中のグルコースは腎臓の糸球体でろ過され，尿細管で再吸収されるが，その再吸収能力の限度は1分間あたり350 mg程度であり，この時の血中グルコース濃度は160～180 mg/dlである．したがって，この血糖値が腎臓のグルコースに対する閾値となる．

Ⅲ　タンパク質の代謝

タンパク質の消化で生じたアミノ酸やペプチドは小腸から吸収された後，肝臓はじめ各組織で組織タンパク質，血漿タンパク質，酵素，ホルモン，アミン類の合成などの材料になる．また，一部はアミノ基が外れたのち中間代謝系に入り，TCA回路で酸化されてエネルギー源として利用されたり，糖質や脂質に変換されたりする．

1. タンパク質の構造

　アミノ酸がペプチド結合によって鎖状に結合し，加水分解の結果，アミノ酸のみを生じるタンパク質を単純タンパク質という．アミノ酸以外の化合物と結合したタンパク質を複合タンパク質といい，炭水化物を含む糖タンパク質（glycoprotein）や脂質を含むリポタンパク質（lipoprotein）などがある．小さいアミノ酸鎖はペプチドやポリペプチドとよばれ，アミノ酸残基数10個以下をペプチド，100個以下をポリペプチド，それ以上をタンパク質ということがあるが，それぞれの区別は明確でない．

　タンパク質のアミノ酸配列を一次構造という．タンパク質分子の折れ曲がりやねじれなどの空間的配列のことを二次構造といい，αらせんやβシート構造が代表的な構造である．三次構造は一次配列が離れた場所にあるアミノ酸残基の相互作用やジスルフィド結合（S-S結合）などによる三次元構造形成をいう．さらに，タンパク質がいくつかのサブユニットからなる場合があり，これらの空間配置や相互作用のことを四次構造という．ヘモグロビンは2本のα鎖と2本のβ鎖からなるが，この四量体タンパク質のサブユニット接触面は，離れた位置にあるO_2，CO_2結合部位間の情報伝達に関与している．

2. アミノ酸

　タンパク質に含まれるアミノ酸を表4・4に示した．このほか，生体内ではオルニチン，5-ヒドロキシトリプトファン，L-ドーパ，サイロキシンなども重要な役割を果たしているが，タンパク質の構成成分ではない．アミノ酸の中には分子内に遊離酸や塩基を含むものもあることから，酸

表4・4　生体のタンパク質を構成するアミノ酸

中性アミノ酸	酸性基側鎖を有するアミノ酸またはそのアミド
分子内に置換基を持たないもの	アスパラギン酸
グリシン	アスパラギン
アラニン	グルタミン
バリン	グルタミン酸
ロイシン	γ-カルボキシグルタミン酸*
イソロイシン	塩基性側鎖を有するアミノ酸
水酸基を置換基として持つもの	アルギニン
セリン	リジン
スレオニン	ヒドロキシリジン*
含硫アミノ酸	ヒスチジン
システイン	イミノ酸
メチオニン	プロリン
芳香族側鎖を有するアミノ酸	4-ヒドロキシプロリン*
フェニルアラニン	3-ヒドロキシプロリン*
チロシン	セレノシステイン**
トリプトファン	

　*　これら4種のアミノ酸にはtRNAがない．翻訳後に修飾される．
　**　セレノシステインは，システインのSがSeに置き換わったものである．コドンTGAは通常停止コドンであるが，ある状態の時にはセレノシステインをコードする．

性，中性，塩基性アミノ酸に分類することができる．

1）アミノ酸の代謝回転

飼料として摂取されたタンパク質は腸管からアミノ酸またはペプチドとして吸収される．また，体内のタンパク質も常に分解と合成を繰り返しており，その速度（時間あたりの質量）は組織によって異なる．アミノ酸の代謝回転速度（turnover rate）は，小腸粘膜で高く，コラーゲンでは低い．小腸から吸収される外因性アミノ酸，体内のタンパク質分解および肝臓で代謝された内因性アミノ酸の大部分は共通のアミノ酸プールを形成し，生体の需要をまかなっている．アミノ酸の大部分は筋肉などの組織におけるタンパク質合成や肝臓における代謝に利用される（図4・12）．

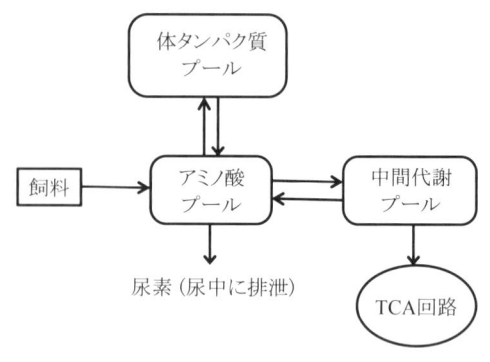

図4・12　アミノ酸代謝の概略

2）アミノ酸代謝

アミノ酸はアミノ基の転移や分離によって炭水化物や脂肪の中間代謝プール，TCA回路の代謝産物に変換される．

① アミノ基転移反応

アミノ基転移反応はあるアミノ酸のアミノ基を取り去ってケト酸を生成すると同時に，別のケト基にアミノ基を結合させて新たなアミノ酸を生成する反応である（図4・13）．この反応は多くの組織で見られるが，主要な部位は肝臓である．アミノ基転移酵素（aminotransferase，トランスアミナーゼ transaminase）はアミノ酸からα-ケト酸へのアミノ基の転移を触媒する酵素であり，アラニンアミノ基転移酵素やアスパラギン酸アミノ基転移酵素などがある．

図4・13　アミノ基転移反応

② アミノ酸の酸化的脱アミノ反応

肝臓で行われるアミノ酸の酸化的脱アミノ化では，アミノ酸の脱水素反応によってイミノ酸が生じ，さらにこれが加水分解されるとアンモニアを放出してケト酸となる（図4・14）．

図4・14　酸化的脱アミノ反応

③ アミノ酸の分解

アンモニアはおもに肝臓で処理される．多くのアミノ酸のα-アミノ基はα-ケトグルタル酸に移されてグルタミン酸を生じる（図4・15）．これが次に酸化的に脱アミノ化されてアンモニウム

```
アミノ酸     α-ケトグルタル酸        NADH+NH₄⁺ ─→ 尿素回路
      ⤥  ⤢            ⤥  ⤢
    α-ケト酸    グルタミン酸         NAD⁺+H₂O
```

図4・15 アミノ酸からのアンモニア生成

```
                    グルコース
                       ⇅
              ホスホエノールピルビン酸
                       ↑
                    ピルビン酸 ←---- アラニン, グリシン
                       ↓              スレオニン, システイン
                    アセチルCoA ←---- セリン, トリプトファン
                       ↓              ロイシン, リジン
  アスパラギン              ↓              フェニルアラニン, チロシン
  アスパラギン酸 ---→ オキサロ酢酸   クエン酸    トリプトファン, イソロイシン
                     (  TCA回路  )
  フェニルアラニン                      α-ケトグルタル酸 ←── グルタミン酸
  チロシン    ---→ フマル酸
                                                    アルギニン
  イソロイシン                                         プロリン
  バリン                                             ヒスチジン
  メチオニン  ---→ スクシニルCoA                       グルタミン
  スレオニン
```

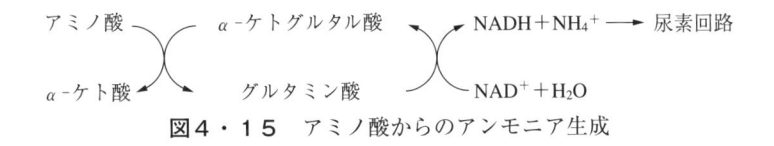

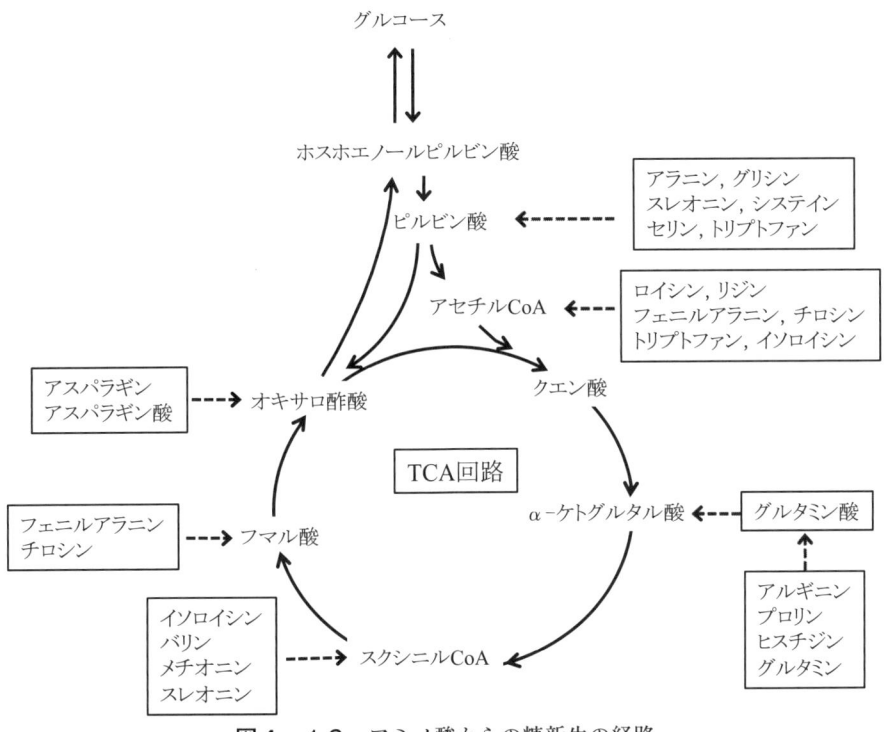

図4・16 アミノ酸からの糖新生の経路

イオン（NH₄⁺）が分離される．NH₄⁺生成はおもにグルタミン酸脱水素酵素によって行われる．この酵素活性はATP，GTPによって抑制され，ADP，GDPによって促進される．すなわち，エネルギーレベルが低いときはアミノ酸の酸化が促進される．ここで生じたNH₄⁺は尿素回路に入る．

アミノ酸はNH₄⁺と結合してアミドになることもある．たとえば，脳ではグルタミン酸とNH₄⁺からグルタミンが生成される．グルタミンは腎臓，腸，肝臓などでグルタミナーゼのはたらきにより再びグルタミン酸とNH₄⁺に分解される．腎臓で生成されたNH₄⁺は血液を介して全身に循環するが，一部は尿として排泄される．

アミノ酸の炭素部分は中間代謝やTCA回路に入って代謝される（図4・16）．20種類のアミノ酸の炭素骨格部分はピルビン酸，アセチルCoA，アセト酢酸，α-ケトグルタル酸，スクシニルCoA，フマル酸，オキサロ酢酸の7種類の分子を介して代謝経路に入る．アセチルCoAやアセト酢酸に分解されるアミノ酸はケトン体（アセト酢酸）を生じることからケト原性アミノ酸（ketogenic amino acids）という．他の5種類の分子は糖新生の材料となることから，これらの分子を生

じるアミノ酸を糖原性アミノ酸（glucogenic amino acids）という．

3）アミノ酸の特徴的な代謝

アミノ酸はホルモンや中間代謝に必要な物質の合成にも使われる．甲状腺ホルモン，カテコールアミン，ヒスタミン，セロトニン，メラトニンおよび尿素回路の代謝物質はそれぞれ特定のアミノ酸から合成される．メチオニン，システインはタンパク質，CoA，タウリンなどに含まれているイオウの供給源である．また，メチオニンはメチル基の供給源ともなる．

4）尿 素 生 成

アミノ酸分解で生じたNH_4^+の一部は窒素化合物の合成に使用されるが，ほ乳類では窒素の大部分は尿素の形で排泄される（図4・17）．尿素は肝臓における尿素回路（urea cycle；オルニチン回路 ornithine cycle）で生成される．尿素の原料となる2個の窒素のうち1個はおもにグルタミン酸由来のNH_4^+から供給され，もう1個はアスパラギン酸から，炭素はCO_2から供給される．

ミトコンドリア内でNH_4^+とCO_2よりカルバモイルリン酸が合成される．このとき2分子のATPが消費される．カルバモイルリン酸はオルニチンと結合してシトルリンを生成する．シトルリンは細胞質へ輸送され，アスパラギン酸と結合してアルギノコハク酸を生じる．アルギノコハク酸が開裂し，アルギニンとフマル酸を生じる．アルギニンは加水分解によりオルニチンと尿素を生じる．オルニチンはミトコンドリア内に運ばれて次のサイクルに入る．肝臓で生成された尿素は腎臓に運ばれ，尿として体外に排泄される．

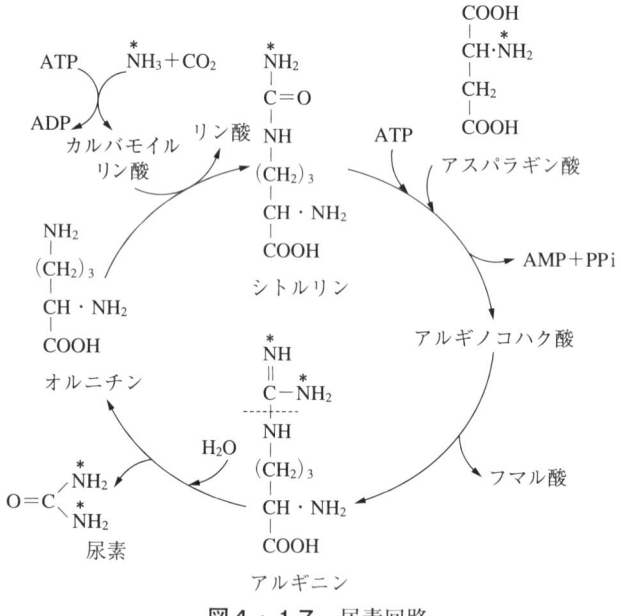

図4・17　尿素回路

3．窒 素 平 衡

動物が摂取した窒素と排出された窒素の正味増減を窒素出納という．疾病による衰弱時や絶食・減食時には窒素出納は負になり，成長期には正になる．前者ではタンパク質の分解量が合成量を上回り，後者では合成量が分解量を上回る．一般に，良質なタンパク質（アミノ酸組成のすぐれたタンパク質）を十分に摂取すると，動物のタンパク質同化量が多くなり，蓄積が増すことが知られている．

4. タンパク質代謝の内分泌調節

タンパク質代謝はインスリン，インスリン様成長因子（IGF），グルカゴン，グルココルチコイド，甲状腺ホルモンなど，多くのホルモンによって調節されている．一般に，インスリン，IGF，成長ホルモン，エストロゲンはタンパク質合成を促進し，グルココルチコイド，グルカゴン，甲状腺ホルモンはタンパク質分解を促進する．

5. タンパク質分解の制御機構

生体内のタンパク質はユビキチン・プロテアソーム系またはオートファジーにより分解される．

1）ユビキチン・プロテアソーム系

細胞内の不要タンパク質や多くの短寿命タンパク質はユビキチン・プロテアソーム系で分解され，細胞質における選択的タンパク質の主要な部分を占める．ユビキチン（ubiquitin）はすべての真核生物に存在するアミノ酸76個のタンパク質であり，タンパク質分解の分子識別マーカーとしてはたらく．ユビキチン化されたタンパク質はプロテアーゼ複合体であるプロテアソームにより分解される．

2）オートファジー

細胞が細胞質自身の構成成分をリソソーム内に取り込み，タンパク質のみならずミトコンドリアなどのオルガネラも分解することをオートファジー（autophagy，自食作用）という．大部分の細胞構成タンパク質，長寿命タンパク質はリソソームで分解されてアミノ酸プールに入る．従来，オートファジーはユビキチン・プロテアソーム系とは異なり，非選択的であると考えられていたが，一部では選択的に取り込まれていることが報告されている．体内に侵入した病原微生物を排除することで生体の恒常性維持に関与している．

6. 反芻家畜の窒素代謝の特徴

反芻家畜では窒素代謝の最終産物である尿素が第一胃微生物のタンパク質合成に利用される（図4・18）．このことは他の動物には見られない反芻家畜特有の機構である．第一胃内で飼料タンパク質や尿素などの非タンパク態窒素化合物から生成されたアンモニアは微生物態タンパク質の合成に用いられ，残りは第一胃および下部消化管から吸収されて肝臓で尿素が生成される．尿素は単胃動物ではそのまま尿中に排泄されるが，反芻家畜では唾液や第一胃壁から再び第一胃内に供給され，第一胃微生物のタンパク質合成に利用される．この窒素の再循環システムは飼料中の窒素が不足するときには特に重要であり，尿中への窒素排泄が抑制されて消化管内への移行が増加する．

7. 核酸の代謝

プリンあるいはピリミジンにリボースが結合したヌクレオシドはRNAやDNAの重要な成分であり，さまざまな補酵素やそれに関連する物質（NAD^+，$NADP^+$，ATP，UDPGなど）の構成要

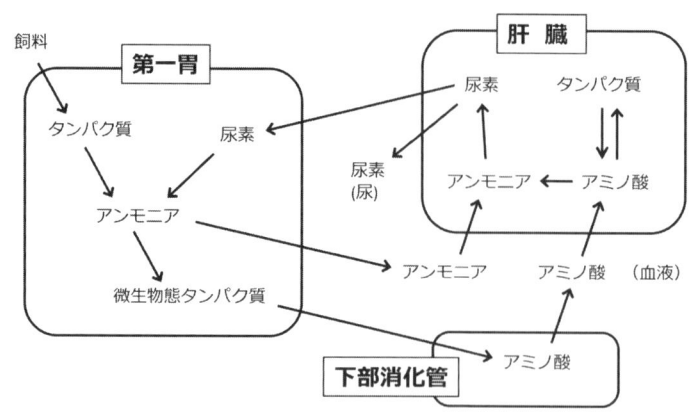

図4・18 反芻家畜における窒素代謝の概略

素でもある．

　飼料中の核酸は消化されてその成分であるプリン，ピリミジンも吸収されるが，生体内で利用されるプリン，ピリミジンのほとんどは肝臓で合成される．プリンはグリシン，グルタミン，テトラヒドロ葉酸から合成され，ピリミジン環はカルバモイルリン酸とアスパラギン酸から合成される．

　プリン環は最終的には分解されて尿酸に変換する．ヒトの場合は尿酸がプリン分解の最終産物であり尿中に排泄されるが，他の動物ではプリン体の最終産物はアラントインである．ピリミジンは分解されるとNH_3とCO_2になる．反芻家畜の場合，第一胃微生物由来の核酸が大量に吸収され，最終的にアラントインとして尿中に排泄されることから，尿中アラントイン量は第一胃微生物合成量の指標として用いられる．

IV 脂質の代謝

1. トリアシルグリセロール

　トリアシルグリセロール（triacylglycerol，トリグリセリド triglyceride）は還元された無水物であるため，エネルギーを高密度で貯蔵している．また，極性がないため水和しておらず，2倍量の水と水和しているグリコーゲンと比べてきわめて高密度な状態である．トリアシルグリセロールは細胞質においてホルモン感受性リパーゼにより加水分解されて脂肪酸とグリセロールになる．アドレナリンやグルカゴンなどの脂肪分解を促進するホルモンはGタンパク質共役型受容体を活性化し，脂肪細胞のアデニル酸シクラーゼを活性化する．これにより cAMP が増加し，プロテインキナーゼAが活性化される．プロテインキナーゼAはリパーゼをリン酸化することにより活性化し，トリアシルグリセロール分解を促進する．インスリンは逆に脂肪分解を抑制する．

　グリセロールは肝臓に取り込まれてからリン酸化されグリセルアルデヒド3-リン酸となり，中間代謝経路に入って解糖系または糖新生系の基質として利用される．

2. 脂 肪 酸

1）脂肪酸の役割

脂肪酸は炭化水素の鎖から成り，末端にカルボキシル基を持つ化合物の総称である．脂肪酸は貯蔵脂質であるトリアシルグリセロールの成分になるばかりでなく，生体膜成分であるリン脂質の材料にもなる．また，タンパク質と共有結合し，タンパク質の構造や機能に影響を与える．さらに，ホルモンや細胞内情報伝達物質の前駆体としても非常に重要である．

2）脂肪酸の酸化（β酸化）

脂肪組織内のトリアシルグリセロールはホルモン感受性リパーゼによって加水分解されて脂肪酸を生じる．脂肪酸は CoA と結合することにより活性型のアシル CoA になる（図4・19）．この反応はミトコンドリア外膜上にあるアシル CoA 合成酵素（acyl CoA synthetase）により触媒される．

まず，アシル CoA は一時的にカルニチンと結合してアシルカルニチンになり，ミトコンドリア内に運ばれる．ミトコンドリア内で再び CoA と結合したアシル CoA は β 酸化により分解される．すなわち，アシル CoA はアシル CoA 脱水素酵素により脱水素されて trans-Δ^2-エノイル CoA となる．このときの水素受容体は FAD である．trans-Δ^2-エノイル CoA は加水反応により L-3-ヒドロキシアシル CoA となり，さらに酸化されて 3-ケトアシル CoA を生じる．この酸化反応の電子受容体は NAD^+ である．3-ケトアシル CoA は CoA 存在下でチオール開裂により炭素原子2個だけ短くなったアシル CoA とアセチル CoA を生じる．この一連の反応によりアシル CoA より炭素2個がアセチル CoA として分離する．この反応を繰り返すことにより脂肪酸が分解される．

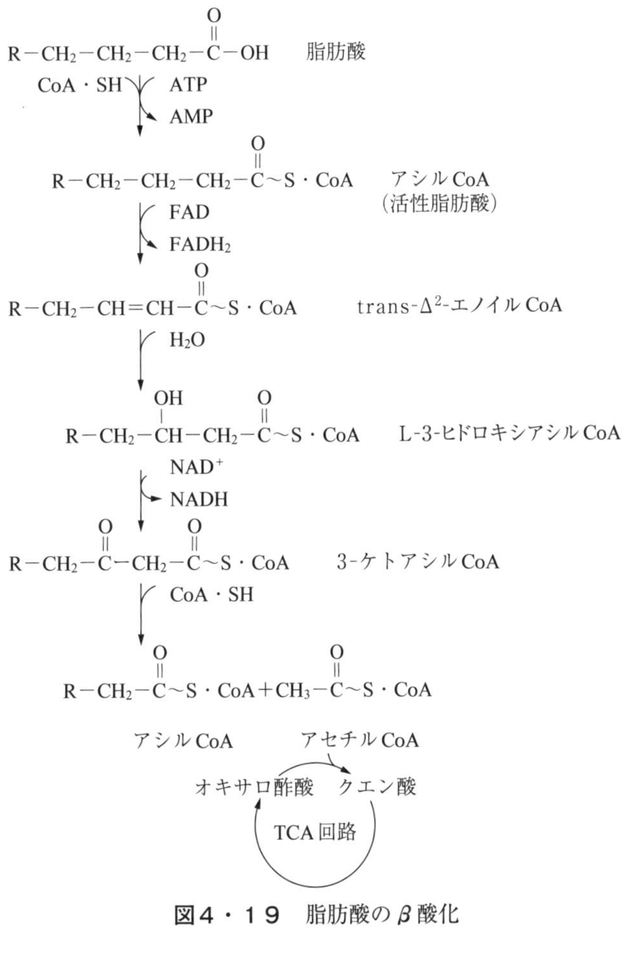

パルミチン酸（C16）を完全に酸化するには7回の反応が必要である．完全に酸化されたとすると以下のようになる．

図4・19 脂肪酸の β 酸化

$$\text{パルミトイル CoA} + 7\text{FAD} + 7\text{NAD}^+ + 7\text{CoA} + 7\text{H}_2\text{O}$$
$$\rightarrow 8\text{アセチル CoA} + 7\text{FADH}_2 + 7\text{NADH} + 7\text{H}^+$$

呼吸鎖により NADH, $FADH_2$ は酸化されてそれぞれ 2.5 分子, 1.5 分子の ATP を生じる. TCA 回路によるアセチル CoA の酸化では 10 分子の ATP が生じる. したがって, パルミトイル CoA の酸化で生じる ATP の数は $FADH_2$ 7 分子から 10.5 分子, NADH 7 分子から 17.5 分子, アセチル CoA 8 分子から 80 分子の合計 108 分子となる. パルミチン酸の活性化で 2 個の高エネルギーリン酸結合が消費される (ATP → AMP + 2Pi) ので, パルミチン酸 1 分子の完全酸化による正味の ATP 産生量は 106 分子となる.

3. ケトン体の生成

ケトン体とはアセト酢酸, 3-ヒドロキシ酪酸, アセトンの総称である. ケトン体は肝臓における脂質代謝の中間代謝産物であるアセトアセチル CoA から生じるもので, 正常な状態でも血液中には少量含まれている. しかし, 低栄養状態が長期にわたる場合や糖新生が亢進している場合には, クエン酸生成のためのオキサロ酢酸が不足してアセチル CoA が十分に TCA 回路に入ることができない. そのため, アセトアセチル CoA とアセチル CoA が縮合した β-ヒドロキシ-β-メチルグルタリル CoA を経て, アセチル CoA とアセト酢酸が生成される (図 4・20). アセト酢酸からアセトンと 3-ヒドロキシ酪酸が生成される. また, アセトアセチル CoA から直接アセト酢酸を生じる経路もあるが, 量的には少ない. ケトン体の一部は脳, 骨格筋, 心筋, 腎臓などでエネルギー源として利用される. 特に, 脳のエネルギー源はほとんどすべてがグルコースであるが, グルコース供給が不足した場合, ケトン体も利用される. ただし, 肝臓にはケトン体からアセトアセチル CoA を生じる酵素がないため, 肝臓でケトン体は利用されない. アセトンは最終産物であるため, そのまま呼気から排出される.

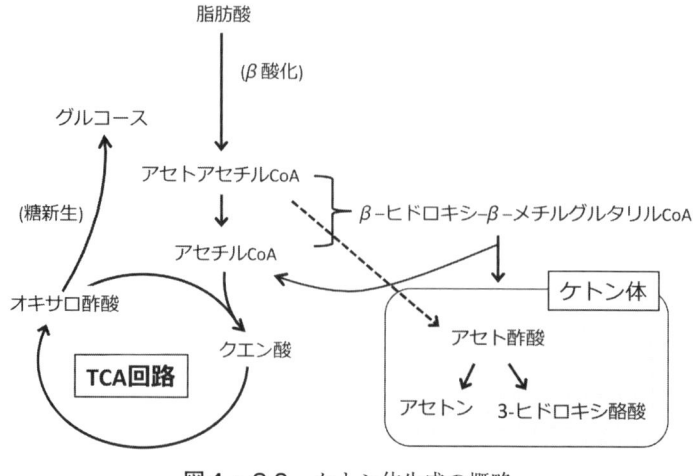

図 4・20 ケトン体生成の概略

アセト酢酸と 3-ヒドロキシ酪酸は酸性が強く，アセトンは生体に対する毒作用が強いので，ケトン体が大量に生成されて血中濃度が増加すると種々の臨床症状を示す．この状態をケトーシス (ketosis) という．ケトーシスになった動物は食欲減退，乳量低下を起こし，さらに重篤になるとけいれん，麻痺，昏睡などの神経症状を呈して死に至ることもある．ケトーシスは反芻家畜，特に分娩後1ヶ月以内の高泌乳牛や妊娠末期の多胎ヒツジに多発する．反芻家畜では，第一胃で産生される酢酸，酪酸からもケトン体を生じる．泌乳時や妊娠時などではグルコースの要求量が増加して糖新生が亢進し，オキサロ酢酸の供給が相対的に低下する．そのため，脂肪酸分解によって供給されるアセチル CoA は TCA 回路で十分に利用されず，ケトン体生成が増加しやすい．一方，第一胃発酵産物であるプロピオン酸やその他の糖原性基質はケトン体の産生を抑制する．

4．脂肪酸の生合成

多くの動物では飼料中の脂質以外の物質からも脂質が合成される．脂肪酸はおもに肝臓，脂肪組織，泌乳乳腺などで合成されるが，主要な合成部位は動物種によって異なる（表 4・5）．ラット，マウス，ヒトではおもに肝臓で合成されるが，ブタ，イヌ，ネコ，反芻家畜はおもに脂肪組織で合成され，ウサギでは肝臓と脂肪組織でほぼ同程度合成される．ほ乳類では泌乳期に乳腺における脂肪酸合成がさかんになる．特に，乳牛やヤギなどの反芻家畜では泌乳乳腺が脂肪酸合成のおもな部位になる．

新規の脂肪酸合成（de novo 合成）はアセチル CoA を素材として細胞質で行われる．細胞質には脂肪酸合成に必要な酵素がすべて存在している．アセチル CoA の前駆物質となる基質もまた動物種によって異なり，ラット，マウス，ブタ，ヒトはグルコースであるが，ネコ，反芻家畜は酢酸であり，イヌとウサギは両方の基質から脂肪酸を合成する（図 4・21）．グルコースからの脂肪酸合成では，まず解糖系で生成されたピルビン酸が細胞質からミトコンドリアに入ってアセチル CoA に活性化される．アセチル CoA はミトコンドリア内膜を通過できないのでオキサロ酢酸と結合してクエン酸となり，これが細胞質に移動した後，ATP クエン酸リアーゼ（ATP citrate lyase, ACL）のはたらきによりアセチル CoA とオキサロ酢酸に分解される．一方，酢酸からの脂肪酸合成では，細胞質の酢酸がアセチル CoA 合成酵素のはたらきでアセチル CoA になる．いずれの過程で生成されたアセチル CoA はアセチル CoA カルボキシラーゼ（acetyl-CoA carboxylase）のは

表 4・5　各種動物における主要な脂肪酸合成の部位および前駆物質

	ヒト	ラット・マウス	ウサギ	ブタ	イヌ	ネコ	ウシ	ヒツジ・ヤギ
脂肪酸合成の部位	肝臓	肝臓	肝臓／脂肪組織	脂肪組織	脂肪組織	脂肪組織	脂肪組織	脂肪組織
脂肪酸の前駆物質	グルコース	グルコース	グルコース／酢酸	グルコース	酢酸／グルコース	酢酸	酢酸	酢酸

（Bergen と Mersmann, 2005）

第4章 代謝・成長

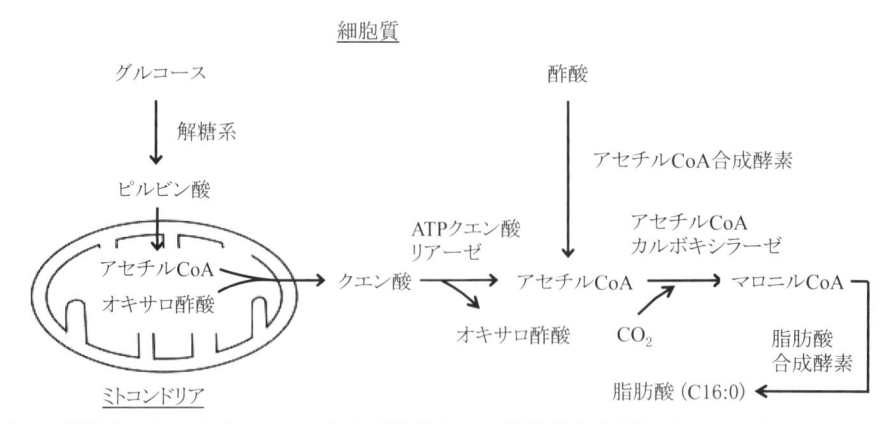

図4・21 細胞内におけるグルコースおよび酢酸からの脂肪酸合成経路（Bergen と Mersmann, 2005）

たらきで CO_2 と結合してマロニル CoA になる．さらに脂肪酸運搬タンパク質（acyl carrier protein, ACP）と結合した脂肪酸合成酵素（fatty acid synthase）によるいくつかの反応を経てマロニル ACP の炭素が2個結合して脂肪酸分子が伸長する．この反応を繰り返してパルミチン酸（C16）が合成される．その際，ペントースリン酸回路から供給される NADPH が水素供与体としてはたらくため，脂肪酸合成が盛んな組織ではペントースリン酸回路によるグルコースの酸化が活発である．

さらに，パルミチン酸からミトコンドリアや小胞体で脂肪酸合成と同様の反応でステアリン酸（C18），アラキジン酸（C20）などが合成される．これを脂肪酸の長鎖化という．また，2重結合を脂肪酸に導入することもでき，パルミトオレイン酸（C16：1）やオレイン酸（C18：1）が合成される．しかし，リノール酸（C18：2）とリノレン酸（C18：3）は生体内で合成することができず，飼料から摂取しなければならないため，必須脂肪酸といわれている．アラキドン酸（C20：4）は，リノール酸から誘導されるが，ほとんどのほ乳類では必要量を合成できず，必須脂肪酸の一つと考えられている．アラキドン酸はプロスタグランジン，プロスタサイクリン，トロンボキサン，ロイコトリエンなどの前駆物質として重要である．また，体内でエイコサペンタエン酸（EPA，C20：5）やドコサヘキサエン酸（DHA，C22：6）はリノレン酸から合成されるが，合成量は十分ではない．

5．血液中の脂質と脂質輸送

血液中にはトリアシルグリセロール，リン脂質，コレステロールがほぼ等量ずつ存在し，その他に非エステル型脂肪酸（non-esterified fatty acid, NEFA）が含まれている．NEFA は遊離脂肪酸（free fatty acid, FFA）ともいう．これらの脂質はいずれも血漿タンパク質と結合して，いわゆるリポタンパク質を形成し，安定な状態になって血液中を移動する．

血漿中のリポタンパク質は大きさや脂質含量によって表4・6のように分けられる．カイロミクロンのように大きいものほどトリアシルグリセロールの割合が高い．一方，タンパク質の割合が増

表4・6　おもなリポタンパク質

リポタンパク質	大きさ (nm)	組成 (%)					起源
		タンパク質	遊離コレステロール	コレステロールエステル	トリアシルグリセロール	リン脂質	
カイロミクロン（乳状脂粒）	75－1000	2	2	3	90	3	腸
カイロミクロンレムナント	30－80						毛細血管
超低密度リポタンパク質（VLDL）	30－80	8	4	16	55	17	肝臓と小腸
中間密度リポタンパク質（IDL）	25－40	10	5	25	40	20	VLDL
低密度リポタンパク質（LDL）	20	20	7	46	6	21	VLDL
高密度リポタンパク質（HDL）	7.5－10	50	4	16	5	25	肝臓と小腸

加し，トリアシルグリセロールの割合が減少するにつれてリポタンパク質の密度が高くなる．また，血漿中のNEFAはアルブミンとの複合体を形成している．これはおもに貯蔵脂肪から動員され，運搬される脂肪酸の型である．したがって，絶食や低エネルギー給与の状態では血中NEFA濃度が上昇する．

1）カイロミクロン

カイロミクロン（chylomicron，乳状脂粒）は小腸上皮細胞から吸収されて再合成されたトリアシルグリセロールをはじめ，コレステロール，リン脂質，タンパク質から形成される大型のリポタンパク質複合体で，リンパ管を経て循環系に入る．血中のカイロミクロンに含まれるトリアシルグリセロールは毛細血管内皮に存在するリポタンパク質リパーゼ（lipoprotein lipase）により脂肪酸とグリセロールに分解され脂肪細胞に取り込まれる．血液中に残った脂肪酸はアルブミンと結合する．ヘパリンを補助因子とするリポタンパク質リパーゼも血液中の超低密度リポタンパク質（VLDL）からトリアシルグリセロールを取り去る．トリアシルグリセロールを失ったカイロミクロンはコレステロールに富むカイロミクロンレムナントとなり，肝臓に取り込まれる．

2）脂質の輸送

体内の組織間のトリアシルグリセロール，コレステロールの輸送はVLDL，低密度リポタンパク質（low density lipoprotein, LDL），中間密度リポタンパク質（intermediate density lipoprotein, IDL），高密度リポタンパク質（high density lipoprotein, HDL）による内在性の脂質輸送系により行われる．VLDLは肝臓で作られ，トリアシルグリセロールを末梢組織に輸送する．リポタンパク質リパーゼによりトリアシルグリセロールが取り去られると，VLDLはIDLに変わる．IDLはリン脂質をHDLに渡し，血漿中のレシチン－コレステロールアシル転移酵素（lecithin-cholesterol acyltransferase, LCAT）によりHDL内のコレステロールから作られたコレステロールエステルを取り込む．IDLは肝臓でトリアシルグリセロールとタンパク質を失ってLDLとなる．LDLは

組織にコレステロールを供給する．コレステロールは細胞膜成分やステロイドホルモンの原料になる．肝臓や脂肪組織はLDL受容体を介してLDLを細胞内に取り込む．血中NEFAは受動輸送によっても細胞に取り込まれるが，大部分は細胞膜に存在する脂肪酸輸送タンパク質（fatty acid transporters）によって能動的に輸送される．

6．反芻家畜における揮発性脂肪酸の代謝

反芻家畜において，飼料中炭水化物は第一胃微生物による発酵を受けるため，グルコースは消化管からほとんど吸収されず，微生物の発酵産物である揮発性脂肪酸（volatile fatty acids, VFA または短鎖脂肪酸：short chain fatty acids，酢酸，プロピオン酸，酪酸など）の形で吸収される．VFAは反芻家畜が体内に吸収されるエネルギーの約70％を供給する．第一胃で産生されるVFAは，酢酸が60～70％，プロピオン酸20～30％，酪酸約10％，その他（イソ酪酸，吉草酸，イソ吉草酸など）～5％であるが，動物種や給与飼料によっても変動する．酢酸のほとんどは第一胃壁からそのまま吸収され，アセチルCoAとなって代謝経路に入り，エネルギー産生や脂肪酸合成の前駆物質として利用される．プロピオン酸の一部は第一胃壁通過時に乳酸やピルビン酸に変換されるが，ほとんどそのまま吸収されておもに肝臓でエネルギー産生や糖新生の基質として利用される．反芻家畜が利用するグルコースの大部分はプロピオン酸などの糖原性の基質を原料とする糖新生によってまかなわれている．酪酸は第一胃から吸収される過程でほとんどがケトン体であるアセト酢酸と3-ヒドロキシ酪酸に変換される．

V　水とミネラルの代謝

1．水　の　代　謝

1）動物体内の水

動物体内で水は体液の溶媒をはじめ，栄養素の消化・吸収，物質の分泌・排泄，物質の輸送，体内電解質平衡の維持など，生命を維持する上でもっとも重要な役割を担っている．動物は水分の10％を失うと疾病になり，15％以上を失うと危険な状態になる．

2）水の出納

水は摂取飼料および飲水として消化管から入るもののほか，体内で栄養素の酸化によって生ずる代謝水がある．その量は脂肪，糖質，タンパク質100g代謝される毎にそれぞれ107，56，41g生成され，成人では通常300mlである．

水の排出には肺，皮膚から不感蒸泄として蒸散されるもの，尿および糞として排泄されるものがある．また水は消化液として消化管内にヒトで1日7～9l分泌されるが，そのほとんどが腸管壁から再吸収される．

ヒトが体内の代謝産物を排泄するために必要な尿量は1日に最低500mlであり，それに不感蒸泄と糞排泄をあわせた約1,500mlが1日に最低必要な水分量である．

3）水の移動

体内の水は細胞外液と細胞内液に分布しており，絶えずこれらの間を移動している．体内から水が失われると，細胞外液の浸透圧が高まるので細胞内液の水分が細胞外液に移動し，その結果，細胞内液の脱水が起こる．一方，塩類が失われると，細胞外液の浸透圧が低下し，過剰の水が尿として排泄される．この場合には細胞外液の脱水が起こる．血漿水分の過不足は腎臓における希釈あるいは濃縮化によって調節されている．

2．ミネラルの代謝

1）動物体のミネラル

生体のミネラル（無機質，minerals）は体重の4〜5%を占め，カルシウム（Ca），リン（P），カリウム（K），イオウ（S），ナトリウム（Na），塩素（Cl），マグネシウム（Mg）のマクロミネラル（多量元素），鉄（Fe），マンガン（Mn），銅（Cu），ヨウ素（I），コバルト（Co），モリブデン（Mo），亜鉛（Zn），ケイ素（Si），セレン（Se），クロム（Cr）などのミクロミネラルからなる（表4・7）．これらは相互に影響し合いながら浸透圧やpHの調節，酸塩基平衡の維持，細胞膜の電位形成など，物理化学的な恒常性の維持に重要な役割を担っている．また，ミネラルは骨，細胞膜，染色体，補酵素などの成分やミルクの成分として，さらに，血液凝固因子，神経の刺激伝達，筋収縮の生理活性物質，細胞内シグナル伝達物質として多様なはたらきをしている．

2）ミネラルと生理機能

① ナトリウム（Na），塩素（Cl），カリウム（K）

マクロミネラルのうち，Na，K，Clはおもに生体の物理化学的環境の維持（pH，酸塩基平衡，イオンバランス，浸透圧など）のためのイオンとしてはたらく．Na^+は細胞外液濃度（約145 mM）が高く，絶えず細胞内（12 mM）に流入しやすい状態にあるが，流入したNa^+はNa^+/K^+

表4・7　ミネラルの体内含量

必須ミネラル				必須と推定されるミネラル
マクロミネラル（%）		ミクロミネラル（ppm）		
カルシウム Ca	1.5	鉄 Fe	20 – 80	フッ素 F
リン P	1.0	亜鉛 Zn	10 – 50	臭素 Br
カリウム K	0.2	銅 Cu	1 – 5	バリウム Ba
ナトリウム Na	0.16	マンガン Mn	0.2 – 0.5	ストロンチウム Sr
塩素 Cl	0.11	ヨウ素 I	0.3 – 0.6	
イオウ S	0.15	コバルト Co	0.02 – 0.1	
マグネシウム Mg	0.04	モリブデン Mo	1 – 4	
		セレン Se	–	
		クロム Cr	–	

ATPase により K$^+$ との交換により細胞外に汲み出される．同時に K$^+$ の細胞内外の濃度勾配（外：4～5 mM，内：約 150 mM）を形成する．この Na$^+$ と K$^+$ の交換に代謝エネルギーの 20～30％ が消費される．Cl$^-$ は Na$^+$ と同様に細胞外液濃度が高く（100～110 mM），細胞内は低い（約 4 mM）．

Na$^+$ はバゾプレッシン，心房性ナトリウム利尿ペプチド，アルドステロンのはたらきにより，腎臓での尿中排泄が厳密に調節されている．K$^+$ は Na$^+$ の排泄を促進するので，K 含量の多い植物飼料を多食する草食動物では NaCl の給与が必要である．著しい発汗などにより NaCl が短時間のうちに大量に失われると，筋のけいれん，嘔吐，下痢などが起こる．乳牛では醤油粕飼料などによる Na$^+$ 過剰給与と風味異常乳が報告されている．

② **カルシウム（Ca），マグネシウム（Mg），リン（P）**

Ca，Mg，P はほとんどが骨や歯などの硬組織に含まれているほか，生理活性物質（補酵素など）としても重要である．Ca^{2+} はチャネル，交換輸送による細胞内への迅速な流入，流出および小胞体からの放出と取り込みにより筋収縮や細胞内情報伝達に機能を発揮している．Ca^{2+} 濃度は細胞外が 2.5 mM であるのに対し，細胞内は 10^{-7} M と非常に低く維持されている．Mg^{2+} 濃度は逆に細胞外約 1 mM，細胞内約 30 mM となっている．P はリン脂質やリン酸化タンパク質などの細胞構成成分となるほか，ATP などの高エネルギーリン酸化合物や種々の補酵素などとして生体機能の維持に不可欠である．

消化管での Ca 吸収はビタミン D によって促進されるほか，P や Mg との比によっても影響を受ける．P の増加は Ca 吸収を低下させ，Ca の増加は P, Mg の吸収を低下させる．血中 Ca, P の濃度は種々のホルモンによって調節されている．血中 Ca 濃度が低下すると，上皮小体ホルモン分泌が増加して骨からの Ca 溶出（骨吸収）を増加させるとともに小腸からの Ca 吸収を促進し，血中 Ca 濃度は増加する．逆に血中 Ca 濃度が増加すると，甲状腺からカルシトニン分泌が増加し，血中の Ca を骨に移行させ（骨形成），血中 Ca 濃度が低下する．エストロジェン，ビタミン D も骨形成を促進する．乳牛では分娩前後に低 Ca 血症が起こり，重篤な場合には乳熱や産後起立不能症が発生することが知られている．

Mg は葉緑素の構成成分であることから不足することは少ないが，反芻家畜においては Mg 欠乏によるテタニーが報告されている．テタニー発症を防ぐため，飼料の K/(Ca＋Mg) 当量比を 2.2 以下に保つことが重要である．P は各種飼料中に含まれており，不足することはない．P は骨や核酸などの構造成分や各種生理活性物質の構成成分となっているほか，体液中ではリン酸イオンとして存在している．その代謝は Ca, Mg の代謝と密接に関連している．リン酸の糞尿中への排泄は農地の過栄養化や河川などの富栄養化をもたらす．

③ **イオウ（S）**

S はほとんどが含硫アミノ酸の形で吸収され，無機の形ではほとんど吸収されない．生体内ではほとんどがタンパク質，含硫アミノ酸，含硫ビタミン（チアミン，ビオチン），含硫脂質として存在する．これらが代謝されて SO$_4^{2-}$ となって細胞外液や細胞内液中でコンドロイチン硫酸の硫酸化

に利用されるが，最終的にはフェノールなどと抱合して排泄される．

④ 鉄（Fe），銅（Cu），コバルト（Co）

体内の Fe の 70% はヘモグロビンとして，残りはミオグロビン，シトクロム系の酵素，フェリチンなどとして存在している．飼料中の Fe^{3+} は消化管内で還元され Fe^{2+} として吸収されたのち，再び酸化されて Fe^{3+}（トランスフェリン）として血漿中に含まれる．トランスフェリンは臓器で還元されてヘモグロビンの合成に使われるか，肝臓，脾臓などにフェリチンとして貯蔵される．ヘモグロビンの合成には微量の Cu が Cu 含有酵素の形で，また Co が Co を含むビタミン B_{12} の形で必要であり，これらが不足するとヘモグロビン合成が阻害されて小血球性貧血が見られる．Fe 欠乏性貧血はほ乳子豚で起こりやすく，Co，Cu 欠乏症は土壌中にこれらのミネラルが欠乏している地域でウシやヒツジに見られる．ブタやニワトリは Co からのビタミン B_{12} 合成能力が低いので，ビタミン B_{12} として給与する必要がある．

⑤ ヨウ素（I）

甲状腺の I 濃度は筋肉の約 1,000 倍高く，おもにサイロキシン，トリヨードサイロニンなどの甲状腺ホルモンとして存在する．I の欠乏は発育障害を起こし，繁殖用家畜では無毛の子や虚弱な子が産まれたり，死産となる．I は多くの飼料に含まれているので通常は欠乏しないが，地域的な欠乏がある．

⑥ 亜鉛（Zn）

Zn は生体のあらゆる組織に存在するが，特に皮膚や毛に多く存在し，骨に蓄積する傾向がある．Zn は炭酸脱水酵素など多くの酵素の補酵素として作用する．ブタでは Zn の欠乏は成長不良，食欲減退，不全角化症（パラケラトーシス，parakeratosis）などを起こし，Zn の過剰は食欲不振，Cu 欠乏症を起こす．

⑦ マンガン（Mn）

微量ながら体液および組織に広く分布する．Mn は Mg と同様にリン酸基転移酵素（ホスホトランスフェラーゼ），脱炭素酵素（デカルボキシラーゼ）など多くの酵素の活性化に作用する．Mn の欠乏は成長の停滞や雌の性周期の乱れ，雄の精巣の変性に伴う無精子症などの繁殖障害を起こし，Mn の過剰は Mn 中毒を起こす．

⑧ モリブデン（Mo）

Mo はプリン塩基の代謝に重要な酵素（キサンチンオキシダーゼ）の成分であり，アルデヒドデヒドロゲナーゼの成分としても重要である．Mo が欠乏すると貧血症状を呈し，Mo 過剰では元気喪失，下痢を主徴とする Mo 中毒（タート病）を起こす．

⑨ セレン（Se）

Se は生体内の過酸化水素を分解する機能を持つグルタチオンペルオキシダーゼの構成成分として必須である．Se の欠乏は成長の遅れ，筋萎縮症，肝障害，不妊症，免疫低下など，ビタミン E 不足と同様の症状を呈する．

⑩ **クロム (Cr)**

Crには3価と6価の化合物があるが，必須栄養素は3価のCrであり，ストレス条件下で欠乏しやすい．Crは耐糖因子 (glucose tolerance factor) の構成成分であり，インスリン作用を増強する機能を有する．

Ⅵ 成 長

1．動物の成長

動物の成長とは，時間の経過とともに体が大きくなり，体重が重くなることをいい，動物が摂取した飼料栄養素の一部が最終的にタンパク質，脂肪，ミネラルなどとして体内に蓄積されることである．筋肉や脂肪組織の成長には組織を構成する細胞の大きさや数が増加することが必要である．成長は遺伝特性に加え，栄養や環境要因の影響も受ける．

1）成長曲線

図4・22はラットの日齢に伴う体重の経時的変化を示したものである．生後間もない段階では緩やかに増加し，その後，急速に増加する．200日前後に体重増加は緩やかになり，約350日以降ほぼ一定の体重となっていわゆる成熟に達する．これらの変化をグラフにしたものを成長曲線とい

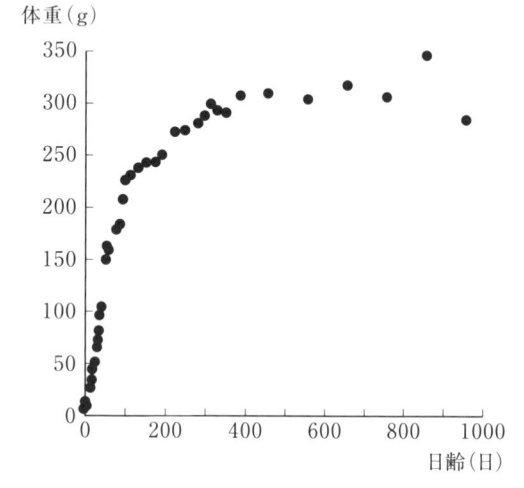

図4・22 ラットの成長曲線
(Kleiber, 1987) より作成

表4・8 ヒツジの週令と筋肉におけるタンパク質合成率の関係

週令	タンパク質合成率(%/日)
1	23.4
5	13.9
8	11.6〜12.2
35	12.8

(Lobley, 1993)

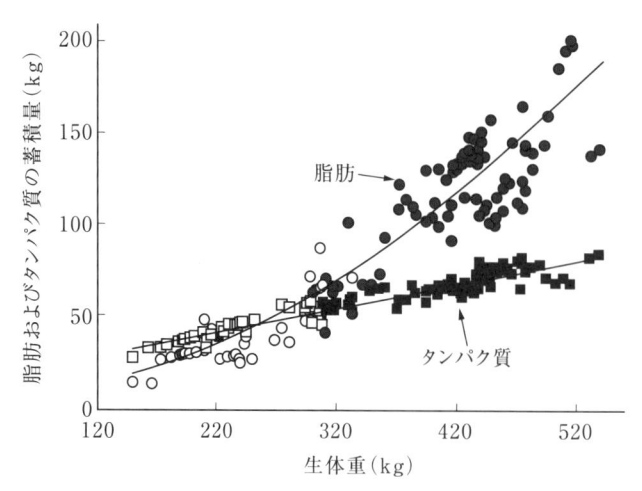

図4・23 さまざまな体重の肉牛における肥育開始時（白色）および終了時(黒色)の脂肪重量(丸印)およびタンパク質重量（四角印）(Owensら, 1995)

い，ロジスティック曲線やゴンペルツ曲線のような S 字状曲線になるといわれている．

2）体組成の変化

タンパク質の蓄積量はほぼ直線的に増加する（図4・23）．一方，脂肪の蓄積量は初期段階では緩やかであるが，後期にはタンパク質を上回る二次関数的な増加が認められる．たとえ，タンパク質摂取量が適切であってもタンパク質の蓄積量の増加は続くものの，タンパク質：脂肪蓄積量比は成長に伴って低下する．そのため，タンパク質としてのエネルギー蓄積の割合も低下する．タンパク質合成率は若いほど活発であり，時間が経過するにしたがって低下する（表4・8）．エネルギー摂取量が制限されている場合，タンパク質と脂肪の蓄積量の増加は低下するが，タンパク質よりも脂肪の方が影響を受けやすく，タンパク質：脂肪蓄積量比は高くなる．

2．成長の内分泌制御

成長には GH, IGF-I などの内分泌ホルモンによる調節が関与している．これらのホルモンのはたらきにより，タンパク質の蓄積量が増加し，脂肪組織の蓄積量が制御される．さらに，消化管からのミネラルの吸収，骨などの主要なミネラルの蓄積組織における吸収，放出を調節している．

1）成長ホルモン（Growth Hormone, GH）

20 世紀初頭，ウシ脳下垂体の粗抽出物がラットの成長を促進することが発見され，成長ホルモン（GH）と名付けられた．GH は成長を促進するばかりでなく，脂肪蓄積を抑制したり，泌乳量を増加するなどの作用を持っている．

GH は肝臓，骨，脂肪組織，筋肉，泌乳乳腺などの標的組織における栄養素分配を調節する．GH の主要な作用は脂肪組織によるグルコース利用を抑制し，脂肪組織の蓄積量を低下させることである．すなわち，GH はペントースリン酸回路および脂肪酸合成に関与する酵素活性を制御して脂肪酸合成を抑制する．また，GH はインスリン感受性を低下させることにより肝臓および脂肪組織によるグルコースのとりこみを抑制する．その結果，筋肉や骨に供給されるグルコースが相対的に増加するとともに，GH が肝臓からの IGF-I 分泌を刺激してこれらの組織の成長が促進される．

成長中のウシやブタに GH を投与すると，成長が促進される．タンパク質やミネラルの蓄積量は用量依存的に増加し，脂肪の蓄積量は減少し，飼料効率が改善する（図4・24）．GH の作用は性差，年齢，品種，環境などの影響を受ける．たとえば，成長が遅く，脂肪含量が多いブタに対する GH の作用は大きいが，成長が速く，赤身のブタには小さい．雄ウシは成長速度が速く，脂肪蓄積量が少ないが，雄ウシに対する GH の作用は雌ウシや去勢牛と比較すると小さい．GH 投与の結果，家畜の窒素蓄積効率が改善されて窒素排泄量が減少する．その結果，環境に対する負荷は軽減される．

2）インスリン様成長因子-I（Insulin-like growth factor I, IGF-I）

IGF-I は栄養状態，とくにタンパク質（アミノ酸）の吸収量と関連しており，栄養状態がよいと血中 IGF-I 濃度も上昇する．また，血漿 IGF-I 濃度と成長の間には正の相関が認められ，タンパ

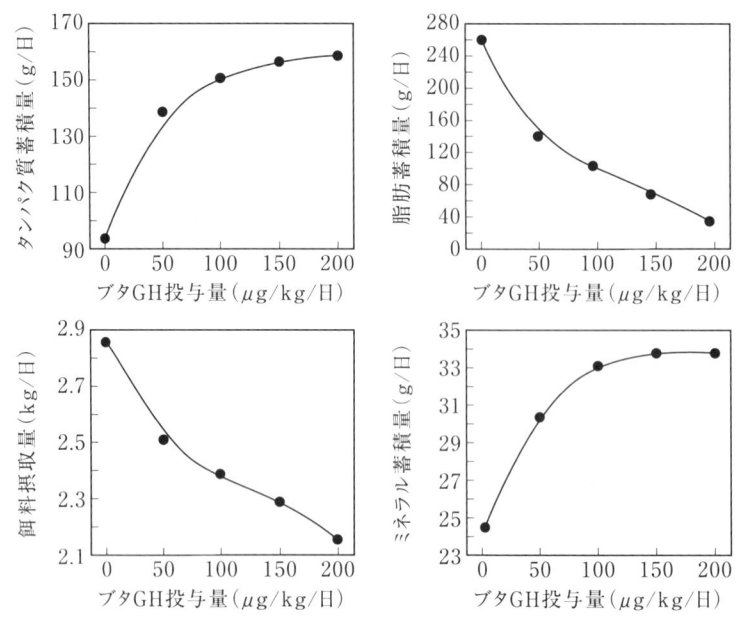

図4・24　ブタ GH 投与量とブタの飼料摂取量，タンパク質，脂肪およびミネラルの蓄積量の関係　（EthertonとBauman, 1998）

ク質合成の制御，おもに細胞増殖促進に重要な役割を果たしている．IGF-I はインスリンと類似した構造を持ち，広範な作用を有するホルモンであり，骨格筋におけるアミノ酸やグルコースのとりこみを促進し，結果としてタンパク質合成が増加する．IGF-I は GH の刺激によっておもに肝臓で合成され，自己分泌や傍分泌により GH の作用を仲介する．IGF-I が血中に放出されると，その 95％以上が IGF-I 結合タンパク質と結合する．そのため，生物学的半減期が非常に長くなる．例えば，ヒツジの遊離 IGF-I の半減期は 10 分であるが，IGF-I 結合タンパク質-3 と結合すると 50 倍以上に延びる．これにより，IGF-I は持続的に作用を発揮する．IGF-I と IGF-I 結合タンパク質-3 の結合は絶食や低栄養によって低下する．一方，雌ウシの代償成長時に血液中の IGF-I と IGF-I 結合タンパク質-3 濃度は増加する．

3）インスリン（Insulin）

インスリンは成長にとって必須のホルモンである．そのおもな作用は脂肪，グリコーゲン，タンパク質合成を促進し，脂肪，グリコーゲン，タンパク質分解を抑制して栄養素を体内に蓄積することである．血漿インスリン濃度は体重に占める脂肪組織の割合と正の相関があり，筋肉の割合とは負の相関がある．また，インスリンの作用は GH と拮抗し，インスリンによるグルコース代謝亢進，脂肪合成促進や脂肪分解抑制の作用は GH によって制限される．

4）レプチン（Leptin）

レプチンは脂肪細胞で産生され，摂取量を抑制するホルモンとして 1994 年に発見された．レプチンは脂肪やグルコース代謝の変化を通じて体内のエネルギー代謝を調節する．レプチンを投与す

ると，摂取量が抑制され，結果として脂肪蓄積量が低下する．一方，肥満のウシは血漿レプチン濃度が高く，絶食などの負のエネルギーバランスではレプチンの産生や分泌が低下し，血漿レプチン濃度も低下する．このように，摂取量あるいは体脂肪蓄積量は血漿レプチン濃度と関係しているが，肥満動物ではレプチンに対する感受性が低い．

　レプチンを視床下部のさまざま部位に局所的に投与すると摂取量が低下する．特に弓状核への注入では他の部位と比べて摂取量の低下が著しいことから，視床下部弓状核ではレプチンによって摂食促進ペプチド産生，分泌が抑制されている．

5）エストロジェン（Estrogen）

　雌ウシあるいは去勢牛にエストロジェンを投与すると，骨格筋におけるタンパク質蓄積量が増加し，窒素排泄量は低下し，結果として増体が促進される．エストロジェンの成長に対する効果は投与量によって異なり，育成牛では低用量のエストラジオール-17β は成長を促進するが，高用量では骨端成長板における Ca の沈着を促進するため長管骨の成長が停止する要因となる．

　エストロジェンは GH 分泌，肝臓の GH 受容体および血中 IGF-I 濃度を増加させることにより，筋肉，骨，肝臓におけるタンパク質合成やミネラル蓄積を間接的に促進する．一方，骨格筋にもエストロジェン受容体の存在が確認されているが，受容体の数は子宮の 1% 以下であり，その作用は小さい．

第5章 筋肉の機能

筋肉は動物体の保持，四肢，呼吸，心臓，消化管などの運動，または体熱の発生源などとして機能している．また筋肉は動物体の40％を占め，畜産的には食肉としての意義が重要である．

I 筋肉の構造

筋肉は組織学的に横紋筋（striatedmuscle）と平滑筋（smoothmuscle）の二種に分類される．横紋筋には骨格筋（skeletalmuscle）と心筋（heartmuscle）が含まれる．機能的には骨格筋は運動神経によって支配される随意筋（voluntarymuscle）である．平滑筋はおもに内臓筋（visceralmuscle）を構成し，心筋とともに自律神経によって支配される不随意筋（involuntarymuscle）である．

筋肉は筋細胞であるところの筋線維（musclefiber）と間質よりなる．筋線維は筋線維鞘（sarcolemma）に包まれ，無数の筋原線維（myofibril）と筋漿（sarcoplasma）とからなる．筋原線維はさらに筋フィラメント（myofilament）から構成される．筋フィラメントは収縮性のタンパク質である．

1．横 紋 筋

横紋筋線維を顕微鏡で観察すると，明暗の縞模様がみられる（図5・1）．これは筋線維の各部分で光の屈折率が違うことに基づくものであって，横紋（crossstriation）といわれる．

横紋は明るい部分であるI帯（isotropicband）と暗い部分であるA帯（anisotropicband）とに分かれ，さらにA帯の中央にはやや明るいH帯（Hensenband）がある．I帯の中央はZ帯（Zband），H帯の中央はM線（Mline）が横切っている．Z帯と隣のZ帯の間を筋節（sarcomere）という．筋節をもって筋の構造上の単位としている（図5・2）．

筋原線維は小胞体（endoplasmicreticulum）の一種である筋小胞体（sarcoplasmi-

図5・1 めん羊の腹鋸筋（伸展時）（×23,000）
A：A帯 I：I帯 Z：Z帯 H：H帯
M：M線 Mt：ミトコンドリア T：三連構造
G：微細粒子はグリコーゲン （鈴木惇）

creticulum）と筋線維鞘が陥没して生じたT小管（transversetubule）によって囲まれている．筋小胞体はT小管に接する部分で膨大して終末槽（terminalcisterna）となり，T小管を両側から挟んで三連構造（triad）を構成している（図5・3）．

A帯は太いフィラメントであるミオシン分子を細いフィラメントであるトロポミオシンとトロポニンを含むアクチン分子が並行的にとり囲んで形成され，アクチンだけが低い密度で整列している部分はI帯を形成する．ミオシン部にアクチンが入り込まないA帯の部分はH帯となり，M線はミオシンの中央部のふくらみに由来している．Z帯は筋原線維を横切り，アクチンフィラメントにくっついている密度の高い膜構造と考えられている．

2．平 滑 筋

平滑筋には横紋がなく，T小管もない．筋小胞体も発達がきわめて悪い．しかし不規則ではあるが太いフィラメントと細いフィラメントは存在しており，それぞれミオシンおよびアクチンとトロポミオシンに相当するものとされている．平滑筋は，内臓平滑筋（visceralsmoothmuscle）と多元平滑筋（multiunitsmoothmuscle）の二種類に分けられる．多元平滑筋は虹彩，毛様体，血管などに分布し，筋線維相互間で興奮を伝播することがなく，機能的には横紋筋に似た性質を持っている．横紋筋では一本の運動ニューロンが何本かの筋線維を支配して運動単位（motorunit）

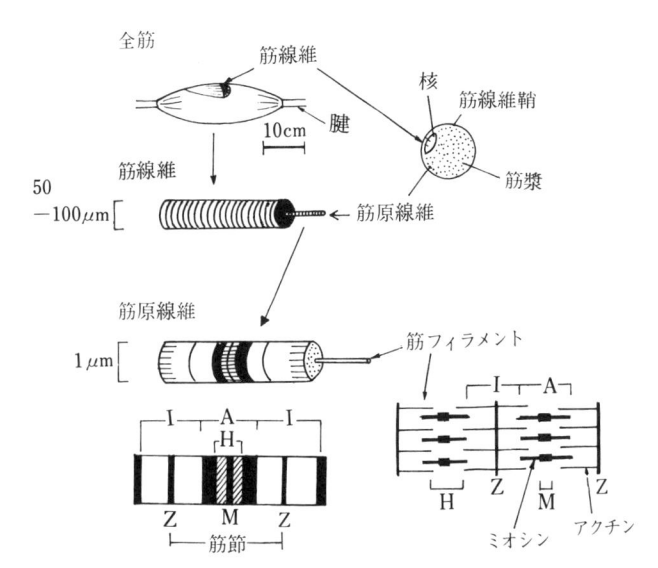

図5・2 骨格筋線維の構造模式図

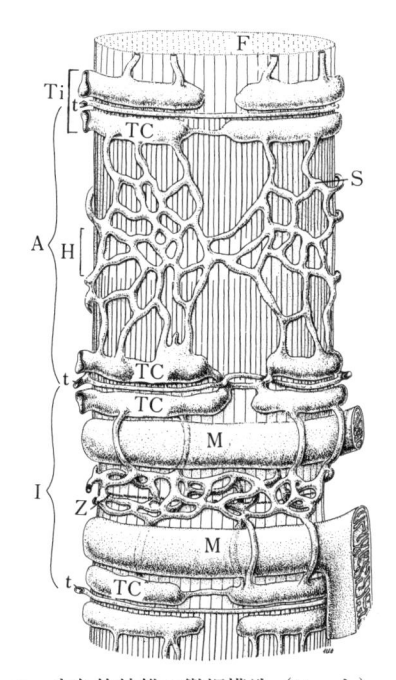

図5・3 赤色筋線維の微細構造（ラット）
F：筋原線維　A：A帯　I：I帯　Z：Z帯　H：H帯
S：筋小線体　TC：終末槽　M：ミトコンドリア　t：T小管
Ti：三連構造
（RAMBOURG & SEGRETAIN, Anat. Record）

を構成しているが，多元平滑筋ではその名のごとく，多数の運動単位から構成され，かつ二本以上の自律神経線維から支配されている．

3. 心　筋

心筋の筋線維は分岐したり，他の筋線維を接合したり，また交錯したりしている．二つの心筋線維は境界板（intercalateddisk）の部分で接合し，折れ曲がりながらも平行しており，線維と線維を強く結合させている．これらの性質は一つの心筋線維の収縮を隣接の線維に容易に伝達させるのに都合がよく，刺激に対しあたかも1個の細胞のように反応する．心筋には横紋がみられる．

II 収　縮

筋肉は適当な刺激が与えられると，筋細胞膜（筋線維鞘）が脱分極することで，活動電位が生じ，その結果，筋肉は収縮（contraction）し，ついで弛緩（relaxation）する．この収縮・弛緩現象によって，筋の主要な機能である運動が生ずる．

1. 収縮の種類

1) 単 収 縮 (twitch)

攣縮ともいう．骨格筋を直接，あるいは神経を介して一回だけ刺激すると，刺激が有効な時は活動電位の発生に引き続き筋は収縮し，ついで弛緩する．単収縮に要する時間は，動物の種類，温度などにより，また速い筋と遅い筋で異なるが，刺激を加えて収縮が始まるまでの時間である潜時（latentperiod）は約0.01秒，収縮期約0.04秒，弛緩期約0.05秒の計約0.1秒である（図5・4）．

2) 強 縮 (tetanus)

骨格筋に対する刺激が，先行する単収縮が終わらないうちに次々と加えられると，収縮が加重して持続した収縮が得られる．これを強縮という．刺激頻度を増していくと筋の弛緩がまったくみられなくなり，収縮したままの状態が続く．この場合の収縮を完全強縮（completetetanus）という．収縮の程度は単収縮の場合よりも著しく大きくなる．刺激頻度が少なく僅かにでも弛緩がみられる時は，これを不完全強縮（incompletetetanus）という．完全強縮を得るための刺激間隔は攣縮時間の1/2以下であることが必要である（図5・5）．強縮

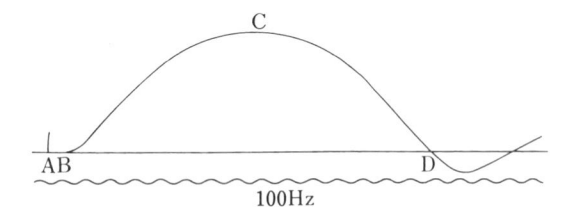

図5・4　攣縮曲線
　A：刺激の時点　AB：潜時　BC：収縮期
　CD：弛緩期
　D：以後の振動は装置の特性によるもの．下の波形は音叉の振動

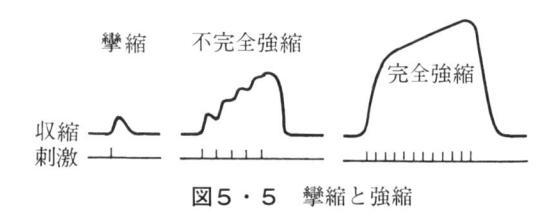

図5・5　攣縮と強縮

を起こす刺激頻度以下で最大強度の刺激を連続的に加えると，毎回の単収縮の張力が増加しつつで一定になる．これを階段現象（staircasephenomenon または Treppe）という．この現象はおそらくトロポニン C への Ca^{2+} 結合が増大することによる張力発生能力の増加によるものであろう．

3）硬　直（rigor）

筋が不可逆的に硬化することを硬直という．死硬直，熱硬直，酸硬直などがある．死硬直（rigor mortis）は動物が屠殺されたのち筋肉が短縮，硬化し，伸長性を著しく減ずる現象をいう．死硬直の開始，完了に要する時間は温度などの条件により大きく異なる．死後，筋肉内に存在するクレアチンリン酸やグリコーゲンが減少し，ATP の再合成が行われないので ATP 含量は減少しアクチン・ミオシン間の結合は解除されず硬直が起こる．通常はグリコーゲンの分解の結果，乳酸が生成され蓄積するので，筋肉の pH は酸性になる．硬直した筋肉はいずれ解硬し再び柔軟となる．解硬時にはアクチン・ミオシン間の結合が再び弱くなるからと説明されている．

2．収縮の型

骨格筋の両端を固定しておいて刺激を加えると筋は短縮できず，したがって外部に対する仕事は行えないが，筋はエネルギーを消費し，張力（tension）を発生する．このような収縮を等尺性収縮（isometriccontraction）という．等尺性収縮による張力は筋長で異なる．関節が可動範囲の中心部に固定され，筋長が生体内の平均の長さ（生体長）をとった時，これを100％として，筋長と等尺性張力との関係を求めると，等尺性張力曲線が得られる（図5・6C）．

等尺性張力は筋長が40％から現われ，しだいに増大し，筋長が100％を越えると一旦低下し，以後急激に増大する．これは刺激による張力そのものが大きくなったからではなく，筋が生体長から受動的に伸長された時に生じた静止時張力（A）が加わったことによるものである．したがって筋が能動的に発生した張力は C-A で現わされ，活動時張力（B）という．以上から，生体長が張力発生には最適の長さであることがわかる．このことは心筋にもあてはまり，過度に拡張した心臓の拍出量はかえって減少する．

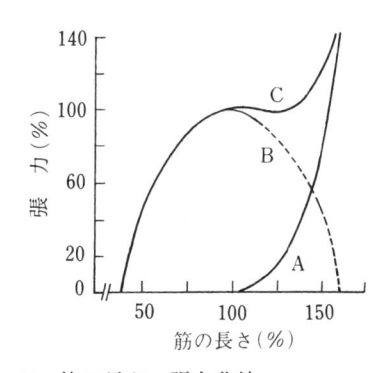

図5・6　筋の長さ―張力曲線
A：静止時張力　B：活動時張力
C：等尺性張力（全張力）
筋をひきのばさず静止時張力（A）が0の状態の時，等尺性収縮を行わせると活動時張力が最大となる．生体長の時の活動時張力を100％とする．

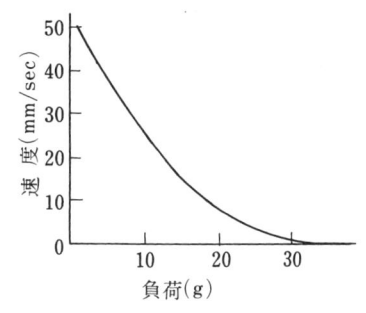

図5・7　骨格筋の負荷―速度曲線

骨格筋の一端を固定し，適当な負荷をつけておいて筋を刺激すると，筋は負荷をもち上げて短縮する．これを等張性収縮（isotoniccontraction）という．生体内では等張性収縮と等尺性収縮の中間型が筋の収縮様式である．等張性収縮の場合，筋収縮の速度は加えた負荷量に反比例して低下し直角双曲線となる（図5・7）．

3. 収縮の機構

骨格筋の化学的組成は動物の種類，栄養状態などによって異なるが，一般的に水分70％，タンパク質20％，脂肪8％，炭水化物1％，灰分1％程度である．

脂肪は細胞間質に蓄積脂肪として沈着しているものが多く，その量は栄養の状態によって変化する．炭水化物としてはグリコーゲンがもっとも多い．その量は筋運動の程度などによって異なる．グリコーゲン以外にはその分解産物としてデキストリン，マルトース，グルコースなどが存在する．灰分は筋線維内に含まれるKがもっとも多く，次にMg，Na，Cl，Caなどが存在する．これらの無機物は膜電位の維持，興奮，酵素の活性化などに重要な役割を占めている．タンパク質は，1）基質タンパク質（ストロマタンパク質），2）非収縮性タンパク質，3）収縮性タンパク質，の三つに区分することができる．これらはそれぞれ全筋肉タンパク質の約20％，20％および60％を占める．

基質タンパク質は完全に不溶性で，筋肉組織を維持するための不活性なタンパク質である．コラーゲンやエラスチンがこれに属し，筋線維を相互に結合させたり，腱に固定したりするのに役立っている．非収縮性タンパク質は筋漿内に存在するタンパク質で多くの酵素類を含み，筋線維内における化学反応の遂行に役立っている．ミオグロビンが含まれており，食肉としての肉色に関係している．ミオグロビンは，ヘモグロビンに似た色素タンパク質でありヘム1個を含む．

1）筋の収縮性タンパク質

筋線維には筋の収縮に関係する特殊なタンパク質が含まれている．ミオシン（myosin）は収縮性タンパク質の約70％を占め，分子量は約500,000である．ミオシン分子が多数集まって筋原線維の太いフィラメントを形成している．ミオシンは線維状（長さ約160 nm）をしているが，トリプシンで処理をすると分子量の大きいH-メロミオシン（heavymeromyosin）と分子量の小さいL-メロミオシン（lightmeromyosin）に分かれる．H-メロミオシン区分はミオシン分子の頭部と頸部にあたる．頭部は二部に分かれ，これらに4個の軽鎖が付着している．この頭部にはATPアーゼの活性とアクチンとの結合能がある．軽鎖はATPアーゼ活性を調節しているらしい．L-メロミオシンは

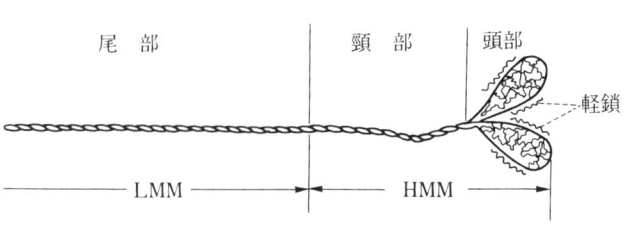

図5・8 ミオシン分子の構造
LMM……L-メロミオシン
HMM……H-メロミオシン

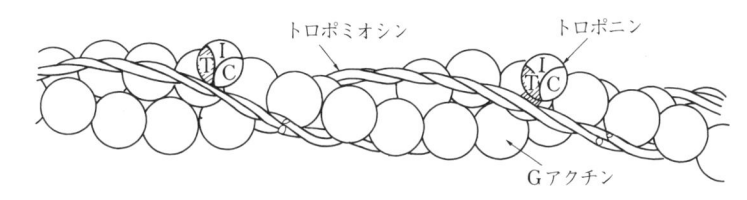

図5・9 アクチン, トミポミオシン, トロポニンの配列
G-アクチン（小球）は重合して線維状のF-アクチンとなっている.

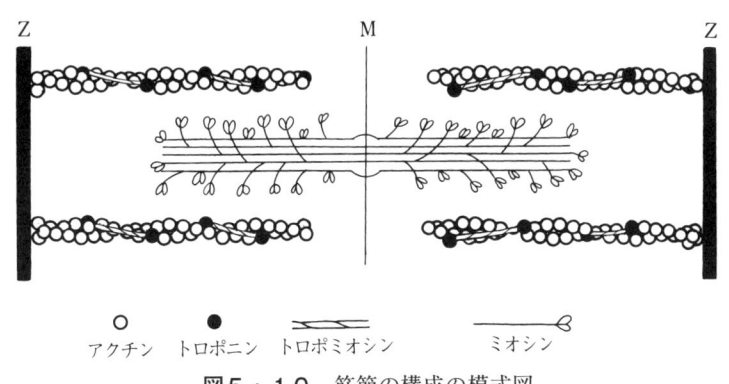

図5・10 筋節の構成の模式図

ヘリックス状をなし, ミオシン分子の尾部となる（図5・8）.

アクチン（actin）は球状（直径5.5 nm）タンパク質で分子量は約50,000である. G-アクチン（globular actin）は中性塩のもとで重合して二重らせん構造をもつF-アクチン（fibrous actin）となる. 筋原線維内の細いフィラメントはF-アクチンよりなる.

収縮性タンパク質の主要部分はミオシンとアクチンであるが, この他に量は少ないが, 筋原線維の形態の維持や筋の収縮の調節に必要なタンパク質が存在する. トロポミオシン（tropomyosin）は分子量53,000で細長い形をしており, F-アクチンに並列して結合している. トロポニン（troponin）は分子量約80,000の球状タンパク質でトロポミオシンのある特定部位にのみ結合している. トロポニンはC, IおよびTよりなり, CにはCa^{2+}の受容体があり, Iはアクチンとミオシンの相互作用を抑制している. トロポニンTは, CとIをトロポミオシンに結合させる役割を担っている（図5・9）. ミオシン, アクチン, トロポニン, トロポミオシンは筋節の中で図5・10のように配列している. またアクチニンなる微量タンパク質が存在し, α-アクチニン（α-actinin）はF-アクチンをZ帯に結合させておく作用を, β-アクチニン（β-actinin）はF-アクチンの構造を維持する調節タンパク質と考えられている.

2）収縮のメカニズム

刺激によって筋線維が興奮すると, 生じた活動電位はT小管に存在する膜電位依存性Ca^{2+}チャネルを通じて筋小胞体内にあるCa^{2+}を遊離させる. 遊離したCa^{2+}はトロポニンCに捕捉される.

(122)　第5章　筋肉の機能

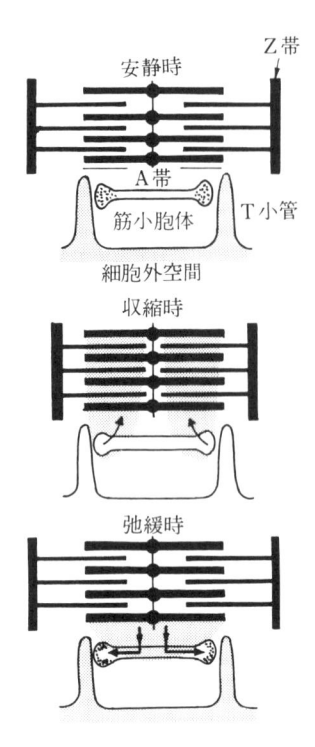

図5・11　筋収縮，弛緩の模式図
Ca^{2+} は黒い点で表わしてある．筋小胞体の終末槽から遊離した Ca^{2+} は再び吸収され，筋は弛緩する．
（松田ら，医科生理学展望）

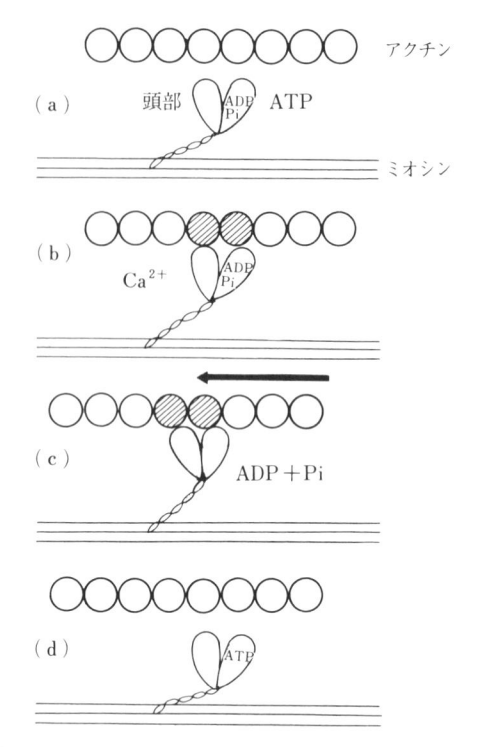

図5・12　ミオシンとの連結橋形成によるアクチンの移動
(a) ミオシン頭部で ATP は ADP+Pi に水解している．アクチンとの親和性は低い．
(b) Ca^{2+} の遊離により，構造がかわり，ミオシンとアクチンとの親和性が著しく高くなる．
(c) ATP は完全に水解し，ADP と Pi を遊離する．ミオシン頭部は屈折してアクチンを移動させる．
(d) ミオシン頭部は再び ATP と結合しアクチンとはなれる．この反応が繰り返される．

一方，トロポニンIの作用は抑制される．その結果，トロポミオシンは側方に動くことができるようになり，ミオシンのアクチンとの結合部位が露出される．電子顕微鏡によって筋線維の収縮時の像を調べてみると，太いフィラメントの長さは変わらないが，Z帯とZ帯間（筋節）の長さが短くなっていることがわかる．このことから興奮時には，アクチン・ミオシン間の配置がずれて，収縮現象を起こすと考えられる（図5・11）．すなわち，ATPアーゼを含むミオシン頭部に結合した ATP は ADP と無機リン酸 (Pi) に水解される (a)．Ca^{2+} の遊離によりミオシン頭部とアクチンの間に連結橋が形成され (b)，アクチンとミオシンの相互作用で，エネルギーを放出して頭部を回転させることにより，アクチンを移動させる (c)．次にエネルギーを失った頭部は，もとの状態にもどり，再び ATP を結合する (d)（図5・12）．この反応が繰り返されて筋が収縮する．この説を滑走説（slidingtheory）という．さらに詳細に観察すると，弛緩時の筋の太いフィラメントの長さは筋節の約60%を占めてい

るから，滑走説によれば収縮時の長さは弛緩時の60％以下にはならないはずであるが，実際に，最大収縮時には40％程度になってしまう．この場合，ミオシンフィラメントの先端のZ帯に接する部分が太くなっていることから，ミオシン末端部は変形し得ることがわかる．

筋の弛緩はトロポニンに捕捉されたCa^{2+}が再び筋小胞体中に取り込まれ，フィラメント内のCa^{2+}濃度が低下すると，アクチン，ミオシン間の連結橋は切れ，筋は自らの弾性によって弛緩する（図5・11）．Ca^{2+}イオンの筋小胞体への取り込みは能動輸送であって，ATPから生ずるエネルギーを必要とする．

3）収縮時の化学的現象

筋の収縮に直接必要なエネルギーはATPによって供給される．しかし筋に含まれるATPは少量なので数回の単収縮の繰り返しによって消耗してしまう．

減少したATPはホスホクレアチン（phosphocreatin）から補給される（ホスホクレアチン＋ADP ⇌ クレアチン＋ATP）．ホスホクレアチンやATPの再合成のために必要なエネルギーは，グリコーゲンやグルコースの好気的および嫌気的解糖によって生ずるATPから得られる（図5・13）．また，遊離の脂肪酸が酸化されて生ずるエネルギーもあずかっている．これらの反応の概要は第4章で述べる．

骨格筋線維は，ミオシンATPase活性の組織化学的検出により，I型筋線維（ミオシンATPase活性が酸処理によって強陽性，アルカリ性処理によって陰性を示す）と，II型筋線維（ミオシンATPase活性が酸処理によって陰性，アルカリ性処理によって強陽性を示す）の2種類に分類される．さらに，収縮速度，嫌気的解糖能，好気的酸化能の観点から，3種類（SO, FOG, FG）に分類することができる．SO（slow-twitch-oxidative）筋線維は，収縮は遅いが，好気的代謝能が高く疲労しにくい．FOG（fast-twitch-oxidative-glycolytic）筋線維は，収縮が早く，好気的および嫌気的代謝能力が高く，かつ疲労しにくい．FG（fast-twitch-glycolytic）筋線維は，収縮が早く解糖能に富むが，疲労しやすい．SO, FOG, FG筋線維は，それぞれSOがI型，FOGがIIA型，FGがIIB型と対応する．白色筋は，IIB型筋線維が多く，赤色筋はIIA型とI型筋線維が多いも

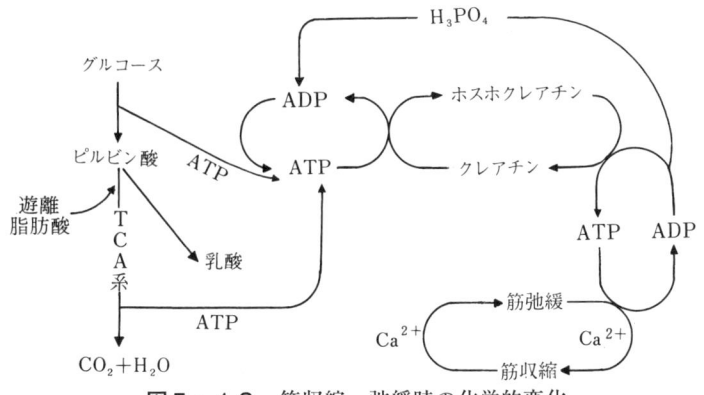

図5・13 筋収縮，弛緩時の化学的変化

のに分けられる．I型筋線維は姿勢の保持に，IIA型，IIB型筋線維は主として運動に携わっている．

筋は無酸素中でも，あるいは激しい運動でエネルギーの消費に対しO_2の供給が間に合わない場合でも，ある程度まで運動できる．しかし，この場合には嫌気的解糖の結果生じた乳酸が蓄積している．この乳酸を除去し，ホスホクレアチンとATPを補充し，またミオグロビンへO_2を供給するために運動終了後に余分にO_2を消費しなければならない．この余分に消費されるO_2量のことを酸素負債（oxygendebt）という．

4）筋の熱発生

筋の運動は体熱の重要な産生源となる．筋は静止時にも好気的代謝の結果としての熱を発生している．この熱を静止熱（restingheat）という．筋収縮時には熱の生産は増加する．これを初期熱（initialheat）という．初期熱は筋が収縮過程に入った時に生じ，筋が等尺性単収縮を繰り返すごとに発生する活動化熱（activationheat）と，等張性収縮の場合には，その短縮の程度によって生ずる短縮熱（shorteningheat）と，収縮した筋が弛緩する際，筋の粘性抵抗によって生ずる弛緩熱（relaxationheat）よりなる．筋が弛緩してのち，グリコーゲンの酸化を含む多くの化学的反応が筋を高エネルギー物質を有する静止時の状態にもどすために起こり，その結果，熱を発生する．これを回復熱（recoveryheat）という．回復熱は，収縮中に発生した熱にほぼ等しい．筋収縮による熱発生量は筋1gあたり1回の収縮につき2～3ミリカロリーであると実測されている．

5）筋の疲労

筋が長時間にわたって活動を続けると，しだいに収縮する能力を失い，ついにはまったく収縮し

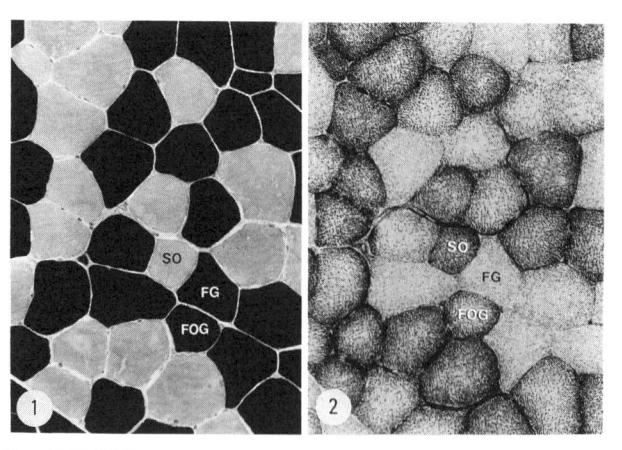

図5・14 牛の深胸筋の筋線維型
1．ミオシンATPアーゼ反応（アルカリ処理後）
強陽性の筋線維（FOGおよびFG）と陰性の筋線維（SO）がある．FOGとFG筋線維は収縮が速く，SO筋繊維の収縮は遅い．
2．NADH脱水素酵素活性（ミトコンドリアに存在）
SOおよびFOG筋線維の酵素活性は高く，FG筋線維の活性は低い．　（鈴木惇）

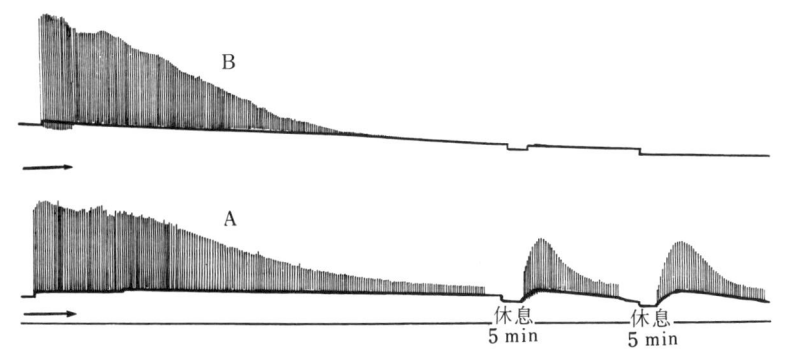

図5・15　筋の疲労曲線
　　　　上：酸素のない場合で休息させても回復しない．
　　　　下：酸素のある場合で，休むと回復する．

なくなってしまう（図5・15）．この現象を筋の疲労という．筋が生体内にある時，神経を介する刺激に対して反応しなくなる時は，筋・神経接合部の機能が低下していることが考えられる．しかし，O_2供給が十分ある時は，伝達物質としてのアセチルコリンの供給不足は起こりそうにない．かつて筋肉中に蓄積する乳酸が疲労の原因であると考えられたが，疲労と乳酸含量との間には一義的な関係はない．人では実際に行われた仕事量ではなく，O_2消費量に相関を示す．筋疲労はエネルギー源の枯渇や膜の興奮性の低下など，多くの要因が複雑に関与して起こるようである．

III 平滑筋

　平滑筋には交感および副交感神経の二重支配をうけるもの（例：腸管）と交感神経のみの支配をうけるもの（例：立毛筋）とがある．自律神経節後線維が平滑筋線維上を走るときは，多数に枝分れし，かつ，枝ごとに多数の膨隆（varicosity）をもっている．膨隆からはノルアドレナリンや，アセチルコリンが遊離し，筋線維の表面膜に直接作用する．平滑筋には骨格筋の終板に相当する構造はみられない．

　筋線維に生じた活動電位は電位依存性Ca^{2+}チャネルを通して細胞質内Ca^{2+}濃度の上昇を引き起こし，Ca^{2+}はミオシン軽鎖に存在するミオシンをリン酸化する酵素を活性化する．その結果，ミオシンとアクチンは反応し得るようになり，ATPアーゼによる分解とともにフィラメントの滑走が起こる．Ca^{2+}濃度の低下と共に筋は弛緩する．活動電位によるCa^{2+}の動員はゆっくり行われ，引き続いて起こる収縮も緩やかなものとなる．その収縮伝播速度は骨格筋と比較するとかなり遅い（表5・1）．

　平滑筋のノルアドレナリンおよびアセチルコリンに対する反応は臓器によって異なるが，消化管では前者によって過分極が起こり，筋は弛緩するが，後者によって収縮する．

表5・1　収縮伝播速度の比較

筋の種類		伝播速度
横紋筋	カエルの筋	3〜6 m/sec
	兎の赤筋	3
	兎の白筋	4〜11
	人の筋	10〜15
平滑筋	哺乳類	
	腸・卵管	5〜20 mm/sec
	尿　管	30
	精　管	50〜300

内臓平滑筋は自発性収縮をする．この特徴は特に輸尿管や胃・腸管などのように内容物を一定方向に移動させる必要のある平滑筋で明らかである．神経からの興奮の伝達がなくても，筋細胞自体が興奮性をもっていて活動電位を発生し，収縮（強縮）を繰り返す．細胞間はギャップ・ジャンクションでつながれているので，電流の伝播が容易であり，多数の細胞が同期して収縮を行う．自発性興奮をする細胞を歩調取り細胞（pacemakercell）というが，特殊な細胞が分化しているのではなく，次々と交代することが知られている．自律神経はこの自発性の活動電位の発生を増減させることにより，筋運動を調節している．

多元平滑筋では，筋細胞間のギャップ・ジャンクションはなく，そのため活動電位が隣接する細胞に伝播することはない．また自動能もなく，支配神経の作用下にある．しかし収縮の速度は横紋筋より10倍も速い．

Ⅳ 心 筋

心筋においては洞房結節と房室結節が興奮の発生部位として特別に分化しているものの，心筋のどの部分でも小片として取り出すと固有の律動を示す．その際に生ずる活動電位は骨格筋と同じように急速に脱分極し，オーバーシュートするけれども再分極はきわめてゆっくりした過程で起こる（図5・16）．活動電位のプラトー期が長いのは，心筋の細胞膜のK^+やNa^+，特にCa^{2+}の透過性増加が長く続くためである．細胞外Ca^{2+}がゆっくりとしたチャネル（slow Ca^{2+} channel）を通って心筋細胞内に入ると，筋小胞体内からのCa^{2+}遊離を誘発しアクチン・ミオシン橋を形成して心筋の収縮を起こす．このCa^{2+}チャネルは骨格筋の場合に比べて100倍以上も長く開放されている．それゆえ，脱分極の持続時間は約2 msecであるが，再分極には200～400 msecを必要とする．

筋に刺激を与える場合，第一の刺激のあとの第二の刺激をいくら強くしても筋収縮の加重が起こらない時期がある．この期間を絶対不応期（absoluterefractoryperiod）という．この時期は活動電位の発生の直後であって，再び脱分極することはなく，したがって収縮も起こらない．この時期をすぎたあとに，強い刺激にのみ反応する時期があり，しだいに興奮性が回復して，ついには静止時の閾値にもどる．この期間を相対不応期（relativerefractoryperiod）という．骨格筋の絶対不応期

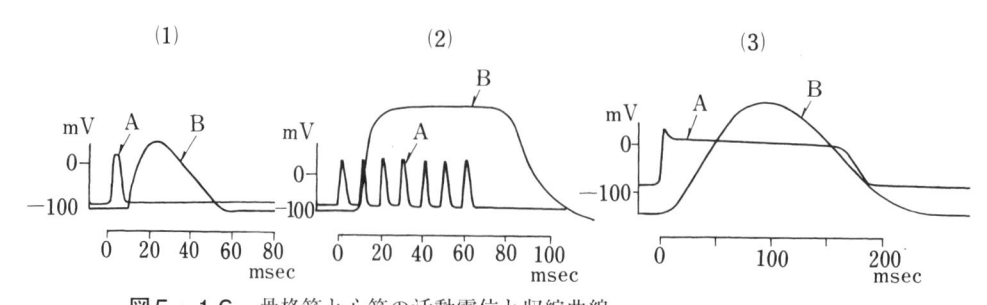

図5・16 骨格筋と心筋の活動電位と収縮曲線
（1）骨格筋の単収縮　（2）骨格筋の強縮　（3）心筋の収縮
A：活動電位　B：収縮曲線

は約 1.5 msec であるが，心筋ではきわめて長く，約 150 msec 以上にも達する．この時間中に心筋の収縮は半分以上を経過しているから，心筋には骨格筋にみられるような強縮は起こらない．この特徴は血液循環が持続的に行われるのに都合がよい．心筋は刺激が有効である場合には，その強さに関係なく最大の収縮をする．すなわち全か無かの法則によくしたがう．この性質も血液循環が

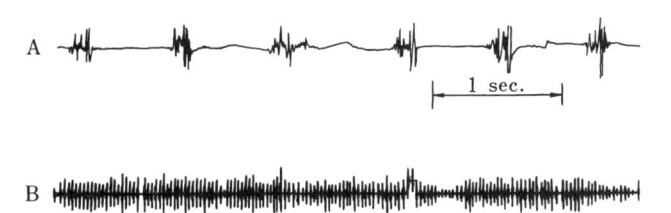

図5・17　牛の横紋筋筋電図の一例
　　　A：放牧牛の採食時の咬筋の筋電図．
　　　B：同上状態を遅く記録したもの．
　　　C：反芻時の咬筋の筋電図．
　　　D：同時に記録した前肢・肩甲帯筋群の筋電図．
　　　これから反芻は起立して行っていることがわかる．　（大田実）

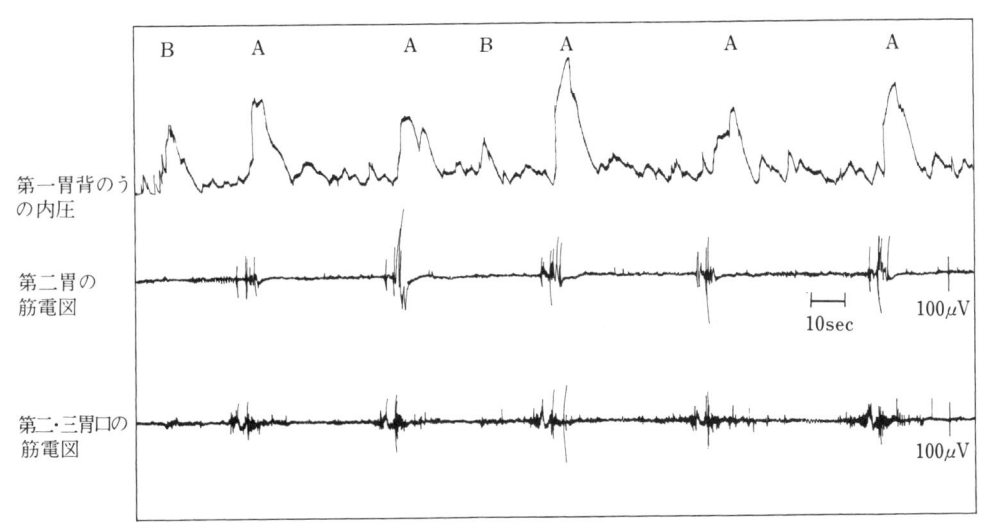

図5・18　牛の平滑筋筋電図の一例
　　　胃の内圧変化や筋電図によって胃運動の相互関係などがわかる．A，Bは第一胃のA（第二胃運動に続発）およびB運動を指す．　（浅井（豊））

規則的に行われるのに都合がよい．

V 筋 電 図

　横紋筋の収縮は運動ニューロンに発生したインパルスがその支配する筋線維群に到達し，各筋線維を興奮させることによって始まる．活動時の筋が示す電位変化を記録したものを筋電図（electromyogram, EMG）という．記録の仕方には二通りある．第一は注射針の中に細い絶縁した二本の金属線（先端だけ露出）を入れたものを皮膚を通して筋の中に刺し込むもので，これによって一つの運動神経細胞に支配される一群の筋線維（運動単位）の示す同期した活動電位を記録することができる．第二は，筋の表面に電極を置くもので筋電図は複雑な電位変動を示す（図5・17）．

　平滑筋においても骨格筋と同様にその興奮時には活動電位が発生し，これを記録することができる．これを平滑筋筋電図という（図5・18）．その時間経過は平滑筋の種類によるが，一般に骨格筋に比べてゆっくりしたものである．

第6章 脂肪組織の機能

I 脂肪組織の特徴：エネルギー貯蔵と内分泌器官

　動物の体内の脂肪組織は白色脂肪組織と褐色脂肪組織の2種類の形で存在する．白色脂肪組織は全身に広く分布し，食物摂取後の余剰エネルギーを中性脂肪の形で貯め込み，必要に応じて分解し，脂肪酸とグリセロールの形で全身に再供給するという特殊化した器官である．白色脂肪組織は，単なる脂肪の貯蔵庫であり，代謝的に不活発な組織と見なされていた．しかし，交感神経系や内分泌系の制御下で褐色脂肪も含めた脂肪組織の営む活発な代謝制御機構が認識され，脂肪組織が脂質代謝や糖代謝の接点となって生体全体のエネルギーバランスの要となっていることが明らかとなってきた．白色脂肪組織には脂肪滴を溜め込んだ脂肪細胞，前駆脂肪細胞，繊維芽細胞，血管内皮細胞，神経細胞などがある．褐色脂肪組織は肩甲骨や首の辺りなどの限られた部分にしかない．幼児期に多く，成長に伴い激減するのが特徴ですが，近年の研究で成獣と成人でも頸部や鎖骨付近に存在する（図6・1，表6・1）．褐色脂肪細胞にはミトコンドリアが多く，脱共役タンパク質 UCP-1（uncoupling protein-1）の働きにより ATP の代わりに熱を産生する．ヒトとマウスの白色脂肪組織の中に褐色様の脂肪細胞が見られ，ブライト脂肪細胞（brite, brown-in-white）と呼ばれ，その色からベージ脂肪細胞（beige）とも呼ばれる．白色脂肪細胞や褐色脂肪細胞とは異なる特徴を持ち，ノルアドレナリン刺激や寒冷曝露などにより UCP-1 を高発現し，褐色脂肪細胞と同様にエネルギー消費（熱産生）の亢進が見られ

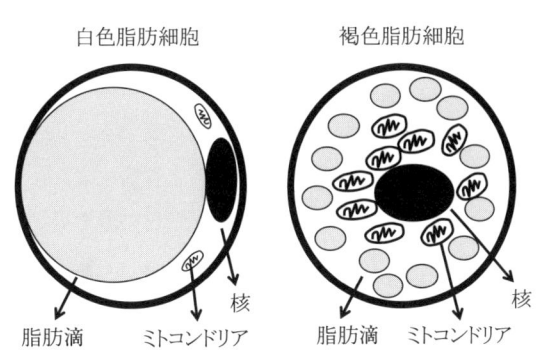

図6・1　白色脂肪細胞と褐色脂肪細胞

表6・1　白色脂肪細胞と褐色脂肪細胞の特徴

	白色脂肪細胞	褐色脂肪細胞
蓄積部位	皮下，腸管，腎臓周囲，生殖周囲，筋肉内，筋肉間	頸部，肩甲骨，鎖骨付近
色	薄い黄色	褐色
血管システム	有り	有り
神経系	交感神経系	交感神経系
脂肪滴	単胞性，大型	多胞性，小型
機能	中性脂肪としてエネルギー貯蔵　グリセリンと脂肪酸放出　内分泌器官	中性脂肪としてエネルギー貯蔵　熱産生　内分泌器官

る.

　白色脂肪細胞は1987年に性ホルモンを分泌していることが確認されて以来，自らもレプチン（leptin），アディポネクチン（adiponectin），TNF-α（tumor necrosis factor-α），IL-6（interleukin-6），IGF-Ⅰ（insulin-like growth factor-Ⅰ），MCP-1（monocyte chemoattractant protein-1），レシスチン（resistin），PAI-1（plasminogen activator inhibitor-1），ケメリン（chemerin）のようなホルモンやサイトカイン，増殖因子などの様々な生理活性物質を生成・分泌する内分泌器官としての性質を持っていることと認識されている．これについてはアディポカインのところで詳しく説明する．つまり，脂肪細胞はエネルギー代謝や内分泌機能の他に，神経内分泌機能，リンパ球との相互作用による免疫機能を有するなど様々な生物学的作用を調節するうえでも必要不可欠な組織である．このことから，生体で15〜30％の容量を占める脂肪組織が生体最大内分泌器官であることが示され，このような脂肪組織由来内分泌因子を称してアディポカインと概念付けられたのである．

Ⅱ　白色脂肪組織を構成する細胞成分

　白色脂肪組織内のには，脂肪細胞（adipocytes）と脂肪細胞以外の細胞群である間質血管細胞群（stromal-vascular cells）が存在する（図6・2）．脂肪組織内の脂肪細胞の数は全細胞の約50−60％を占めるが，脂肪組織重量の約90％は脂肪細胞である．間質血管細胞群には末梢血由来細胞，血管内皮細胞，脂肪由来間質細胞，脂肪前駆細胞，繊維芽細胞がある．脂肪組織には毛細血管が多く存在し，脂肪細胞などに栄養素を供給することで，脂肪細胞の分化と増殖を促す．

　正常な脂肪組織の発達には新規血管新生が深く関係している．脂肪組織内の血管と血流は栄養素と酸素を供給し，栄養状態により脂質の取り込みと放出に不可欠なものである．肥満などのエネルギー摂取量がエネルギー消費量を超過した場合は，脂肪組織の発達は血管新生の異常が起こり，脂肪細胞への酸素と栄養素の供給が悪くなる．正常時の脂肪組織内の脂肪細胞と他の細胞との相互作

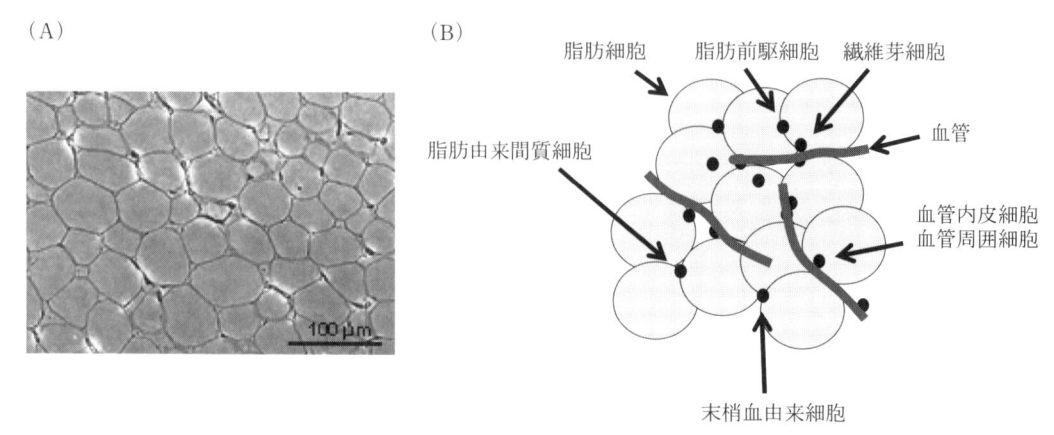

図6・2　脂肪組織の断面図（黒毛和種牛3ヶ月齢）（A）と脂肪組織内の模式図（B）

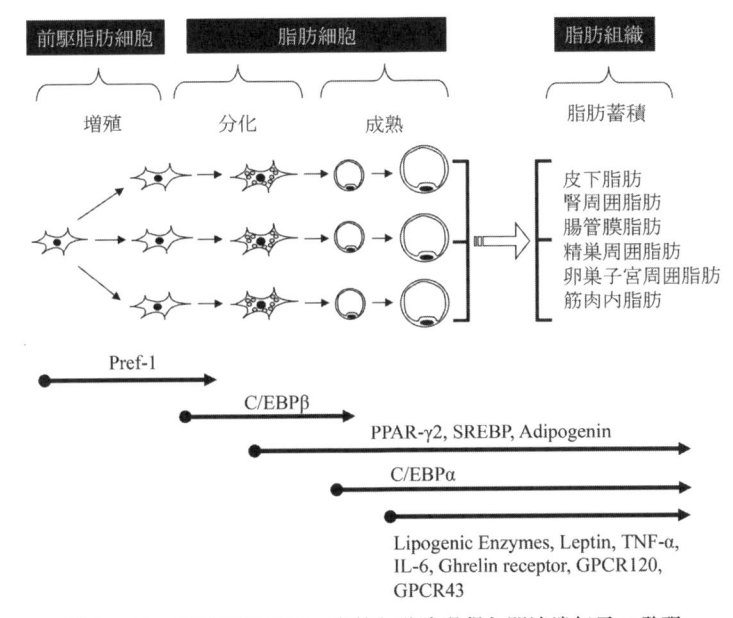

図6・3 脂肪細胞分化・成熟と発達過程と関連遺伝子の発現
(Roh ら，2006)

用は，肥満状態になると劇的に変化する．個々の脂肪細胞の中性脂肪含量が増加し，細胞が肥大化（hypertrophy）する．脂肪細胞の肥大化は，病態発症と深く関連することが次第に明らかになりつつある．また脂肪細胞の大きさには限界があるため，さらに過剰の食物をとると，脂肪細胞数の増加（hyperplasty）を引き起こすことによって獲得したエネルギーを逃すことなく迅速に貯蔵する．

Ⅲ 脂肪細胞分化・成熟過程と関連因子

　脂肪細胞は中胚葉系幹細胞（Mesenchymal stem cell）から脂肪前駆細胞（Preadipocyte）を経て分化した細胞である．中胚葉系幹細胞から脂肪芽細胞（adipoblast）を経て脂肪前駆細胞への分化過程については不明点があるが，脂肪前駆細胞から脂肪細胞の分化・形成（adipogenesis）に関しては詳細に解析されている（図6・3）．

　脂肪細胞の分化を制御する転写因子として，PPARγ2（peroxisome proliferator-activated receptors γ2）や CEBP（CCAAT/enhancer binding proteins）ファミリーが報告されている．特に PPARγ2 は脂肪細胞の分化に必須の転写因子である．リガンド依存型の受容体型転写因子である PPARs とロイシンジッパー型転写因子である C/EBP は，相互作用しポジティブフィードバックループを形成しながらマスターレギュレーターとして機能し，脂肪細胞分化に関わる遺伝子群の転写調節を行うものである．PPAR は 1990 年にマウス肝臓 cDNA ライブラリーから α 型が初めてクローニングされた．その後，活発な cDNA クローニングにより種々の動物種及び臓器から β/δ，γ などのサブタイプが見出されファミリーを形成している．γ 型は γ1 型と γ2 型の二種類のアイソ

フォームが知られている．γ2 型は脂肪細胞で特異的な発現が見られ，脂肪細胞の分化と深く関連している．PPARγ2 は aP2 や LPL（lipoprotein lipase）などの脂肪細胞に特有の遺伝子発現を誘導し，脂肪細胞に脂肪蓄積能を獲得させることが知られている．C/EBPα は，インスリン感受性の獲得や増殖と分化の切り替え機能を持つなどの働きも知られている．C/EBP には複数のサブタイプが存在し，C/EBPα が脂肪細胞分化に直接関与する転写因子として初めての有力候補として報告されて以来，4 種類の C/EBP サブタイプが見出されファミリーを形成している．それらは脂肪細胞の分化前後で特異的な発現様式を示し，サブタイプ間での機能分担が認められている．C/EBPβ, δ は cAMP により分化誘導直後に誘導され，増殖に働くことが主な機能であると考えられている．それらが，協調して活性化することで，PPARγ, C/EBPα の発現を誘導し，PPARγ と C/EBPα はそれぞれお互いの発現を維持する．

Ⅳ 脂肪細胞の脂質合成と分解

　脂肪組織は多くのホルモン調節により脂質合成や分解を行うことで，生体内エネルギー利用の方向性に重要な役割を演じている．脂肪細胞における脂質の蓄積は，生化学的にはグルコースおよび遊離脂肪酸（FFA：free fatty acid）からの脂質合成と，必要に応じて FFA とグリセロールを放出する脂質分解の動的平衡の上に成り立っている．脂肪組織ではトリグリセリドの合成と分解が種々の因子による調節のもとで行われており，この二つの過程の均衡によって貯蔵脂質が増減している．脂肪細胞は細胞外リパーゼを含有しているが，その他に細胞内リパーゼの系があり，これは蓄積された脂肪滴にのみ作用を及ぼしている．

　脂質分解を促進する代表的な物質，アドレナリンは，β-アドレナリン作動性レセプターに結合し，アデニル酸シクラーゼの活性化を介して細胞内情報伝達物質である cAMP を産生する．細胞内 cAMP の増加は cAMP 依存性プロテインキナーゼ（PKA）を活性化し，ホルモン感受性リパーゼをリン酸化，活性化してトリグリセリドを FFA とグリセロールに加水分解することで細胞応答を引き起こす．脂肪組織にはグリセロールを活性化してグリセロリン酸にする酵素，グリセロキナーゼが存在しないのでグリセロールは脂肪組織では利用されないまま血中へ拡散し，グリセロキナーゼをもつ肝臓や腎臓で利用される．一方 FFA の一部は，脂肪組織内で活性化されてアシル CoA となりトリグリセリドの合成に再利用される．cAMP は cAMP 依存性ホスホジエステラーゼ（PDE）により分解されて 5'-AMP となり，脂質分解作用は停止するが，インスリンはこの PDE の異性体，PDE3B を活性化することで抗脂質分解作用を示すとされている．

　脂肪細胞はエネルギー過剰時には血中からグルコースと遊離脂肪酸を取り込み，中性脂肪（triglyceride）として貯蔵する（lipogenesis）．脂肪細胞への中性脂肪の蓄積は様々なホルモンによって調節されているが，その中でもインスリンはグルコースを細胞中に取りこみ脂質の代謝に関わる重要なホルモンである．インスリンは脂肪細胞膜上のインスリンレセプターへ結合するとチロシンリン酸化による IRS-1 の活性化と Akt1 のリン酸化を引き起こし，その結果細胞質内の小胞体より

細胞膜への GLUT-4 の移行が起こる．細胞膜へ移行した GLUT-4 は血中より細胞内へのグルコースの取り込みを行う．細胞へと取り込まれたグルコースは glucokinase, GPDH により glycerol-3-phosphate へと合成された後，GAPT1, 2, AGPAT2, PAPs, DGAT1,2 の作用を受け lysophosphatidic acid, phosphatidic acid, diacylglycerol と変化し中性脂肪へと合成される．また，取り込まれたグルコースは glucokinase により G6P（glucose-6-phsphate）へと合成される．G6P は解糖系へ入りピルビン酸へと代謝され，ミトコンドリアへ取り込まれた後，クエン酸回路を経て ACC（acetyl-CoA-carboxylase），FAS（fatty acid synthase）によりアシル-CoA へと再合成された後，再び中性脂肪合成に用いられる．一方で，飢餓などのエネルギー需要時には脂肪細胞内に蓄えられた中性脂肪が HSL（hormone-sensitive lipase）や ATGL（adipose triglyceride lipase）の作用により脂肪酸とグリセロールに分解され血中に放出される．

V　アディポカイン（Adipokine）

前述したように，これまで過剰なエネルギーを備蓄するだけの臓器と考えられていた脂肪組織における遺伝子発現を明らかにした結果，脂肪組織には非常に多くの分泌タンパク質が含まれていることが明らかとなった．しかも，このなかには免疫系に関与する補体諸因子や，様々な増殖因子などの生理活性物質遺伝子が含まれていたことが判明した．つまり，生体で15～30％の容量を占める脂肪組織が生体において最大の内分泌器官であることが示された．したがって，このような脂肪組織由来内分泌因子を総称してアディポカイン（adipokine, アディポサイトカイン）と概念付け

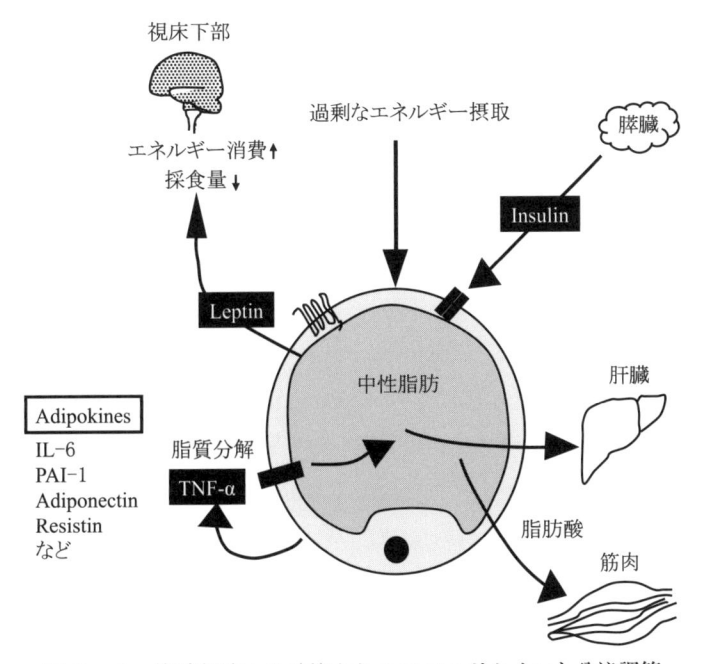

図6・4　脂肪細胞から分泌されるアディポカインと分泌調節

たのである（図6・4）．アディポカインはいずれも何らかの生理的作用を有し，恒常性の維持に関わるが，肥満時，つまり脂肪蓄積状態においては，その産生・分泌が過剰あるいは縮小となり，このバランスの破綻が生活習慣病などの発症・進展に深く関わることが明らかになってきている．

アディポカインの分泌を制御する因子として，ホルモン（インスリン，カテコールアミン，グルココルチコイド，成長ホルモン），サイトカイン（TNF-α，IL-6）や薬剤（チアゾリジン系薬剤，β-アゴニスト）がある．肥満状態において脂肪細胞の肥大化や形質転換のメカニズムの詳細は明らかではないが，肥満のごく初期から脂肪組織にマクロファージが浸潤して活性化され，活性化マクロファージから分泌されるサイトカインの刺激により糖質代謝を悪化させる悪玉アディポカインの脂肪細胞からの分泌が促進される．つまり，遊離脂肪酸や炎症性サイトカインであるTNF-α，IL-6などの脂肪細胞からの分泌が増大して，インスリンのシグナリングを抑制する．その分子メカニズムについてはTNF-αのところで詳しく説明する．

代表的なアディポカインであるレプチン（leptin）は1994年にポジショナルクローニングを用いて遺伝性肥満マウスob/obの原因遺伝子として同定された．その遺伝子産物をギリシャ神話で「やせる」を意味するleptosにちなんでレプチンと命名した．その後の研究により，leptinは脂肪組織から分泌され，視床下部弓状核に発現するレプチン受容体に作用することにより強力な摂食抑制とエネルギー消費亢進をもたらす抗肥満ホルモンであることが明らかにされている．すなわち，レプチンは末梢の栄養状態のセンサーとしてその情報を中枢に伝達し，体脂肪量を一定に保つフィードバックループを形成している．先天性の脂肪萎縮症の場合，高度のインスリン抵抗性を示すがレプチン投与によりその症状が劇的に改善することから，正常な糖脂質代謝には必須である．一方で，肥満の場合には脂肪細胞からのレプチン分泌が増加しているにも関らずインスリン抵抗性が認められ，レプチン抵抗性が存在する．レプチン抵抗性の分子メカニズムはレプチンの血液脳関門の通過障害やレプチン受容体によるSTAT3（signal transducer and activator of transcription 3）のリン酸化の障害などが想定される．

脂肪細胞の増殖・分化には不明な点が多いが，主にマウス胎仔由来繊維芽細胞である3T3-L1脂肪細胞などの培養株細胞をモデル系として研究され，様々な因子が関与することが明らかになっている．細胞増殖には，一般的にIGF-ⅠやTGF-β（transforming growth factor-β），MCSF（macrophage colony-stimulating factor），Angiotensin Ⅱ，bFGF（basic fibroblast growth factor），BMP（bone morphogenetic protein），PAI-1，Prostaglandinsなどが関与する因子として知られている．しかし，脂肪細胞の増殖に関与する因子について明らかにされているものは少ない．

IGF-Ⅰは脂肪細胞増殖において最も重要な因子である．*in vivo*および*in vitro*においてもIGF-Ⅰは一般的な増殖の引き金となる最も不可欠な因子である．それは，IGF-Ⅰの作用を中和するIGFBP（IGF binding protein-1）の過剰発現により，脂肪細胞分化・形成が顕著に減少することからも明らかになっている．また，MCSFやangiotensin Ⅱ等も脂肪細胞数を増加させることが分かっている．一方で，TGF-βはIGF-Ⅰのような刺激因子の生成・分泌を抑制することにより，分化を阻

害する．

　TNF-αは肥満度やインスリン抵抗性と強く相関していることが知られている．TNF-αにより活性化されるJNK（Jun N-terminal kinase）や同じくTNF-αや遊離脂肪酸で活性化されるIKKβ（IκB kinase β）などによるIRS-1（insulin receptor substrate-1）のセリンリン酸化である．このセリンリン酸化はインスリン受容体（IR）がIRS蛋白を認識するのに重要なphosphotyrosine binding（PTB）ドメインの近傍に生じるので，IRによるIRS-1のチロシンリン酸化が低下してインスリン作用が減弱される．また，別経路として，肥満インスリン抵抗性においてTNF-αなどによりSOCS1（suppressor of cytokine signaling 1）やSOCS3の発現が誘導されてインスリンシグナリングを抑制していることが見出されている．肥満モデルマウスにTNF-α中和抗体を投与するとインスリン抵抗性を改善する．

　IL-6はTNF-αと同様に肥満やインスリン抵抗性と相関することが知られるが，免疫学的調査によりIL-6の血中濃度が2型糖尿病の発症リスクとなりうることが示された．またIL-6の発現に影響を与えるプロモーター領域の変異が糖尿病の発症頻度とリンクしており，インスリン抵抗性の形成に重要な役割を果たしていることが示唆された．インスリンシグナリング抑制のメカニズムとしては，SOCS蛋白質の発現誘導によるものである．

　アディポネクチンは脂肪組織に特異的に発現する遺伝子である．アディポネクチンの血中濃度は5〜30μg/mlと高濃度に存在し，肥満により低下し，体重減少によって増加する．アディポネクチンは筋肉細胞に働いて，IRS-1シグナルを介したPI3-kinaseの活性化および糖輸送を上昇させ，インスリン感受性を高める．そして，脂肪蓄積で脂肪組織より分泌されるTNF-αはこれら同じ経路に作用してアディポネクチンと逆の作用を示す．つまり，アディポネクチンとTNF-αは互いの作用を抑制し合うだけでなく，その生産場所である脂肪組織において転写レベルでの調節により互いの産生を抑制し合う．実際に，糖尿病モデルマウスにアディポネクチンを投与すると血糖値が下がる．

　MCP-1は単球走化性因子の一つであり，炎症性ケモカインとして知られてきた．しかし，最近では肥大化した脂肪細胞からMCP-1の発現・分泌が亢進し，これを介してマクロファージが脂肪組織に浸潤する．したがって，浸潤してきたマクロファージと肥大化した脂肪細胞が相互作用することによって炎症が惹起されインスリン抵抗性が発症する．

　ケメリンは，乾癬を起こした皮膚において発現する遺伝子としてクローニングされ，その後，オルファンレセプターであったCMKLR1（chemokine receptor-like 1）の天然リガンドとして，白血球の遊走を促進する作用を持つことが報告された．さらに，ケメリンは脂肪細胞において発現・分泌されるアディポカインであることが報告された．ケメリンは16kDaの不活性型前駆体プロケメリンとして分泌され，血中のセリンプロテアーゼ（エラスターゼ，トリプターゼ，カテプシンG，線溶因子など）によりC末端がプロセシングされることで，数種類の活性型ケメリンに変換される．これまでに，ケメリンは炎症やメタボリックシンドロームとの関連性が注目され，主にマ

ウスやヒトを対象にした研究が行われており，ケメリンの血中濃度はBMI（体格指数：body mass index）や血中中性脂肪，インスリン抵抗指数と相関することが確認されている．また，ケメリンが骨格筋や肝臓においてインスリン抵抗性やグルコース不耐性を誘起し，脂肪細胞では脂肪分解を引き起こす．また，ケメリンは脂肪細胞分化に関与し，高脂肪食を与えた肥満マウスにおいて高発現する．さらに，前述した通り，ケメリンは走化性因子としての働きを持ち，炎症部位において高濃度に存在し，TNF-α，IL-6とC reactive protein（CRP）のような炎症性サイトカインの血中濃度と相関を持つ．したがって，ケメリンは急性炎症に関わる他に，脂肪組織の慢性的な炎症と肥満および2型糖尿病を関連付けるような役割を持つと予想されている．このようにケメリンの生理的作用の一つとして，末梢組織の糖脂質代謝を調節するという報告が蓄積されつつある．したがって，単胃動物とは異なる特性を持つ反芻動物の糖脂質代謝においても，この内分泌因子が何らかの生理的役割を持つことが予想される．

Ⅵ 反芻動物の脂質代謝の特徴

　動物の脂肪組織は脂質合成（lipogenesis）と脂質分解（lipolysis）のバランスにより体内の脂質蓄積が調節される．過剰なエネルギー摂取は脂肪組織に脂質として中性脂肪を貯蔵する．しかし，絶食などの負のエネルギーバランスが生じた場合は，脂肪組織の中性脂肪は分解，動員され，末梢組織でのエネルギー源になる．したがって，脂肪組織は潜在的なエネルギーを蓄える組織であり，脂質代謝は動物にとって重要な組織である．脂肪酸合成は，脂肪細胞以外にも肝臓，腎臓，脳，乳腺など，多くの細胞の細胞質で，マロニル-CoA経路で行われる．脂肪酸の分解はミトコンドリア内で行われる．各種動物における主要な脂肪酸合成の部位および前駆物質については表4・5を参照されたい．

　一般的に，ヒト，マウス，ブタとニワトリでは，糖質の解糖とタンパク質の代謝によってミトコンドリア内で生成されたアセチル-CoAがクエン酸に変換され，TCA回路で代謝（燃焼）されると，NADH$_2^+$が生成され，呼吸鎖でATPが生成される．しかし，過剰に栄養を摂取すると，蓄積されたクエン酸はミトコンドリア内から細胞質に運送され，ATP-クエン酸開裂酵素によってアセチル-CoAとオキサロ酢酸に変換される．細胞質のアセチル-CoAはマロニル-CoAを経てパルミチン酸などの脂肪酸を合成する．

　しかし，ウシ，ヒツジなどの反芻動物では肝臓組織において糖新生によって産生されたグルコースは生産と維持に使わされることが多く，特に，反芻動物においては細胞質内のATP-クエン酸開裂酵素の活性が非常に低いことから，解糖系からアセチル-CoAはほとんど代謝に利用される．ルーメン内の発酵で産生された酢酸がアセチル-CoA合成酵素によってアセチルCoAに変換され，脂肪酸を合成する（図6・5）．

　単胃動物とは異なり，ウシ，ヒツジなどの反芻動物では，飼料から摂取した脂質は，ルーメン微生物（Anaerovibrio lipolytica，Butyribibrio fibrisolvens）から分泌されるリパーゼ（脂肪加水分

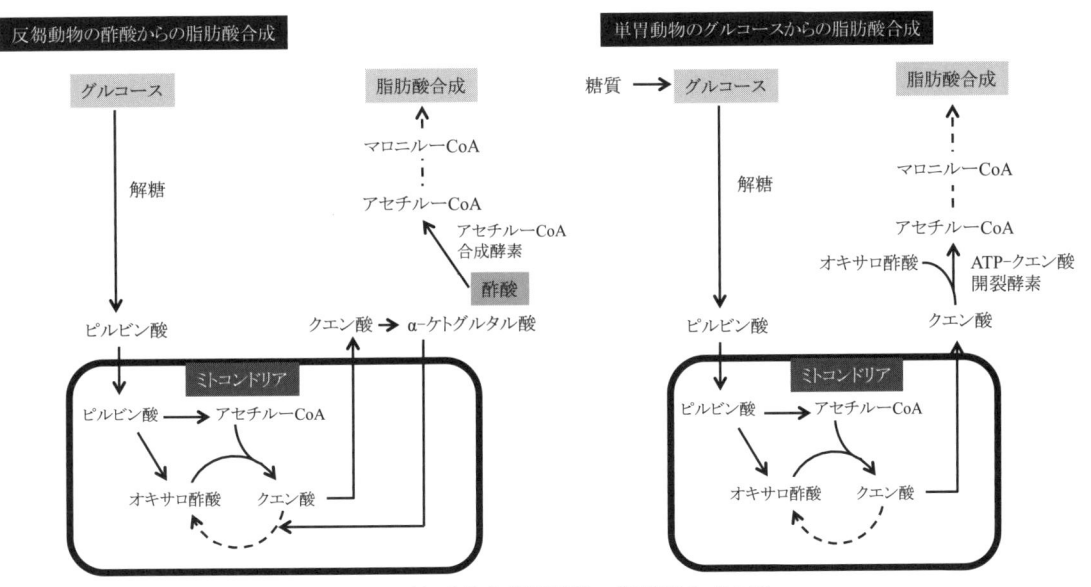

図6・5 反芻動物と単胃動物の脂肪酸合成の違い

解酵素）により加水分解され，不飽和脂肪酸は水素添加され，小腸で吸収される．飼料中に多く含まれている不飽和脂肪酸のリノレン酸（C18：3）とリノール酸（C18：2）は，微生物により異性化と水素添加が行われ，ステアリン酸になる．

反芻動物の血糖値（約40～60 mg/dl）は外因性グルコースの影響はなく，主に肝臓におけるプロピオン酸からの糖新生で合成され，インスリンの作用により種々組織へ取り込まれる．反芻動物のグルコース利用は，単胃動物と異なり加齢に伴い脂肪組織と骨格筋におけるインスリン抵抗性が存在する．若齢ヒツジと成ヒツジを比較すると，若齢ではグルコースの脂肪細胞内への取り込み，グルコースからの脂質合成能は大きく，インスリンに対する反応性も単胃動物であるラットと差はない．しかし，反芻動物では加齢によりインスリン抵抗性が増大し，脂肪組織と骨格筋へのグルコースの取り込みが減少し，肝臓から糖新生により合成されたグルコースを生産などに効率的に利用する特徴がある．反芻動物のインスリン抵抗性は，インスリンによる受容体の自己リン酸化，IRS-1のリン酸化，PI3キナーゼのリン酸化の低下になり，インスリン情報伝達の低活性がGlu4（グルコース輸送担体4）の細胞内へのグルコース取り込みを減少させることで引き起こされる（第1章の図1・5参照）．泌乳牛では，泌乳時にインスリン抵抗性が亢進し，Glu4を介した脂肪組織と筋肉組織へのグルコースの取り込みを減少させ，乳糖合成のために乳腺へのグルコースを効率的に供給する．

Ⅶ 脂肪蓄積と家畜生産性

脂肪蓄積機構の解明は畜産分野における家畜の生産性と枝肉の嗜好性を決定する上で重要な要素

である．また，脂肪細胞への脂質の過剰蓄積，肥大化により生じる肥満は2型糖尿病など様々な生活習慣病の危険因子としても注目されている．

　反芻動物はルーメン発酵により生成された揮発性脂肪酸（VFA, volatile fatty acid）を基質として，脂肪組織では主に酢酸から長鎖脂肪酸と中性脂肪を合成し，肝臓ではプロピオン酸から糖新生を行う，特徴的な糖脂質代謝系を持っている．反芻動物の脂肪細胞における脂質合成能力は高く，貯留された中性脂肪は，必要に応じてグリセロールと脂肪酸に分解，放出され，末梢組織でのエネルギー源として消費される．脂質の利用が大きなウエイトを占める反芻動物のエネルギー代謝は，乳牛における泌乳量や乳質，肉牛における脂肪交雑といった経済的形質に影響を与える重要な代謝機構である．このようなエネルギー代謝は神経系および液性因子（栄養素，代謝産物，内分泌因子）により制御されている．従来，内分泌因子は下垂体や膵臓，副腎，性腺などの内分泌器官から分泌されるホルモンとして知れていたが，近年ではそれら以外の様々な組織や細胞（種々の上皮細胞や免疫細胞など）も内分泌を行うことが明らかになっている．したがって，畜産学においても，アディポカインはホルモンとともにエネルギー代謝や免疫など様々な生体機能を調節し，家畜の生産性に関わる新たな内分泌因子として注目を集めている．

Ⅷ　家畜における脂肪蓄積部位

　動物の体内には皮下，腸管，腎周囲，生殖周囲，筋肉内，筋肉間脂肪組織として存在し，動物によって各脂肪組織への蓄積量は異なる．ウシ，ブタ，ニワトリなどの家畜における体脂肪蓄積部位は，ヒトとマウスとは異なる特徴を有する．ヒトでも過剰な体内脂肪蓄積は糖尿病，肥満などの生活習慣病を引き起こす原因になっている．ウシは品種により体脂肪蓄積部位が異なり，黒毛和種は育種改良と飼育管理技術の改良により他の品種より筋肉中に脂肪蓄積能力が高い（図6・6A）．ブタは他の動物種と比べ皮下脂肪組織が発達しているが改良により筋肉間で脂肪蓄積が起きるブタがある（図6・6B）．ニワトリは体内の脂肪組織の80％を腸管，腎周囲，生殖周囲の内臓脂肪組織が

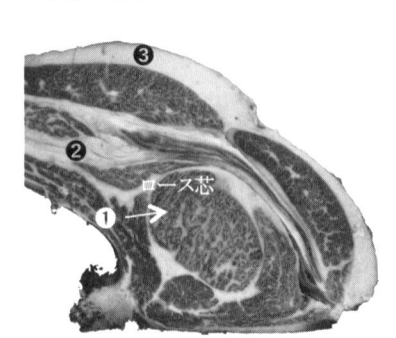

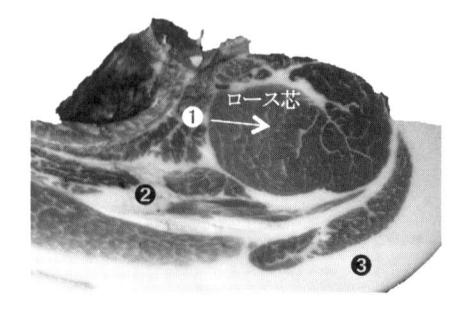

図6・6　黒毛和種牛（A）とブタ（しもふりレッド）（B）の枝肉のロース断面
　　　　①筋肉内脂肪組織、②筋肉間脂肪組織、③皮下脂肪組織　（口田　圭吾、鈴木　啓一）

占めている.

IX 脂肪組織内の幹細胞

脂肪組織内に間葉系幹細胞と見なされるような未分化多能性細胞が存在し,脂肪細胞,軟骨,骨格筋,心筋,マクロファージなどへ分化することが可能になった.また,脂肪細胞への分化能を有する骨髄間葉系細胞において,PPARγリガンド存在下でIL-6,TNF-αが脂肪細胞分化を制御するだけでなく骨芽細胞分化を促進させNFκB (nuclear factor-kappa B) とPPARγの相互作用による転写制御が中心的な役割を果たすことが示唆され,細胞分化の分岐機構の一端が明らかになりつつある.

第7章 血　　液

I 体液の構成

1. 体水分

　家畜はすべて多細胞動物であり，その各細胞，組織，および器官は，細胞外液（extracellularfluid, ECF）と呼ばれる液体に浸されている．細胞自身も細胞内液（intracellularfluid）と呼ばれる液体を含み，細胞外液との間で物質交換を行いつつ，その機能を維持している．細胞外液は，間質液（interstitialfluid；組織液，tissuefluid ともいう）と循環血漿（circulatingbloodplasma）および細胞通過液（transcellularfluid）に区分される．間質液は細胞の間隙を満たす液体であり，その一部はリンパ管系に入りリンパ液（lymph fluid）となる．循環血漿は血管系の中にある全血液から血球成分を除いた部分をいい，また細胞通過液とは，脳脊髄液，消化液，関節腔液などのような特別な体腔内液をいう．これらの各液に含まれる水分割合を表7・1に示した．ただし，この割合は体の脂肪含量により変動する（図7・1）．また胎児期の水分含量は体重の90％以上を占めるが，成育するにつれ，しだいに減少する（図7・2）．体内水分含量は生涯にわたって一定したものではない．

表7・1　体液の区分

	体重に対する%	総水分に対する%
細胞内液	41	63
細胞外液	24	37
間質液	18	27
血漿	4	7
細胞通過液	2	3
計	65	100

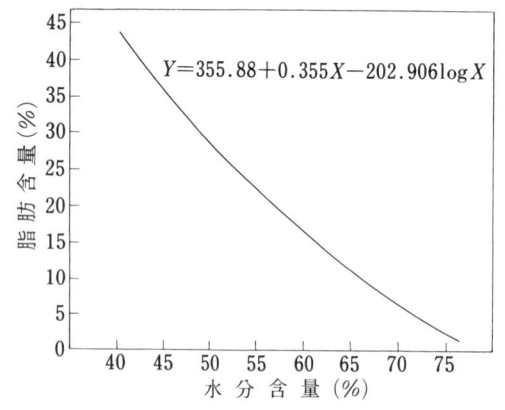

図7・1　牛の水分含量と脂肪含量の関係
　　X：水分含量(%)，Y：脂肪含量(%)（内臓は含まない）．（REID）
　　$Y = 355.88 + 0.355X - 202.906\log X$

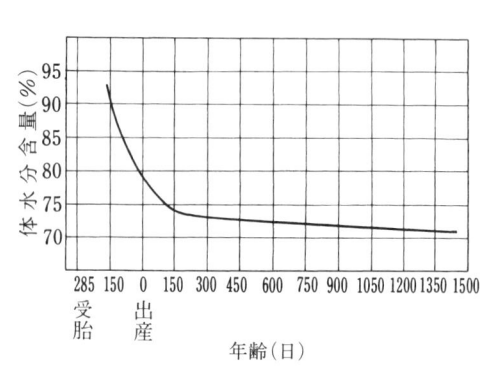

図7・2　牛の年齢（日）と体水分含量の関係
　　　　　　　　　　　　　　　　　（ARMSBY）

2. 体液の組成

体液の電解質組成は細胞内液と外液では著しく異なっている．一般的に K^+, PO_4^{3-}, タンパク質（陰イオン）は細胞内液に多く，Na^+やCl^-は細胞外液に多い（図9・4参照）．

血漿の Na^+, K^+, Ca^{2+} 濃度の比が海水のそれにきわめて近いことは興味あることである．これは，おそらく陸棲動物の祖先が，海中に発生したことを意味するものであろう．絶対濃度は海水の方が高いが，これは河水などで塩類が海に運ばれ，原始大洋（カンブリアン期）の海水（血漿と等濃度）より濃度が高くなったためであろう．また Mg^{2+} が海水中に多いのは，Mg^{2+} が海棲生物にほとんど消費されないからであると思われる．

体液のおもな成分は荷電をもっており，それぞれの体液は電気的中性を保つ必要があるので，電解質量を表わすには電気当量（electricalequivalent）を用いる．電気当量 Eq は，イオン 1 M 量をそのイオンの原子価で割った値である．ミリ当量 mEq は，1/1000 Eq である．たとえば Na^+ の 1Eq は，23/1＝23 g，Ca^{2+} の 1 Eq は，40/2＝20 g となる．

II 血液の一般性状

血液は，1) 肺や組織における呼吸，2) 栄養物やホルモンなどの運搬，3) 老廃物の排泄，4) 体水分や水素イオン濃度の維持，5) 抗体などによる生体防衛作用，6) 体温保持などの機能をもっている．

血液（blood）は表7・2のように区分することができる．血液から有形成分である赤血球（erytrocyte），白血球（leukocyte），血小板（bloodplatelet）を除いたものが血漿（plasma）であり，さらに，その中から線維素原（fibrinogen）を除いたものが血清（serum）である．血液が凝固すると血清が分離するが，その凝固物を血餅（bloodclot）という．

1. 血液の物理化学的性状

比重：血液の比重は表7・3に示すようにほぼ1.040～1.060の間にある．比重の測定には (1) Hammerschlag法（クロロホルムとベンゼンを混ぜて比重約1.055の液を調製し，これに血液の一滴を加え，その血液滴が混液のちょうど中央で静止するように，ベンゼンまたはクロロホルムを加えて，静止するに至った時，その混液の比重を計る） (2) 硫酸銅法（硫酸銅液が血液タンパク

表7・2　血液の区分

```
血液 ┬ 血球 ┬ 赤血球
     │      ├ 白血球
     │      └ 血小板
     └ 血漿 ┬ 線維素原
            └ 血清
```

表7・3　血液の比重と粘度

	比重	相対粘度（水＝1）
馬	1.053 (1.046 − 1.059)	4.1
牛	1.052 (1.046 − 1.061)	4.6
めん羊	1.051 (1.041 − 1.061)	4.3
山羊	1.042 (1.036 − 1.051)	4.0
豚	1.045 (1.035 − 1.055)	5.9
犬	1.056 (1.051 − 1.062)	4.7
猫	1.050 (1.045 − 1.057)	4.2
兎	1.050 (1.048 − 1.052)	3.4
人	1.056 (1.052 − 1.061)	4.7

質を凝固せしめることを利用し，種々の異なった比重をもつ硫酸銅液を 1.006 から 1.075 まで 70 種作り，これに血液を一滴たらし，凝固血液球が 10 秒以内に浮沈せず中央に停止した銅液の比重をもって，その血液の比重とする）があるが，後者が用いられることが多い．血液の比重は血球数と血漿タンパク質濃度によって規定されるとしてよい．したがって，血球数と血漿タンパク質濃度の増加または減少は同じく比重の増加または減少をもたらす．

　水素イオン濃度（pH）：血液の pH はほぼ 7.4（7～7.8）で狭い範囲で一定に保たれている．血液の pH が何らかの理由で変化しかけても，肺および腎臓の緩衝作用によって速やかに調整される．静脈血は動脈血より僅かに酸性を示す．血液の緩衝作用については［第 14 章Ⅳ］で述べる．

　粘度：血液が流れる時に血液構成物質間の摩擦によって粘度が生じる．通常，血液の粘度は一定量の血液が一定の太さおよび長さのガラス管内を通過するのに要する時間，あるいは一定時間内に通過する距離を蒸溜水と比較して表わす．粘度もまた，血球数，血漿タンパク質の濃度に比例して変化する．

　浸透圧：血漿は多くの物質の混合溶液であるから，血漿の示す浸透圧はそれらの物質の総モル濃度に比例する．中でも主要なイオンである Na^+ と Cl^- の示す浸透圧が，全浸透圧の約 90% を占める（表 7・4）．血漿の浸透圧は，家畜では約 290 mOsm/l・H_2O の付近にある．血球の浸透圧もほぼこれに等しいので，血液の浸透圧は血漿の浸透圧に等しいとしてよい．血液と等しい浸透圧を示す溶液を等張溶液（isotonicsolution），高い溶液を高張溶液（hypertonicsolution），低い溶液を低張溶液（hypotonicsolution）という．

表 7・4　血漿各成分の濃度と浸透圧

	濃度（mEq/l）	浸透圧（mOsm/l・H_2O）
グルコース	4.4	4.4
タンパク質	16	1.5
Na^+ と Cl^-	265	250
その他のイオン	49	38.5
血　　漿	334.4	294.4

　ある溶液が，その中に含まれる溶質を通さない半透膜をもって溶媒とへだてられている時，溶媒は膜を通して溶液側に浸透（osmosis）するが，ある時点で移動がとまり平衡に達する．この場合，溶液側に溶媒が浸透しないよう圧を加えて溶媒の移動を制止させることができる．この加えるべき圧をその溶液のもつ浸透圧（osmoticpressure）という．浸透圧 P には，温度，溶質粒子の濃度および溶液の体質との間に次の関係がある．

$$P = \frac{nRT}{V}$$

　ここに n は溶質粒子のモル濃度，R は気体定数，T は絶対温度，V は溶液の体積である．この式は $P \cdot V$ をそれぞれ気体の圧力・容積と考えれば，ボイルの気体の法則と同じである．n/V は単位

体積中の溶質粒子の濃度を表わす．いまこれを C とすれば

$$P = CRT$$

すなわち，浸透圧は溶質の濃度に比例し，溶質の種類には関係しない．しかし，温度に影響される．いま 290 mmol/l 溶液の浸透圧は 0℃ で

$$P = 0.290 \times 22.4/273 \times (273+0) \fallingdotseq 6.5\text{気圧} \fallingdotseq 4900 \text{ mmHg}$$

であるが，37℃ では (273＋37) となり，$P=7.4$ 気圧 $\fallingdotseq 5600$ mmHg となる．

さて，溶液の氷点降下度もまた溶質の濃度に比例することが，ラウール (RAOULT) の式によって与えられる．いま，$\varDelta$ を溶液の氷点降下度，M を溶質の分子量，W を溶媒 1 kg 中の溶質の g 数とすれば，

$$\varDelta = k \frac{W}{M}$$

k は溶媒に特有な常数で分子氷点降下度という．水の場合は $-1.86℃$ である．また W/M は溶質の濃度を表わすから，溶液の氷点降下度はその浸透圧に比例することになる．溶液の浸透圧は，氷点降下度から計算されることが多い．浸透圧の大きさは浸透圧濃度 (osmolarconcentration, osmolality) で表わすことができる．

osmolality とは重量浸透圧濃度のことで水 1 kg に溶けている溶質の浸透圧濃度を示し，Osm/kg・H_2O で表わす．これは溶液 1 l に溶けている溶質の浸透圧濃度を示す容量浸透圧濃度 (osmolarity)，Osm/l と比較し，温度によって値が変わらないという利点がある．したがって，被検液の氷点降下度を測定し，それを 1.86℃ で割れば Osm/kg・H_2O を得る．本書では水の密度を 1 として Osm/l・H_2O を用いることにする．普通はその 1/1000 濃度の mOsm/l・H_2O を用いることが多い．

非電解質（例：グルコース）では浸透圧は溶質の濃度に比例するが，電解質（例：NaCl）では水溶液中でイオン（Na^+ と Cl^-）に解離し，それぞれのイオン粒子が浸透圧効果を示すので，NaCl の 1 mol はあたかも 2 mol のごとくふるまう．Na_2SO_4 の 1 mol は 2 Na^+ と 1 SO_4^{2-} に解離するので 3 mol とみなし得る．しかし，実際は，溶液中の陰および陽イオンの相互の干渉，およびイオンの水分子の干渉によって，各イオン粒子の実際の濃度は減少する．たとえば，NaCl の 1 mol/l 溶液は 1.86℃ ×2＝3.72℃ の氷点降下を示すはずであるが実際は $-3.38℃$ で氷結する．3.38/3.72＝0.91 を浸透圧係数 (osmoticcoefficient) という．浸透圧係数は電解質の種類や濃度によって異なる．表 7・4 で血漿成分の濃度の総和より浸透圧が小さいのはこの理由による．

たとえばグルコースの等張溶液は 180 g（グルコース 1 モルの分子量）×0.29（血液の Osm/l・H_2O）＝52.2 g/l≒5.2％溶液であり，NaCl では 58.5 g（NaCl 1 モルの分子量）÷（2×0.91）×0.29＝9.3 g/l≒0.9％溶液となる．

血漿に含まれる総固形分は 8～9％であるが，そのうちタンパク質が 7％を含める．しかしタンパク質は分子量が大きいので浸透圧中に占める割合が小さい．しかしながら毛細管壁を通過し得ないタンパク質のような高分子量からなる物質によって形成される膠質浸透圧の生理的意味は大きい

(p.52).

　実験その他の目的で血液の代用液を使うことがある．その場合における代用液の満すべき条件としてⅰ）等張性であること，ⅱ）適当なイオン組成を有すること，ⅲ）適当なpHであることが挙げられる．さらに，その他の栄養素，膠質浸透圧が必要なこともある．もっとも簡単な代用液は生理的食塩水（physiologicalsalinesolution, 0.9% NaCl）であり，リンガー液（Ringer'ssolution），タイロード液（Tyrode'ssolution）などの各種代用液も目的に応じて作られている．重炭酸塩や燐酸塩はpHを一定に保つためにしばしば用いられる．代用液の組成は動物や組織の種類によって異なる．組織の活性保持を目的とする場合は，その動物の体液組成に近いものを用いることが有効である場合が多い．

　ヘマトクリット値：血液中に占める血球の容積の割合（％）をヘマトクリット（値）（hematocrit, Ht）で表わす．または，血球容積（packedcellvolume, PCV）ともいう．

　各動物のヘマトクリット値を表7・5に示した．毛細管法では細いガラス管に凝固防止をした血液を採取し，12,000回転/分で5分ほど遠心して得られた値で表わす．血液が遠心されると白血球は赤血球の表面にきわめて薄い層をなして存在するにすぎないので，血液容積とは赤血球容積のことを意味する．通常は，血球容積は赤血球数や血色素量に比例して増減する．

2. 血　液　量

　体内にある血液の全量を全血量（totalbloodvolume）といい，普通，体重の1/13（7～8％）程度である（表7・5）．血液量の体重に対する割合は体水分と同様に生後日数にともなって減少し，やがてほぼ一定となる．その他の生理的条件，たとえば，肥育による脂肪の増加にともなって血液量の体重比は低下する．犬で体重の2％，または全血量の25％を急速に瀉血しても，生理的に重大な影響はみられない．しかし，一般に全血量の1/3以上の急速な失血は生命の危険がある．

　血液量の測定には直接法と間接法がある．直接法は頸動脈から瀉血させ，さらに血管内に残った

表7・5　各動物のヘマトクリット値とヘモグロビン含量および血液量

動物種	ヘマトクリット値（％）	ヘモグロビン含量（g/100m*l*）	循環血漿量（m*l*/kg・体重）	全血量（m*l*/ka・体重）
馬	42.0	11.1（8－14）	43－63	61－110
牛	40.0	11.5（9－14）	38（36－41）	57（52－60）
めん羊	32.0	12.6（10－15）	45－62	57－66
山羊	34.0	10.6（7－14）	54－56	70－79
豚	41.5	13.3（10－16）	35－59	52－69
犬	45.5	14.8（11－18）	42－54	79－94
猫	40.0	11.2（7－15）	47（34－65）	67
兎	41.5	11.9（8－15）	29－51	53
鶏	32.0	11.2	46	65
ラット	46.0	14.8（12－17）	33－50	52－83
人	44.5	14.4（12－17）	50	77

血液を生理的食塩水の注入によって全部洗い出し，また組織内に残った血液も生理的食塩水で抽出する．用いた生理的食塩水量と血色素量と最初に得られた血液量とから，全血液量を算出する．

間接法ではある物質を一定量血管内に注射し，一定時間後に採血し，その物質の血液内濃度を測定し，その希釈度から血液量を求める方法が用いられる．注入物質としては青色色素であるエバンス・ブルー（Evan'sblue）がよく使われる．この物質は血中で血漿タンパク質，特にアルブミンに結合し，血液とよく混和するため血中から消失しにくく，かつ濃度の測定も容易である．また ^{131}I でラベルしたアルブミン，^{32}P，^{59}Fe または ^{51}Gr でラベルした赤血球を血中に注入してそれらの希釈度から算出する方法も用いられている．間接法では，注入した色素などは，脾臓の静脈洞などの中の血液とは，ただちには混和しないので，得られた結果は循環血漿量（circulatingbloodplasmavolume）または循環血液量（circulatingbloodvolume，ヘマトクリット値を同時に測定しておいて計算で求める）を表わすことになる．

III 赤 血 球

1. 一般性状

赤血球はすべての脊椎動物および無脊椎動物の一部に見出される．

赤血球は血液内にあって O_2 や CO_2 の運搬に重要な役割を果している細胞である．哺乳類の赤血球の形状は円形で中央部分の両面が凹んでいる（図 7・3 (a)）．大きさは動物種によって異なるが直径 4～7.5 μm，厚さ 1.5～2.2 μm である．核もミトコンドリアももたないため，タンパク質の合成も呼吸によるエネルギーの生成も行わず，自発性の運動も行わない．しかし，解糖によるエネルギーの生成は行っている．鳥類の赤血球は楕円形で核があり，中央部分は両面が高いラグビーボール状である（図 7・3 (b)）．大きさも哺乳類のものよりは大きい（直径 10.7～15.8 μm，短径

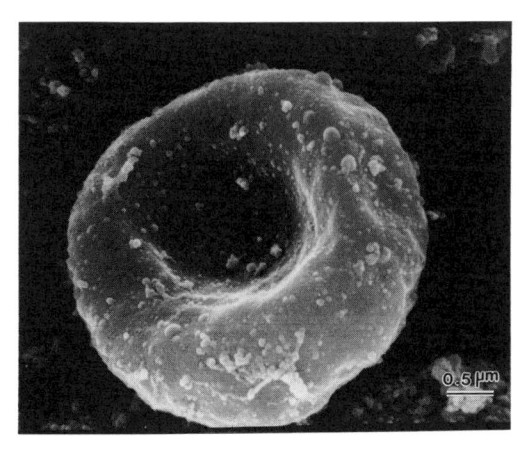

図 7・3 (a)　ラットの赤血球（×25,000）

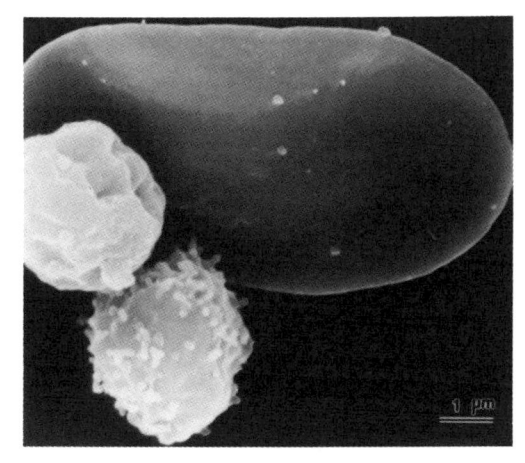

図 7・3 (b)　鶏の赤血球（×13,000）
小さいのは二個のリンパ球，うち一個には微絨毛がある．（浜崎（正））

6.1～10.2 μm).

　赤血球の成分は水分65～68％，固形物32～35％であって，固形物中の95％は血色素であり，残りは脂質，タンパク質，塩類などである．無機塩中，K$^+$は主要なイオンであるが，犬，猫，牛，山羊，めん羊では一般にNa$^+$の方がK$^+$より多い．例えばK$^+$とNa$^+$含量（mmole/1000 g 赤血球）を比較すると，犬（8.7と107），猫（5.9と103.7），牛（21.8と79.8），山羊（18.4と93.2），めん羊（18.4と83.5）ではNa$^+$含量が大きいが，豚（99.5と10.8）と鶏（97.3と7.1）はK$^+$含量が大きい．

　赤血球数は動物の種類によってかなり異なる（表7・6）．さらに，性，年齢，運動，栄養状態，泌乳，妊娠，環境（気圧，温度）などの種々の条件によっても変化する（表7・7）．疾病時にも変化することがある．牛のピロプラズマ病，馬の伝染性貧血などの場合は赤血球数の減少がおもな症候である．赤血球数が著しく減少する（赤血球の破壊増進，あるいは赤血球の新生不良など）状態を貧血症（anemia）という．

　赤血球の体積と血液中の全数がわかれば赤血球の占める全表面積が算出できる．哺乳動物では体重1 kgあたりの全表面積は56～68 m^{2}の範囲で比較的一定している．鶏では少なく44 m^{2}である．赤血球の全表面積が大きいほど血液のガス交換能力は高くなる．

　赤血球膜が破壊されたり，あるいは破壊されなくても，膜の透過性が異常に亢進すると血色素が漏出する．血色素が血球外に出ることを溶血（hemolysis）という．赤血球を低張液に浸すと，溶血するが，溶血し始める時の低張液（食塩水を用いる）濃度はもっとも弱い赤血球の浸透圧抵抗

表7・6　各種動物の赤血球数と赤血球沈降速度

動物種	赤血球数（100万/μl）	赤血球沈降速度（mm，1時間）
馬	7.5　（6 - 9）	15～38（20分）
牛	6　（5 - 7）	2.4（7時間）
水牛	7　（6 - 8）	24～117
めん羊	10　（8 - 13）	0.5～0.75
山羊	14　（13 - 17）	0.5
豚	6.5　（5 - 8）	1～14
犬	6　（5.5 - 8）	6～10
猫	8.5　（7.2 - 10）	0.5～51
兎	5　（4 - 6）	1.5～2.5
鶏	3.5　（3 - 4.5）	1～3
ラット	8　（5.5 - 10）	0.7～1.8
人	5　（4 - 5.5）	1～10

表7・7　牛の年齢と全赤血球数

全赤血球数(万)	検査頭数	年齢（年）						
		2	3	4	5	6	7	8
	367	668	643	634	622	587	600	602

表7・8 赤血球の浸透圧抵抗（%食塩水）

動物種	最小抵抗	最大抵抗
馬	0.59	0.39
牛	0.59	0.42
めん羊	0.60	0.45
山羊	0.62	0.48
豚	0.74	0.45
犬	0.46	0.33
猫	0.69	0.50
兎	0.57	0.45
鶏	0.40	0.32
ラット	0.48	0.38
人	0.45	0.34

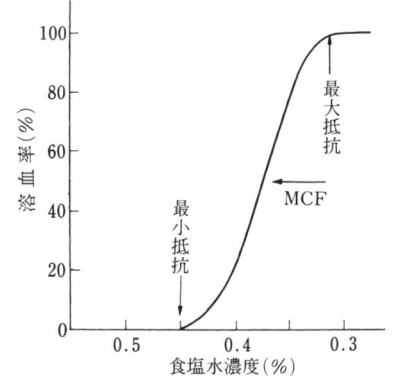

図7・4 赤血球の浸透圧抵抗曲線
溶血率50%の時のNaCl濃度をMCF（mean corpuscular fragility）という．
（田崎ら，生理学通論Ⅲ）

（最小抵抗）であり，すべての赤血球が溶血しつくす時の食塩水濃度はもっとも強い赤血球の浸透圧抵抗（最大抵抗）である（表7・8）．家畜の種類によってその値は異なる．図7・4に示す浸透圧抵抗曲線が左方向に移動するほど，赤血球は壊れやすくなる．肝臓疾患や摂取，栄養素の低下などによって赤血球の脆弱性が増すことが知られている．

赤血球沈降速度（erythrocytesedimentationrate）：凝固防止した血液を一定のガラス管にとり，垂直に立てておくと，赤血球が凝集し，沈澱して上層に血漿が分離する．一定時間後（普通1時間または2時間）に上層に血漿部分の長さを計り赤血球沈降速度とする．赤血球沈降速度は赤血球の凝集の程度に関係があり，血漿の比重，粘度，赤血球の大きさなどには関係しないとしてよい．凝集の程度は，赤血球の陰性荷電が弱くなると強くなるが，血漿グロブリンの増加は陰性荷電を弱めるので凝集が強く起こり，沈降速度を大きくする．赤血球沈降速度は動物種によって大きく異なり，馬では早く牛では遅いことが知られているが（表7・6），この原因については不明である．新生豚の血液はしばしば大きい沈降速度を示すが，鉄の供給によって治療することができる．赤血球沈降速度の変化は動物の健康の状態を知るための重要な情報になり得るが，特有の疾病の診断には有効ではない．

2．血　色　素

赤血球中の乾物の大部分はヘモグロビン（hemoglobin，血色素）である．ヘモグロビンは鉄を含むピロール色素であるヘム（heme）とヒストン属のタンパク質であるグロビン（globin）よりなる（図7・5）．

ヘムはプロトポルフィリンにFe^{2+}の結合した色素である．グロビンにはアミノ酸141個よりなるα鎖と同じく146個よりなるβ鎖があり（図7・6），ヘモグロビン1分子は4個のヘムと2本の

(148) 第7章 血 液

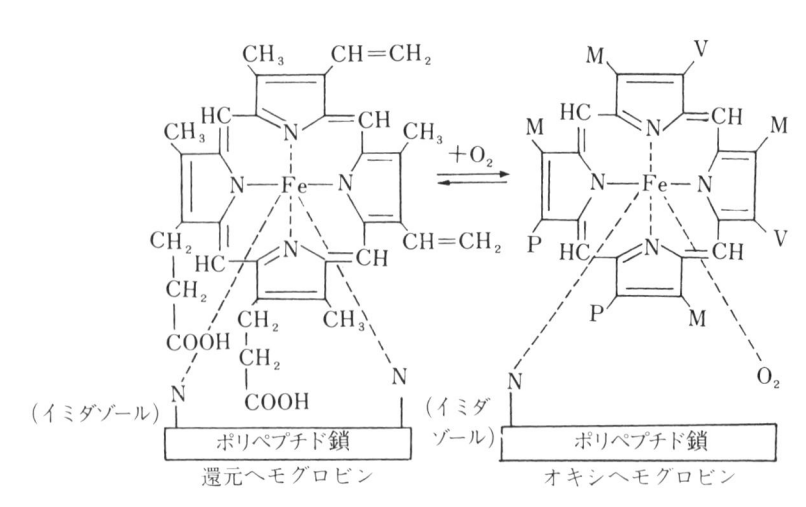

図7・5 ヘモグロビンの化学構造（ヘムと O_2 の反応）
ヘモグロビン分子は図に示すような構造単位（サブユニット）4個よりなる．
M：メチル　V：ビニル　P：プロピオン酸

α 鎖

H₂N−V L S P A D K T N V K A A W G K V G A H A G E Y G A E A L E R M F L S F
　　　　　　　　　10　　　　　　　　　20　　　　　　　　　30　　　　　　　｜
　　　H A V A N T L A D A V K K G H G K V Q A S G H S L D F H P F Y T K T T P
　｜　　70　　　　　　　　60　　　　　　　　50　　　　　　　　40
　　　V D D M P N A L S A L S D L H A H K L R V D P V N F K L L S H C L L V T
　　　　　　　80　　　　　　　　　90　　　　　　　　　100　　　　　　　　　｜
　HOOC−R Y K S T L V T S V S A L F K D L S A H V A P T F E A P L H A A L
　　　　　　140　　　　　　　130　　　　　　　120　　　　　　　110

β 鎖

H₂N−V H L T P E E K S A V T A L W G K V N V D E V G G E A L G R L L V V Y P W
　　　　　　　　　10　　　　　　　　　20　　　　　　　　　30　　　　　　　｜
　　　G D S F A G L V K K G H A K V K P N G M V A D P T S L D G F S E F F R Q T
　｜　　70　　　　　　　　60　　　　　　　　50　　　　　　　　40
　　　L A H L D N L K G T F A T L S E L H C D K L H V D P E N F R L L G N V L V
　　　　　　　80　　　　　　　　　90　　　　　　　　　100　　　　　　　　　110｜
　HOOC−H Y K H A L A N A V K Q Y A A Q V P P T F E K G F H H A L V C
　　　　　　140　　　　　　　130　　　　　　　120

A = Alanine　　　　G = Glycine　　　　M = Methionine　　　S = Serine
C = Cysteine　　　 H = Histidine　　　N = Asparagine　　　T = Threonine
D = Aspartic acid　I = Isoleucine　　　P = Proline　　　　 V = Valine
E = Glutamic acid　K = Lysine　　　　 Q = Glutamine　　　W = Tryptophan
F = Phenylalanine　L = Leucine　　　　R = Arginine　　　　Y = Tyrosine

アミノ酸の1文字略記号

図7・6 人のヘモグロビンの α 鎖および β 鎖のアミノ酸配列

α鎖と2本のβ鎖が図7・7のように結合している．したがって分子量は約68,000（17,000×4）となる．しかし，動物種によりヘモグロビンの分子量は65,000〜69,000と異なる．ヘムの分子構造はどの動物も同じであることから，この分子量の差は，グロビンの分子構造の差に基づくものであ

ろう．ヘモグロビンは容易に結晶化するが，その形状もまた動物種によって異なることが知られている．

鉄の配位数は6であり，その中の4はプロトポルフィリンのNに結合し，残りの2の中の1はα鎖ではグロビンの87番目のヒスチジンに，β鎖では92番目のヒスチジンに結合する．最後の第6配位座にはO_2が結合する．その部位はα鎖では58，β鎖では63番目のヒスチジンの近くである．ヘモグロビンがO_2と結合したときは酸素化（oxygenation）されたといい，生じた物質をオキシヘモグロビン（酸素化または酸化ヘモグロビン，oxyhemoglobin, oxy-Hb, HbO_2）という．酸素をはなしたヘモグロビンは還元ヘモグロビン（reducedhemoglobin, red-Hb, Hb）またはデオキシヘモグロビン（deoxyhemoglobin）と呼ばれる．

図7・7 ヘモグロビンの分子模型 α鎖とβ鎖とヘム（円板）の結合様式

ヘムに含まれる鉄は2価であるが，酸化されて3価の鉄になると，水酸化フェリプロトポルフィリンであるヘマチン（hematin）を生じる．ヘモグロビンを少量の食塩と氷酢酸で処理するとヘマチンの塩化物であるヘミン（hemin）を生じ，褐色の結晶として顕微鏡下で容易に観察できる（図7・8）．

血液がO_2に十分接触すると，血色素1gにつき1.36 mlのO_2が結合する．仮に，血液100 ml中の血色素量を15 gとすれば，この血液に含み得るO_2量は20 mlとなる．

ヘモグロビンが，亜硝酸塩や赤血塩などで酸化され，ヘムの鉄が2価から3価になると，メトヘモグロビン（methemoglobin）を生じる．メトヘモグロビン血液は暗褐色を呈する．メトヘモグロビン自身は無毒であるが，ヘモグロビンのようにO_2を運搬する能力がないので，血液中に大量に存在すると，動物は無酸素症に陥る．反芻動物が硝酸塩含量の高い飼料を摂取すると第一胃内で還

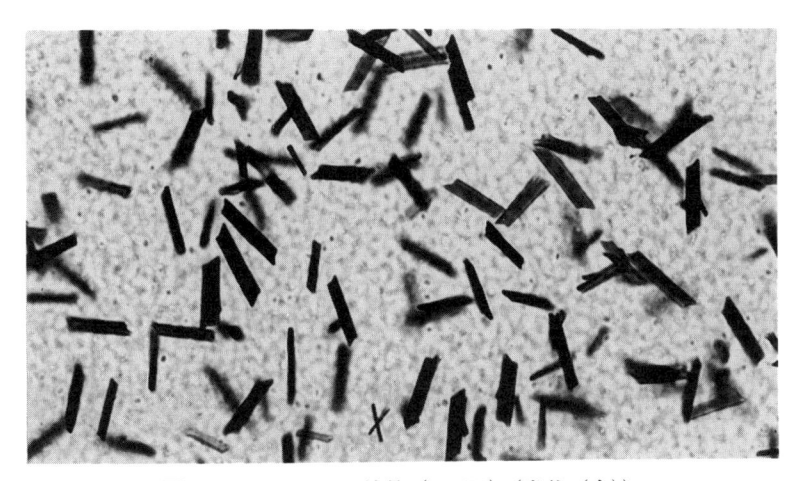

図7・8 ヘミンの結晶（×600）（米谷（定））

元されて亜硝酸を生じ，これが血中に吸収されてメトヘモグロビンを形成し，亜硝酸中毒症になることがある．

ヘモグロビンは一酸化炭素と結合して一酸化炭素ヘモグロビン（carboxyhemoglobin, HbCO）を生じる．一酸化炭素のヘムとの結合力は O_2 のそれと比較して200倍も強いので，空気中の一酸化炭素含量が0.1%にも達すると，血中ヘモグロビンの約20%は一酸化炭素ヘモグロビンとなり，組織への O_2 供給量は著しく減少する．一酸化炭素ヘモグロビンは桜桃色を呈し動脈血の色調に似ている．

筋肉中に存在するヘムと筋グロビンの化合物はミオグロビン（myoglobin）と呼ばれる．ミオグロビンは1個のヘムしか含まないので，その分子量は約16,700である．筋グロビンのアミノ酸組成は動物種によって異なる．ミオグロビンは血液ヘモグロビンより高い O_2 結合能を有し，筋収縮時に急速に O_2 を放出する．

胎仔のヘモグロビンのグロビン組成は成熟動物のものとはアミノ酸組成が異なるので，酸素解離曲線や溶解度なども異なる．胎児のヘモグロビンを HbF といい，成熟動物のものは HbA とよばれる．牛の場合，HbF は生後2〜3カ月で完全に消失するという．

ヘモグロビン濃度はザーリ（Sahli）の血色素計によって測定することができる．これは一定量の血液に塩酸を加えてヘモグロビンをヘマチンとした際の色調を，100 ml 中に 16 g の Hb を含む血液の1%希釈液の呈するヘマチン色調と比色することで算出する．最近はシアンメトヘモグロビン法が用いられる．

ヘモグロビン濃度は多くの家畜で 10〜15 g/100 ml の範囲にある（表7・5）．動物に刺激を与えると，血球数が増し，血色素量も増す．これはカテコールアミンが血圧を上昇させ，かつ，脾臓が収縮して，脾臓の中に貯えられていた赤血球が血液中に増加するためであると説明されている．

ヘモグロビンおよびヘモグロビン誘導体の溶液を分光器に通してみると，それぞれの物質に特有な波長が吸収され，吸収帯が分光スペクトル中に現われる．吸収スペクトルの測定によってヘモグロビン誘導体を同定することができる．

3. 赤血球の新生と破壊

新生：赤血球は胎児期には卵黄嚢，肝臓，脾臓，リンパ節で作られるが出生後は骨髄が唯一の造血場所となる．骨髄内には血球の起源細胞である幹細胞があり，正赤芽球を経て赤血球に分化する（図7・9）．血液中の赤血球の数はほぼ一定に保たれるが，これは破壊される赤血球の数に見合った新生赤血球が血中に放出されるからである．動物を低酸素状態にすると赤血球の生成量と放出量が増加する．これは循環血中に存在するエリスロポエチン（erythropoietin）の作用による．エリスロポエチンは分子量が約40,000の糖タンパク質で，腎臓（85%）と肝臓（15%）で生成される．腎組織の酸素要求性とエリスロポエチンの生成量は比例する．したがって，たとえば高所での運動や長期にわたる運動を行い体内に低酸素状態が生じると，赤血球数は増加する．一方，血液や組織

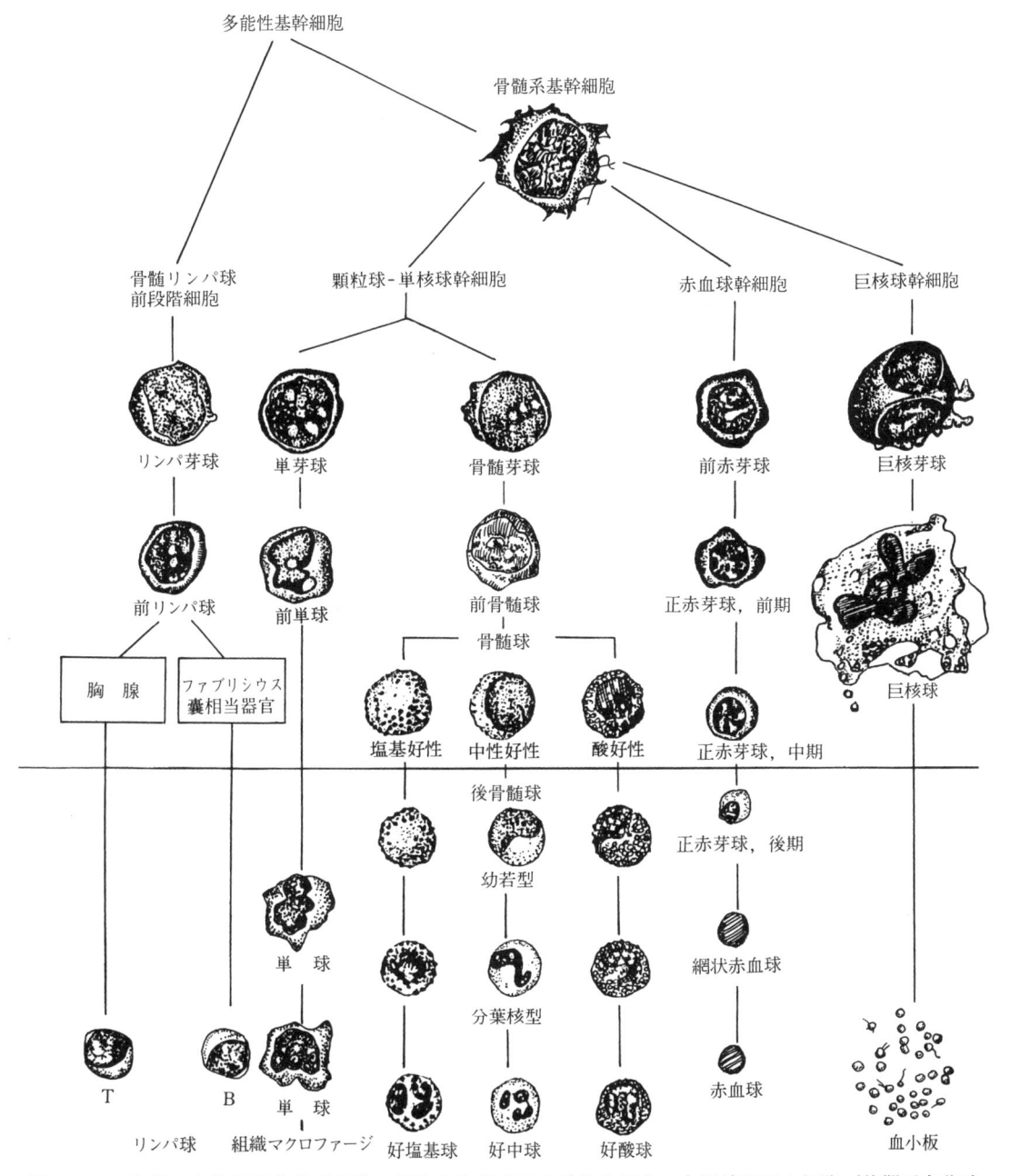

図7・9 各種の血液有形成分が骨髄の細胞から発育する系統を示す．水平線以下の細胞（後期正赤芽球を除き）は正常末梢血液中に存在する．（松田ら，医科生理学展望）（一部改変）

の酸素濃度が増加すると，エリスロポエチンの産生が減少し，赤血球の生成は低下する．このような機構で種々の環境下での動物の赤血球数は一定に保たれている．

ビタミン B_{12} も赤血球の成熟に必要な因子である．これが不足すると人では血液中に大型で原始

型の赤芽細胞が現われる．ビタミン B_{12} の腸壁からの吸収は，胃壁より分泌されるキャッスルの内因子（intrinsicfactor）と呼ばれる糖タンパク質（分子量 45,000）と結合することにより行われる．したがってビタミン B_{12} もしくは内因子のいずれかが欠乏すると動物は悪性貧血に陥る．

寿命：循環血中の赤血球の寿命を決めるのには種々の方法があるが，普通に用いられる方法は，赤血球を ^{15}N，^{59}Fe，^{14}C，^{51}Cr のような同位元素で標識して，その赤血球が血中から消失する日数を測定する．N, Fe, C は標識赤血球が崩壊した後，再び，赤血球の新生に使われるので，測定が複雑であるが，^{51}Cr はヘモグロビンに固く吸着し，再利用もされないので，最も多用される．種々の方法で得られた赤血球の寿命は，人 90～140 日，マウス 20～30 日，ラット 45～50 日，兎 45～50 日，犬 105～122 日，猫 68～77 日，豚 62～71 日，めん羊 46～55 日，牛 50～60 日，馬 140～150 日である．鳥類の赤血球は核があるにもかかわらず，その寿命は短く，アヒル 39～42 日，鶏 35～45 日である．

破壊：赤血球は寿命などの影響で代謝が衰え，膜も脆くなり肝臓，脾臓および骨髄内などの組織マクロファージ系のマクロファージ（macrophage，大食細胞）に捕えられ崩壊される．

組織マクロファージ系（tissuemacrophagesystem，または単核性食細胞系，mononuclearphago-cyticsystem）はかつて細網内皮系（reticuloendothelialsystem）といわれていた食細胞系をいう．単球，肺の肺胞食細胞，肝臓の星状大食細胞，中枢神経系の小膠細胞，胸腺，骨髄，リンパ節，脾臓などにある細網細胞が含まれる．

ヘモグロビンはまずポルフィリン環が開環し，次にグロビン分子と鉄を失う．鉄はヘモジデリン（hemosiderin）やフェリチン（ferritin）の形で組織マクロファージ系の中に貯えられ，ヘモグロビンの合成に再利用される．フェリチンの鉄はヘモジデリンの鉄より利用されやすく，したがってヘモジデリンはフェリチンより長く組織内に留まる．また，鉄は β-グロブリンの一種であるトランスフェリン（transferrin）により造血部位に運搬され，赤血球の新生に用いられる．

フェリチンは水酸化リン酸第二鉄のミセルをアポフェリチン（apoferritin）と称される球状タンパク質がとり囲んだ形の化合物である．ヘモジデリンは，顆粒状タンパク質と鉄の複合体であって，馬の伝染性貧血の診断に用いられる．

ヘムのポルフィリン環が開環し，直鎖構造になって物質をビリベルジン（biliverdin）といい，これは，草食動物の緑色の胆汁に多く含まれる．ビリベルジンが組織マクロファージ系で還元されると赤黄色のビリルビン（bilirubin）となる．ビリルビンは血液内ではアルブミンと結合しているが，肝臓に運ばれるグルクロン酸と抱合しコレビリルビン（cholebilirubin）となり，胆汁に含まれて，腸管に入る．腸管内ではコレビリルビンは細菌の作用により還元されてメソビリルビノーゲン（mesobilirubinogen）やステルコビリノーゲン（stercobilinogen）を作り，これは自己酸化してステルコビリン（stercobilin）を生じる．ステルコビリンは褐色の色素で糞色の主成分となる．一方，一部のステルコビリノーゲンなどは腸から吸収されて肝臓にもどり，再び肝臓から排出されるが，その一部は血中に入り，ウロビリノーゲン（urobilinogen）として尿中に排出され，次に酸

図7・10 ヘモグロビンの分解

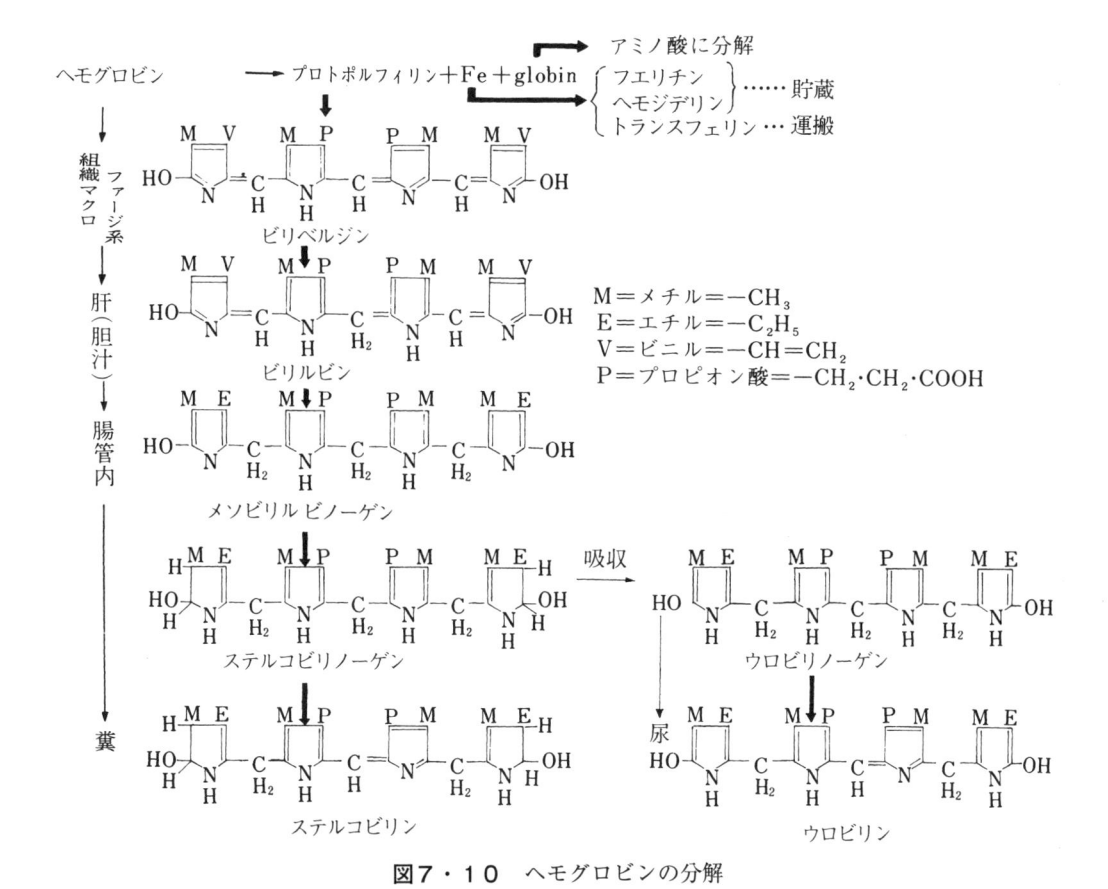

化されてウロビリン（urobilin）となる（図7・10）．

　一旦，腸管内に出たビリルビン誘導体が再び吸収され，肝臓にもどり，また胆汁に排泄される過程を腸肝循環（enterohepaticcirculation）という．

　普通，血清は胆汁色素のために淡黄色を呈しているが，胆汁色素がなにかの原因で増量し，血清がより黄色化すると，粘膜や強膜，時には皮膚までが黄色化する．これを黄疸（jaundice）という．黄疸は胆汁の排出障害による肝臓内での増量，赤血球の破壊の増加，肝臓機能異常によるビリルビンのグルクロン酸抱合力の低下などが原因としてあげられる．

　犬，猫，牛，めん羊，豚の血中ビリルビン濃度はきわめて低いが，馬では比較的高い．鳥類はビリベルジンを胆汁中に排出する．

IV 白血球

1. 一般性状

　白血球細胞は1個または数個の核をもち細胞質内に顆粒を含む顆粒細胞（granulocyte）と顆粒を含まない無顆粒細胞（agranulocyte）とに分類される．顆粒細胞には中性色素に染まる顆粒をも

表7・9 各種動物の血清タンパク質含量の割合（%）

動物種	アルブミン	グロブリン								
		α_0	α_1	α_2	α_3	β_1	β_2	β_3	γ	γ_2
馬	39		4	12		13	10		22	
牛	44		4	6	3	3	9		12	19
めん羊	42	3	5	10		9			23	8
山羊	54		9	3	8	4	4		18	
豚	45		4	13		6	12		20	
犬	55	4	4	5		3	5	12	12	
猫	55		4	11		5	8		16	
鶏	25～32		4	16	10	10	15		11	5

つ好中球（neutrophil），酸性色素に染まる顆粒をもつ好酸球（eosinophil），および塩基性色素に染まる好塩基球（basophil）の三種がある．また無顆粒細胞には大および小リンパ球（lymphocyte）と大型で僅かに細胞質内に顆粒をもつ単球（monocyte，単核細胞）がある（図7・9）．大きさは小リンパ球の直径7～10 μm から単球の12～22 μm ほどのものまである．リンパ球は基本的にはTおよびBリンパ球とナチュラルキラー細胞とに分類されるが最近の研究からナチュラルキラーT細胞や自然リンパ球といった細胞も存在していることが明らかにされている．

白血球数は1日のうちの時刻，運動，採食，採血部位などによって異なる．出生後の動物の白血球数は成熟動物とほぼ同じか，より少ないものが多い．新生豚の白血球数は成豚のほぼ1/2にすぎないが，5～6週後には成豚と同数になる．新生牛の白血球数は成牛のものとほぼ同じであるが，初生雛では僅かに成鶏より低い．

白血球数が正常範囲を超えて増加した時は白血球増多症（leukocytosis），減少した時は白血球減少症（leukopenia）という．白血球の種類を分別し，白血球総数に対するそれぞれの白血球数の百分率を計算したものを白血球像という．

化膿性疾患，急性伝染病で白血球が増加することが多い．骨髄やリンパ節が侵されると白血球が異常に増加して白血病（leukemia）となる．

2．白血球の機能

白血球は，すべて同一の機能を有する赤血球とは異なり，種類によってそれぞれ特有の機能を示すが，次のように大別することができる．

食作用：好中球と単球は細菌や死んだ組織片などの異物に近づき細胞膜でそれらをとり囲み，細胞内に引き入れる．異物をとり囲んだ細胞膜は小胞を形成し，リソゾームと融合し，次にリソゾーム内の加水分解酵素が異物を消化してしまう．この一連の過程を細胞の食作用（phagocytosis）という．急性伝染病や体内に化膿した部位があると好中球が増加する．膿はほとんど白血球の死骸である．

単球は骨髄から血液に入り，その後組織に移って組織マクロファージとなり，その寿命が比較的長いことから，慢性的炎症性疾患時に有用である．また免疫反応における役割が大きい．

　運動性：白血球には運動性を持つものがあり，炎症部に生じる走化性（chemotaxis）を示す物質（ケモカイン）などに促されて細静脈の内皮細胞の間隙をくぐりぬけて血管外に出る．運動性は好中球がもっとも盛んで好酸球がこれにつぎ，好塩基球と単球は僅かであり，リンパ球にはないとされている．

　酵素産生：白血球はタンパク質分解酵素，脂肪分解酵素，酸化酵素，過酸化酵素，リゾチーム（ムコ多糖類分解酵素）を含み，これらの酵素を分泌したりあるいは白血球の破壊時に血液中に放出すると考えられている．

　顆粒球はすべて炎症とアレルギー反応に関与する生理活性物質を含む顆粒を有している．好酸球はアレルギー性疾患や寄生虫病の際に増加する．塩基好性球にはIgEの受容体があり，抗原により活性化されると，ヒスタミンやヘパリンを放出し，アレルギー反応を助長する．

　免疫反応：胎生期に卵黄囊，肝臓，脾臓，のちに骨髄で作られたリンパ球の一部は胸腺（thymus）に送られてT細胞となり，また一部は鳥類ではファブリシウス囊（bursaofFabricius）で，哺乳類では回腸の粘膜固有層にあるパイエル板（Peyer'spatch），またはファブリシウス囊相同器官でB細胞となる．TおよびB細胞は形態的には区別しにくい．

　すべての細胞表面には主要組織適合遺伝子複合体（major histocompatibilitycomplex, MHC）に由来する自己と非自己を区別する抗原が存在する．MHCには2種類あってクラスI抗原はすべての有核細胞に含まれる．クラスII抗原はマクロファージ，B細胞，活性化ヘルパーT細胞内にみられる．

V　血　小　板

　血小板はまた栓球（thrombocyte）ともいわれる．不規則な細胞のかけらのような形をしており，核はなく，大きさは大体3μmである．鳥類の血小板には核があり，大きさも4×8μmほどである．血小板数は，脾臓や肝臓などに存在するものがあり正確には決めにくいが，流血中には，200,000～300,000個/μlある．血液を血管外にとり出すと血小板は破壊されてしまうので，特別な方法で採血し計算する必要がある．

　血小板の計数は14% $MgSO_4$の2，3滴をパラフィンを塗った時計皿にとり1，2滴の血液を滴下し，その混液をスライドグラス上に塗抹し，乾燥，染色後，計数する．

　血小板のタンパク質と脂質は，血液の凝固や止血に必要な因子を多く含んでいる．

　血小板は大部分が骨髄の巨核細胞（megakaryocyte）で作られ，一部は肺や脾臓でも作られるという（図7・9）．血小板の寿命は比較的短く，2～3日前後である．

　牛がわらびを過食するとわらび中毒がみられることがある．骨髄での血小板生成が抑制され，流血中の血小板数が減り，血液凝固不全が起こる．また骨髄における造血機能が同時に侵されるので顆粒性白血球，赤血球も減少する．この原因はわらびに含まれるプタキロサイド（ノルセスキテル

ペン・グルコシド）による．

馬がわらびを過食することにより生じる中毒はわらびに含まれるビタミンB_1分解酵素の作用によるビタミンB_1欠乏症である．

Ⅵ 血　漿

血漿は，約0.8％の無機質，約9.2％の有機質と水分（90％）からなる．

1．無　機　質

おもな無機物含量は図9・4に示してある．家畜によってその濃度に大きな差はない．Na^+とCl^-は血液浸透圧をつくる主要な因子となる．K^+，Ca^{2+}，Mg^{2+}とHCO_3^-，HPO_4^{2-}，SO_4^{2-}がその他の主要な陰陽イオンである．これらの各イオンにはそれぞれに生理的な作用があることが知られている．微量元素としては鉄，マンガン，コバルト，銅，亜鉛，ヨウ素などが含まれている．

2．有　機　質

有機質は炭水化物，タンパク質，脂質，非タンパク窒素化合物，有機酸，ホルモン，ビタミン，色素などが含まれる．血漿は無色または僅かに黄色を呈するが，おもにビリルビン含量によるものである．

1）炭　水　化　物

血液中に含まれる炭水化物を総称して血糖（blood sugar）というが，その中の主要成分はグルコース（glucose，ブドウ糖）であり，通常は血液グルコースのことをさす．血糖濃度は栄養の状態によって異なり，容易に吸収される炭水化物が与えられれば血糖値は上がり，絶食により血糖値は下がる．反芻家畜では，飼料中の可消化炭水化物の大部分が第一胃内で微生物の作用により揮発性脂肪酸に変換されてしまうので，食餌性高血糖（alimentaryhyperglycemia）は起こらない．血糖値は種々なホルモンが肝臓，腎臓，筋肉などの器官に作用して一定に保たれている．

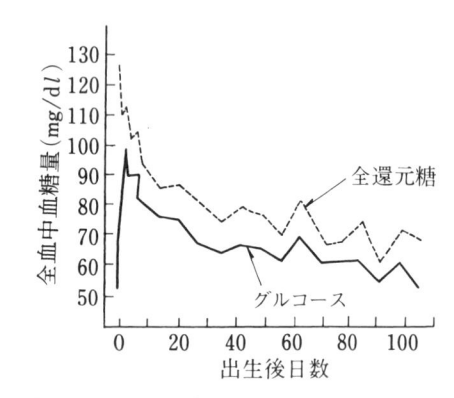

図7・11　子牛の日齢と血糖量の変化（YOUNGら，J. Nutr.）

反芻家畜の血糖値は出生直後は著しく高い（図7・11）．これは血中にフルクトースを含むからであるが，このフルクトースは生後約10時間で血中より消失し，代ってグルコースが増加する．以後，漸減し生後約3カ月で成動物の値に達する．

2）タ ン パ ク 質

血漿中には6〜8％のタンパク質が含まれる．このタンパク質はアルブミン（albumin），グロブ

表7・10 血漿タンパク質（人）の性質

	g/dl （%）	分子量	塩析濃度	等電点
フィブリノーゲン	0.37 (5)	40万	0.71M $(NH_4)_2SO_4$	5.2～5.6
アルブミン	4.6 (65)	6.8万	2.57M $(NH_4)_2SO_4$	4.64
グロブリン α	0.46 (7)	20～30万	2.05M $(NH_4)_2SO_4$	5.06
グロブリン β	0.86 (12)	9～130万	1.64M $(NH_4)_2SO_4$	5.12
グロブリン γ	0.75 (11)	15～30万	1.34M $(NH_4)_2SO_4$	6.85～7.3

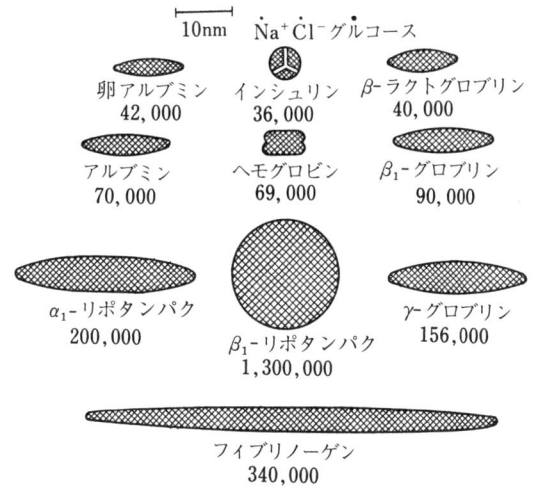

図7・12 血漿タンパク質の相対的大きさ（数字は分子量）

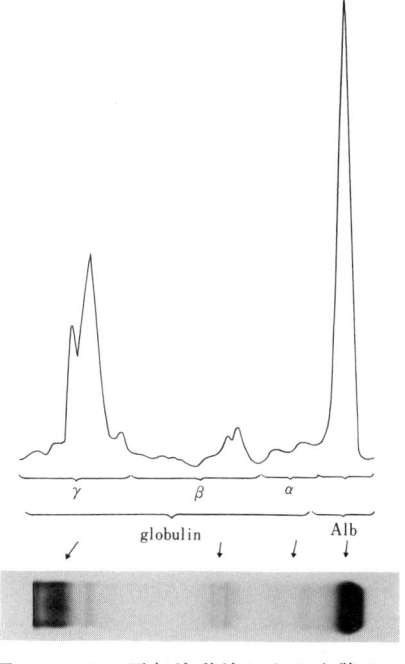

図7・13 電気泳動法による血漿タンパク質の分画（めん羊）
ポリアクリルアミドゲル膜で分画した血漿タンパク質分画（下）をデンシトメーターで計測した（上）.

リン (globulin) およびフィブリノーゲン (fibrinogen) の三種に大別される．グロブリンはさらに α, β, γ などに分画される（表7・9）．血漿タンパク質の相対的大きさが図7・12に示してある．

血漿タンパク質の分別法には塩析法，アルコールによる分別沈澱法，超遠心法，電気泳動法などがある．硫酸アンモニウムの約1/4飽和で沈澱する区分をフィブリノーゲン，1/2飽和で沈澱する区分をグロブリン，同じく全飽和で沈澱する区分をアルブミンという．電気泳動法は血漿タンパク質を適当な緩衝溶液に溶かし，電極を挿入して電圧を加えると，それぞれのタンパク粒子の荷電と性質によって正または負の電極の方に移動することを利用して分画する方法で，チセリウス (A. TISELIUS) により開発された．最近は操作が簡単なことなどから，濾紙，セルロースアセテート膜またはゲル電気泳動法などがよく用いられる（図7・13）．超遠心法は毎分数万回転する超遠心機で試料に，20万～30万Gの加速度を与えて分析する方法で，スヴェードベリ (T. SVEDBERG) によって開発された．各分画の濃度や性質を表7・10に示した．

a) 血漿タンパク質の機能

① 膠質浸透圧の維持：血漿タンパク質の血漿中含量は6～8%であるが，分子量が大きいので血漿浸透圧の中に占める割合は総浸透圧 290 mOsm/l・H_2O の僅かに0.5%にあたる 1.5 mOsm/l・H_2O にすぎない．

血漿タンパク質中のアルブミン含量は約50%であるが，分子量が小さいのでタンパク質のつくる浸透圧の約70%を形成する．血漿タンパク質は膠質なので，このタンパク質が示す浸透圧を膠質浸透圧（colloidosmoticpressure）という．毛細血管壁は水や小分子である無機質を容易に通すが，タンパク質は通さない．したがって血管内に水分を保持する役目があると同時に血管内外の物質交換に役立つ．

② 物質の運搬：アルブミンはカルシウムやリンなどの金属イオン，脂肪酸，アミノ酸，ビリルビンなどと，また，グロブリンはサイロキシン，ステロイドホルモン，インシュリンなどのホルモンや，その他の物質（鉄，脂質など）と結合して血中を運搬し，必要とする作用部位にそれらの物質を与えると同時に，腎臓からの排泄を防ぐ．

③ 緩衝作用：血漿タンパク質の等電点は血漿のpHの7.4付近より酸性側にあるので，血漿タンパク質の大部分は H・protein $\rightleftarrows$ H^+＋protein$^-$ の形で陰イオンとして作用している．

④ 栄養物質：飢餓動物の窒素要求は血漿タンパク質を静脈内注入することによってまかない得るから，組織タンパク質に対する窒素の給源となり得ることは明らかであるが，どのような性状の窒素化合物がもっとも有効であるかについては十分に知られていない．

⑤ 血液の凝固：フィブリノーゲン，プロトロンビン，その他の血液凝固に関係する因子の多くが血漿タンパク質に含まれている．

⑥ 抗体形成：血漿中のγ-グロブリンは抗原に対する抗体を形成し，体液性免疫の主体となる．これらのグロブリンを総称して免疫グロブリン（immunoglobulin, Ig）といい，物理化学的性状から五種類（IgG, IgA, IgM, IgD, IgE）に分けられている．それぞれのおもな機能は，IgG：血液，体液中にもっとも多く，感染防御抗体の主役，細菌や細菌毒素と結合してそれらの侵入を防ぐ．IgA：分泌液に多く，局所免疫の主体，粘膜表面の保護に関与．IgM：免疫初期に高まり，協力，自然抗体を含む，血液中における感染防御に関与．IgD：B細胞表面のIg，家畜では鶏に見られ，リンパ球の機能に関与．IgE：アナフィラキシー反応に関与し，また消化管内の寄生虫感染防御に関与する．各家畜における免疫グロブリンの血中濃度を表7・11に示した．

表7・11 各家畜の血清中免疫グロブリン含有量

	免疫グロブリン濃度 (mg/100ml)			
	IgG	IgM	IgA	IgE
馬	5 − 20	0.8 − 2	0.6 − 3.5	−
牛	17 − 27	2.5 − 4	0.1 − 0.5	−
めん羊	17 − 20	1.5 − 2.5	0.1 − 0.5	−
豚	17 − 29	1 − 5	0.5 − 5	−
犬	5 − 17	0.7 − 2.7	0.2 − 1.2	0.2 − 2.4
鶏	3 − 7	1.2 − 2.5	0.3 − 0.6	−
人	8 − 16	0.5 − 2	1.5 − 4	20 − 500ng

(SCHEUNERT & TRAUTMANN, Lehrbuch der Veterinär-Physiologie)

免疫グロブリンの基本的構造は，Y字構造をしたポリペプチドの2本の長いH鎖（heavychain, 重鎖）と2本の短いL鎖（lightchain, 軽鎖）よりなる（図7・14）．

これらの鎖は，それぞれジスルフィド結合（S-S結合）で連結された単量体を形成する．両鎖には特定の抗原と結合する部分（antigenbindingfragment, Fab）と食細胞や補体分子などの免疫系の他の要素と結合する部分（crystallizablefragment, Fc）とがある．図7・14で斜線部分は構成アミノ酸配列が変化する可変領域で，その先端に抗原が結合する．白いままの定常領域のアミノ酸配列はほぼ一定である．

また，血漿中には補体系（complementsystem）といわれる一群の酵素系が存在しており，抗原と結合した免疫グロブリンと接触することによって，次々と活性化され，抗原除去作用を助けている．

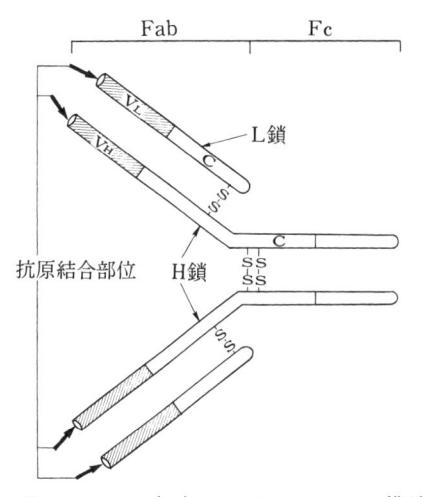

図7・14 免疫グロブリンIgGの構造模式図
大小2種のポリペプチド鎖2個ずつよりなる対称的構造を持つ．

⑦ 免疫に関与する液性物質：免疫に関与する液性物質として，免疫グロブリンの他に補体系，サイトカイン類がある．

補体：補体は，特異抗原とともに働いて溶菌作用をおこす血清成分である．補体系は炎症を制御する約20種類の血清タンパク質によって構成される．補体のいくつかは，急性タンパク質（acutephaseprotein）である．体内に侵入した微生物の多くは，第2経路（alternativepathway）を介して補体系を活性化する．この反応は，微生物の表面を補体で覆い，食細胞による取り込みを促進する．補体系は，また抗原抗体複合体によっても活性化する（古典的経路：classicalpathway）．補体活性化経路にはマンノース結合タンパク質（mannose-bindinglectin）が関与するマンノース結合タンパク質経路（MBPpathway）がある．

サイトカイン：サイトカイン（cytokine）は，その作用から見てホルモンに類似したペプチドあるいは糖ペプチドであり，免疫系における情報伝達物質である．従来，リンパ球から放出される免疫情報伝達物質をリンフォカイン（lymphokine），単球系の細胞から分泌される物質をモノカイン（monokine），白血球間の情報伝達物質をインターロイキン（interleukin）といっていたが，作用や細胞に関係なく細胞間のシグナルを考慮してサイトカインと総称される．サイトカインは生体内では，単独で作用するものではなく，免疫系の応答によって数種のサイトカインが同時に作用し，その効果が相乗的に現れたり，拮抗的に作用したりする．

⑧ 血液の粘性保持：膠質としての粘性により，血圧の維持や血球の懸濁状態に影響する．

表7・12　各種動物の血液タンパク質濃度（g/dl）

動物種	血漿タンパク	フィブリノーゲン	血清タンパク	アルブミン	グロブリン	A/G
馬	6.84	0.34	6.50	3.25	3.25	1.00
牛	8.32	0.72	7.60	3.63	3.97	0.91
めん羊	5.74	0.36	5.38	3.07	2.31	1.33
山羊	7.27	0.60	6.67	3.96	2.71	1.46
豚			6.30	2.03	3.27	0.62
犬	6.72	0.52	6.20	3.57	2.63	1.35
猫			7.58	4.01	3.57	1.12
鶏			4.62	1.82	2.80	0.65
人	7.37	0.37	7.0	4.5	2.5	1.80

b）血漿タンパク質の生成

血液の凝固に関係するタンパク質（フィブリノーゲンなど）やアルブミンは肝臓で生成される．免疫グロブリンはB細胞から分化した形質細胞から作られるが，その他のグロブリンは肝臓で生成される．アルブミンとグロブリン含量の比率をA/G比（albumin-globulin ratio またはタンパク商）といい動物の種類でほぼ一定している（表7・12）．肝臓のタンパク質代謝障害や栄養失調時にはアルブミンが減るのでA/G比は下がり，また，細菌性疾患ではγ-グロブリンが増すのでA/G比は下がる．

3）脂質

血漿中にはトリグリセリド（triglyceride），コレステロール（cholesterol），リン脂質（phospholipid），遊離脂肪酸（free fatty acid, FFA；nonesterified fatty acid, NEFA）などが含まれる（表7・13）．これらの含量は，動物種，飼料，採食後時間などの因子によって大きく変動する．反芻家畜の血漿中に含まれる揮発性脂肪酸（volatile fatty acid, VFA または短鎖脂肪酸，short chain fatty acid, SCFA）の栄養的意義は大きい（表7・14）．組織で酢酸をグルコース並みに消費する．また，これらの脂質の多くは血漿中のタンパク質に結合している．結合の仕方により，それぞれの複合体の密度は異なり，脂質が多くタンパク質が少なければ密度は小，その逆では密度は大になる．この密度の大小によって超低密度，低密度，高密度などの脂質タンパクに区分される［第4章Ⅳ-5参照］．

表7・13　牛および猫の血中脂質（mg/dl）

	牛	猫
総脂質	348	376
中性脂肪*	105	108
リン脂質	84	132

＊トリグリセリド，コレステロールエステルなどを含む．

4）非タンパク窒素化合物

タンパク質以外の窒素化合物として尿素，クレアチニン，

表7・14　めん羊の成長にともなう血漿成分の変化

週	1日	1	4	9	11	14	17
グルコース（mg/l）	384	1,076	969	892	823	775	724
揮発性脂肪酸（μmol/l）		200	660	1,000	1,330	1,650	2,000
遊離脂肪酸（μmol/l）	992	280	316	250	254	283	217

表7・15　各種動物の血糖，乳酸，非タンパク窒素およびコレステロール濃度

動物種	全血（mg/dl）							血清（mg/dl）
	血糖	総非タンパクN	尿素N	尿酸	クレアチニン	アミノN	乳酸	総コレステロール
馬	55～95	20～40	10～20	0.9～1	1～2	5～7	10～16	75～150
牛	40～70	20～40	6～27	0.05～2	1～2	4～8	5～20	50～230
めん羊	30～50	20～38	8～20	0.05～2	1～2	5～8	9～12	100～150
山羊	45～60	30～44	13～28	0.3～1	1～2			55～200
豚	80～120	20～45	8～24	0.05～2	1～2	8		100～250
犬	80～120	17～38	10～20	0.0～0.5	1～2	7～8	8～20	125～250
猫	80～120		20～30	0.0～1	1～2			90～110
鶏	130～260	23～36	0.4～1	2	1～2	5～10	47～56	125～200
人	80～120	27～47	8～25	1.9～4.4	0.6	4.5～8	5～16	150～280

アミノ酸，尿酸（特に鳥類）などが血中に存在する（表7・15）．熱性疾患や飢餓時に尿素などがタンパク質の消耗の結果として増加することがある．しかし一方，血中尿素濃度はタンパク質摂取量を反映して増減することが知られている．

5）その他

有機酸としては乳酸，ケトン体などの含量が多い．酵素には一連のヒドロラーゼ，トランスヒドロゲナーゼ，トランスアミナーゼ類などが含まれている．

Ⅶ　血液の凝固

血液を血管外にとり出して，しばらくすると，血液は流動性を失ってしまう．このことを血液の凝固（coagulation）という．凝固した血液のうち，血球部分は凝塊（血餅）を形成してしだいに退縮し，周囲に血清が浸出してくる．血餅もさらに長時間経つと，溶解し，再び流動性を持つようになる．

血液の凝固は生命保持にきわめて重要な血液の体外流出を防ぐ機構として，その生理的意義は大きい．しかし，なんらかの理由で血管内で血液が凝固すると，血行が失われて，動物は死に至ることがある．

1．凝固の機構

血液凝固の大要はプロトロンビン（prothrombin）が酵素の作用により，トロンビン（thrombin）に変わり，このトロンビンがフィブリノーゲン（線維素原）に作用してフィブリン（fibrin，線維素）を作り，このフィブリンが血球をからみ包んで凝塊を作ることにある．しかし，ここに至る過程には血中や組織にある多くの因子が複雑に関与していることが明らかになりつつある（図7・15）．

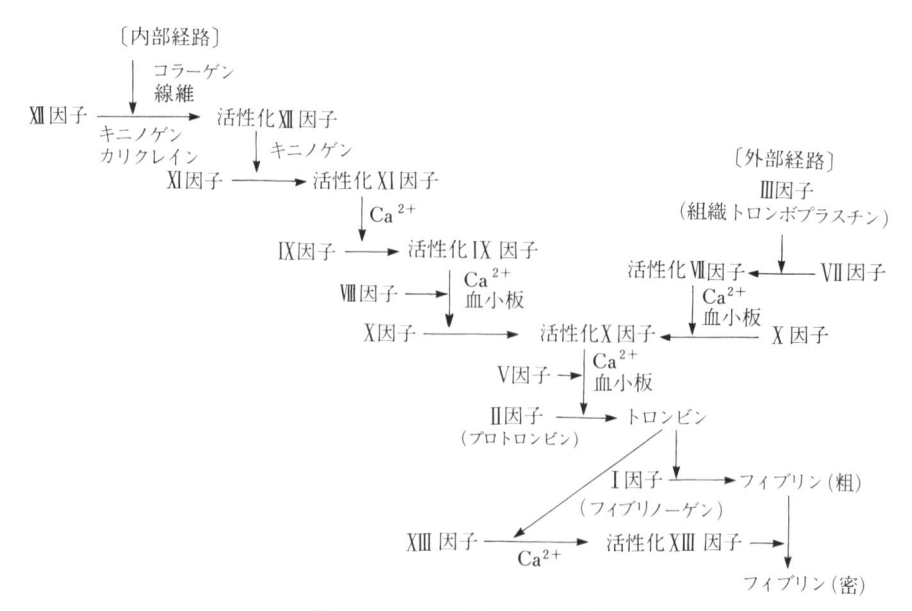

図7・15 血液の凝固過程

　組織の損傷をできるだけ少なくして，採取した血液が試験管のガラスなどの異物に触れると，XII因子（Hogeman factor）が活性化される．生体内では血液が血管内皮のコラーゲン線維に触れるとキニノゲンの存在下で，プレカリクレインがカリクレインとなってXII因子を活性化する．この活性化されたXII因子は同じくキニノゲンの存在下でXI因子（plasma thromboplastin antecedant）を活性化し，活性化したXI因子はCa^{2+}（IV因子）の存在下でIX因子（christmas factor）を活性化し，活性化したIX因子はCa^{2+}とリン脂質（血小板由来）とVIII因子（antihemophilic factor）の存在下でX因子（Stuart factor）を活性化する．人ではこのVIII因子が欠除する血友病が起こる．活性化X因子はCa^{2+}とリン脂質（血小板由来）とV因子（proaccelerin）の存在下でII因子（prothrombin）をトロンビンにし，トロンビンはI因子（フィブリノーゲン）をフィブリンとする．この凝固経路を内部経路（intrinsic pathway）という．
　もし，組織の損傷によって組織トロンボプラスチン（III因子）が遊離すると，この物質はVII因子（proconvertin）で触媒され，X因子に作用し，以後は内部経路と同じ過程を経て，最終的にはフィブリンを形成する．この経路を外部経路（extrinsic pathway）といい，反応は著しく早く進む．
　トロンビンが作用してフィブリノーゲンから生じたフィブリンは線維がゆるくからまり合った状態で，なお流動性を持っているが，これにXIII因子（fibrin stabilizing factor）が作用すると，完全なフィブリンの凝塊を形成する．
　生成されたフィブリン凝塊は血小板に含まれる血小板退縮因子（platelet thrombostenin）によりさらに収縮する．しかし，この凝塊は血漿中に存在するプラスミノーゲン（plasminogen）が周囲組織より遊離される組織プラスミノーゲン賦活体（tissue plasminogen activator）によって活性化さ

れて生じたプラスミン（plasmin）によって，いずれ再び溶解してしまう．この現象を線維素溶解（fibrinolysis）という．

2．凝固因子の生成部位

組織トロンボプラスチンは血管壁やその他の組織に見出されるタンパク・脂質複合体であるが，これを除き，Ⅰ～ⅩⅢ因子（ただし，Ⅵ因子はなく，Ⅳ因子は Ca^{2+} であるので除く）はすべて肝臓で作られる α または β グロブリンに属するタンパク質である．しかし，ⅩⅢ因子は血小板中にある．Ⅱ，Ⅶ，Ⅸ，Ⅹ因子はビタミンKの存在下で形成されるから，このビタミンが不足したり，作用が阻害されると出血性疾患が生じる．

止血：血小板にはいくつかの血液凝固に関係する因子が含まれている．さらに血小板は，血管からの血液の流出を止血（hemostasis）する作用がある．血小板は，血管が傷つけられて露出したコラーゲンに吸引され，血管内皮層に吸着する．血小板の顆粒から放出されるセロトニンは血管を収縮させ，また同じく放出されるADPはさらに血小板を相互に吸着させて一過性の止血血栓を作る．この血栓はさらに凝固血液とともに血管の損傷部位をふさぎ止血を完成させる．

3．凝固時間

動物種や種々の条件によって血液の凝固時間は異なる．鳥1～2分，犬・めん羊4～8分，人6～8分，牛8～10分，豚10～15分，馬15～30分などが一応の標準とされる．ガーゼで傷口を覆うことは止血を早め，高い温度や静かな振盪，あるいはトロンビンなどの酵素を加えることは凝固時間を短縮させる．

4．凝固防止

血液に次のような処理を加えることにより，凝固を防いだり，あるいは遅らせたりすることができる．1）血液の冷却——酵素反応の抑制．2）パラフィンやシリコンで内面を平滑にした容器への採血——ⅩⅡ因子の活性化の抑制．3）線維素除去——凝固過程中に血液を羽毛などで絶えずかき回すことによりフィブリンをからみつかせ除去することができる．このような血液を脱線維素血という．4）シュウ酸塩，クエン酸塩，フッ化ソーダ，EDTA（ethylenediaminetetraaceticacid）——Ca^{2+}の除去．5）NaCl，$MgSO_4$，Na_2SO_4などの高濃度塩類溶液——凝固因子の不溶化．6）クマリンとその誘導体——ビタミンKの作用阻害による凝固因子の生成抑制．スイート・クローバー中にはジクマロール（クマリン誘導体）が含まれていて，牛やめん羊が中毒の症状を呈することがある．7）ヘパリン——Ⅸ，Ⅹ，ⅩⅠおよびⅩⅡ因子の活性化阻害とトロンビンの作用抑制．ヘパリンは硫酸基を含むムコ多糖類で強酸性を呈する．肝臓から抽出されたことに名前が由来しているが，犬を除き，肝臓中の含量は多くない．流血中の塩基好性球や，結合組織中に多い肥満細胞（mastcell）の顆粒に含まれている．

表7・16 家畜の血液型

動物種	血液型システム（因子数）
牛	A (5), B (39), C (12), F (5), J (1), L (1), M (3), S (8), Z (1), T' (1)
めん羊	A (2), B (9), C (2), D (2), M (3), R (2), X (2)
豚	A (2), B (2), C (1), D (2), E (16), F (4), G (3), H (5), I (2), J (2), K (7), L (12), M (11), N (3), O (2)
馬	A (7), C (1), D (11), K (1), P (2), Q (3), U (1)
鶏	A, B, C, D, E, H, I, J, K, L, P, R

(BLOOD & STUDDERT, Bailliere's Veterinary Dictionary)（一部改変）

Ⅷ 血 液 型

　人の血液型（bloodgroup）と同じく，すべての家畜に血液型の存在が認められている．しかし家畜では同種正常抗体（同種属で生まれながらに保育している抗体）はわずかな例をのぞいてほとんど認められないので，人のように赤血球に対する同種正常抗体との反応によって血液型が分類されるのではなく，おもに同種または異種免疫抗体によって分類される．

　各家畜の血液型の種類を表7・16に示した．牛の血液型システム（同一遺伝子座に属する対立遺伝子によって決定される血液型）は現在10種に分類され，約76の血液型因子が検出されている．馬では7種，26の血液型因子，豚では15種，約74の血液型因子に分類されている．牛，めん羊，山羊の血球は抗体を加えても凝集が明瞭でないので，すべて溶血反応が用いられるが馬，豚，鶏では凝集反応も用いられる．

　家畜の血液型は血統登録，親子鑑別，卵性診断（双子の場合），近交度の推定などに用いられる．すなわち，赤血球のもつ血液型因子はすべて独立の遺伝子によって支配され，一定の遺伝法則にしたがって，子孫に遺伝されるからである．

　家畜間においては輸血が広く行われているとはいえない．これは人におけるように容易に適合性を見出し得るような交叉試験法がなく，また経済動物であるので取り扱いやすい人工代用血液や乾燥血漿をもって輸血に代えることが多いからであろう．しかし，家畜は同種正常抗体が少ないので，一般に第一回の輸血は危険をともなうことがない．けれども，一旦，同種免疫抗体が体内に形成されると，次回からの輸血では抗原—抗体反応が起こる可能性が生じる．反応の程度は輸血の間隔や血液の種々の性質によるが，おもに抗体量によるものである．

　両親の血液型の不適合によって新生児に黄疸が起こることがある．おもに馬と豚にみられる．この原因は交配により血液型の不適合が母子間に生じ，胎児が母親と異なる赤血球抗原を持った場合，分娩時にこの赤血球が母体に潜入して母体内に抗体を産生する．第二産以降，馬や豚ではこれらの抗体は胎盤を通過出来ないので，胎児は妊娠期間中は保護されるが，出生後初乳を介して新生児の血中に移行し，新生児の赤血球を多量に溶血させる．このため，新生児は黄疸症状を呈し，場

合によっては死に至る．

　近年，動物のゲノムに散在しているマイクロサテライト DNA の反復数（n）の多型を利用して，個体識別や乳量や産肉形質に影響を与える量的形質遺伝子座のマッピングが行われている．

第8章　免疫機能

I　血液中に存在する細胞

　血液細胞は，白血球，赤血球，血小板に大別される．白血球は核を有する有核細胞であるが，赤血球および血小板は核を有していない．白血球は，生体防御を担う免疫系において，中心的役割を担っている．一方で，赤血球は酸素の運搬および二酸化炭素の排出に関わっており，また血小板は血管が損傷した際の止血作用を有している．本章では，この白血球の性状，機能について解説する．

II　白血球の一般性状

　白血球は，細胞内に顆粒を有する顆粒細胞と，顆粒を全く有さない無顆粒細胞に分類される．顆粒細胞は分葉化した核を有していることから多形核細胞とも呼ばれ，中性色素に反応する好中球，酸性色素に反応する好酸球，塩基性色素に反応する好塩基球にさらに区分される．無顆粒細胞には，T細胞やB細胞，ナチュラルキラー細胞といったリンパ球や，単球などが存在する．新生豚の白血球数は，成熟豚のそれと比較し，ほぼ半数しか存在しないが，5～6週齢にまで成長すると，成熟豚の白血球数と同数になるまで免疫系は発達する．一方ウシは，新生仔の段階でも成熟牛とほぼ同数の白血球を有しているが，免疫機能が発達するまでには数

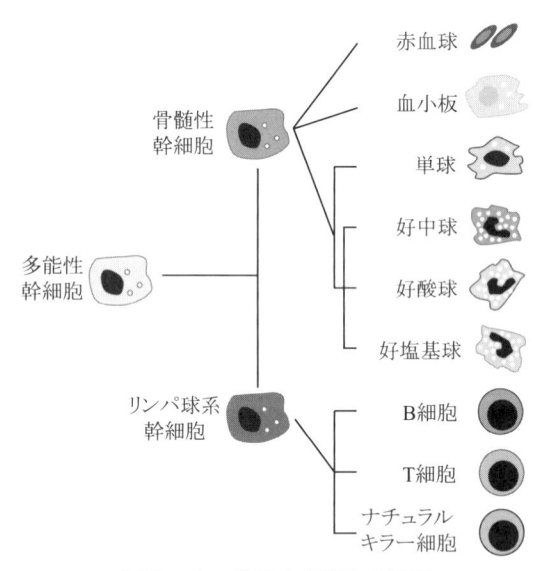

図8・1　骨髄由来細胞の起源

週間の時間が必要である．白血球数は，感染などによって炎症が生じると増加する．また，遺伝子異常を引き起こした造血細胞（白血病細胞）が骨髄で増殖した場合も，白血球数は異常に増加するが，この場合，正常な造血細胞の増殖が白血病細胞によって阻害されるため，感染症などを引き起こしやすくなる．

III　各種白血球の機能

1．好中球

　好中球は，多形核細胞の90％以上を占める細胞であり，通常は血液中を循環し，1日以内に寿命

を迎える．しかしながら，細菌，ウイルス，真菌などによる感染が引き起こされると，好中球は速やかに血管壁を越えて感染部位へと遊走し，病原微生物を貪食する．この好中球による生体防御反応は，病原微生物の増殖を，感染初期段階で抑えるために非常に重要である．一例として，乳牛の乳腺組織に，黄色ブドウ球菌や大腸菌などの病原微生物が感染すると，血液中の好中球が乳腺組織に速やかに遊走し，組織内および乳汁中の体細胞数が増加する．これが，酪農現場でもっとも問題となっている乳房炎の発症理由である．好中球が細菌などの微生物を貪食すると，それらを包み込んだ食胞が細胞内に形成される．その後，食胞は細胞内小器官であるリソソームと融合し，リソソーム内のミエロペルオキシターゼが作り出す次亜塩素酸が働くことにより，食胞内の微生物は殺菌され分解される．また，食胞膜上にはNADPHオキシターゼと呼ばれる酵素が存在し，その働きにより活性酸素が産生される．この活性酸素も，殺菌効果を有している．酪農現場では，乳汁中に存在する，好中球を中心とした白血球の数の推移を簡易評価するPLテストや，好中球から放出される活性酸素量を測定するCLテストが，乳房炎の診断に広く用いられている．

2．好酸球

好酸球も，好中球ほどではないものの，食作用を有しており，異物の処理に貢献している多形核細胞である．好酸球特有の特徴として，寄生虫感染によりその数が増加すること，また顆粒内に存在するmajor basic protein（MBP）やeosinophil cationic protein（ECP）といった傷害活性を有した物質を放出することで，抗寄生虫作用を発揮することが知られている．さらには，気管支喘息などのアレルギー性疾患によっても，末梢血中および炎症部位で好酸球が増加する．アレルギー性疾患によって増加した好酸球からも，MBPやECPといった分子が放出され，様々な細胞に傷害を引き起こし，炎症反応を悪化させる（気管支喘息の場合，気道過敏反応が引き起こされる）．しかしながら，近年の研究から，好酸球の役割は炎症反応の誘発ではなく，むしろ病態形成や組織再構築（リモデリング）といった多面的な機能を有しているという考え方も提唱されている．

3．好塩基球

好塩基球は，多形核白血球の中でも存在頻度はもっとも少なく，末梢血中の白血球の僅か0.2～1％しか存在しない．また，好中球や好酸球とは異なり，好塩基球は貪食能力を有していない．好塩基球の顆粒内には，ヒスタミンやロイコトリエンといったアレルギーを誘発する物質が含まれており，また膜表面には，アレルギーの発症に深く関与する免疫グロブリンE（IgE）に対する受容体が存在し，そこにIgEが結合する．好塩基球は，このIgEに抗原（アレルゲン）が結合することで活性化し，ヒスタミンやロイコトリエンを含む細胞内顆粒を細胞外へ放出することで，アレルギー反応を引き起こす．

4. 単球

単球は，細胞内に多くの顆粒を有した食細胞であり，血液中から組織内に遊走すると，マクロファージと呼ばれる単球よりも少し大きな細胞へと分化する．単球が血液中から血管壁を超えて組織内へと遊走するメカニズムは，好中球の細胞遊走メカニズムと同様であるが，好中球ほどの迅速性を有していない．しかしながら，組織内に遊走したマクロファージは，異物の処理に加え，老朽化した赤血球などの老廃物を処理する能力も有しており，持続的な多彩な役割を有した細胞と言える．マクロファージの細胞内には，多数の食胞が存在しており，好中球同様に食胞がリソソームと融合することで，異物は破壊される．一方で，好中球とは異なるマクロファージの特徴として，細胞膜表面にToll様受容体（Toll-like receptor）などの異物の認識，貪食に関わる分子が複数存在していることが挙げられ，それらの分子を介してマクロファージが活性化すると，インターロイキン（IL）1や腫瘍壊死因子（Tumor Necrosis Factor；TNF）αなどのサイトカインが分泌され，近傍に存在する他の細胞の分化や増殖が促される．また，マクロファージは，貪食した抗原を断片化し，主要組織適合抗原（major histocompatibility complex；MHC）クラスII分子上に提示することで，抗原情報をT細胞に提示する能力も有している．

表8・1 各種動物の白血球数と各種細胞種の頻度

動物種	総数（個/μl）	各白血球の割合（%）				
		単球	好中球	好酸球	好塩基球	リンパ球
馬	8,000–11,000	5–6	50–60	2–5	<1	30–40
牛	7,000–10,000	5	25–30	2–5	<1	60–65
めん羊	7,000–10,000	5	25–30	2–5	<1	60–65
山羊	8,000–12,000	5	35–40	2–5	<1	50–55
豚	15,000–22,000	5–6	30–35	2–5	<1	55–60
犬	9,000–13,000	5	65–70	2–5	<1	20–25
猫	10,000–15,000	5	55–60	2–5	<1	30–35
鶏	20,000–30,000	10	25–30	3–8	1–4	55–60
人	4,000–11,000	2–8	50–70	1–4	<1	20–40

5. T 細 胞

T細胞は，ウイルス感染細胞の破壊や，B細胞の機能発現の誘導など，獲得免疫（後天的に得る抗原に対する特異的免疫）において，非常に重要な役割を有している．T細胞の細胞膜上には，抗原を認識するための受容体（T cell receptor；TCR）が存在しており，その構造の違いにより，α鎖とβ鎖の二量体からなるαβTCRを有したαβT細胞と，γ鎖とδ鎖の二量体からなるγδTCRを有したγδT細胞の2種類に大別される．TCRに関する特筆すべき点として，染色体上に存在する遺伝子数と比較し，外来抗原（異物）の数は遥かに多く，T細胞はそれらに対応するために，TCRの遺伝子配列を後天的に再構成させることで，多様な抗原特異性を生み出している．

胸腺は分化過程のT細胞にとって，自己と非自己を識別するための教育を受ける場として非常

に重要である．実際，造血幹細胞から T 細胞への分化が規定された T 細胞前駆細胞は胸腺へと遊走し，そこで胸腺内のストローマ細胞（主として，胸腺上皮細胞や樹状細胞）と出会うことで，自己を認識する細胞は排除され（ネガティブセレクション），非自己を認識する細胞のみ生存を許される（ポジティブセレクション）．具体的には，ストローマ細胞が細胞膜上に発現する MHC 上に自己抗原を提示し，それに対して強い反応性を示す TCR を有した細胞に対し，自己反応性 T 細胞として細胞死（アポトーシス）を誘導する．一方で，MHC 上に提示した自己抗原に対して，弱い反応性を示す TCR を有した細胞に対し，非自己反応性 T 細胞として増殖を促している．なお，TCR は，抗原のみを認識することはできず，MHC 上に提示された抗原を MHC と共に認識している．胸腺でのポジティブ・ネガティブセレクションによって選抜された T 細胞は，胸腺を離れ末梢組織へと遊走し，成熟 T 細胞として働く．

1）TCR 遺伝子の再構成

TCR を構成する α 鎖，β 鎖，γ 鎖，δ 鎖の N 末端側は可変（variable；V）領域と呼ばれ，MHC 上に提示された抗原の認識に関わる多様性を有した領域である．一方で，C 末端側は，定常（constant；C）領域と呼ばれ，それぞれの鎖特有の共通配列から成り立っている．β 鎖と δ 鎖の可変領域は，V（variable），D（diversity），J（joining）の三つのセグメントにさらに区分され，また α 鎖と γ 鎖の可変領域は，V および J の二つのセグメントに区分される．T 細胞に分化する前の造血幹細胞では，V，D，J

表8・2 各種動物のリンパ球中のT細胞とB細胞の割合

動物種	T 細胞	B 細胞
馬	38-66	17-38
牛	45-53	16-21
豚	45-57	13-38
犬	46-72	7-30
猫	31-89	6-50
人	70-75	10-15

イラストでみる獣医免疫学（第7版）
インターズー社を改変

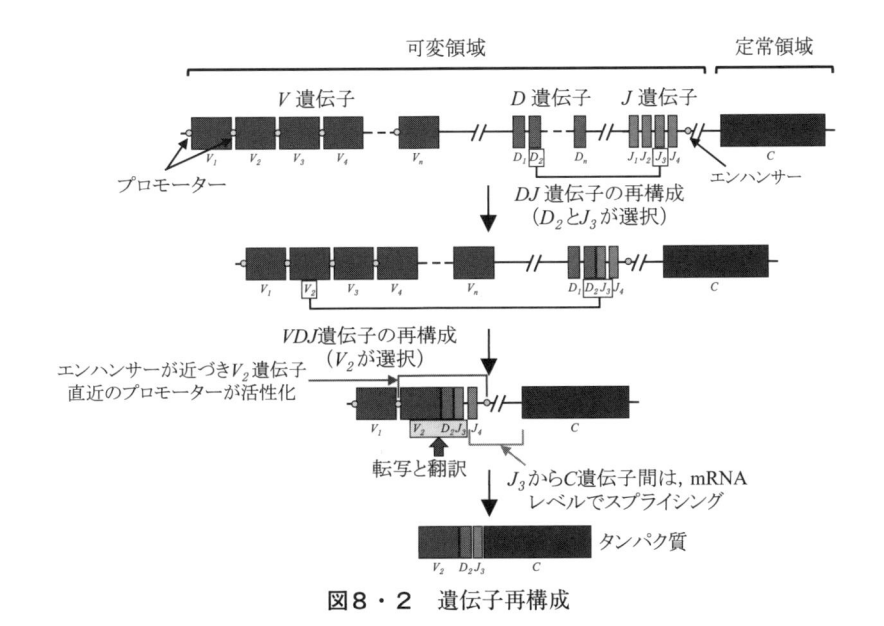

図8・2 遺伝子再構成

の三つのセグメントに複数の遺伝子が存在しているが，胸腺での分化過程において，リコンビナーゼによる DNA の組換えが起こり，TCR 遺伝子が再構成される．その結果，各セグメントから一つずつの遺伝子がランダムに選択され，それらが連結することで，TCR 遺伝子が完成する．抗原認識の多様性は，この遺伝子再構成によって形成される TCR 遺伝子の数だけ生じることになる．なお，一つの T 細胞が作り出すことのできる TCR の数は 1 種類のみであり，胸腺では抗原認識性の異なるポリクローナル（不均一）な T 細胞が作り出されている．

2）胸腺での T 細胞分化と膜表面分子の発現

骨髄から胸腺に入ってくる未熟な T 細胞は，CD4 や CD8 といった膜表面分子を発現していないが，胸腺での分化過程において，それらの分子を発現するようになる．胸腺に存在する CD4 と CD8 を共に発現しないもっとも未熟な T 細胞は，ダブルネガティブ細胞と呼ばれ，胸腺細胞の約 5〜10％を占める．ダブルネガティブ細胞は，その後 CD4 と CD8 を共に発現するダブルポジティブ細胞へと分化する．このダブルポジティブ細胞は，胸腺細胞の約 75％を占めており，ダブルネガティブ細胞およびダブルポジティブ細胞の段階で，TCR 遺伝子は再構成される．遺伝子再構成を終えたダブルポジティブ細胞は，CD4 もしくは CD8 のどちらかの発現を消失し，シングルポジティブ細胞となる．このダブルポジティブ細胞からシングルポジティブ細胞への成熟過程において，ポジティブセレクションおよびネガティブセレクションが行われることで，外来性抗原を認識し，自己抗原には反応しない TCR を有した T 細胞のみが選抜される．

3）TCR の分子構造

α 鎖と β 鎖，もしくは γ 鎖と δ 鎖からなる TCR は，それぞれが S-S 結合によって結合することで二量体を形成している．TCR には CD3 と呼ばれる分子が会合しており，末梢組織において，樹状細胞などの抗原提示細胞が提示する抗原情報が TCR に伝わると，CD3 の細胞内領域に存在する ITAM（immunoreceptor tyrosine-based activation motif）と呼ばれる活性化モチーフから細胞内にシグナルが伝達され，T 細胞の増殖が促される．

4）細胞障害性 T 細胞

T 細胞の中でも，一部の細胞集団は，ウイルスや寄生虫が感染した細胞を認識し，それらを殺傷する能力を有している．これらの細胞は，細胞障害性 T 細胞（Cytotoxic T lymphocyte；CTL）と呼ばれており，CD8 を発現している．通常，ウイルスや寄生虫などが細胞内に感染すると，感染細胞は病原性微生物由来の外来性抗原を MHC 上に提示することで，CTL に異常な状態であることを伝える．MHC 分子には，すべての細胞で発現が認められるクラス I 分子と，プロフェッショナルな抗原提示細胞（例：樹状細胞やマクロファージ，

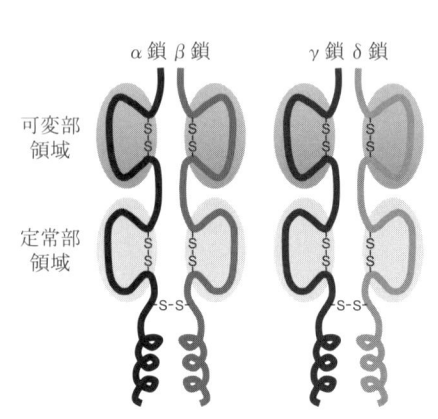

図 8・3　$\alpha\beta$ TCR と $\gamma\delta$ TCR

B細胞)に限局して発現が認められるクラスII分子の2種類が存在するが,細胞内感染したウイルスなどの病原微生物由来の外来性抗原は,MHCクラスI分子上に提示される.MHCクラスIに提示される抗原は完全長のものではなく,細胞内でプロセシングを受け断片化された9個のアミノ酸が,通常,抗原提示に用いられる.CTLはTCRを介してこの外来性抗原を認識することで直ちに活性化し,標的細胞への攻撃を開始する.この際に,CTLから分泌されるパーフォリンと呼ばれる分子は,感染細胞の細胞膜に微小な穴を開ける役割を有し,その穴から,同じくCTLが放出するグランザイムBと呼ばれるセリンプロテアーゼが注入されることで,感染細胞のアポトーシスが誘導される.また,感染細胞はFasと呼ばれる分子を発現しており,CTLがそのリガンドであるFasLを分泌することで,Fas分子を介したアポトーシスも誘導される.このCTLによる感染細胞の破壊は,免疫系における「細胞性免疫」と定義されている.細胞性免疫の対象となる細胞は,感染細胞以外に,移植細胞や腫瘍細胞が存在する.また殺傷能力を有した細胞は,CTL以外にナチュラルキラー細胞が存在する.

5) ヘルパーT細胞

T細胞の重要な役割の一つとして,CLTやB細胞の働きを助けるといった,ヘルパー機能が存在する.これらのT細胞はCD4を発現しており,ヘルパーT細胞と呼ばれている.CTLは,このヘルパーT細胞が産生するインターフェロン(IFN)γやIL-2といった分子によって活性化する.これらの分子は,Th1サイトカインと呼ばれており,細胞性免疫の活性化に必要不可欠である.一方で,ヘルパーT細胞はB細胞も活性化し,抗体産生を誘導する.この際にヘルパーT細胞から放出される分子は,IL-4,IL-5,IL-6,IL-10,IL-13といったTh2サイトカインに分類される分子であり,液性免疫(抗体を中心とした免疫系)の活性化に必要不可欠である.CLTを活

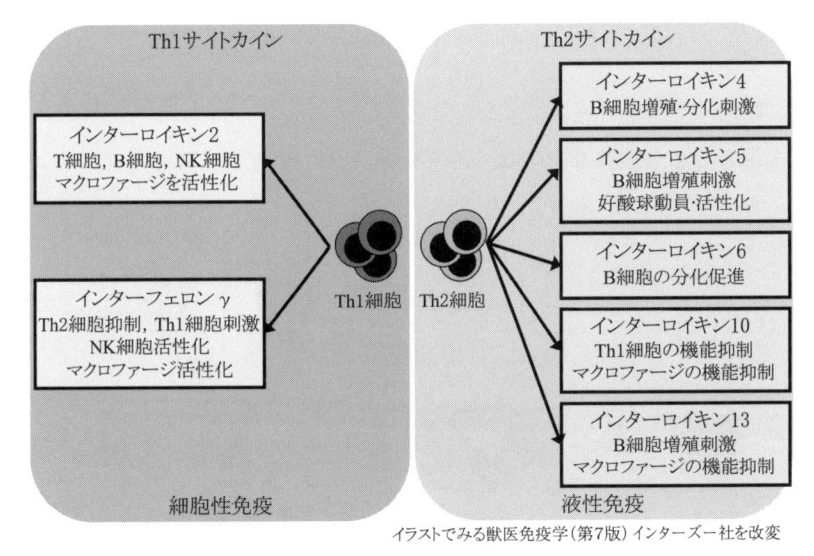

図8・4 Th1細胞とTh2細胞が産生するサイトカイン

性化させる Th1 サイトカインと，B 細胞を活性化させる Th2 サイトカインを産生するヘルパー T 細胞は機能の異なる細胞として分類されており，それらは Th1 細胞もしくは Th2 細胞と呼ばれている．また，最近の研究から，Th1 または Th2 細胞とは異なり，関節炎リウマチや多発性硬化症，乾癬，炎症性腸疾患などの発症に関与する IL-17 を産生するヘルパー T 細胞の存在も明らかとなっており，それらは Th17 細胞と呼ばれている．

6）制御性 T 細胞

過剰な免疫応答を制御する能力を有している T 細胞を制御性 T 細胞（Regulatory T cell，通称 Treg）と呼び，生体が免疫寛容（免疫不応答や免疫抑制）を誘導する際に，トランスフォーミング増殖因子（Transforming growth factor；TGF）β や IL-10 といった抑制性サイトカインを産生する．制御性 T 細胞には，胸腺で分化する内在性のもの（Naturally occurring Treg；nTreg）と，抗原刺激を受けていないナイーブな T 細胞が末梢で分化したもの（Inducible Treg；iTreg）の 2 種類が存在する．制御性 T 細胞の分化，発生，機能維持には，Foxp3 と呼ばれる転写因子の働きが重要であり，この Foxp3 は制御性 T 細胞を識別する際のマーカー分子としても広く用いられている．

7）$\gamma\delta$ T 細胞

ヒトとマウスでは，$\alpha\beta$TCR と比較し，$\gamma\delta$TCR の V 領域に存在する遺伝子数は少なく，$\gamma\delta$TCR の遺伝子再構成によって形成される TCR の多様性は，$\alpha\beta$TCR 程多くはない．また，ヒトとマウスでは，$\gamma\delta$T 細胞の割合も少なく，末梢血中には 5〜15％しか存在していない．一方で，ウシやヒツジなどの偶蹄類では，$\gamma\delta$T 細胞の割合が特に若い動物で高く，子ウシや子ヒツジの T 細胞の約 60％が $\gamma\delta$T 細胞であることが知られている．また，偶蹄類の $\gamma\delta$T 細胞では，TCR の遺伝子再構成が高頻度で行われており，ヒトやマウスの $\gamma\delta$T 細胞と比較し，偶蹄類の $\gamma\delta$T 細胞は多様な抗原を認識していると考えられている．

6．B 細 胞

B 細胞が有するもっとも重要な役割は，抗原を特異的に認識する免疫グロブリン（抗体）を産

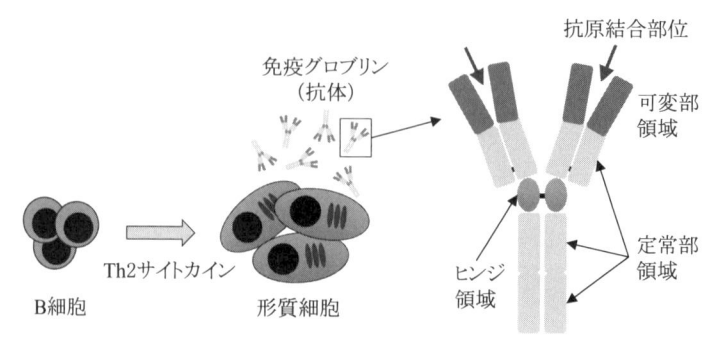

図 8・5　B 細胞分化と免疫グロブリン

生することである．抗体とは，異物と結合し，その働きを中和させる能力を有した分子であり，生体内に侵入した病原細菌やそれらが産生する毒素などは，抗体が結合することで宿主への感染性が失われる．このB細胞が産生する抗体による免疫応答は，液性免疫と呼ばれており，T細胞を中心とした細胞性免疫とは区別されている．B細胞は，骨髄で誕生するリンパ球の一つであり，抗原を特異的に認識する受容体（B細胞抗原受容体；BCR）を細胞膜表面に発現している．BCRは，H鎖（Heavy chain）とL鎖（Light chain）によって構成されており，それぞれの鎖のN末端領域が抗原認識に関わっている．一つのB細胞が作り出すBCRは1種類のみであり，生体は自然界に存在する莫大な数の異物に対応するために，特異性の異なる多数のBCRを作り出している．活性化したB細胞は，抗体産生細胞（形質細胞）となり，細胞外へ抗体を分泌するが，この抗体の特異性は，B細胞が元来有していたBCRの特異性と同じものである．B細胞が形質細胞へ分化する際には，T細胞からの抗原特異的刺激が非常に重要であるが，T細胞非依存的に活性化するB細胞の存在も近年の研究から明らかにされている．

1）BCRの遺伝子再構成

　BCRのN末端側に存在する抗原認識に関わる領域は可変領域（Variable region；V領域）と呼ばれ，そのアミノ酸配列は抗体によって異なる．一方で，C末端側は定常領域（Constant region；C領域）と呼ばれ，その配列はすべての抗体で共通している．BCRは，H鎖とL鎖の二つずつからなるY字型の4本鎖構造をしており，H鎖の可変領域は，V（variable），D（diversity），J（joining）の三つのセグメントによって，またL鎖の可変領域は，V，Jの二つのセグメントによって構成されている．抗体の抗原認識に多様性が生じる理由は，それぞれのセグメントに複数の遺伝子が存在し，そこから一つの遺伝子がランダムに選択され，重鎖および軽鎖の可変領域をコードするエキソンが完成するためであり，遺伝子の組み合わせの数だけ抗体の認識に多様性が生まれる．B細胞のこのDNAの組換えは，BCRの遺伝子再構成と呼ばれており，生体において，遺伝子配列を後天的に変化させることができる細胞は，B細胞と上述したT細胞のみである．このBCRの遺伝子再構成は，B細胞の分化初期段階で行われ，H鎖をコードするDNAの組換えがL鎖をコードするDNAの組換えよりも先に行われる．しかしながら，H鎖を合成後のB細胞は，すぐにL鎖の遺伝子を再構成せず，代わりに$\lambda 5$とVpreBと呼ばれる代替L鎖を合成し，それをH鎖に会合させることで，preBCR（仮のBCR）を形成する（この段階のB細胞を，プレB細胞と呼ぶ）．$\lambda 5$とVpreBの役割は，H鎖を介して，B細胞に増殖を促す刺激を入れることであり，その結果，同一のH鎖を有したプレB細胞が多数生まれる．この増殖したプレB細胞は，その後，L鎖の遺伝子再構成を行い，それぞれのL鎖がH鎖と会合することで，BCRの多様性がさらに広がる．

2）BCRの分子構造

　骨髄においてBCRの形成を完了したB細胞は，骨髄を離れ，末梢組織へと遊走する．BCRは，抗原認識に関わる膜結合型IgMと，シグナル伝達に関与するIgα/Igβのヘテロダイマーから形成

されており，末梢組織で，膜結合型 IgM に抗原が結合すると，Igα/Igβ を介してその刺激が細胞内に伝達される．中でも，B 細胞に特異的に発現するアダプター分子である BLNK の働きは重要であり，抗原刺激により BLNK のチロシン残基がリン酸化され，その結果，様々な分子が BLNK に結合する．それにより，それらの下流にあるシグナル伝達分子が活性化し，B 細胞の増殖・分化が促される．

3）抗原提示細胞としての B 細胞の機能

B 細胞は，抗原提示細胞としての機能も有しており，膜結合型 IgM を介して認識した抗原を細胞内に取り込み，それを MHC クラス II 分子上に提示することで，その抗原情報を T 細胞に伝える．一方で T 細胞は，上述した通り，抗原受容体である TCR を発現しており，B 細胞が提示する抗原情報と T 細胞の抗原認識性が一致すると，T 細胞は B 細胞を活性化させる．その際に，T 細胞からは IL-4，IL-5，IL-6，IL-10，IL-13 といった Th2 サイトカインが放出され，それらによって B 細胞の増殖が促される．

4）体細胞高頻度突然変異

脾臓やリンパ節といった末梢リンパ組織で B 細胞に抗原刺激が伝わると，B 細胞は抗体遺伝子の可変領域に突然変異を加えることで，抗体の可変領域のアミノ酸配列の一部を置換させる．この反応を，体細胞高頻度突然変異と呼ぶ．このアミノ酸置換により，多くの抗体は，特異性反応性がともに低下するが，一部の抗体の特異性は変わることなく，一方で抗原に対する親和性が高まる．この親和性が高まった抗体を産生する B 細胞は，脾臓やリンパ節の濾胞内に存在する濾胞樹状細胞が提示する抗原によってさらに刺激を受けることで，さらなる増殖を繰り返す．

5）免疫グロブリンのクラススイッチ

抗体（免疫グロブリン）には，H 鎖の C 末端領域が異なる五つのアイソタイプ〔IgA（H 鎖は α 鎖と呼ばれる），IgD（δ 鎖），IgE（ε 鎖），IgM（μ 鎖），IgG（γ 鎖）〕が存在する．H 鎖可変領域の遺伝子座の近傍には，μ 鎖の C 末端領域をコードする遺伝子配列が存在し，それに続いて δ 鎖，さらに下流に γ 鎖，ε 鎖，α 鎖の C 末端領域をコードする遺伝子が存在する．抗原刺激を受けた B 細胞は，H 鎖の可変領域に突然変異を加えることで抗体の親和性を高め（上述した，体細胞高頻度突然変異），さらには抗体の H 鎖の C 末端構造を μ 鎖から γ 鎖，ε 鎖もしくは α 鎖に変化させることで，IgG，IgE もしくは IgA アイソタイプの抗体を産生するようになる．この抗体のアイソタイプが変化することを，免疫グロブリンのクラススイッチと呼ぶ．クラススイッチにより不要になった他のアイソタイプをコードする遺伝子は，遺伝子組換えにより除去される．IgG は生体においてもっとも多量に存在する免疫グロブリンであり，補体活性を有している．IgA は，粘膜組織に多く分泌され，細菌の生体内への侵入を防いでいる．IgE は，アレルギー反応に関与している．

7. ナチュラルキラー細胞

ナチュラルキラー細胞（NK 細胞）は，腫瘍細胞やウイルス感染細胞を認識し，それらに対する細胞傷害活性を有している．NK 細胞は TCR のような抗原を特異的に認識する受容体を有しておらず，T 細胞とは異なる異常細胞の識別システムを有している．一方で，NK 細胞が異常細胞を殺傷する際のメカニズムは CTL と同様であり，パーフォリンとグランザイム B を放出することで，標的細胞を破壊する．NK 細胞には，MHC クラス I 分子に対する受容体が存在し，その上に提示されているペプチドの種類に関係なく，MHC クラス I 分子そのものを認識する．正常細胞が腫瘍化する際には，MHC クラス I 分子の発現が低下することが知られており，NK 細胞はそれを手がかりに腫瘍細胞を正常細胞と区別している．つまり，NK 細胞は，通常は正常細胞が発現する MHC クラス I 分子を認識し，正常細胞に対する細胞障害活性を抑制しているが，MHC クラス I 分子の発現が低下した細胞を発見すると，自己の細胞であっても攻撃を開始する．また，NK 細胞には，免疫グロブリン（抗体）に対する受容体（Fc Receptor；FcR）が存在しており，標的細胞の細胞膜に抗体が結合すると，NK 細胞は FcR を介してそれを識別し，破壊する．これを，抗体依存性細胞傷害活性と呼ぶ．

IV 一次リンパ組織と二次リンパ組織

B 細胞や T 細胞の産生，分化，機能発現に関わる組織は，その役割に応じて，一次リンパ組織と二次リンパ組織とに大別される．一次リンパ組織は，B 細胞や T 細胞が産生し，分化する場所であり，骨髄および胸腺がそれに相当する（鳥類では，ファブリキウス嚢と呼ばれる鳥類特有の器官も，一次リンパ組織に含まれる）．二次リンパ組織では，成熟した B 細胞や T 細胞が免疫応答を誘導する場所であり，脾臓やリンパ節がそれに相当する．一次リンパ組織は，胎生初期に発生し，成熟後萎縮するが，二次リンパ組織は，胎生後期で発生し，成熟後も機能する．

表 8・3　家畜の一次リンパ組織と二次リンパ組織の比較

	一次リンパ組織	二次リンパ組織
由　来	外胚葉と外胚葉の結合，あるいは内胚葉	中胚葉
発生時期	胎生初期	胎生後期
存　続	性成熟後萎縮	成体で機能
除去の影響	リンパ球の消失	無いか少ない
抗原に対する免疫応答	不応答	完全に応答
例	骨髄，胸腺，ファブリキウス嚢，回腸パイエル板	脾臓，リンパ節，空腸パイエル板

イラストでみる獣医免疫学（第 7 版）インターズー社を改変

1. 骨　髄

骨髄は，赤色髄と黄色髄から構成され，赤色髄は造血の場（免疫担当細胞の誕生の場）として機能している．一方で，黄色髄は，造血能力を失った赤色髄が脂肪組織と化したものであり，成長と

ともにその割合が増加する（出産後しばらくの間は，骨髄の大半が赤色髄で構成されている）．造血幹細胞は，骨髄内のストローマ細胞と相互作用することで，分化増殖する．また，造血幹細胞のリンパ球や顆粒球などへのコミットメントは骨髄で行われ，B細胞では，もっとも未熟な分化段階のものから，膜結合型 IgM を発現するまでのすべての分化ステージの細胞が骨髄に存在している．（注：鳥類は，哺乳類とは異なり，B細胞分化は，ファブリキウス嚢で行われる．）

2．胸　腺

T細胞の教育の場である胸腺は，胎生期に発達し，思春期でもっとも大きくなる器官であるが，加齢と共に萎縮する．胸腺は，数多くの小葉から構成されており，それらは小葉間結合組織によって隔てられている．胸腺が萎縮する際には，小葉の縮小が生じ，さらには小葉間結合組織が脂肪組織に置き換わる．小葉の表層近くは皮質と呼ばれ，分化過程のT細胞が密集している．一方で，中心部は髄質と呼ばれ，細胞はまばらに存在している．骨髄において，造血幹細胞からT細胞へのコミットメントが行われたT細胞前駆細胞は，胸腺内に遊走し，TCR遺伝子を再構成させる．その後，皮質に存在するストローマ細胞（主として，胸腺皮質上皮細胞）の働きにより，自己抗原にあまり反応性を示さないTCRを有したT細胞が選択され（ポジティブセレクション），また髄質内に存在するストローマ細胞（主として，胸腺髄質上皮細胞や樹状細胞）の働きにより，自己抗原に対して強い反応性を示すT細胞は，アポトーシスにより除去される（ネガティブセレクション）．髄質には，ハッサル小体と呼ばれる上皮性細胞が同心円状に集まった構造体が認められるが，その機能は明らかにされていない．

3．脾　臓

二次リンパ組織である脾臓は，白脾髄と呼ばれる白みを帯びた斑点が点在しており，そこには数多くのリンパ球が存在している．一方で，白脾髄以外の組織は赤みを帯びており，赤脾髄と呼ばれている．脾臓には脾門と呼ばれる血管の出入り口があり，そこから脾柱動脈が脾臓内に侵入している．骨髄や胸腺で分化したB細胞やT細胞は，この脾柱動脈から脾臓内へと遊走し，白脾髄に向かう．白脾髄には，B細胞によって形成されるB細胞領域（濾胞領域）と，T細胞によって形成されるT細胞領域（傍濾胞領域）が存在し，外来性抗原に対する免疫応答を誘導している．多くの白脾髄には，胚中心（明中心とも呼ばれる）が存在し，抗原刺激を受けたB細胞が活発な増殖を繰り返している．また，この胚中心において，抗体をコードする遺伝子の体細胞高頻度突然変異や，抗体のクラススイッチが行われている．

赤脾髄には，脾洞と呼ばれる内皮細胞で囲まれた袋状の腔（洞様毛細血管）が発達しており，またその周囲は，赤血球が充満した網状組織である脾索によって埋められている．脾索には，多数のマクロファージが存在しており，微生物や古くなった赤血球を貪食し破壊している．脾洞内の血液は，その後，脾髄静脈として合流し，さらには太い脾柱静脈となり，脾門より脾臓外に排出され

4. リンパ節

　二次リンパ組織に分類されるリンパ節は，リンパ管の途中に位置しており，リンパ管内を流れてくる異物に対する免疫応答を誘導する．一方で，リンパ節には，このリンパ管に加え，血管も走っており，骨髄や胸腺で成熟したT細胞やB細胞などの免疫担当細胞の多くは，リンパ節に血行性に移住している．リンパ節で抗原刺激を受けたT細胞やB細胞は活性化し，速やかに増殖を開始する．その後，全身組織へと移動し，抗体産生やCLTといった免疫応答を誘導する．脾臓と同様に，リンパ節にも胚中心が存在し，B細胞の活発な増殖に加え，抗体遺伝子の高頻度突然変異や，免疫グロブリンのクラススイッチが行われている．

V　粘膜免疫系

　全身組織に侵入した外来性抗原に対する免疫応答は，脾臓やリンパ節で行われるのに対し，呼吸器（気管や肺）や消化器（小腸や大腸）といった粘膜組織に侵入した外来性抗原に対する免疫応答は，呼吸器や消化器に独自に発達する免疫系（粘膜免疫系）によって誘導される．粘膜免疫系は，脾臓やリンパ節を中心とした全身免疫系とは独立した免疫系として定義されている．この粘膜組織での免疫誘導に重要な役割をしている器官が，粘膜関連リンパ組織であり，小腸のパイエル板や，咽頭鼻部に存在する扁桃やアデノイド，鼻咽頭関連リンパ組織がそれに相当する．この粘膜関連リンパ組織は免疫誘導の場であることから，粘膜免疫系における誘導組織と称されており，事実，骨髄や胸腺といった一次リンパ組織で分化成熟したT細胞やB細胞がこの粘膜関連リンパ組織に集まり，粘膜組織に侵入した外来性抗原に対する特異的免疫応答を誘導している．粘膜免疫系で産生される大半の抗体のアイソタイプはIgAであり，全身免疫系で産生されるIgGを中心とした抗体とは特徴が異なる．粘膜組織に分泌されたIgAは，病原微生物の粘膜組織内への侵入を阻止するために非常に重要である．

1. パイエル板

　パイエル板は，小腸に存在する集合リンパ小節（多数のリンパ小節が集団をなしている）である．マウスでは，8～12個のパイエル板が小腸（十二指腸，空腸，回腸）に万遍なく存在している．一方で，ウシやブタのパイエル板の局在はマウスとは異なっており，80～90％が回腸に存在し，長く連続した帯状の構造をしている．また，空腸でも発達したパイエル板が認められるが，その形態は島状であり，散在している．ウシやブタの空腸パイエル板には，B細胞が密集している濾胞領域が発達しており，またその周囲にはT細胞が密集する傍濾胞領域が発達し，消化器内に侵入した外来性抗原に対する免疫応答を誘導している．一方で，帯状で連続したウシやブタの回腸パイエル板は，発達した濾胞領域は認められるものの，傍濾胞領域はほとんど認められず，T細胞

もごく僅かしか存在していない．この回腸パイエル板は，免疫応答の誘導に関わる空腸パイエル板とは異なり，鳥類のファブリキウス嚢と同様に，B細胞産生のための一次リンパ組織として機能していると考えられている．

2．M 細 胞

　パイエル板を覆う上皮層は，濾胞関連上皮層と呼ばれ，絨毛の上皮層とは区別されている．濾胞関連上皮層には，抗原取り込みを専門に行うM（Microfold）細胞が散在しており，消化器内に侵入した病原性微生物などの外来性抗原の一部を選択的に取り込むことで，パイエル板内での免疫応答の誘導を促している．M細胞は，隣接する吸収上皮細胞と比較して形態学的特徴が大きく異なっており，微絨毛がまばらで長さも短く，また細胞内にはポケット構造が発達し，そこには樹状細胞などの免疫担当細胞が集結している．M細胞での外来性抗原の取り込みメカニズムの詳細はあまり解明されていないが，近年の研究から，M細胞に特異的に発現するGlycoprotein 2と呼ばれる分子が，一部の細菌が有するI型線毛の構成成分であるFimHと結合することが明らかにされており，I型線毛を有した細菌のM細胞からの取り込みメカニズムが解明された．ウシやブタのM細胞におけるGlycoprotein 2の発現の有無については未だ報告されていないが，ウシやブタのM細胞には，Cytokeratin 18という細胞骨格分子が特異的に発現していることが知られている．

3．粘膜固有層

　腸管などの粘膜組織には，多量のIgAアイソタイプの抗体が存在する．パイエル板や腸管膜リンパ節では，IgAへのクラススイッチを促すサイトカインであるTGF-βが産生されており，多くのB細胞はそこで抗原刺激を受けると，IgMからIgAへと免疫グロブリンのアイソタイプをクラススイッチさせる．このIgAへクラススイッチしたB細胞（形質芽細胞と呼ばれる）は，パイエル板や腸管膜リンパ節を離れ，全身組織を循環した後に，腸管粘膜固有層に遊走する．粘膜固有層では，IL-5やIL-6といったTh2サイトカインがT細胞から産生されており，それらの働きによって，形質芽細胞は抗体を高産生する形質細胞へと最終分化する．粘膜固有層で分泌されたIgAは，絨毛の上皮細胞の基底膜側で発現するpolyIg受容体と結合することにより，上皮細胞の基底膜側から管腔側へと輸送され，最終的に腸管腔へと放出される．IgAは，腸管内に侵入した微生物の腸管組織内への侵入を阻止するために，

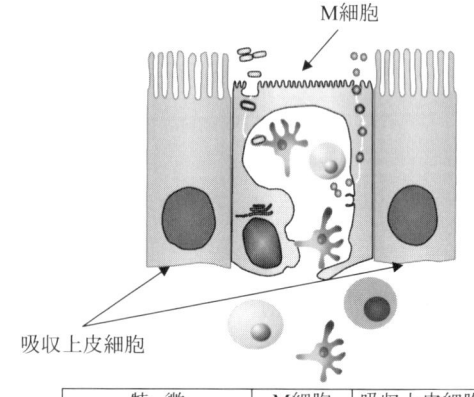

特　徴	M細胞	吸収上皮細胞
微絨毛	短い，粗	長い，密
ポケット構造	ある	ない
異物の取り込み能力	ある	ない

図8・6　M細胞と吸収上皮細胞の比較

非常に重要な役割を果たしている．

4．粘膜ワクチン

　ワクチン抗原を経口や経鼻投与することで，呼吸器や消化器に抗原特異的免疫応答を誘導することが可能である．しかしながら，同一ワクチン抗原を，注射により皮下や筋肉内に投与しても，粘膜組織での免疫応答は誘導されない．これは，粘膜組織に接種したワクチン抗原に対して，呼吸器や消化器に発達する粘膜免疫系が活性化し，その結果，粘膜組織に免疫応答を誘導するためである．経口や経鼻投与型の粘膜ワクチンは，特にインフルエンザなどの粘膜感染症を予防するためのワクチンとして非常に効果的であると考えられており，その開発が期待されている．

第9章 神経系の機能

I 内外相関と内部統制

1. 内部環境と外部環境

　生物の単位を細胞とすると，細胞が生きものとして存在するためには細胞の内部に存在している種々の条件からなる内部環境と，細胞の外部を囲む種々の条件から構成される外部環境との間に動的な平衡関係が成立していることが必要である．個体は細胞群が有機的に結合した組織（tissue），器官（organ），系（system）より成り立っている．したがって家畜もまた内部環境と外部環境の相関のもとに生存していることになる．あらゆる動物は外部環境の変化に対応し，これを正確に受けとめて，うまく適応，対処するために特殊な内部環境調整機構をそなえている．その一つは体液（内分泌）的調整機構であり，他の一つは神経的調整機構である．

2. 神経系の発達

　神経細胞（ニューロン，neuron）は，電気的興奮を他の細胞に伝達する機能をもつ特殊な細胞である．下等な動物では神経細胞は見られないが，腔腸動物（ヒトデ，クラゲ）になると原始神経細胞が見られるようになる．脊椎動物では，特殊な機能系である神経系（nervous system）が構成され，脳，脊髄のような器官が分化し個体の内部統制をつかさどるようになる．

II 神経細胞の性質

1. ニューロン

　神経細胞は細胞体（cell body, soma），樹状突起（dendrite）および細長くのびた突起である軸索（axon）よりなる．軸索はまた，神経線維（nerve fiber）とも呼ばれる（図9・1，運動ニューロン

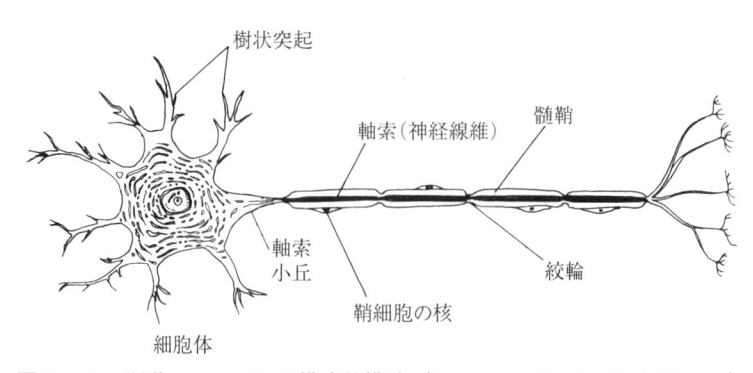

図9・1　運動ニューロンの模式的構造（SCHMITT, Biophysical Science）

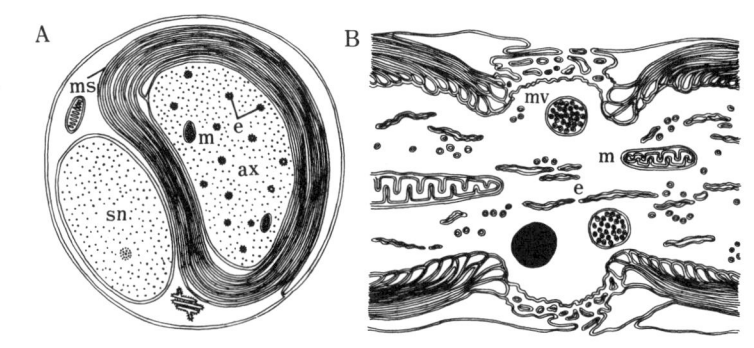

図9・2　有髄線維の電子顕微鏡像
A：横断面　　B：絞輪部の縦断面　　ax：軸索　　e：小胞体
m：ミトコンドリア　　ms：髄鞘　　sn：鞘細胞の核　　mv：多胞体
（大きな黒丸は固定の際の人工産物）　　　　　　　　（ROBERTSON）

の一例）．細胞体には通常の細胞構成要素のほか，ニッスル物質などが含まれている．神経系はニューロンとその支持細胞より構成されているが，末梢神経では細胞体を外套細胞（satellite cell）が，中枢神経内では神経膠（グリア）細胞（neuroglial cell）が支持している．

軸索は軸索小丘（axon hillock）から始まり，筋細胞や腺細胞のような効果器，そして隣接するニューロンへ出力信号を伝達する．軸索の一部は髄鞘（myelin sheath，ミエリン鞘）で包まれており，これを有髄線維（myelinated fiber）という．髄鞘は軸索の末端部には存在しない．中枢神経系（central nervous system）では稀突起膠細胞（oligodendrocyte），末梢神経では髄鞘は鞘（シュワン）細胞（Schwann cell）が変型して軸索を幾重にもとりまいている（図9・2）．髄鞘がない線維は無髄線維（unmyelinated fiber）と呼ばれる．有髄線維では髄鞘は一定の間隔をもって規則正しくとぎれている．この部分を（ランビエの）絞輪（node of Ranvier）という．

タンパク質，脂質，糖質，伝達物質を含む小胞は，速い軸索輸送（axonal transport）によって細胞体のゴルジ複合体から軸索と終末部の先端へと運ばれる．このような神経細管に沿った順行性輸送（anterograde transport）は，モータータンパク質であるキネシン（kinesin）によって引き起こされる．一方，神経成長因子（nerve growth factor, NGF），ヘルペスウイルス，ポリオウイルスのような内因性物質や外因性物質は，末端部から細胞体へ逆行性輸送（retrograde transport）される．この逆行性輸送は，モータータンパク質であるダイニン（dynein）によって引き起こされる．順行性および逆行性輸送のエネルギーはアデノシン三リン酸（ATP）によって供給される．

神経線維が生体内で切断されると，末梢側の線維が変性して消失する．これをウォーラーの変性（Wallerian degeneration）という．しかし，この場合，鞘細胞は増殖し中空の鞘となる．一方，細胞体側（中枢側）の神経線維切断端からは多数の芽がのび，そのうちの一本が中空の鞘細胞の鞘の中に進入していき，神経線維の再生が行われる．遅い軸索輸送は切断された神経突起の再生に重要である．また，時には，切断端から細胞体側にも変性が起こり，神経線維に加えて細胞体の変性，

消失が起こることがある．これを逆行変性（retrograde degeneration）という．この場合，ニューロンは完全に消失してしまう．消失したニューロンが再生されることはない．牛海綿状脳症（bovine spongiform encephalopathy, BSE）やアルツハイマー病，筋委縮性側索硬化症では軸索末端から細胞体側に軸索の変性が起こり，神経線維に加えて細胞体の変性，消失が起こることが知られている．

2．静止電位と活動電位

外界のある条件が生体に作用して，その機能を発揮させる場合，その作用を刺激（stimulus）といい，刺激に対する生体の機能発揮を興奮（excitation）という．ニューロン内で興奮が次々に引き起こされていくことを興奮が伝導（conduction）するという．ニューロンの機能的特徴の一つは刺激に対する興奮が電気的に伝導されることにある．

1）静止電位

ニューロンに限らず，一般に細胞は興奮していない静止状態下にあっても，細胞内外間に電位差が存在している．この電位差を静止電位（resting potential）という．静止電位には，細胞膜の内側と外側の間に存在する静止膜電位（resting membrane potential）や正常部と負傷部の間に見られる負傷電位（injury potential）などがある．静止膜電位は，細胞内液と細胞外液の間のわずかなイ

表9・1　運動ニューロンのイオン濃度と平衡電位

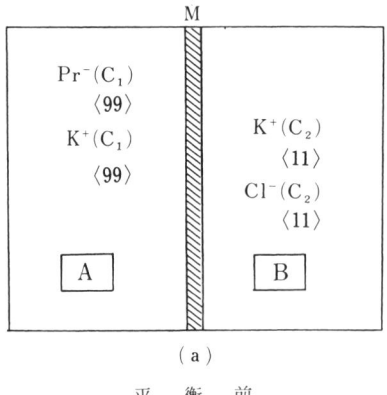

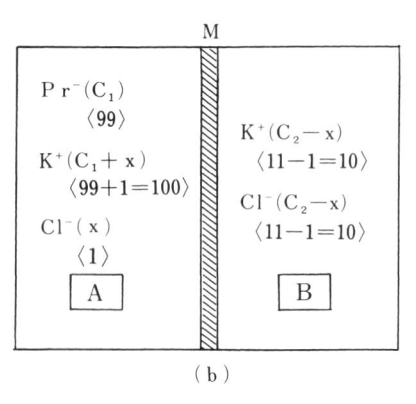

イオン	細胞内濃度（mM）	細胞外濃度（mM）	平衡電位（mV）
Na^+	15.0	150.0	＋60
K^+	150.0	5.5	－90
Cl^-	9.0	125.0	－70

図9・3　ドナンの膜平衡

C_1, C_2 はそれぞれのイオンの濃度とする．いま（a）においてBからAに K^+ と Cl^- が x ⟨1⟩ だけ移ったとすれば，平衡状態時には（b）となり，膜Mをはさんで K^+ と Cl^- が不平等な分布を示す（数字⟨　⟩はある例を示す）．

オン分布の不均一性によって生じる（表9・1）．

細胞膜は，ある物質は通過させるが，他の物質は通過させない生物的な半透膜（semipermeable membrane）である．静止細胞膜は細胞内に存在するタンパク質やその他の有機イオンおよびNa$^+$に対して不透過であるが，K$^+$とCl$^-$はかなりよく透過する．

いま，図9・3（a）においてAおよびBの2室は膜Mでさえぎられ，膜MはK$^+$やCl$^-$は通すが，タンパク質（Pr$^-$）は通過できないとする．

（a）のA室にPr$^-$とK$^+$，B室にK$^+$とCl$^-$があるとした場合，Cl$^-$はB→Aに移るが，イオンのバランスを保つため，陰・陽イオンが一緒に動くので，K$^+$もまたB→Aに動く．A，B両室内とも陰・陽イオンの各総和が等しくなった時，移動は止み平衡状態に達する（図9・3（b））．この場合，膜の両側でK$^+$とCl$^-$は不平等に分布することになる．この状態をドナンの膜平衡（Donnan's membrane equilibrium）という．

細胞膜をはさんで二つの勾配（化学勾配と電気勾配）が存在し，これらが細胞膜を介した輸送の駆動力となっている．化学勾配とは，細胞膜に存在し，Na$^+$を細胞外に汲み出し，K$^+$を濃度勾配に逆らって細胞内に汲み入れるNa$^+$/-K$^+$ポンプによって，Na$^+$が3個汲み出されるごとにK$^+$が2個汲み入れられることにより生じるイオンの濃度勾配である．このポンプは，ATPをADPに加水分解する一種の酵素であるので，Na$^+$/K$^+$ATPアーゼとも呼ばれている．一方，細胞内外でのイオン濃度の差は電気（電位）勾配を生じさせ，細胞内は外に対して負の電位となる．また，K$^+$は細胞内濃度が高いので，濃度勾配に従って細胞内から細胞外に拡散しようとするが，一方，細胞内は負電位なので，電位勾配はK$^+$を細胞内に止めるように作用する．このK$^+$を移動させようとする内向きの力と外向きの力が平衡した時に，K$^+$について細胞膜をはさんで生ずる電位をK$^+$の平衡電位E_K（equilibrium potential for K$^+$）という．

Na$^+$の透過性はきわめて低いが，細胞外濃度が細胞内濃度より高く，かつ細胞内は負電位であるから，Na$^+$は濃度的にも電位的にも細胞内に移動しようとする．またCl$^-$は濃度勾配では細胞外が高いので，細胞内に拡散しようとし，一方，電位勾配によっては細胞外に移動しようとする．

静止膜電位の成立には，イオンの膜透過性

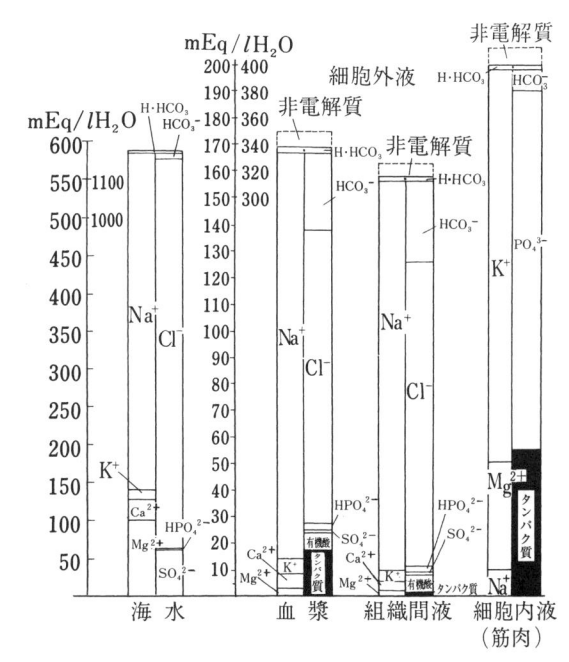

図9・4 液体の電解質組成と海水との比較
縦軸の目盛で，左側は陽，陰各イオン成分の値，右側は左右両柱の値の和である．（ギャンブル，水と電解質）

の相違，Na⁺/K⁺ポンプの存在，タンパク質などの巨大陰イオンが細胞内に存在することが必要である．神経線維の静止膜電位の大きさは約-70 mV であり，おもに K⁺ の細胞内外濃度差によるものである．

神経や筋の細胞内液と細胞外液の無機イオン組成は著しく異なる（図9・4）．細胞内液には K⁺ が多く，Na⁺ や Cl⁻ は少ないが，PO_4^{3-} やタンパク質イオンが多く，一方，細胞外液には Na⁺ や Cl⁻ が多く，K⁺ は少ない．

2）活動電位

細胞が静止している場合，細胞の表面はすべての点で等電位であるが，細胞の一部が興奮した場合，その興奮部と静止部の間には，興奮部を負とする電位差が生じる．この電位差を活動電位（action potential）という．活動電位は刺激により静止膜電位が減少する方向，すなわち脱分極（depolarization）する過程で，ある電位から急激に脱分極が進み，スパイク電位（spike potential）を生じ，再びもとの膜電位にもどるという経過をたどる（図9・5）．活動電位は神経細胞のみならず，筋，心筋，内分泌腺などの細胞でも得られる．これらを興奮性細胞という．活動電位がスパイク上になる原因は，細胞膜のフグ毒感受性の Na⁺ チャネルが約 1 m 秒だけ開口することにより Na⁺ 透過性が急激に増大し，細胞内に Na⁺ が流入するために，膜電位が Na⁺ の平衡電位（＋40 mV）に近づくためである．

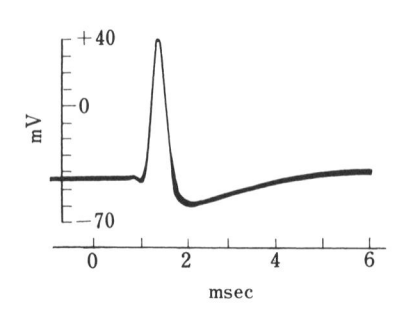

図9・5 縦軸の電位の 0 は電極が細胞外にある時で，電極を細胞内に挿入すると-45 mV の電位を示す．これが静止膜電位である．興奮によって電位は逆転し，＋40mV になる．
（本川，一般生理学）

単一ニューロンや単一筋細胞，あるいは心筋において，一旦興奮が生じ活動電位が発生すると，この電位の大きさはそれ以上刺激（脱分極性電流）を大きくしても，決して大きくならない．このことを「悉無律」または「全か無かの法則」（all or none law）に従うという．

3．興奮伝導の機序
1）興奮の伝導

神経線維の一部に加えた刺激が閾値（threshold，興奮が生じるために必要な最小の刺激）を越えると，その部分は興奮して活動電位が生じる．この興奮部では膜の電位は逆転し，細胞内が外に対して正となる．その結果，細胞外では隣接した静止部から興奮部へ，細胞内では興奮部から隣接静止部へ向かう電流が流れることになる．したがって，興奮部のすぐ隣の部分では外向き電流が膜を貫いて流れ，膜を脱分極することになる．一方，神経線維は抵抗の高い細胞膜に抵抗の低い原形質が包まれていて，細胞外液という導体の中に浸されているから，あたかも絶縁性の不完全な被覆に包まれた海底ケーブルの条件に類似している．この場合，興奮部と非興奮部に流れる局所電流

(local current) は距離が長くなるにつれて減衰する．これを電気緊張性伝播 (electrotonic spread) という．興奮部に近い非興奮部を流れる局所電流は，十分に大きいから，新たに活動電位を生じることができる．このように，神経線維が一旦興奮するとその隣接部位に次々と活動電位を生じることになり，興奮は電気的に伝導される．一本の神経線維の一端から電気刺激を行い，他端で二本の電極を用いて細胞外の電位変化を記録すると，図9・6のような二相性の電位変化

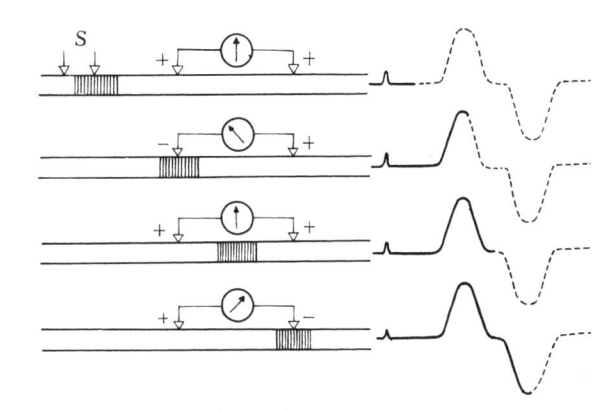

図9・6　興奮の伝導にともなう二相性電流
　　　　Sは刺激，たて縞は興奮の伝導を示す．
　　　　　　　　　　　　（田崎ら，生物学通論Ⅰ）

が記録できる．二本の電極の間で興奮が伝導しないようにすると，一相性の電位変化のみが見られる．このような条件下で，座骨神経のような伝導速度の異なる神経線維を含む神経幹を刺激すると，速度の違いによって電位の山が三つ以上分離できる．この現象を，峰別れとよぶ．

2）興奮伝導の特徴

①有髄線維の跳躍伝導：無髄線維の場合はある部位に生じた興奮は線維に沿って次々と活動電位を生じて興奮が伝導されるが，有髄線維の場合は事情が異なる．いま，絞輪部に興奮が生じたとすると，有髄線維では抵抗の高い髄鞘が軸索を覆っているため局所電流は，髄鞘が欠け，抵抗の少ない隣接の絞輪部を通って外向きに流れ，その部を新たに興奮させる（図9・7）．このように興奮が連続的に伝導するのではなく，とびとびに伝導することを跳躍伝導（saltatory conduction）という．この方法により興奮の伝導速度は著しく速くなる．イカの直径 $20\,\mu m$ の無髄線維の伝導速度は $4\,m/秒$ と計算されるが，同じ太さの神経を有髄にした場合，その速度は $40\,m/秒$ となり10倍になる．また，活動電位の発生に伴うイオンの出入りも無髄線維の場合に比べて少なくなるので，必要とされるエネルギー量も少なくてすむ利点がある．

②絶縁伝導：神経線維束には多数の線維が含まれ，時には遠心性および求心性線維など目的の異なる線維が混在している．このような線維束の中の一つの線維に興奮が起こっても，この興奮は隣接の線維に伝わることはない．これを絶縁伝導（isolated conduction）という．ある線維に生じた局所電流は隣接線維にも流れ，その興奮性になんらかの影響を与えるが，新たな興奮を起

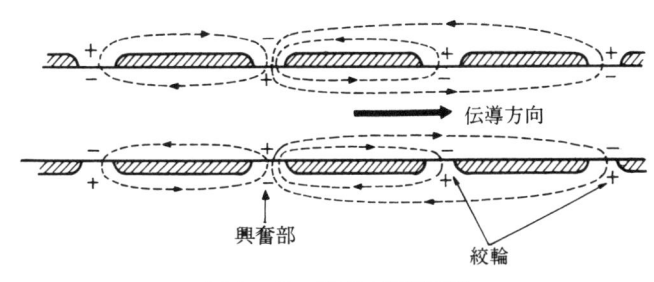

図9・7　興奮の跳躍伝導

こすには至らないと考えられている．もしこの性質がないとすれば神経系の生体調節機能は失われてしまう．

　③両方向伝導と一方向伝導：神経線維の中心部分に興奮を起こすと局所電流は興奮部の両側から流れ込み，その部に隣接する両方向に新たな興奮を生じて伝導していく．すなわち，線維の末端部にも細胞体部方向にも伝導していく．しかし，生体内では興奮は細胞体および樹状突起から終末部方向に伝導するが，逆方向に伝えられることはない．すなわち，一方向にしか伝導されないのである．これはニューロンとニューロンの接続部に特殊な機構（シナプス）がそなわっているからである．興奮が神経線維にそって自然の方向に進む時は，これを正伝導（orthodromic conduction）といい，その逆方向に進む時は逆伝導（antidromic conduction）という．

Ⅲ　シナプス

1．シナプスの性質

　神経系では無数のニューロンが相互に連結しているが，一つのニューロンの線維末端と次のニューロンとの接続部をシナプス（synapse）という．神経筋接合部や，神経と分泌細胞の接合部にも似た構造が存在するので，それらの部位をも含めてシナプスということがある．興奮が一つの細胞から隣接の細胞に伝わることを伝達（transmission）という．

　一つのニューロンの軸索末端はシナプス小頭部（synaptic knob）を作り，他のニューロンの樹状突起に接続しているが，この接続部にはシナプス間隙（synaptic cleft）と呼ばれる20～30 nmの空間があることが明らかとなっている．シナプス小頭部は直径 0.5～0.9 μm 程度で，その内部にはミトコンドリアと多数のシナプス小胞（synaptic vesicle）が存在している．この小胞内には情報の伝達に必要な化学伝達物質が含まれている（図9・8）．情報を受けわたす側の小頭部はシナプス前要素（pre-synaptic element），受けとる側の樹状突起や細胞体はシナプス後要素（post-synaptic element）と呼ばれる．

　一本のシナプス前線維が多数の側枝に分岐して多数のニューロンと接続する場合にはこれを発散

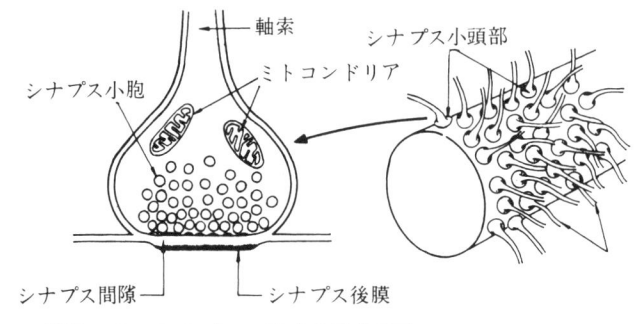

図9・8　シナプスの模式的微細構造
（SCHMIDT-NIELSEN, Animal Physiology）

(divergence）といい，逆に，多数のニューロンに一つのニューロンが接続してシナプスを作る場合は集中（convergence）という．これを二つの基本型として，図9・9に示すような複雑な回路網が中枢神経系内では形成されている．

シナプスには2種類ある．まず，興奮の伝達が電気的に行われるシナプスを電気的シナプス（electrical synapse）という．電気的シナプスではシナプス間隙は狭く（2〜3 nm），シナプス前要素とシナプス後要素の細胞膜間には，ギャップ・ジャンクション（gap junction）といわれる特別な構造（図9・10）があり，コネクソン（connexon）と呼ばれる直径1〜2 nm の小管で結ばれている．シナプス前要素末端に達した局所電流はコネクソンを通って，直接シナプス後要素に流入し，脱分極させ，活動電流を生じる．コネクソンはまた，糖，アミノ酸などの小物質（分子量約1,000まで）を通過させる．直接ものが通過するという点で，電気シナプスはゴルジ

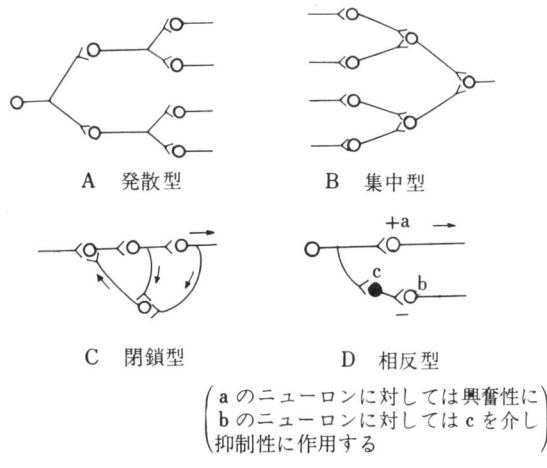

A　発散型　　　　　B　集中型

C　閉鎖型　　　　　D　相反型

（aのニューロンに対しては興奮性に
bのニューロンに対してはcを介し
抑制性に作用する）

図9・9　ニューロン結合様式の例

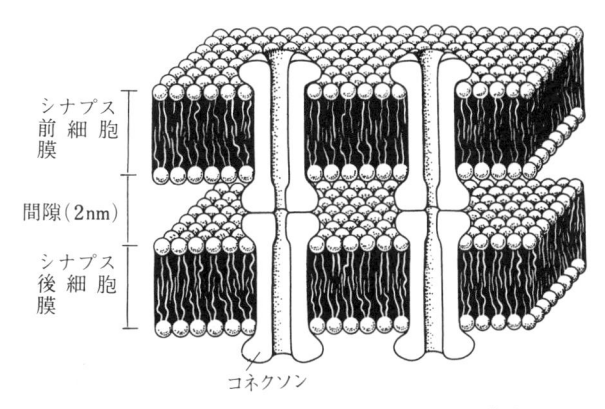

図9・10　ギャップ・ジャンクションの模式図

の網状説に相当するといえるかもしれない．電気的シナプスの例は中枢神経系内や心筋線維などに見られ，多数の細胞が同調して興奮するような場合に適していると考えられている．

しかし，そのほとんどは，シナプス前要素からシナプス後要素への情報の伝達が化学物質によって行われる化学的シナプス（chemical synapse）である．さらにこれは興奮性シナプス（excitatory synapse）と抑制性シナプス（inhibitory synapse）とに分類される．興奮性シナプスではシナプス前要素にきたインパルス（伝導性の電位変化，神経衝撃ともいう）により化学伝達物質が放出され，シナプス後要素の興奮を引き起こすが，抑制性シナプスでは，逆にシナプス後要素の興奮は抑えられる．

2．化学伝達物質とシナプス電位の発生

化学的シナプスのシナプス前要素には膜電位感受性カルシウムチャネルがある．軸索の活動電位の到達によって膜電位が脱分極したことを感知して活性化し，その結果チャネルが開いてカルシウムが細胞内に入りこむ．このカルシウムによって，シナプス前部にあったシナプス小胞が細胞膜に

融合し，中に入っていた神経伝達物質がシナプス間隙に放出される．伝達物質はシナプス後要素の膜に存在する受容体に結合する．シナプス後要素への効果は化学伝達物質のタイプと受容体に依存し，興奮性か抑制性のどちらかとなる．電気的に行われる興奮伝導に比べ，興奮伝達における化学物質の分泌には時間を要する．このため神経系を伝わる情報の速度は，シナプスの部位で落ちる．シナプスにおけるこのような特性をシナプス遅延という．

1）興奮性伝達物質

興奮性伝達物質（excitatory transmitter）として作用する物質の中にアセチルコリンがある．アセチルコリンは，自律神経の節前線維と節後線維間のシナプス，運動神経と筋接合部，副交感神経の節後線維終末，ある種の交感神経節後線維終末における化学伝達物質である（図9・11）．アセチルコリンを遊離するニューロンをコリン作動性（cholinergic）神経という．コリン作動性神経の終末の細胞膜にはアセチルコリンを分解するアセチルコリンエステラーゼ（acetylcholine esterase）が多量に存在している．また細胞質内にはアセチル CoA とコリンとからアセチルコリンを合成する酵素であるコリンアセチラーゼ（choline acetylase）が高濃度に存在している．アセチルコリンはシナプス後要素の膜に存在するコリン受容体に結合する．自律神経節にあるコリン受容体はイオンチャネル内蔵型受容体であり，アセチルコリンの結合によりチャネルが開いて陽イオンが流入する．その結果，シナプス後要素の細胞膜は脱分極され，興奮性シナプス後部電位（excitatory postsynaptic potential, EPSP）を発生する（図9・12）．

多くの交感神経節後線維の末端における興奮性伝達物質はカテコールアミンの一種であるノルアドレナリンである．ノルアドレナリンを遊離するニューロンをアドレナリン作動性（adrenergic）神経という．遊離したノルアドレナリンはアドレナリン作動性ニューロンの終末部に多量に存在するモノアミンオキシダーゼ（monoamine oxidase）によって分解される．また同じ終末部にあるシナプス小胞はドーパミン（dopamine）から

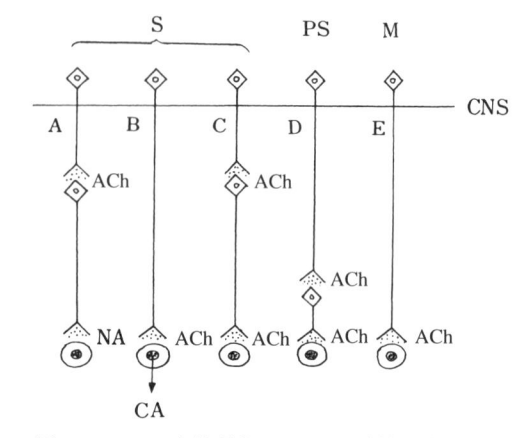

図9・11 自律神経および運動神経末端における化学伝達物質
CNS：中枢神経系　　S：交感神経
PS：副交感神経
M：運動神経　　ACh：アセチルコリン　　NA：ノルアドレナリン
CA：カテコールアミン（アドレナリン，ノルアドレナリン，ドーパミン）
A：一般の交感神経．節前線維末端から ACh を，節後線維末端からノルアドレナリンを分泌する．
B：副腎髄質への交感神経．髄質分泌細胞へ ACh が直接作用し，CA を分泌させる．
C：人や猫の汗腺への交感神経．節後線維末端から ACh が分泌される．
D：副交感神経．節前および節後線維末端から ACh が分泌される．
E：神経，筋接合部で ACh が分泌される．

ドーパミン-β-オキシダーゼ（dopamine-β-oxidase）によってノルアドレナリンを合成するばかりでなく，循環血中や興奮によって遊離されたノルアドレナリンを取り込むことができる．

中枢神経内の主要な興奮性伝達物質としてグルタミン酸が挙げられる．グルタミン酸受容体には，イオンチャネル内蔵型受容体である AMPA 受容体，NMDA 受容体と，G タンパク質共役受容体である代謝型グルタミン酸受容体が含まれる．イオンチャネル内蔵型のグルタミン酸受容体にグルタミン酸が結合することでチャネルが開いて陽イオンが流入し ESPS を発生する．一方，代謝型グルタミン酸受容体の場合，イオンチャネルを制御する G タンパク質やセカンドメッセンジャーを介して陽イオンが流入し ESPS を発生する．

2）抑制性伝達物質

抑制性伝達物質（inhibitory transmitter）として作用する物質の中に γ-アミノ酪酸（γ-aminobutyric acid, GABA）とグリシンがある．GABA が中枢神経全体で広く作用するのに対し，グリシンは主に脳幹と脊髄で機能する．グリシン受容体と GABA 受容体は共に陰イオンチャンル内蔵型受容体である．グリシンと GABA がそれぞれの受容体に結合するとチャンルが開き，陰イオン（主に Cl^-）が流入する．その結果，シナプス後要素の細胞膜は過分極し，抑制性シナプス後部電位（inhibitory postsynaptic potential, IPSP）を発生する．

3. シナプス電位から活動電位の発生

中枢神経の一つのニューロンに数千から数万に及ぶシナプス入力があるが，通常，一つの ESPS ではシナプス後細胞の軸索を伝播するような活動電位は生じない．多数のシナプスからの ESPS が一つに集まることによって興奮が発生する．これを加重という．ESPS は軸索小丘に伝えられ，ここに集まった電位変化の総和が閾値以上であった場合，膜電位感受性ナトリウムチャネルが開き活動電位が生じる．その和が閾値に達しなければ活動電位は生じない．複数のニューロンからの ESPS が加重されることを空間的加重という．また，二つの刺激が

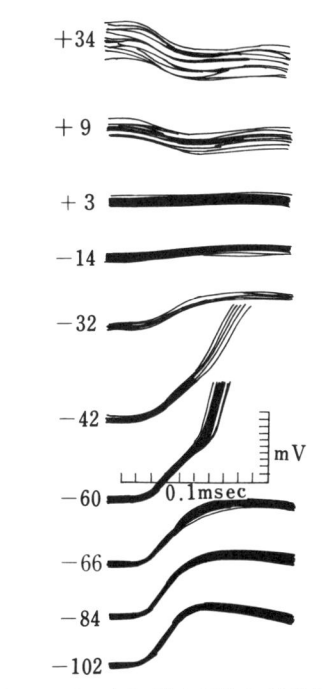

図9・12　(a) 静止電位と興奮性シナプス後部電位（EPSP）との関係
左側の数字は細胞内通電によって変化させた静止膜電位の大きさ，細胞内電極によって得られた EPSP は膜電位の大きさによって変化する．膜が-66 mV 以上に過分極されると EPSP は臨界脱分極に達しないので，スパイク電位は生じないが-42 mV と-60 mV でスパイク電位がみられる．膜電位がほぼ 0 の時に，EPSP も 0 となりそれ以上になると負となる．曲線は数十回の実験例を重ね合わせてある．
（COOMBS ら，J. Physiol.）

異なる時間で到達される場合，先に生じた脱分極は次の脱分極が達する前には消えずに加重して，閾値に達しやすくなる．このことを時間的加重という．一方，同時に抑制性入力があると，ESPSを抑制するため統合された膜電位の変化が不十分となり，閾値に達しないため活動電位は生じないことがある．つまり，多数のシナプスで発生した膜電位変化（興奮性および抑制性シナプス後電位）が統合され活動電位を発生するかが決まる．

4．シナプス可塑性

シナプス伝達効率は，シナプスの活動や様々な化学物質の作用により大きく変化する．その効果は，変化をもたらした作用の消失後もしばらく続く性質がある．このようにシナプス伝達の機能が変化することをシナプス可塑性という．シナプス可塑性は，脳高次機能である学習，記憶，運動などにおいて，重要な役割を有している．神経細胞を一時的に高頻度で刺激するとシナプス反応の大きさが大きくなり，その後しばらく神経細胞間の伝導が起こりやすくなる．シナプスの伝達効率が高くなるこの現象をシナプスの長期増強（long term potentiation, LTP）といい，学習・記憶にかかわる海馬を始め大脳皮質の各所に見られる．これと反対にシナプス伝達を長い間抑える現象もあり，こちらを長期抑制（long term depression, LTD）といい，運動制御にかかわる小脳などによく見られる．

IV　神　経　系

神経系は中枢神経系（central nervous system, CNS）と末梢神経系（peripheral nervous system）とに二大別される．中枢神経系は脳と脊髄とよりなる．中枢神経系より出るニューロンで構成される神経系を末梢神経系という．末梢神経系のうち，運動や感覚などの動物性機能をつかさどる神経系を体性神経系（somatic nervous system）といい，呼吸，循環，吸収などの植物性機能をつかさどる神経系を自律神経系（autonomic nervous system）という．

末梢神経線維のうち，感覚器官にある受容器に連なり，その部に起こった興奮を中枢神経系の方に伝導する神経線維を求心性（afferent, centripetal または輸入）神経線維といい，これに対し効果器官に連なっていて，中枢からの興奮を伝える神経線維を遠心性（efferent, centrifugal または輸出）神経線維という．感覚器官にある受容器に起きた興奮を中枢神経系に伝える求心性神経を知覚神経（sensory nerve）といい，遠心性神経のうち，興奮を筋に伝える神経を運動神経（motor nerve），分泌器官に伝えるものを分泌神経（secretory nerve）という．

1．中枢神経系

1）脳

脳は延髄（medulla oblongata），橋（pons），中脳（mesencephalon），間脳（diencephalon）［視床（thalamus），視床下部（hypothalamus）］，終脳（telencephalon）［大脳皮質（cerebral cortex），

$$\left\{\begin{array}{l}\text{脳}\\ \text{encephalon}\end{array}\left\{\begin{array}{l}\begin{array}{l}\text{前脳}\\ \text{prosencephalon}\end{array}\left\{\begin{array}{l}\text{終脳}\ (\text{大脳皮質}\ ,\ \text{大脳基底核})\\ \text{telencephalon}\ (\text{cerebral cortex}\ \text{cerebral basal ganglia})\\ \text{間脳}\ (\text{視床}\ ,\ \text{視床下部})\\ \text{diencephalon}\ (\text{thalamus}\ \text{hypothalamus})\end{array}\right.\\ \begin{array}{l}\text{中脳}\\ \text{mesencephalon}\end{array}\left(\begin{array}{ccc}\text{中脳蓋}&,&\text{被蓋}&,&\text{大脳脚}\\ \text{tectum mesencephali}&\text{tegmentum}&\text{crus cerebri}\end{array}\right)\\ \begin{array}{l}\text{菱脳}\\ \text{rhombencephalon}\end{array}\left\{\begin{array}{l}\text{後脳}\ (\text{橋}\ ,\ \text{小脳})\\ \text{metencephalon}\ (\text{pons}\ \text{cerebellum})\\ \text{髄脳}\ (\text{延髄})\\ \text{myelencephalon}\ (\text{medulla oblongata})\end{array}\right.\end{array}\right.\\ \begin{array}{l}\text{脊髄}\\ \text{medulla spinalis}\end{array}\end{array}\right.$$

脳幹（小脳は除く）(brain stem)

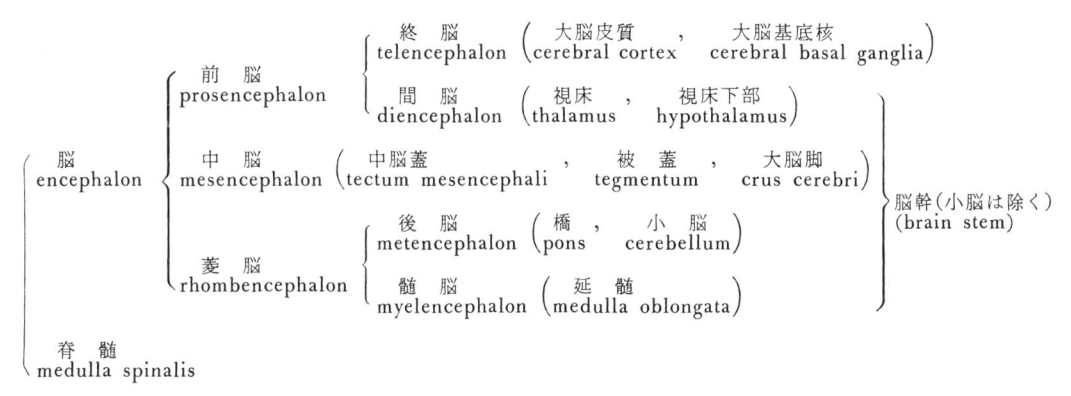

図9・13　中枢神経系の解剖学的区分

大脳基底核（cerebral basal ganglia）],小脳（cerebellum）よりなる（図9・13）．延髄，橋，中脳，間脳をまとめて脳幹（brain stem）という．

生体がある機能を発揮するために必要な神経細胞，または細胞群の存在する部位をその機能の中枢（centrum, center）という．

受容器に生じた求心性興奮が脳にまで伝わらずに，あるいは脳に伝わって感覚を生じても意志と関係なく脳幹や脊髄を経て遠心性ニューロンに伝わり，効果器の興奮を引き起こすことを反射（reflex）という．もっとも簡単な場合は，求心性ニューロンと遠心性ニューロンの間に一個のシナプスがあるのみである場合や両者の間に多数の介在ニューロンが存在する場合がある．この全経路を反射弓（reflex arc）といい，また中枢神経系内での興奮の転換部位を反射中枢（reflex center）という．したがって反射弓は受容器，求心性経路，反射中枢，遠心性経路および効果器よりなることになる（図9・14）．反射には無条件反射（unconditioned reflex）と条件反射（conditioned reflex）とがある．前者の無条件反射は生まれながらに遺伝的に決定されているものであって，環境に無関係で安定している．後者の条件反射は生後に獲得された不安定な反射であって，大脳の存在を必要とし，個体のおかれた環境に適応するために発達するもので，必要がなくなると，比較的速やかに消失する（条件反射に関しては第2章も参照のこと）．

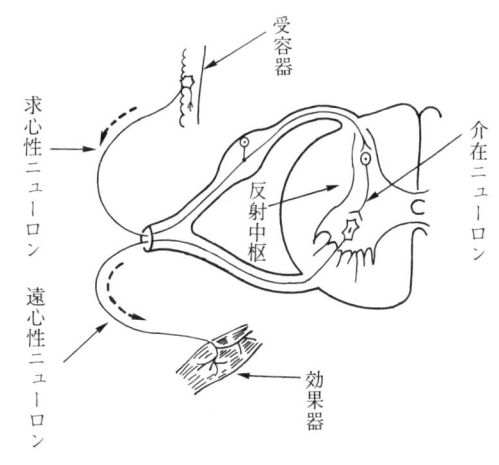

図9・14　脊髄反射弓の1例

①延　髄：延髄は循環，呼吸などの生命の維持に重要な中枢を含んでいるので，生命中枢（vital center）ともいわれる．循環器に関する中枢には，1）血管運動中枢，2）心臓抑制中枢；呼吸に関する中枢には，1）「せき」および「くさめ」の中枢，2）発声中枢，3）呼吸中枢；消化器に関する

中枢には，1）吸引および咀嚼中枢，2）唾液分泌中枢，3）嚥下中枢，4）嘔吐中枢；眼に関する中枢には，1）眼瞼閉鎖中枢，2）涙液分泌中枢，がある．これらの中枢には頸動脈洞，頸動脈小体などの内臓受容器からの求心性線維が分布するのみでなく，延髄自体にも受容器が存在することが知られている．延髄は大脳，小脳，および脊髄の間に位置しているので，これら各部位間の伝導路となっている．腹側には錐体路による錐体，オリーブ核，背側には楔状束，薄束などがある．

②橋：背部には脳神経の核（中枢神経系内の灰白質塊で，神経細胞を含む部位をいう）や上行・下行伝導路があり，橋の底部には橋核があり錐体路が通っている．橋の両側は中小脳脚となって小脳と連絡している．

③中 脳：中脳は中脳蓋（前丘と後丘），被蓋と大脳脚に区分される．また中脳水道があって第四脳室に連なって，脊髄の中心管に続く．

　すべての高等動物は正常の体位を保ち，頭部をまっすぐに保とうとする立ち直り反射を行う．この反射の大部分は中脳の核で統合される一連の反応からなっている．中脳には眼筋の運動に関係する動眼神経核や滑車神経核が存在している．また，瞳孔括約筋を支配する副交感神経線維が動眼神経中を走り，毛様体神経節でニューロンを代えて，瞳孔筋，毛様体筋に分布している．瞳孔反射の求心性経路は中脳蓋前丘に入り，エジンガー・ウェストファール（Edinger-Westphal）核で終わっている．なお，延髄と中央腹側部の広い範囲に多数のニューロンが複雑にからみあった組織が存在する．これらの細胞群は網様体（reticular formation）と総称される．網様体は多シナプス性の伝導路であり，視床下部と連絡して自律機能の調整を行い，また上行性感覚や脊髄反射の調整，学習や意識の形成に関して大脳皮質と密接に連絡してその活動水準の維持や調節を行っている．

④間 脳：間脳は上方から終脳によって完全に覆われ，後下方は中脳に続いている．間脳の左右両半分の中央には第三脳室があり，側脳室と中脳水道に連絡している．間脳は視床と視床下部よりなる．

　視床は大きな楕円体の核群塊であり，嗅覚以外のすべての感覚性入力および，それ以外の皮質下の興奮を大脳皮質へ中継する部位として機能している．

　視床下部は間脳の基底部にあり比較的狭い部分を占めるにすぎないが，自律機能の総合中枢として重要な諸核（図9・15）を含んでいる．

a）体温調節：大脳皮質を除去した動物は体温を維持できるが，間脳を含めて除脳すると体温保持ができない．前視床下野には放熱中枢（heat dissipating center）と称される体温を上げないようにする中枢があり，その部の刺激により，血管拡張，呼吸促進，発汗増加などが起こり，体熱の放散が旺盛になる．したがって，この部分が

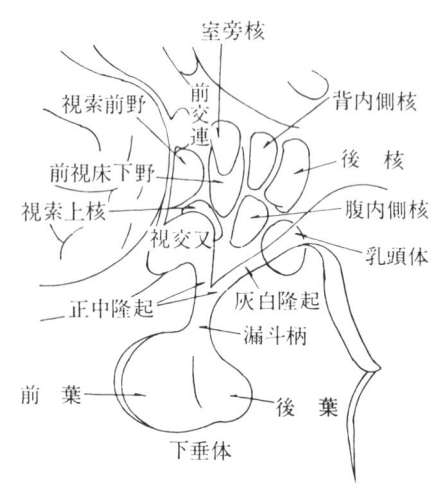

図9・15 視床下部の諸核と下垂体
（田崎ら，生理学通論Ⅰ）

破壊されると，環境温度が低い場合は異常がないが，高温にさらされると高体温となり死ぬことさえある．一方，後視床下部には熱産生・保持中枢（heat generating and conserving center）と称される体温を下げないようにする中枢がある．動物が寒冷にさらされるとふるえ（shivering）が起こり，皮膚の血管が収縮し，立毛し，アドレナリンなどの分泌が増して化学的熱産生が盛んになる．この中枢が破壊されると，これらの作用が失われるため，動物は低温環境に耐えられなくなる．しかし，この部位には，温度変化に鋭敏な放電現象が見られないので，むしろこの部位は前視床下部の温度受容器の支配下にあるとも見られている．

b）水分調節：視索上核付近には血液の浸透圧受容器（osmoreceptor）があって，血液の浸透圧が上昇すると，この受容器が作動して抗利尿ホルモンが下垂体後葉の神経線維末端から分泌される．抗利尿ホルモンは尿分泌量を抑制するので水分が体内に貯溜することになる．一方，視索上核付近が破壊されると，多飲（polyposia）と多尿（polyuria）が起こり，尿崩症（diabetes insipidus）となる．

またネズミでは外側核，犬と山羊では室傍核付近に摂水中枢（drinking center）があり，高張食塩水の注入や電気刺激によって動物の飲水量が増加することが知られている．

c）採食調節：次章参照

d）内分泌調節：下垂体前葉ホルモンである甲状腺刺激ホルモン，副腎皮質刺激ホルモン，卵胞刺激ホルモン，間質細胞刺激ホルモン（黄体形成ホルモン）の分泌を促進する放出ホルモン（releasing hormone）が視床下部から分泌される．これらの放出ホルモンの分泌は各前葉ホルモンの標的器官から分泌されるホルモンによってフィード・バックされて調節される．一方，標的器官からのホルモンの分泌のない下垂体ホルモンである成長ホルモンと催乳ホルモン（黄体刺激ホルモン，プロラクチン）については，視床下部にその放出および抑制ホルモンが存在していて，前葉からのホルモンの分泌を制御している．これらの放出ホルモンは視床下部の正中隆起から分泌され，下垂体門脈系の血流によって前葉細胞に到達する．視床下部からはまた，下垂体中葉ホルモンの分泌を促進および抑制するホルモンも分泌されている．さらに，前記の抗利尿ホルモンに加えて室傍核ではオキシトシンが産生され，下垂体後葉に送られた神経線維の末端から分泌される．

e）情動行動の調節：真の感情が起こるためには大脳皮質の存在が必要であるが，大脳皮質を除去した猫に，僅かな刺激を与えると，または与えなくても自発的に怒りの行動を示す．この怒りの反応を見かけの怒り（sham rage）という．怒りの行動には，かみつく，うなる，爪をたてるなどの体性神経系の作用のほか，瞳孔の拡大，血圧の上昇などの自律神経系の作用が含まれる．視床下部後部を除去するとこれらの反応が見られなくなるので，この部分に情動行動（emotional behavior）に関係する総合中枢が存在するとみなされる．しかし，情動行動の全体は大脳辺縁系（後述）によって制御されているので視床下部はさらに上位のそれらからの支配を受けている．

f）性行動の調節：内側視索前野を刺激すると，乗駕などの性行動が誘発されるが，この部位を破壊すると，異性に対して無関心となり性行動が不能となる．

g）自律機能の調節：視床下部の前部および後部の刺激で，血圧の下降あるいは上昇，心拍数の変化が生ずる．同じく消化管においても，胃液分泌の高進が起き，長期の刺激によっては，消化管の潰瘍や出血が生ずる．

⑤大脳皮質：皮質は系統発生的に旧皮質，古皮質，新皮質に分類されるが，組織学的には旧皮質，古皮質を合わせて異皮質，新皮質を等皮質という．さらに機能的に旧皮質，古皮質およびこれらの皮質下にある諸核を含めて辺縁系（limbic system）という（図9・16）．

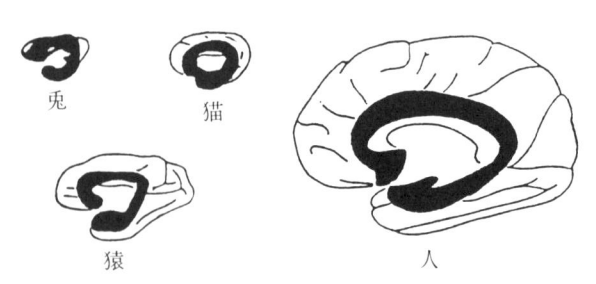

図9・16 大脳に占める辺縁皮質の割合
黒色部分：辺縁皮質
動物により辺縁皮質の広さはほぼ同じであるが新皮質の広さは大きく異なることを示す． （事実，目でみる脳）

a）辺縁系：辺縁系とは大脳半球の内側面で，脳幹の吻側端と脳梁の断面を輪状にとり囲む梨状葉や，海馬体などを含む辺縁皮質と，これらと関連する深部の組織である扁桃体，中隔核および視床下部などからなる．かつては嗅覚中枢であると思われていたので，嗅脳と呼ばれていたが，現在では辺縁系の機能は嗅覚のほか自律性反応，摂食行動，性行動，情動行動および生体リズムの発現に関係があることが判明している．

b）新皮質：新皮質は動物が高等になるほど，発達が著しく広さや細胞数が増えていく．皮質は細

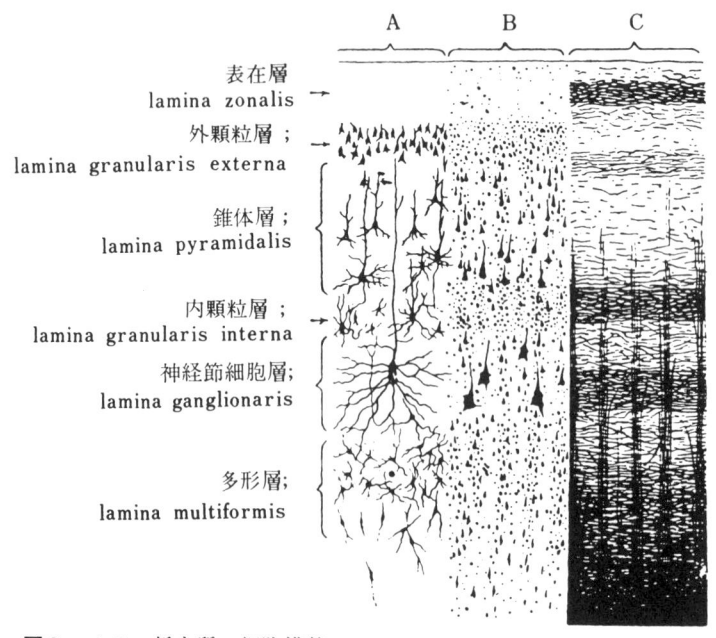

図9・17 新皮質の細胞構築
A：神経細胞突起　　B：神経細胞　　C：神経線維網

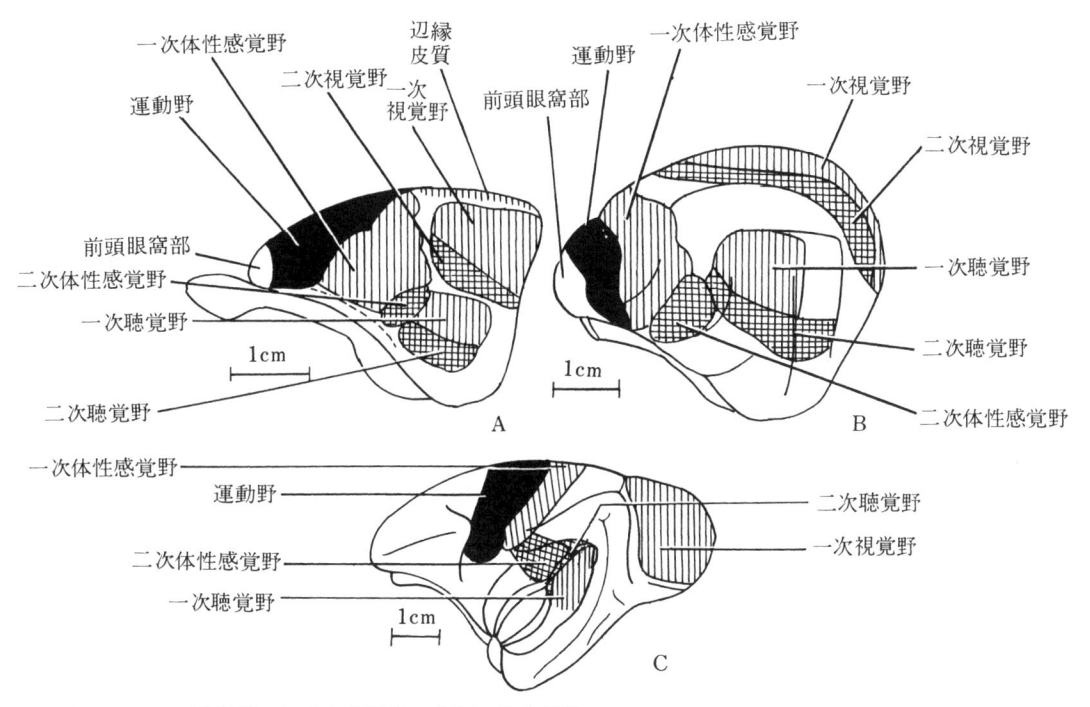

図9・18 新皮質における各機能の中枢の存在部位
A：兎　　B：猫　　C：猿　（ROSE & WOOLSEY, Electroenceph. Clin. Neurophysiol.）

胞の種類とその割合や配列法から六層に分けることができる（図9・17）．皮質表面から数えて第一層から第三層はおもに総合作用を，第四層は視床を通じ主として求心性線維の終止部をなし，感覚作用をつかさどり，第五・六層は主として遠心性線維の起始部をなし，運動・作用に関与すると考えられる．これらの細胞群はさらに相互に連絡を保ちつつ活動をいとなむ．

新皮質の特定の部位の細胞群は電気刺激実験などにより特有の機能をいとなむことが明らかになっている（図9・18）．

運動野（motor area）は中心溝の前方の帯状の部分に存在し，身体各部の運動を支配するインパルスを出す細胞群よりなる．運動神経系には錐体路系（pyramidal system）と錐体外路系（extrapyramidal system）とがある．錐体路系は運動野の細胞に始まって，大部分は延髄の錐体交叉で交叉する錐体側索路となるが，一部は交叉することなく脊髄中で初めて交叉する錐体前索路となる．錐体路系は骨格筋の随意運動に関係する．錐体外路系は主として運動前野の細胞から出ている．不随意運動や筋緊張の調節をしていて，姿勢の保持に対しても無意識的に調節を行っている．

体性感覚野（somatic sensory area）は，主として体性感覚（皮膚感覚と深部感覚）をつかさどる．温度感覚（温覚（ルフィニー小体），冷覚（クラウゼ終幌）），痛覚（自由神経終末）の伝導路は脊髄背角でニューロンを代えて対側の外側脊髄視床路を上行する．触覚，圧覚，深部感覚もそれぞれの伝導路を通って中心後回の体性感覚野に終わる．

ラット(11%)　猿(64%)　兎(22%)　人(86%)

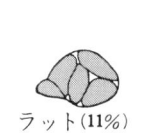

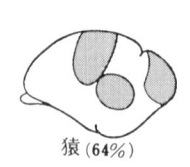

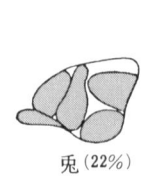

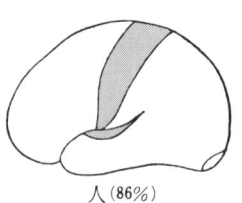

図9・19 皮質における連合野（白色部分）の運動野および感覚野（黒色部分）に対する面積の比率　　　（田崎ら，生理学通論Ⅰ）

　聴覚野（auditory area）は人では外側大脳裂に面する部分に存在するが，家畜では研究が少なく，一概には述べられない．音の振動が内耳にあるコルチ器官に伝えられ，その興奮は聴神経（鍋牛神経）を通して聴覚領に伝えられる．

　味覚野（taste area）は人で体性感覚野の顔面感覚野に接する部分にある．味覚はかつて嗅覚に近いものと考えられていたが，むしろ皮膚覚に近いものである．味蕾からの知覚線維は顔面神経，舌咽神経および迷走神経に入り脳幹で孤束となり視床を通って上行し，味覚野に終わる．

　視覚野（visual area）は後頭葉の有線野に存在し，網膜の受容細胞（錐体細胞と杵体細胞）の興奮は視神経に入り，視交叉を通って外側膝状体に到達し，さらに視覚野に入る．

　嗅覚野（olfactory area）は前梨状皮質と扁桃核周囲皮質にある．かつてこの近辺の神経核群は嗅覚のみを感ずるとされていたが，嗅覚はそのごく一部にすぎないことが判明し，現在，この部分は辺縁系といわれる．鼻粘膜にある嗅上皮で受容された興奮は嗅球を経て嗅覚野に伝えられる．

　連合野（association area）は学習，記憶，判断，言語，先見など高度な神経活動をいとなむ部分である．下等な動物ほど辺縁皮質，運動野，感覚野の発達が著しく，連合野の占める部分は少ないが，高等になるほど広い部分を占めるようになり，人では特に前頭連合野が発達している（図9・19）．

⑥小　脳（cerebellum）：小脳は橋と延髄の背位にある．その機能は運動の協調や姿勢の調節である．小脳損傷動物は安静にしていれば異常はないが，通常のように動くことはできない．すべての運動が，速度，範囲，強さと方向を誤るため，筋活動の協調が得られず，運動失調を示す．なお，終脳に含まれる大脳基底核も運動の発現に関係し，その破壊は不随運動を引き起こす．

⑦脳　波：大脳皮質の神経細胞の電気的活動にともなって生ずる集合的電位変動（シナプス後電位の総和）を頭皮上に電極を置くことによって導出することができる．これを脳波（electroencephalogram, EEG）という．振幅，周波数の点から脳波をみると，人では30〜60 μVの振幅で8〜13 Hzのα波，50 μVより小さい振幅で14〜25 Hzのβ波，4〜7 Hzのθ波，振幅の大きい4 Hz未満のδ波などに分類され，それぞれ覚醒および睡眠などの意識レベルに対応して出現することが知られている．しかし家畜では未だ一定の波形区別法は行われていない．鶏，牛，めん羊，山羊，豚などの家畜について研究が行われ，ほぼ類似のパターンが得られている．図9・20に山羊の例を示した．覚醒反応時に見られるEEGは低振幅の速波でありこの状態を脱同期化（desynchroniza-

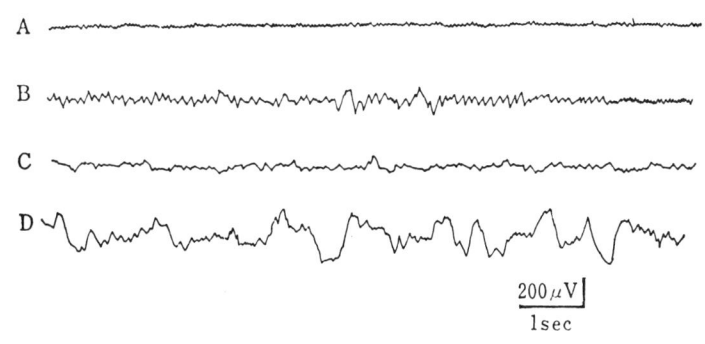

図9・20 山羊の脳波
A) はっきりと目ざめ（aroused pattern）低振幅の不規則な波
B) 警戒（watching pattern）静かに1点をみつめる．8〜13Hzの規則的な波
C) まどろみ（drowsy pattern）A) からD) にいたる経過
D) ねむり（sleeping pattern）高振幅でゆっくりとした波

tion) という．この状態は動物に音刺激などの感覚刺激を与えると生ずる．

　動物の睡眠時などには，EEG は高振幅の周波数の低い波形（徐波）を示す．この状態を同期化（synchronization）という．なお同期化，脱同期化はともに脳波の発生機構に基づいた名称ではなく便宜的なものである．徐波睡眠（slow wave sleep, SWS）状態の動物の筋肉の緊張は，低下し自律性機能も抑制されている．まどろみ（drowsiness）の場合も振幅はやや小さいが，徐波睡眠に似たパターンを示す．しかし，反芻家畜では高振幅の徐波が現われている場合，必ずしも人や豚などの単胃動物のように外観は深い睡眠姿勢を示しているとは限らない．すなわち高振幅徐波は，静かに立位開眼していても現われ，反芻中にも頻繁に見られる．

　徐波睡眠期に続いて振幅が低く，周波数の高いあたかも覚醒時に見られるような EEG が時々現われる．この場合，動物は行動上眠り続けているが，眼球が急速に動くのでレム睡眠（rapid eye movement (REM) sleep）または逆説睡眠（paradoxical sleep）と呼ばれる．レム睡眠の他の特徴として感覚刺激に対する閾値が高まることと，頸筋の緊張性が一段と低下する（頭を床や飼槽にもたせかける）とか，耳介をピクピク動かすことが挙げられ，脳波を記録していなくても，その状態を指摘できる．人ではこの時夢を見ていることが多く自律神経支配下の機能は様々に変化している．反芻家畜では，呼吸数は減り，血圧は変化なく，第一・二胃運動は減少する．

　脳波はまた，様々な中枢神経の構造および機能の異常に対応してその波形を変え，臨床診断法の有力な手段となっている．一定の感覚刺激を動物に与えた場合に，それに対応して脳波上にあらわれる電位変化を誘発電位（evoked potential）というが，これも神経機能の異常に対応して様々に変化する．

2) 脊髄

　脊髄（spinal cord）は脊椎管の中に収められ，脊柱の各部に対応してそれぞれ頸髄（cervical cord），胸髄（thoracic cord），腰髄（lumbar cord）および仙髄（sacral cord）に区分される．頸髄

第9章 神経系の機能

の分節数は各家畜とも8であるが，胸髄以下の分節数は家畜によって異なる．脊髄は脊髄軟膜によって包まれその横断面は，外部は白質，中軸部は灰白質よりなり，その中央を細い中心管が通る．灰白質はH状をなしその中央は交連であって両側に2個の背角および2個の腹角があり，それぞれの角から神経根束が出ている（図9・21）．

脊髄のおもな機能は反射と興奮の伝導に大別される．

①反　射：脊髄背根には知覚神経が入り，腹根からは運動神経が出ている（ベル・マジャンデイ（Bell-Magendie）の法則）．また腹根からは自律神経線維も出ている．脊髄反射には知覚神経に生じた興奮を脊髄内で一つのシナプスのみを介して運動神経に伝えるもっとも簡単な反射から，多数のニューロンが関与する複雑なものまである．脊髄反射のうち，運動性反射には皮膚反射，膝蓋腱反射，

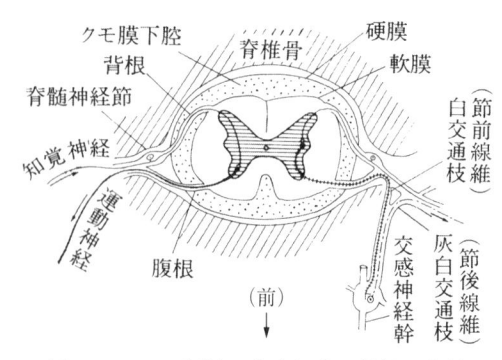

図9・21　脊髄に出入りする神経の走行

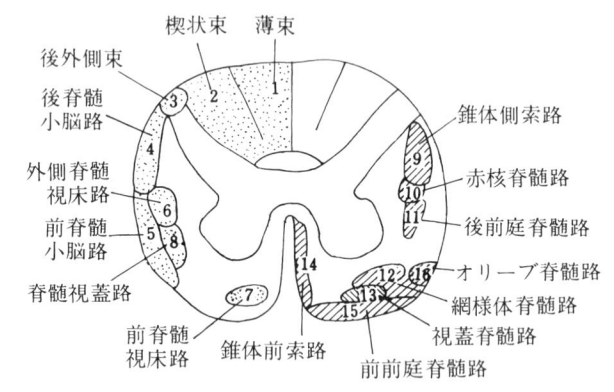

図9・22　脊髄伝導路の所在を示す模式図
　　　　左側は上行路，右側は下行路を示す．

表9・2　脊髄伝導路のおもな機能

A. 上行路
　1. 薄束
　2. 楔状束　　　　　　　　　｝背索路‥深部感覚および圧覚の通路
　3. 後外側束‥‥‥‥‥‥‥‥知覚神経が背角に入るまでの伝導路．痛および温度感覚にあずかる
　4. 後脊髄小脳路
　5. 前脊髄小脳路　　　　　　｝脊髄小脳路‥‥筋の協同と筋の緊張の反射的調節にあずかり，小脳と連絡する
　6. 外側脊髄視床路
　7. 前脊髄視床路　　　　　　｝脊髄視床路‥‥痛覚，温度感覚，あらい触覚を伝える
　8. 脊髄視蓋路‥‥‥‥‥‥‥視覚反射に関与する

B. 下行路
　9. 錐体側索路
　14. 錐体前索路　　　　　　　｝錐体路‥‥大脳の運動領に起こり脊髄の腹角細胞に終わる．随意運動に関係する
　10. 赤核脊髄路‥‥‥‥‥‥‥中脳赤核からのインパルスを伝える
　11. 後前庭脊髄路
　15. 前前庭脊髄路　　　　　　｝‥‥前庭核からのインパルスを伝える　　　　　　　　｝錐体外路‥‥身体の平衡，運動，姿勢などの無意識的調節をする
　12. 網様体脊髄路‥‥‥‥線条体，小脳，脳幹網様体からのインパルスを伝える
　13. 視蓋脊髄路‥‥‥‥‥上丘から発し，視覚，脊髄反射に関与する
　16. オリーブ脊髄路‥‥‥中脳被蓋部，視床と連絡する

C. 固有束とコンマ状束‥‥脊髄の神経細胞間の連絡にあたる．上行性のものも，下行性のものもある

回避反射などがある．自律性機能についても，脊髄には種々の反射中枢が存在しているが，その多くはさらに高位の中枢の支配を受けている．脊髄の広い範囲にわたって存在する交感神経性のものに血管運動中枢，汗分泌中枢があり，狭い部位に限局しているものに毛様中枢（瞳孔拡大中枢）や副交感神経性の排便中枢，排尿中枢，および生殖に関する諸中枢が存在する．

②興奮の伝導：興奮の伝導は脊髄の主要機能の一つであって，脊髄白質部は神経線維の伝導路である．知覚によって生じた興奮を上位中枢に伝える求心路（上行路）と上位の神経細胞の興奮を下部に伝える遠心路（下行路）とよりなる．主要な伝導路の所在を模式的に図9・22に示した．この図によれば上行路はおもに脊髄の背索および側索附近に，下行路は腹索および側索附近に位置することがわかる．それぞれのおもな機能をまとめて表9・2に示した．

2. 末梢神経系

脳および脊髄に出入する神経線維群を末梢神経系と称し，機能的に大別して体性神経系と自律神経系とする．末梢神経系はまたその発する部位により形態的に脳神経と脊髄神経に分けられる．それぞれの神経は，体性神経に属する線維と自律神経に属する線維とを両方含むことが多い．

1) 脳神経

脳幹と末梢とを連絡する神経の総称で12種（対）ある（図9・23）．

Ⅰ．嗅神経：嗅覚をつかさどる．

Ⅱ．視神経：視覚をつかさどる．

Ⅲ．動眼神経：眼筋運動をつかさどる．その中に含まれる自律神経線維は瞳孔括約筋や毛様体筋の運動を支配する．

Ⅳ．滑車神経：上斜筋の運動を支配する．眼を外下方に動かす．

Ⅴ．三叉神経：運動および知覚線維を含み，運動線維は咬筋を支配し，知覚線維は顔面，頭部，耳などの知覚をつかさどる．

Ⅵ．外転神経：眼の外転運動を行う．

Ⅶ．顔面神経：主として運動神経であるが知覚線維も含む．自律神経線維は一部は涙腺などの血管に，一部は舌下腺，下顎腺に分布する．

Ⅷ．内耳神経：体の平衡，および聴覚に関与する．

Ⅸ．舌咽神経：舌，および咽頭の味覚，知覚，および運動に関与する．耳下腺にいく自律神経線維が含まれる．

Ⅹ．迷走神経：体の各部に広範に分布し，心臓から胃・消化管までの知覚，運動，自律機能に関与する．

Ⅺ．副神経：肩部の運動をつかさどる．

Ⅻ．舌下神経：舌の運動をつかさどる．

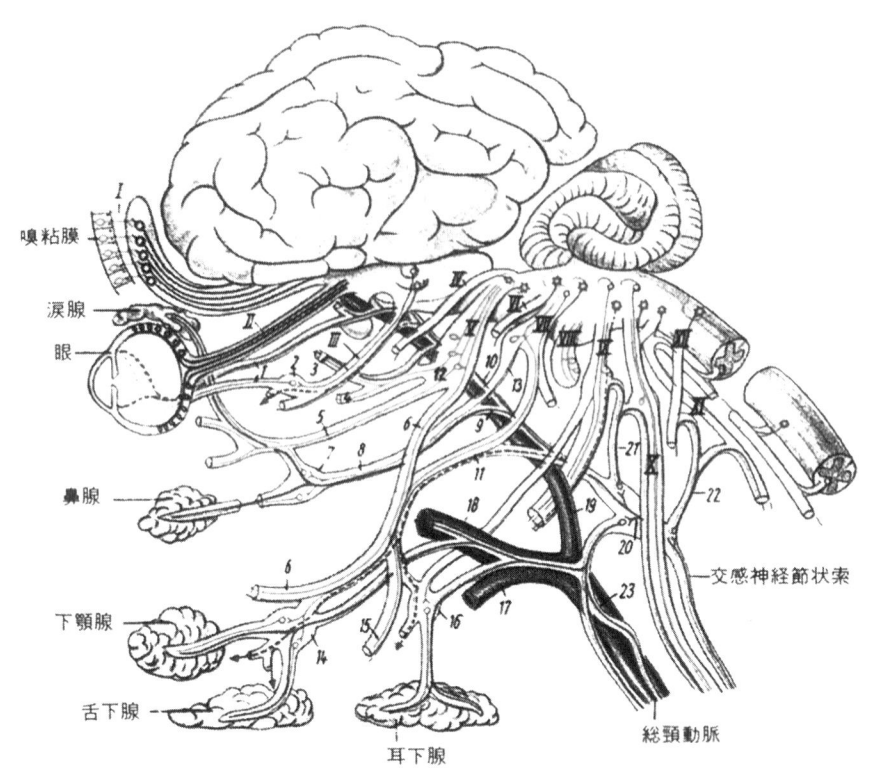

図9・23 脳神経とその線維の分布
Ⅰ．嗅神経　Ⅱ．視神経　Ⅲ．動眼神経　Ⅳ．滑車神経　Ⅴ．三叉神経　Ⅵ．外転神経　Ⅶ．顔面神経　Ⅷ．内耳神経　Ⅸ．舌咽神経　Ⅹ．迷走神経　Ⅺ．副神経　Ⅻ．舌下神経
1．毛様体神経　2．毛様体神経節　3．涙腺神経　4．眼神経　5．上顎神経　6．下顎神経　翼口蓋神経節　8．翼突管神経　9．深大錐体神経　10．内頸動脈神経　11．鼓索神経　12．三叉神経節　13．浅大錐体神経　14．舌神経節　15．翼突筋神経　16．耳神経節　17．外頸動脈　18．内頸動脈　19．内頸動脈　20．前頭神経節　21．頸静脈神経　22．ⅪおよびⅫ脳神経への交感神経線維　23．総頸動脈周囲の交感神経叢

（KOLB Lehrbuch der Physiologie der Haustiere）

2）脊髄神経

脊髄には運動神経，知覚神経，および自律神経が出入する（図9・21，表9・2）．

脊髄各節の背根に入る知覚神経は皮膚の一定分野に分布しており，脊髄各節に対応する皮膚領域を皮膚節（dermatome）という（図9・24）．また，腹根から出る運動神経と体の各部位の筋との間にも支配関係があるので，これを筋節（myotome）というが，皮膚節に比べきわめて複雑である．

3）自律神経系

脳幹および脊髄より出て，体の各部に分布して，呼吸，循環，消化，分泌，排泄，体温保持，生

殖などの意志とは無関係に，生存と種族維持に必要な植物的諸機能を統制している神経系を自律神経系（autonomic nervous system）という．自律神経系を大別して交感神経系（sympathetic nervous system）と副交感神経系（parasympathetic nervous system）とする．

この両神経系には，それぞれ解剖的特徴および機能的特徴がある．

解剖的特徴とは，中枢神経系に存在する神経細胞の存在部位と神経線維の走行のしかたである．その模式図を図9・25に示した．交感神経では，胸髄と上部腰髄の腹根から出て，白交通枝（図9・21）を通って，脊髄の両側を縦走する交感神経幹に入る．この神経幹を構成する脊椎神経節（vertebral ganglion）で大半の神経線維はニューロンを代え，支配部位に走行する．すなわち，あるものはそこから直接，頭部，頸部，胸部の臓器に分布し，またあるものは灰白交通枝を経て体性神経とともに，立毛筋，皮膚血管，汗腺に分布する．さらにあるものは，交感神経幹の中ではニューロンを代えず，腹腔神経節，前および後腸間膜動脈神経節に達し，ここでニューロンを代え，腹部の諸臓器に分布する．

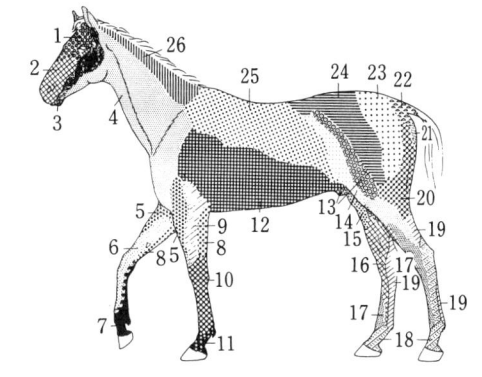

図9・24 馬の皮膚への神経支配
1. 眼神経　2. 眼下窩神経　3. 下顎神経　4. 頸部神経の腹側枝　5. 腋窩神経　6. 筋皮神経　7. 正中神経　8. 尺骨神経　9. 橈骨神経　10. 尺骨神経（手背神経）　11. 7と10の混合部　12. 胸部神経腹側枝（肋間神経）　13. 腸骨鼠径神経　14. 腸骨下腹神経　15. 外側大腿皮神経　16. 伏在神経　17. 腓骨神経　18. 17と19の混合　19. 脛骨神経　20. 後大腿皮神経（後殿皮神経）　21. 後痔神経　22. 尾神経　23. 中殿皮神経　24. 前殿皮神経　25. 胸部神経背側枝　26. 頸部神経背側枝
(KOLB, Lehrbuch der Physiologie der Haustiere)

副交感神経は中脳，延髄，仙髄よりのみ出るので，交感神経とは起始部が異なる．

中脳から出る線維は動眼神経の中に含まれており，毛様体神経節でニューロンを代え，毛様体筋，瞳孔括約筋に分布する．延髄から出る線維は顔面神経に含まれ翼口蓋神経節でニューロンを代え，涙腺に分布するもの，また下顎神経節でニューロンを代え，舌下腺に分布するもの，下顎腺にいくもの，舌咽神経に含まれ耳神経節を経て耳下腺に達するもの，迷走神経に含まれ，その各支配臓器の近傍でニューロンを代えるものがある．

仙髄から出るものは骨盤神経を作り，支配臓器の近くでニューロンを代え大腸，膀胱，生殖器に分布する．

中枢神経系を出て，シナプスを作る神経節までの自律神経線維を節前線維（preganglionic fiber），ニューロンを代えてから効果器に至るまでの線維を節後線維（postganglionic fiber）という．節前線維は有髄で白色であり，節後線維は無髄で灰白色である．一般に交感神経の節前線維は

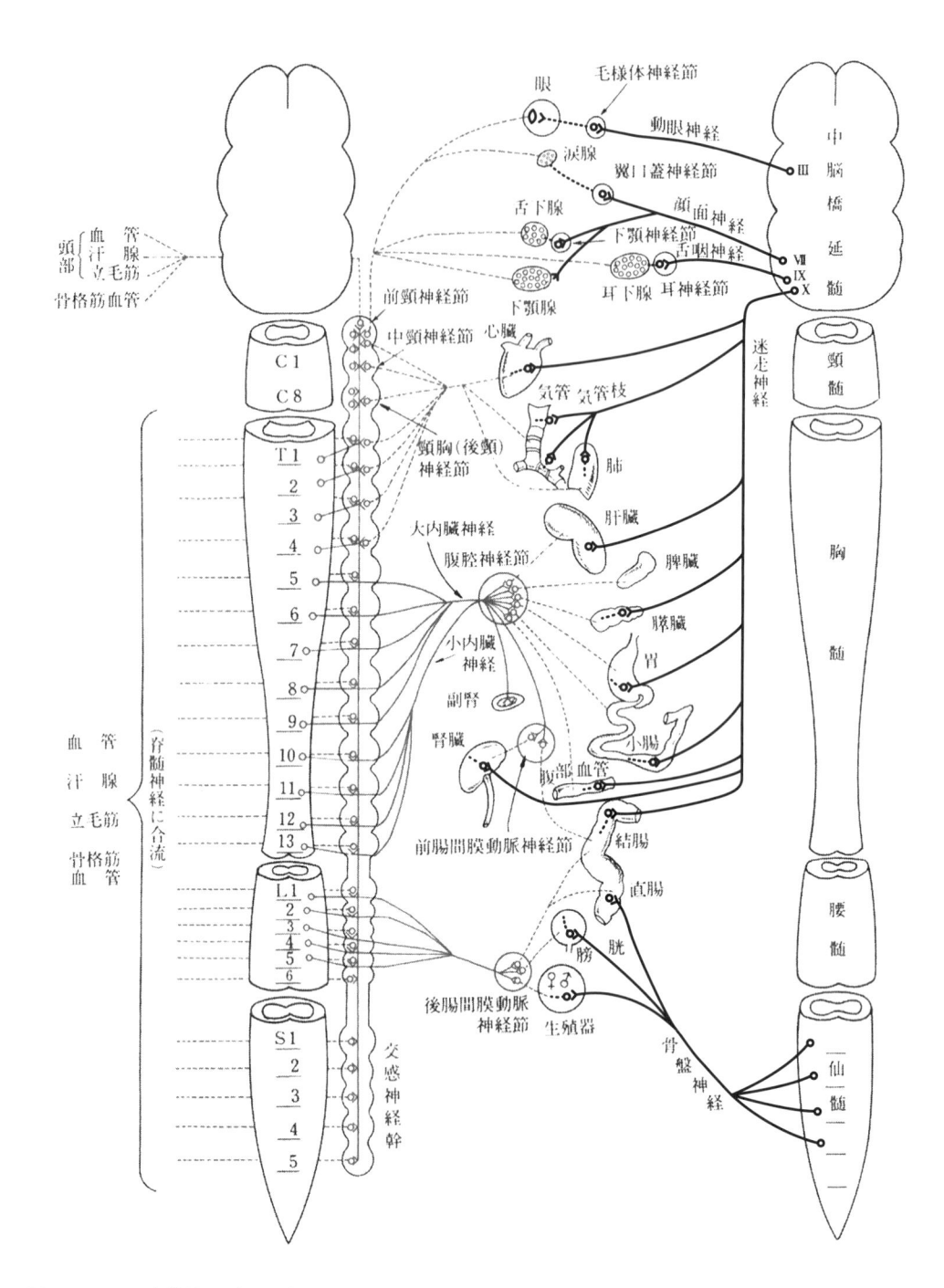

図9・25　自律神経系の分布模式図
　　　　　交感神経系は細い線で副交感神経系は太い線で示し，左右にわけて描いてある．実線
　　　　　は節前線維を，点線は節後線維をあらわす．

短く，節後線維は長いが，副交感神経はその逆である．機能的特徴の一つとして興奮の化学的伝達がある．交感，副交感両神経の節前および節後線維間，副交感神経節後線維末端，ある種の汗腺を支配する交感神経節後線維末端，および交感神経性血管拡張神経末端からはアセチルコリンが分泌される．交感神経節後線維末端からはノルアドレナリンが分泌される（図9・11参照）．アセチルコリンにはムスカリン様作用とニコチン様作用があって，節前および節後線維間の興奮伝達はそのニコチン様作用に，節後線維末端から分泌されて受容体に作用する場合は，そのムスカリン様作用による（骨格筋の神経・筋接合部におけるアセチルコリンの効果はニコチン作用による）．ニコチン作用はクラーレにより抑制され，ムスカリン作用はアトロピンによって阻害される．

ノルアドレナリンの作用は，αとβのサブタイプに分けられている．

機能的特徴の第二は自律神経系の生体に及ぼす効果である（表9・3）．自律神経は器官に対し一般に交感・副交感神経の両者が二重支配（double innervation）を行っている．しかし，例外もあ

表9・3　自律神経系の機能

器官	交感神経系 支配神経	交感神経系 機能	副交感神経系 支配神経	副交感神経系 機能
涙腺	頸部交感神経	血管収縮	頭部副交感神経	分泌増
瞳孔		散大（α）		縮小
毛様体筋		遠視的（レンズ平板化）（β）		近視的（レンズ立方化）
唾液腺		濃厚，粘稠（α）アミラーゼ（β_2）		多量，希薄
心拍動	胸部交感神経	促進（心室収縮増）（β_1）		抑制
心房		収縮力・伝導速度増（β_1）		収縮力減
冠状血管		拡張（β_2）収縮（α）		拡張
気管枝筋		弛緩（β_2）		収縮
食道筋		弛緩（?）		収縮
腸運動	内臓神経	抑制（α, β_2）	迷走神経	促進
胃・腸の分泌		抑制（?）		増加
膵の分泌；腺 島		抑制（α）		増加
		抑制（α）増加（β_2）		増加
肝臓グリコーゲン		分解（α, β_2）		－
副腎髄質		分泌促進		－
脾臓		収縮（α）弛緩（β_2）		－
胃・腸括約筋		収縮（α）		弛緩
膀胱排尿筋		弛緩（β）	骨盤神経	収縮
雄性生殖器		射精（α）		勃起
子宮		不定（α, β_2）*		不定
体循環静脈	脊髄神経	収縮（α）拡張（β_2）		－
汗腺		軽度，局所的分泌（ ）		－
		全般的分泌（コリン作動性）		－
立毛筋		収縮（α）		－

（　）内は関与する受容器を示す．
* 発情周期，エストロジェンやプロジェステロンの血中濃度，妊娠などによって異なる．

り，立毛筋，汗腺，脾臓，副腎などは交感神経のみで支配されている．この両神経の作用は拮抗的であり，一方がある器官の機能を高めようとすると，他方は低めようとする．ここにも例外があり，たとえば唾液腺では副交感神経の刺激により薄い唾液が大量に分泌されるが，交感神経の刺激では濃い唾液が少量分泌される．また括約筋に対しては，交感神経はその収縮筋を支配し，副交感神経はその拡張筋を支配している．

通常，循環血中にはアセチルコリンは存在せず，神経線維においてアセチルコリンが分泌された時も，その作用は限局的で，かつ，短時間である．これに対し，ノルアドレナリンは微量であるが血中に常在し，その作用は広範囲にわたり作用時間も長い．

交感神経系の作用は，瞳孔を拡大し心拍数を増大し，血圧を上昇させ，また血糖や遊離脂肪酸濃度を高めるなどあたかも緊急事態に対応し，生体を防衛するような反応をいとなむ．見方を変えれば交感神経系は異化的作用を中心とする．しかしそればかりでなく，細動脈に作用し，動脈血圧を維持するなど生体の恒常性（ホメオスタシス）の保持に役立っている．

副交感神経系の作用は消化液の分泌増加など植物性機能の増大による日常の生命活動維持に貢献している．すなわち，副交感神経系は同化的作用を中心とするといえよう．

V ストレス

フランスのクロード・ベルナール（Claude Bernard）は，現代生理学の基礎を築いた19世紀の生理学者であり，数多くの事実を解明した．生物のみが有する有機的内部環境が無機的外部環境との間に物理化学的法則に基づき，一定の調和関係を保つ時に生命現象が発現されるとし，生物における内部環境の重要性を強調した．その末に結論として得たものは，「内部環境の恒常性」という概念であった．ベルナール自身は，「ストレス」という言葉を使用してはいないが，その考えは，その後のストレス研究の礎となった．

「内部環境の恒常性」という概念をさらに発展させ，「ホメオスタシス」という言葉を提唱したのが，アメリカのウォルター・キャノン（Walter Bradford Cannon）である．ホメオスタシスは，「恒常性あるいは恒常性の維持」と訳される．例として理解しやすいのは，恒温動物の体温調節である．極寒あるいは猛暑の状況においても，体温は一定に保つように制御されている．

キャノンはさらに緊急時における身体の反応を研究し，「緊急反応説」を唱えた．これはストレス反応であり，交感神経が深く関わっていることを明らかにした．キャノンは，ネコを使った実験で興味深い現象を見出した．檻の中にいるネコにイヌを近づけると，ネコは毛を逆立てて興奮する．この時の体の反応には，1）呼吸数増大，脈拍数増大，血圧上昇（これらの反応により体内に酸素を取り入れやすくする），2）瞳孔拡大（この反応により敵をよく見ることができる），3）脳や筋肉への血管拡張，皮膚や内臓への血管収縮（これらの反応により運動機能を高めることができる），4）胃腸の運動低下（他の臓器にエネルギーをまわすことができる），および5）足の裏に発汗（足の滑りを止める）などが認められる．その背後には，副腎髄質から分泌されるアドレナリン

が関与していることを発見した．副腎は腎臓の上に存在する小さな臓器で，その内層部分が髄質である．「ストレス」という言葉を初めて用いたのもキャノンである．

ベルナールとキャノンの研究成果を踏まえ，その研究を発展させたのがハンス・セリエ（Hans Selye）である．キャノンが交感神経の反応に着目したのに対し，セリエは内分泌系の反応に注目した．セリエは生体が危機的な状況に陥った時に現れる「非特異的な生理反応」をストレスと呼び，それを引き起こす要因を「ストレッサー」と呼んだ．現在では，ストレスとストレッサーは厳密に区別されなく，あわせてストレスと呼ばれている場合が多い．

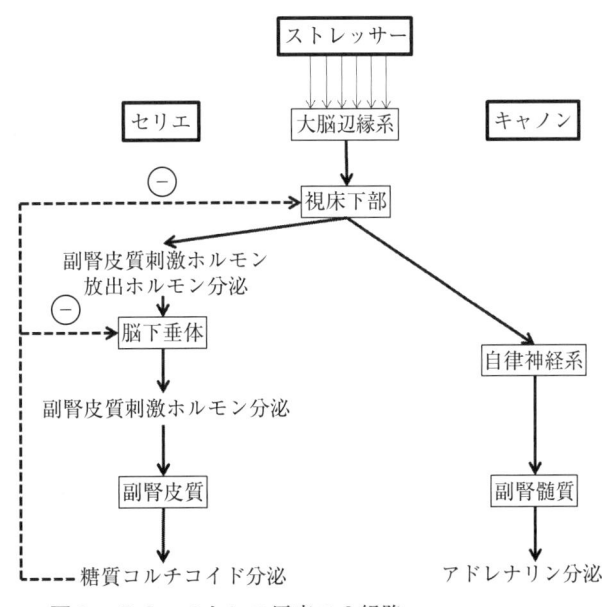

図9・26 ストレス反応の2経路
点線はネガティブフィードバックを示す

不適切な状況にある動物には，共通した三つの症状が現れることをセリエは確認した．第一に，副腎皮質の肥大を認めた（内分泌系）．第二は，胸腺や脾臓という器官の萎縮である（免疫系）．第三が，人でもストレスの指標としてよく知られる胃や十二指腸の出血や潰瘍である（神経系）．セリエが見出した内分泌系の反応は，次の一連の流れで説明されている．まず，ストレスを感じると脳の視床下部から神経ペプチドの副腎皮質刺激ホルモン放出ホルモン（CRH）が分泌され，それが脳下垂体を刺激する．脳下垂体からは副腎皮質刺激ホルモンが放出され，血流に乗って副腎に到達する．その刺激が，副腎皮質から糖質コルチコイドの分泌を促す結果となる．キャノンとセリエの反応の違いを図9・26に示す．

ストレスによる生体の抵抗力の変化を図9・27に示す．第一段階が警告反応期である．まず，ストレスに直面すると体はショックを受け，抵抗力はわずかに下がる．しばらくすると，ショックから立ち直り，正反対の反応として抵抗力が上昇し始める．第二段階は，抵抗期であり，ストレスに対する抵抗力が増して安定する．最後が疲憊期で，持続するストレスにより次第に抵抗力が低下し，やがて死に至る．図9・27の実線の曲線は一つのストレッサーに対する抵抗性を示すものであり，もし別のストレッサーも同時に加わるようなことがあると抵抗性は急激に低下する（図9・27の点線の曲線）．したがって，ストレッサーの種類を増やさないことが動物生産にとっては重要である．

ストレスという言葉にはマイナスのイメージが浮かぶが，それは「悪いストレス（distress）」と

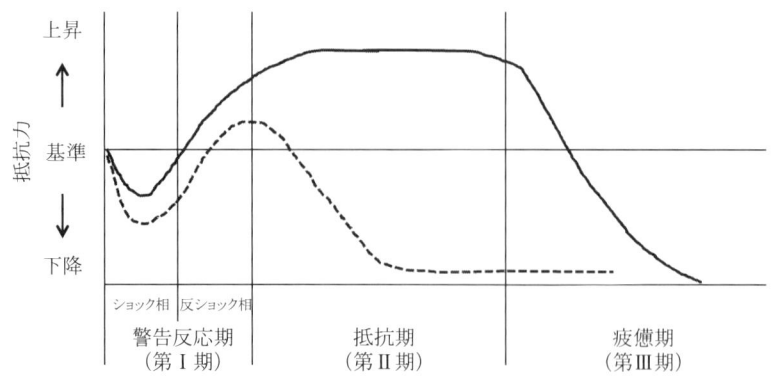

図9・27 ストレスによる生体の抵抗力の変化
実線は一つのストレッサ―に対する抵抗力の変化
点線は複数のストレッサ―に対する抵抗力の変化

呼ばれるものである．しかし，生体にとって良い影響を与えるストレス（eustress）もあると考えられている．図9・27の実線でいえば抵抗期までで解消されるようなストレス状態のことである．ストレスが必ずしも悪いわけではない例として，同腹のラットの仔を用いた研究がある．1群にはストレスを与えず，もう1群には弱い電気ショックや振動を与えた．すると後者の群の成長が良く，健康に育つことが認められている．また，海馬における脳由来神経栄養因子（brain-derived neurotrophic factor, BDNF）が短いストレスで増えることが確認されている．これらの事実は，動物生産において一方的にストレスを減じる飼育法が動物にとって本当に良いのかという疑問を提起する．生物は，進化の過程を含め，様々なストレス下に置かれてきたはずである．現生までその子孫が継続している事実は，多種のストレスに動物が応答してきた結果である．過度に保護すれば，家畜にとってマイナスとなる可能性もある．

近年「酸化ストレス」が取り上げられることが多いが，上記のストレスが脳を起点として末梢で反応するのに対して，酸化ストレスは全身で起こりうるので概念が異なる．酸化ストレスで主要な働きをする活性酸素は，生体分子を攻撃し，タンパク質，脂質，核酸に酸化・変性をもたらす．それが生体分子や組織を損傷させ，病気や老化を導く．ただし，生体内の恒常性の維持に影響する点では共通している．

1．ストレッサー

どういう刺激や変化がストレッサーとなるのかは，人の例や動物における実験結果から明らかとなっている．ストレッサーは，1）物理的，2）化学的，3）生物的，および4）精神的なものに大別される．表9・4にストレッサーの種類を示す．家畜・家禽においても，物理学的な寒冷，暑熱，騒音，化学的な飢餓や薬剤，生物学的な細菌やその毒素が，そして精神的なものでは社会的分離，拘束，離乳などがストレッサーとなりストレス反応を示す．

表9・4　人および実験動物で確認されているストレッサー

物理的	化学的	生物的	精神的
寒冷	酸素欠乏	細菌感染	社会的分離
暑熱	二酸化炭素	毒素	疼痛
火傷	一酸化炭素		拘束
放射線	飢餓		離乳
騒音	飽食		電気ショック
	薬剤		試験
			試合
			暗算
			外傷
			手術

2．ストレスの脳への入力

ストレッサーにより脳は賦活化されるが，それはストレッサーの種類により異なる．表9・4にある精神的ストレッサーの恐怖や拘束は，大脳皮質や辺縁系を刺激する．その刺激は脳幹の自律神経とのつながりも深い扁桃体中心核や分界条床核に伝わり，視床下部室傍核や視床下部―下垂体―副腎皮質軸を賦活する．内部環境の変化である炎症や浸透圧の上昇は，ホルモンを分泌させ，脳弓下器官や最後野などを経て情報が入力される．また，迷走神経を介して延髄の孤束核に伝えられる経路では，カテコールアミンを含む近傍のニューロンから上行性の投射が起こり，視床下部室傍核を興奮させる．

3．ストレス反応

ストレッサーにより，成長遅延，免疫の抑制および生殖機能の低下が起こる．動物生産に当てはめると，成長遅延は「産肉性の低下」，免疫の抑制は「疾病の罹患率増加」，そして生殖機能の低下は「受胎率や産卵率減少」という言葉に置き換えることができ，ストレスが動物生産にマイナスの要因であることは間違いない．

1）成長に関わる反応

産肉生産を効率的にするために遺伝的改良を重ねられた肉用鶏（ブロイラー）は，裏返せば摂食量の多い個体を選抜して得られたものと理解されている．人を例にして考えると，急性の強いストレスにより食欲は失われる．これに関与する因子が前述のCRHである．一方，慢性的なストレス条件下では逆に食欲の亢進が認められる．これは糖質コルチコイドが原因となる．

脳内のCRHにより鶏ヒナの摂食量や餌をついばむ回数は減少する．また，興奮状態に陥ることにより行動量が増加し，甲高く鳴く回数も増える．CRHによる摂食抑制作用は，肉用鶏でも卵用鶏でも認められる．ただし，遺伝的選抜により両者のストレス反応には大きな差が生じる．それは社会的分離（単離）ストレスとういう反応から明らかとなった．単離ストレスとは，集団の中で安心しているヒナを一羽のみ別の所に隔離することによって生じる強いストレス反応であり，この反

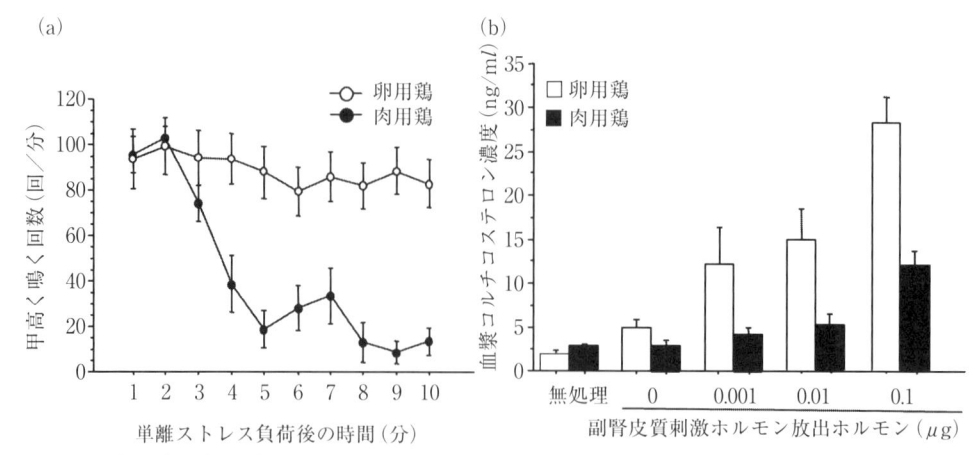

図9・28 卵用鶏と肉用鶏のストレス反応の差異
（a）単離ストレス下における甲高く鳴く回数
（b）脳室に副腎皮質刺激ホルモン放出ホルモンを投与した際の血漿コルチコステロン濃度
(SAITOH ら, Comp. Biochem. Physiol.)

応を用いて抗不安薬などのスクリーニングも行われている．反応の指標となるのは，CRH の効果と同様で，甲高く鳴く回数や運動量の増加である．図9・28（a）には，単離ストレス下における肉用鶏ヒナと卵用鶏ヒナの甲高く鳴く回数を示す．卵用鶏ヒナは単離直後から甲高く鳴く回数は多く，時間が経過しても一定の数値を示す．肉用鶏ヒナは単離ストレスの負荷直後こそ甲高く回数が卵用鶏ヒナと同等であるものの，間もなくその回数が急激に減少する．これから CRH 分泌あるいは CRH 受容体の発現が肉用鶏で低いことが考えられる．実際，最終的に分泌されるコルチコステロン（鶏の主要糖質コルチコイド）の濃度も肉用鶏ヒナで低い．脳室内に CRH を投与した場合に，肉用鶏ヒナでは卵用鶏ヒナに比してコルチコステロンの分泌は低いことから受容体の発現が低いものと推定される（図9・28（b））．また，肉用鶏ヒナは卵用鶏ヒナに比べ睡眠時間が長い点でもストレスの抵抗性が確認できる．この肉用鶏ヒナの睡眠の長さは，松果体におけるメラトニンが卵用鶏ヒナよりも高いことで一部説明ができる（図9・29（a））．さらに，CRH の脳室投与で著しく反応する卵用鶏ヒナのコルチコステロン分泌もメラトニンの同時投与により低減する（図9・29（b））．肉用鶏の著しい成長速度は，CRH への感受性が低いことや，メラトニンによる視床下部—下垂体—副腎皮質軸の反応の緩和により，ストレスにも強い個体が選抜された結果である．ストレスに対し抵抗性があるために，摂食量も減少せず，体重増加が著しいのであろう．これらの結果は，生理反応を論ずる際には，環境，性差，加齢などの要因に加え，それぞれの種において品種や系統の違いを考慮しなければならいことを示唆する．

分離という意味では，母親から分離される離乳ストレスも産肉性に大きく影響する．下痢により一旦体重の減少が起こると，正常に離乳した個体の体重に追いつくことが困難となる．下痢の誘発という点で，ストレスと胃腸障害の関係を考える必要がある．セリエが提唱したストレスの指標の

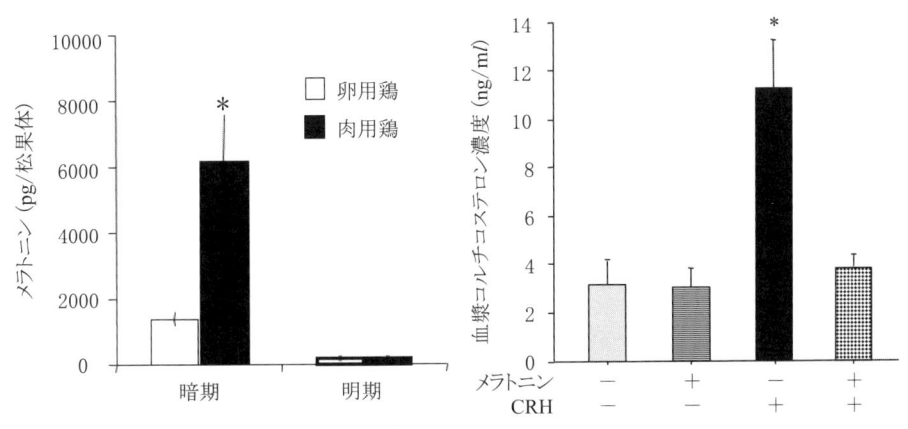

図9・29 メラトニンとストレス反応
（a）卵用鶏と肉用鶏の松果体におけるメラトニン含量
（b）卵用鶏の脳室にメラトニンと副腎皮質刺激ホルモン放出ホルモン(CRH)を投与した際の血漿コルチコステロン濃度
(SAITOH ら, Behav. Brain Res.)

一つは胃や十二指腸の出血や潰瘍であるが，1983年にピロリ菌（*Helicobacter pylori*）の分離・培養後に，胃・十二指腸潰瘍の原因はストレスとは無関係と考えられるようになった．その結果，ピロリ菌感染と非ステロイド性抗炎症性薬が，胃・十二指腸潰瘍の主因とされた．しかし，その後にストレスと潰瘍の関係が再認識されている．ウシの第四胃潰瘍は，濃厚飼料多給や飼料の変化，あるいはステロイドや非ステロイド性抗炎症性薬の投与などに伴い発生するが，輸送・分娩・疾病等のストレスも原因とされている．

2）免疫に関わる反応

自律神経である交感神経や副交感神経は，胸腺・リンパ節・骨髄・脾臓などの免疫を担当する器官にも分布し，これらの器官に対する血流を調節する．さらに，白血球にも直接作用して免疫反応を調節する．自律神経により，白血球の数や働きは調節されている．細菌やウイルスなどが体内に侵入すると，最初に体内に存在し常に防御にあたっている防御機構である自然免疫系と呼ばれるリゾチーム，インターフェロン，ナチュラルキラー細胞（NK細胞），マクロファージなどが機構として働く．たとえばNK細胞の活性は，交感神経の活動によりアドレナリンβ受容体を介して調節を受ける．活性低下を促され，刺激により分泌される糖質コルチコイドは，リンパ球を衰弱させ，また，マクロファージの働きも低下させる．

交感神経は顆粒球の数や活性を，副交感神経はリンパ球の活性化を調節する．交感神経の緊張は消化管運動や消化液・胃粘液などの分泌を抑制するが，その抑制された状態が続くと，消化吸収機能の低下を伴い，免疫能を低下させる．

3）生殖に関わる反応

生殖は，視床下部—下垂体—性腺軸によって制御されているが，ストレス条件下にこの軸が抑制

されると生殖機能は低下する．ストレス刺激は，視床下部のみならず下垂体の制御も抑制する．ストレス時には同時に視床下部―下垂体―副腎皮質軸が活性化され，糖質コルチコイドの分泌が亢進される．血中に増加する糖質コルチコイドが生殖機能に対しては抑制的に働くと考えられてきたが，ストレス条件下における糖質コルチコイドの生殖機能保護作用も報告されている．暑熱などのストレスにより産卵率や泌乳量は低下する．

4．ストレス時の脳内代謝変化と適応

ストレッサーの脳への入力やその後の反応経路については上述したが，脳においては同時に代謝の変化が起こっている．たとえば，鶏ヒナに拘束あるいは絶食ストレスを負荷すると，終脳や間脳の様々な遊離アミノ酸濃度に変化が生じる．両ストレス刺激により両脳部位で共通して減少するアミノ酸に L-アルギニンと L-プロリンが認められる．これはストレス反応に対応して減少したと考えられる．実際，ストレス時に両アミノ酸を脳室に投与するとストレス反応は緩和する．L-アルギニンの場合は，その代謝産物である L-オルニチンにも同様の効果が認められている．

n-6 系脂肪酸のアラキドン酸を起点として様々な生理活性物質が産生されることが知られている．その中でもストレスによりプロスタグランジン E_2（PGE_2）と内因性カンナビノイドである 2-arachidonoylglycerol（2-AG）の産生が誘導される．アラキドン酸はシクロオキシゲナーゼにより酸素が添加されて PGH_2 となり，さらに PGE 合成酵素を介して PGE_2 に変換される．この PGE_2 は，急性ストレスに対しては衝撃性を抑えて適応力を発揮するが，慢性ストレス下では不安の誘導を促進する．

5．ストレスの制御

単離ストレスや CRH によって誘導される運動量の高進や甲高く鳴く回数の増加は，実験的には脳内に存在する他の因子により打ち消すことが可能である．鶏ヒナを用いた研究でそれら因子の探索が行われている．グルカゴン様ペプチド-1（glucagon-like peptide-1, GLP-1）は，脳室内に投与されると CRH とは逆に鎮静・催眠作用を発揮し，CRH と GLP-1 を同時に投与すると，互いの効果を打ち消すように働く．GLP-1 の効果発現に関して，ノルアドレナリンとセロトニンの関与が調べられたところ，ノルアドレナリンは GLP-1 と同様の効果を発揮した．セロトニンは行動でみるかぎり，CRH の効果を打ち消すが，視床下部―下垂体―副腎皮質軸は逆に活性化されており，コルチコステロン濃度は上昇する．これはセロトニンから合成されるメラトニンがコルチコステロンの分泌を抑制する点と異なる（図 9・29（b））．すなわち，ストレス行動のみからでは視床下部―下垂体―副腎皮質軸の反応を判断することはできない．トリプトファン代謝において，セロトニン合成経路とは異にするキヌレニン経路におけるキヌレン酸も鎮静・催眠作用を有する．

アミノ酸に関しては，上述の L-アルギニンと L-プロリン以外にもストレス軽減作用を有するものが多い．植物性タンパク質に不足しやすい L-リジンにも同様な効果を認めるが，脳内における

L-リジンの主要代謝産物であるL-ピペコリン酸の方がL-リジンよりも効果は強い．いわゆる必須アミノ酸以外のL-セリン，L-アラニン，L-グルタミン酸，L-アスパラギン酸などの非必須アミノ酸にもストレス軽減作用がある．家畜生産において飼料アミノ酸組成はタンパク質合成に関連して重点的に議論されてきたが，遊離アミノ酸はストレス行動の緩和に必要である．茶に含まれるカテキン類もストレス緩和には効果的に働く．

第10章 感覚・採食調節

I 感覚とその種類

1. 感 覚

動物は自らが存在する環境（外部環境）の状況を的確に捕らえ，その生存に有利な方向に導く能力をもっている．また，同時に自らの体内の状況（内部環境）を検出し，それに対応する機能をも備えている．体の内外に起こるこれらの環境変化を刺激として受け止め，大脳で処理して得られる結果を感覚（sensation）という．感覚が過去の体験や学習によって，意味のあるものとして解釈された場合は知覚（perception）という．

体の内外に生じた刺激は物理的または化学的エネルギーとして，特別に分化した受容器に捕らえられ，さらにこれに続く種々の神経要素，および刺激受容の効率を上げるための付属器官に伝えられる．これらの一連の器官をまとめて感覚器（sense organ）という．

2. 感覚の種類

視覚あるいは聴覚などのように，刺激の種類ではなく，感覚器の種類の相違によって生ずる，相互に比較し得ない感覚の相違を種類（modality）が違うといい，赤，黄など同一種に属して類似の内容をもつが，なお区別し得る感覚の相違を性質（quality）が違うという．

感覚の種類は多様であって，表10・1のように大別できる．体性感覚は皮膚感覚と深部感覚に分けられる．皮膚感覚のうち，触，圧覚はおもに有髄神経線維の末端に特殊な構造をもつ機械受容器

表10・1 感覚の種類

1. 体性感覚
    1) 皮膚感覚（触覚，痛覚，圧覚，温度感覚）
    2) 深部感覚（筋，腱，関節）
2. 内臓感覚
3. 特殊感覚（視覚，聴覚，嗅覚，味覚，平衡感覚）

が刺激されることによって生ずる．一方，痛覚や温度感覚は，それぞれ知覚神経の末端が無髄となった自由神経終末が特殊に分化した受容器によって感受される．深部感覚とは筋，腱，関節などの深部組織から起こり，身体の位置を知る感覚である．これらの感覚は体性神経系によって伝達される．一方，大動脈壁や頸動脈壁の圧受容器，頸動脈小体や大動脈体における化学受容器などは自律神経系によって制御されており，情報は通常，大脳皮質に達することはなく，したがって意識にのぼることはない．しかし，膀胱の充満感や満腹感など，あるいは内臓におこる痛覚は，明らかに感覚として感じとられる．これらのものを内臓感覚という．また，体の限局した部位にある受容器が刺激されて生ずる感覚を特殊感覚という．

3. 受容器の構造

感覚受容器は構造の特徴から，2種類に分類できる．すなわち，第一次感覚細胞と第二次感覚細胞である．第一次感覚細胞には侵害・機械受容器，視細胞や嗅細胞が属し，神経終末自体が感覚受容器になっているものであり，直接的に物理的・化学的エネルギーを電気的エネルギーに変換して，中枢に情報を伝達する．一方，第二次感覚細胞には味覚や聴覚などの有毛細胞が属し，受容器細胞と神経との間でシナプスを形成している．刺激による受容器電位はいったん化学的伝達物質を介して神経の興奮となり，中枢に情報を伝達する．

II 視 覚

視覚（vision, sight）は飼料を探し，あるいは外敵から身を守るなど，動物の生活様式に対応して進化してきた．動物の種類に応じて，視覚の機能はそれぞれ異なると考えられている．家畜は，その飼育形式や，育種による選抜のために，野生の動物より視覚の発達が劣ると思われている．

1. 眼の構造
1) 眼球の構造

視覚の受容器である眼球（eye, eyeball）は光を受容するレンズ系と受容器電位を大脳に伝える伝導系および付属器官よりなる（図10・1）．眼球は3層の膜で覆われ，最外層（眼球の中心に近い方を内側，遠い方を外側とする）の膜は眼球を保護し，その強度と形状を保つ強膜（sclera）と角膜（cornea）とよりなる．強膜は眼球の5/6を覆う白色の線維性結締織であり，角膜は眼球の前部に位置し透明で，血管はなく光が眼球に入るのを助ける．次の中膜は，脈絡膜（choroid），毛様体（ciliary body），および虹彩（iris）よりなる．脈絡膜は血管に富み暗褐色をしており，酸素や栄養素を網膜に供給している．多くの家畜で脈絡膜の一部に独特の光沢をした輝板（tapetum）が存在し，暗所で光をあてると反射して，光って見える．輝板は豚や人にはない．毛様体は脈絡膜の前方の肥厚部で，この中に含まれる毛様体筋は眼の遠近調節を行う．虹彩は色素に富み，不透明なので，光は中央にある瞳孔（pupil）からのみ入る．虹彩には瞳孔を輪状に取り囲む瞳孔括約筋（副交感神経支配）と放射状にはしる瞳孔散大筋（交感神経支配）の二つの平滑筋があり，瞳孔に入る光

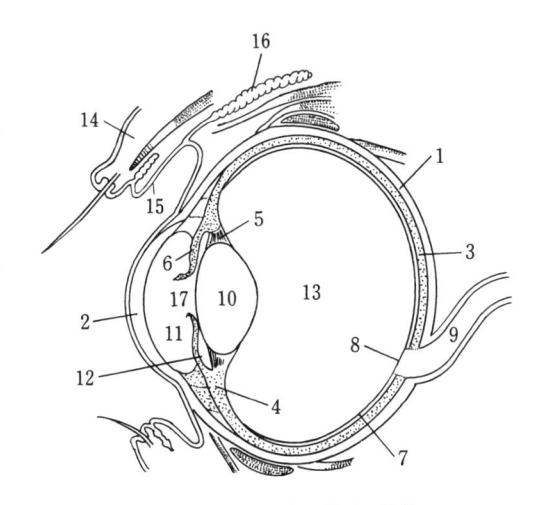

図10・1 眼球の構造（馬）
1. 強膜 2. 角膜 3. 脈絡膜 4. 毛様体 5. 毛様小体 6. 虹彩 7. 網膜 8. 視神経円板 9. 視神経 10. 水晶体 11. 前眼房 12. 後眼房 13. 硝子体 14. 眼瞼 15. 結膜 16. 涙腺 17. 瞳孔
（加藤・山内，家畜比較解剖図説）

第10章 感覚・採食調節

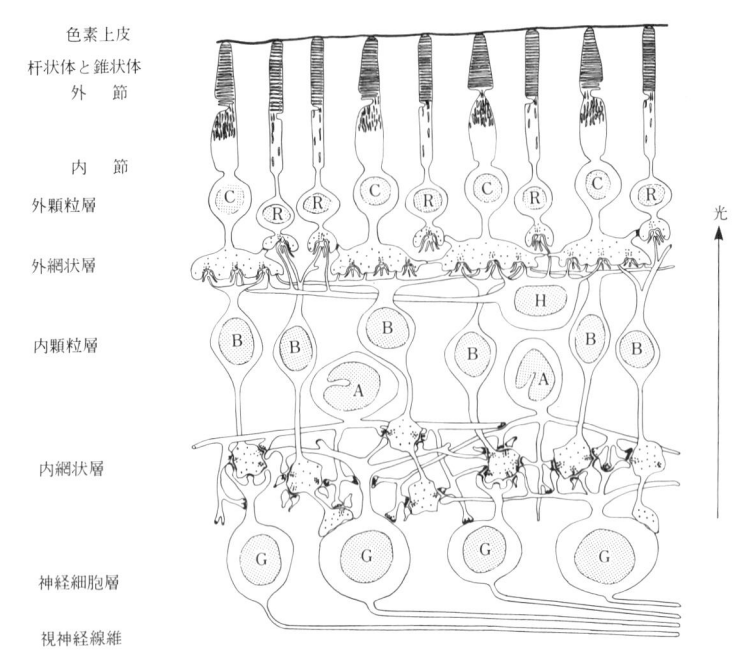

図10・2 (A)　網膜の細胞構造
C：錐状体　　R：杆状体　　B：双極細胞
H：水平細胞　A：無軸索細胞　G：神経節細胞
（松田ら，医科生理学展望）

量を調節している．動物によって瞳孔の形や，収縮の程度が異なる．瞳孔は犬では丸く，他の家畜では横楕円形である．眼の色は虹彩に含まれる色素の量により，馬，牛では黄ー黒褐色，めん羊では青色を示すなど，多様である．最内層は網膜（retina）で，光の受容と高度の情報処理が行われるもっとも重要な部位である．複雑な多層構造をしており，眼球の後半部を覆い先端は毛様体部に達する．網膜の最外層には光受容機能を営む視細胞があり，その形状から名付けられた杆状体（rod）と錐状体（cone）を含む．視細胞は次に中間層の双極細胞に続き，さらに最内層の神経節細胞とシナプスを作る（図10・2 (A)）．神経節細胞の軸索は，視神経線維となって網膜の内面を覆う視神

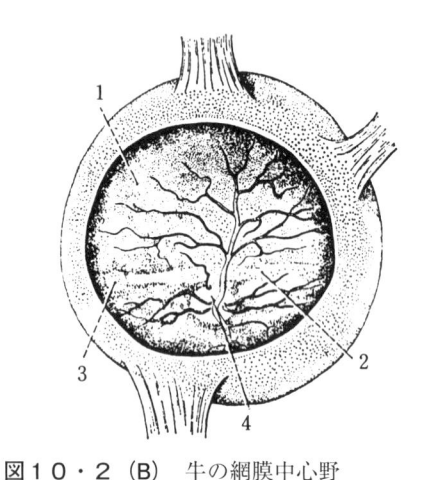

図10・2 (B)　牛の網膜中心野
1：網膜　　2，3：網膜中心野
4：視神経円板
（加藤・山内，家畜比較解剖図説）

経円板（optic disk）より出て視神経（optic nerve）となる．この部位には網膜がなく，光を感じないので盲斑（blind spot，盲点）という．視神経円板からは網膜に分布する血管が入ってゆく（図10・2 (B)）．眼球は水晶体（lens）と，虹彩，毛様体によって前部，後部にわけられる．水晶

体は両面凸レンズで眼に入る光の屈折を行う．水晶体の前部と角膜間隙は，虹彩で前眼房，後眼房にわけられ，透明な眼房水（aqueous humor）で満たされている．眼房水の流動が妨げられると，眼内圧が高まる．水晶体の後部と網膜との間はゼリー状の硝子体（液）（vitreous humor）で満たされている．

2）眼の付属装置

眼瞼は動眼神経支配の筋によって開閉され，眼に異物が侵入するのを防いでいる．眼に急に強い光が入ったり，異物が近づいたりする時は，眼瞼反射（eyelid reflex，または瞬眼（まばたき）反射，blink reflex）が起こり，眼瞼を閉じる．眼瞼の内面は結膜（conjunctiva）で覆われ，血管が表面近くを走っているので，黄疸などの疾病の診断に有用である．

角膜または結膜の刺激によって起こる眼瞼閉鎖は角膜反射（corneal reflex）と呼ばれる．角膜の表面は涙膜といわれる三層の膜で覆われ，最内層はムチン，中間層は涙腺（lacrimal gland）分泌物，最外層は油性の層である．涙（tear）は角膜を洗い流したのち，鼻腔に入る．家畜には角膜の内側にそって，軟骨を含む結膜のヒダである第三眼瞼（third eyelid，または瞬膜，nictitating membrane）があり，鶏や犬でよく発達しており，角膜の保護や涙の分泌を行っている．

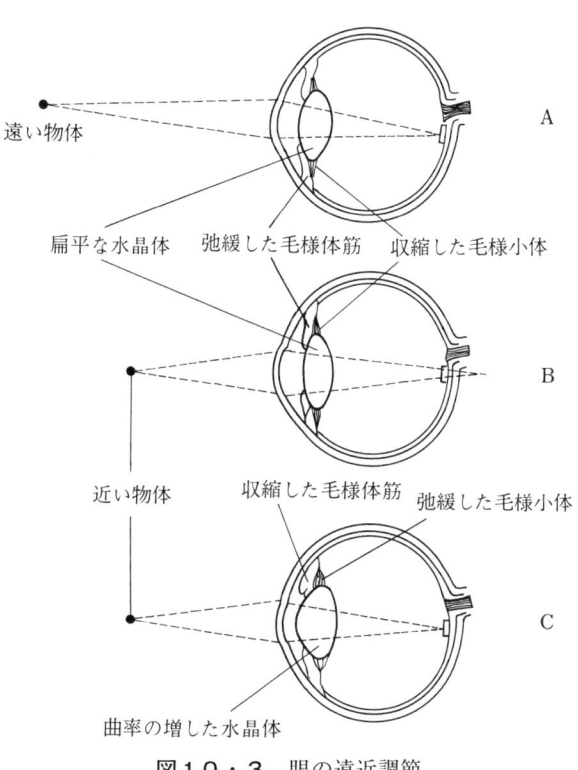

図10・3　眼の遠近調節

2. 眼の遠近調節

水晶体は，これを傘状に取り囲む毛様体と，毛様体につながる毛様小体で保定されている．毛様体に含まれる毛様体筋が弛緩している時，毛様小体は緊張しており，水晶体は曲率の小さい，より扁平な形をしている．この状態の眼に平行光線が入ると，物体の像は網膜上に焦点を結ぶことができる（図10・3, A）．しかし物体がより近くにあると，像は網膜外で結ばれ不鮮明となる（図10・3, B）．この場合，毛様体筋は収縮し，毛様体の両端を接近させるので，毛様小体は弛緩する．その結果，水晶体は自らの弾性で曲率の大きい凸レンズとなり，正しく網膜上に像を結ばせる（図10・3, C）．このように水晶体の曲率を変化させ，網膜上に結像させることを遠近調節（accommodation）という．遠近調節に関与する筋は毛様体のうち副交感神経性の輪状筋である．

写真機ではレンズとフィルム間の距離を変えることにより遠近調節を行っているが，両生類や魚類などでは，写真機と同じ原理で水晶体と網膜間の距離を変えて調節が行われている．馬の眼球は球形ではなく扁平な網膜（ramp retina）をもっていて，遠くの物体を見る時は網膜上に焦点が結ばれるが，近くの物体を見る時は，光を下方から入れて水晶体から離れた部位の網膜に明瞭な像を結ばせる．

3. 瞳孔反射

瞳孔に入る光量は互いに拮抗する二つの平滑筋によって調節されている（p, 214）．強い光が眼に入ると瞳孔が縮小し，弱い光では散大する反射を対光反射（pupillary light reflex）という．この場合，一方の眼に光が入るだけで他方の眼にも同じ反射が起こることを，共感性瞳孔反射（consensual pupillary reflex）という．

4. 視覚の化学

1) 網膜の構造

杆状体と錐状体はそれぞれ外節と内節とからなる．外節は薄い扁平な円板が積み重なった層状構造をしており，各円板の表面には感光色素の分子が含まれている．内節はミトコンドリアに富み，外節とは結合線毛でつながり，他端は延びて終足となり，双極細胞や水平細胞の突起とシナプスを作る（図10・4）．双極細胞の軸索は神経節細胞とシナプス連絡をし，水平細胞は視細胞間を，また無軸索細胞（アマクリン細胞）は神経節細胞間をつなぎ，網膜の中で情報を横に連絡する機能を有して

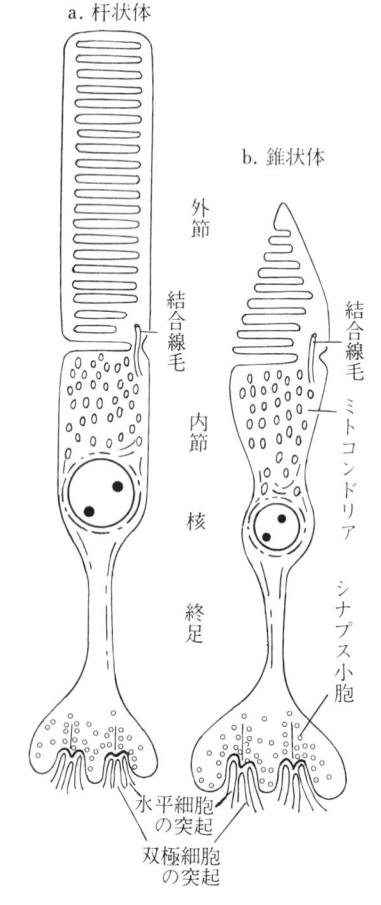

図10・4　杆状体と錐状体の模式図
（山本・岩間，標準生理学Ⅰ）

いる（図10・2（A））．

杆状体は薄い柱状をしており，錐状体は先端のとがったフラスコ状である．杆状体は錐状体に比べ光感受性が高く，一方，色に対する反応性は小さい．視神経円盤からわずかに離れた部位に黄色の色素を含む黄斑といわれる部分があり，その中央を中心窩（fovea centralis）という．錐状体は中心窩に密度高く存在し，錐状体につながる細胞はかたわらに押しやられているため，光線は直接錐状体に達し，鮮明な像を作ることができる．人や家禽には中心窩があるが，哺乳類家畜にはなく，機能の似た中心野（area centralis）が存在している．中心野の形状は円形（犬，めん羊など）または横線状（馬，牛，豚など）である（図10・2（B））．

2）光化学反応

光は網膜を構成する細胞層を通過し，視細胞層に達する．脈絡膜に接する最外層は色素上皮層で，視細胞によって吸収されなかった光を吸収し，その分散を防いでいる．この層は脈絡膜から網膜への栄養供給の仲介をし，また感光色素（視物質）の供給源と考えられている．

杆状体にはロドプシン（rhodopsin，視紅，visual purple）という視物質が含まれている．ロドプシンはオプシンと称するタンパク質（分子量，4万）にビタミンA_1のアルデヒドであるレチネン$_1$が発色団として結合したものである．光があたると，ロドプシンは分解し，11-シス型であったレチネン$_1$がオールトランス型に変わる．オールトランス型レチネン$_1$とオプシンの結合は不安定で，ただちに分解する．オプシンからレチネン$_1$が分離すると，オプシンの立体構造が変わり，その結果視細胞に受容器電位が発生し，そのインパルスが脳に伝えられる（図10・5）．

オールトランス型レチネン$_1$はイソメラーゼによりシス型レチネン$_1$となりオプシンと結合してロドプシンを再合成する．レチネン$_1$のうち若干のものはビタミンA_1に還元されてロドプシンの再合成に利用される．光はレチネンの形をオールトランス型に変えるだけで，他の反応は自然に進行する．

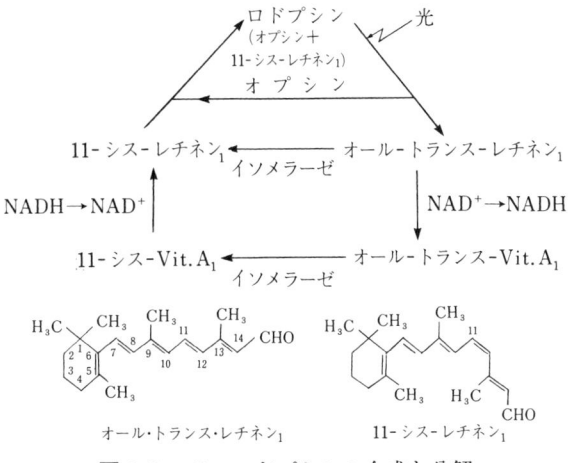

図10・5 ロドプシンの合成と分解

錐状体の視物質としては鶏の網膜から分離されたヨドプシン（iodopsin）がある．ロドプシンと同じくレチネン₁を含むが，結合するタンパク質が異なる．他の家畜の網膜から錐状体の視物質を抽出する試みは成功していない．

3）明暗順応

杆状体は光に対する閾値が低く暗所視（scotopic vision）で働き，色覚には関係しないが，錐状体は閾値が高く明所視（photopic vision）にあずかり，色覚に関係する．このように網膜の機能は杆状体と錐状体によって二元的に営まれるという考えを二元説という．

動物が明所におかれると，ロドプシンはオプシンとレチネンに変わり，視物質量が減少するので網膜の光に対する感受性は低下する．この状態を明順応（light adaptation）という．この際，瞳孔も縮小し，眼に入る光量を減少させる．一方，動物を明所から暗所に移したり，あるいはしだいに暗くなったりする場合，網膜のロドプシンが増加し，視物質量が増えるので，非常に低い光度を感受することができるようになる．この状態を暗順応（dark adaptation）という．

5．網膜の電気現象

1）受容器電位

感覚器の受容細胞が刺激されると受容器電位（receptor potential）が生ずる．視細胞の静止膜電位は－30 mV 程度であるが，光を照射するとその部位に過分極性の受容器電位が発生する．通常の感覚器や無脊椎動物の視細胞の受容器電位は脱分極性であるが，脊椎動物の視細胞に過分極性の受容器電位が生ずることは特異な現象である．生じた受容器電位の形は杆状体でも錐状体でもほぼ同じであるが，杆状体の方がはるかに感受性が高い．

視細胞膜には Na⁺チャネルが存在しており，暗所では同じく細胞内に存在するサイクリック GMP（cyclic guanosine monophosphate, cGMP）が Na⁺チャネルに作用して，それを開放状態に

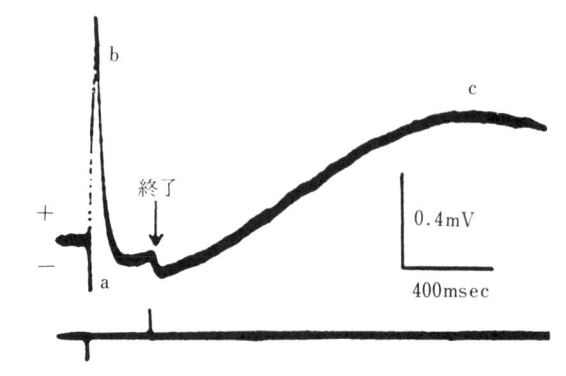

図 10・6　網膜電図の 1 例（ネコ）
硝子体内においた電極で記録した．陽性の振れを上に向けて示してある．刺激の開始と終了は下の線に垂直線で示してある．　（松田ら，医学生理学展望）

保っている．Na$^+$は細胞内外の濃度差および電位差にしたがって細胞内に流入し，脱分極した状態になっている．光照射をするとロドプシンの分解により，脱リン酸化酵素が活性化しcGMPを還元して，Na$^+$チャネルを閉じるのでNa$^+$の透過性が低下し過分極状態をもたらす．その結果，シナプス伝達物質の放出減少が起こり，視細胞にシナプス結合する双極細胞などの反応が次々と連続し，最終的に視神経節細胞からのインパルスとなって，視神経を通って脳に送られて処理される．

網膜電図：角膜と眼の近くに電極を置き，眼に光をあてると一連の複雑な電位変動が得られる．これを記録したものを網膜電図（electroretinogram, ERG）という（図10・6）．網膜電図は三つの波よりなり，a波は視細胞と視物質の活性化に由来するものであり，b波は主として双極細胞の反応に対応し，c波は色素上皮の活動に原因するものと考えられている．明順応，暗順応をした眼を用いた場合に，ERGはそれぞれ異なった形の波形を示す．

2）色　覚

赤，緑，青の光を適当な割合で混合すると，すべての色が得られるので3原色といわれる．霊長類には上記の3種の色光をそれぞれ吸収する3種の錐状体感光物質が存在し，各々の錐状体はその1種だけを含んでいることが知られている．色覚（color vision）は，それぞれの錐状体が種々の割合で刺激されることによって生ずるとする説をヤング-ヘルムホルツ（Young-Helmholtz）の3色説（trichromatic theory）という．

しかし多くの哺乳類は短波長および長波長の色に感度の高い2種の感光物質しかもっていないので，家畜がどのような色覚を有しているかについては様々の議論がある．一方，鳥類，爬虫類，魚類などは色覚を有するといわれるが，人と必ずしも同一ではないとされている．

6．視覚伝導路

網膜で処理された視覚情報は視神経を通って大脳皮質に送られ，再処理されて視覚像を生ずる．網膜の外側（耳側）からきた神経節細胞の軸索は，視神経となり視（神経）交叉（optic chiasm）のところで交叉せずに視索を通り外側膝状体でシナプスを変えて同側を進む．一方，網膜の内側（鼻側）からの神経線維は視交叉のところで交叉して，反対側に移り同じく外側膝状体でシナプスを変える．交叉性と非交叉性の線維は互いに混ざりあうことはない（図10・7）．

視神経に含まれる線維の数は動物によって異なり，人で100万本，猫で20万本，ねずみで10万本程度という．視神経交叉で，交叉する線維の数の割合も，動物の種類によって大きく異なる．両眼視を行い，視野

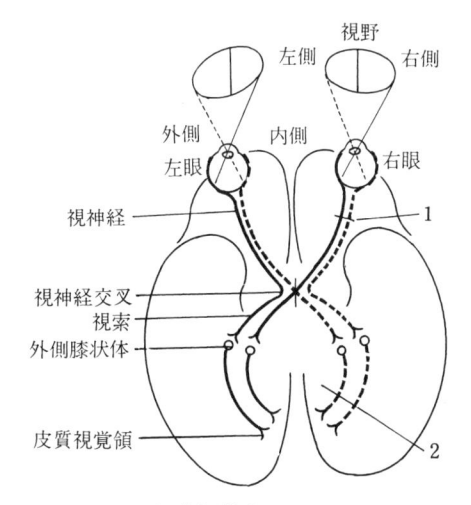

図10・7　視覚伝導路
1または2の部位で径路が傷害されると，それぞれ異なる視野の欠損を生ずる．

の重なりが多い動物ほど非交叉性線維が多くなる．しかし，魚類，両生類，鳥類など，眼が頭の横にあって，各々の眼の視野が独立している動物では，両眼からの視神経は完全に交叉している．

それぞれの眼で見える外界の範囲を視野（visual field）という．視野は凸レンズからできている水晶体によって上下と左右が反対となって網膜上に投射される．視野の右半分はそれぞれの眼の左半分に対応し，それぞれの視神経を経て視交叉に達し，次に左の視索を経て左の外側膝状体に投射され，さらに左の大脳皮質視覚領にいく．同様な関係で，視野の左半分は右の皮質視覚領が対応することになる．

したがって，視覚伝達路の一部が傷害されることによって生ずる視野の欠損は傷害の部位によって異なる．図10・7の1が傷害を受ければ右眼の視野が，2では両眼で左側の視野が失われることになる．

Ⅲ 聴覚と平衡感覚

聴覚（audition, hearing）は音波（sound wave）に対する感覚で，その受容器は耳に存在する．耳はまた，平衡感覚を司る受容器も備えている．哺乳類は二つの耳をもち，その主要部分は側頭骨岩様部中に存在している．

1. 耳の構造

耳（ear）は外耳（external ear），中耳（middle ear），および内耳（inner ear）よりなる（図10・8）．

耳介は外耳の体外部分で漏斗状の皮膚と軟骨よりなり，動物によって差はあるが，耳介筋によって種々の方向に動かすことができる．外耳道は耳介に続いており，耳垢を作る分泌腺を有している．外耳道の末端には，鼓膜（tympanic membrane, ear drum）があり，前内方に傾いてつき，中耳との境をなしている．

中耳は外耳とは鼓膜によって，また，内耳とは前庭窓（卵円窓）と蝸牛窓（正円窓）とによって区画され，鼓室（tympanic cavity）を形成している．鼓室には三つの耳小骨（ツチ骨，キヌタ骨，アブミ骨）があり，相互に連結しており，鼓膜に達した音振動を，内耳に伝達し，かつ増幅する．中耳の一方には耳管（auditory tube, Eustachian tube）があり，咽頭に通じている．通常は閉じているが，嚥下，あくびなどにより開き，中耳の圧を外気圧と等しく保つことができる．

内耳は複雑な構造をしているので迷路（labyrinth）といわれる．迷路は膜迷路（membranous labyrinth）と骨迷路（osseous labyrinth）よりなる．骨迷路は膜迷路とほぼ同形であるが，やや大きく外側より膜迷路を包む形状をなしている．骨迷路内は外リンパ（perilymph）でみたされている．膜迷路は一連の膜様構造物であって，その内部は内リンパ（endolymph）で満たされている．内リンパと外リンパが相互に交流することはない．膜迷路の中央部（前庭）には卵形嚢と球形嚢があり両者は連嚢管で互いに連絡している．

Ⅲ 聴覚と平衡感覚

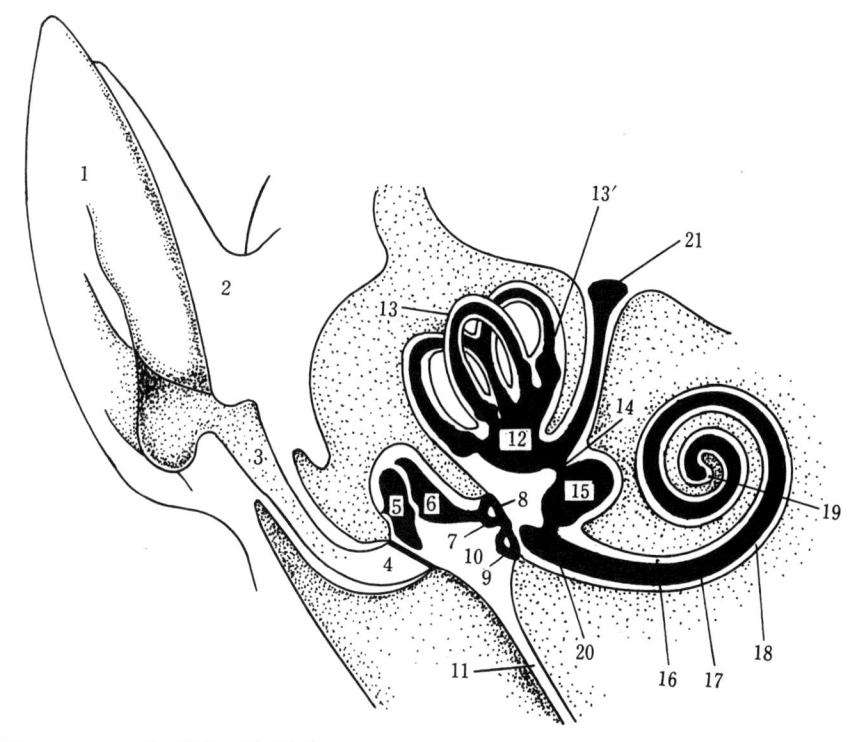

図10・8 耳の構造（模式図）
外耳 1：耳介 2：耳介軟骨 3：外耳道 4：鼓膜
中耳 5：ツチ骨 6：キヌタ骨 7：アブミ骨 8：前庭窓 9：蝸牛 10：鼓室 11：耳管
内耳 12：卵形嚢 13：半規管 13′：膨大部 14：連嚢管 15：球形嚢 16：前庭階 17：蝸牛管 18：鼓室階 19：蝸牛孔 20：結合管 21：内リンパ管
（内耳の黒色部分は膜迷路で内リンパを含む）(BONE, Animal Anatomy and Physiology)

卵形嚢と球形嚢の内壁の一部分は肥厚して平衡斑となり，支持細胞と有毛細胞が粘膜上皮を形成する．この上皮はゼラチン様物質よりなる平衡砂膜に覆われ，膜中には炭酸石灰とリン酸石灰よりなる平衡砂（statoconia，または耳石，otolith）が含まれている．有毛細胞には前庭神経の終末が分布しており，平衡感覚受容細胞として機能している（図10・9）．

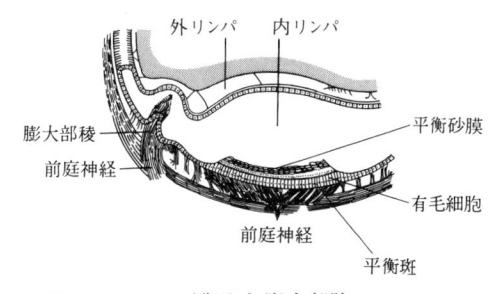

図10・9 平衡斑と膨大部稜
（鈴木ら，大学課程の生理学）

卵形嚢は半円状の膜管である半規管（semi-circular canal）につながる．半規管は三つあり，相互に直角になるように位置している．卵形嚢と半規管との連絡部には膨大部があって，その内壁は著しく隆起して膨大部稜となる．この稜は平衡斑の上皮に似た感覚上皮を備えており，丈の高い，

毛の長い有毛細胞が存在している．ここに平衡斑と同じく前庭神経が分布しており，平衡感覚受容器となっている．

蝸牛（cochlea）は渦巻き状の閉管で，家畜により，それぞれやや形状が異なり，回転数もめん羊，山羊で 2・1/4，馬で 2・1/2，犬で 3，牛で 3・1/2，豚で 4 となる．鶏では回転がなく直線状である．蝸牛は聴覚器で，その横断面は，3 階に分かれており，上部より前庭階，蝸牛管（cochlear duct，または中央階），鼓室階となる（図10・10）．前庭階は前庭窓で終わり，アブ

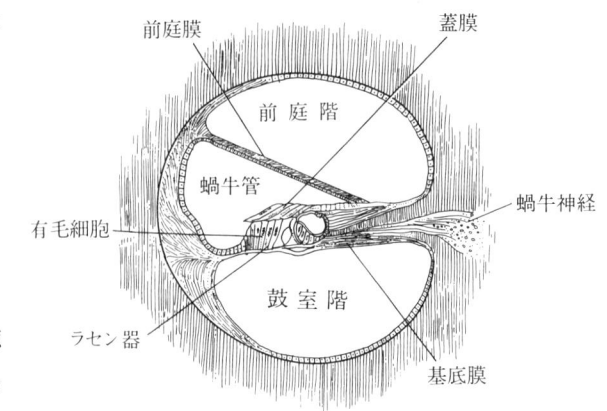

図10・10 蝸牛の横断面（模式図）
（HOUSSAY, Human Physiology）

ミ骨底で被われている蝸牛管は球形嚢の高度に分化したもので，前庭階とは前庭膜で，鼓室階とは基底膜で仕切られ，また，球形嚢とは結合管で連なっている．基底膜上には，聴受容器であるラセン器（コルチ器，organ of Corti）があり，聴受容細胞である有毛細胞（hair cell）を備えている．鼓室階は薄い弾性膜で覆われる蝸牛窓で終わり，中耳と仕切られる．前庭階と鼓室階は外リンパに浸され，蝸牛頂にある蝸牛孔で両者は通じている．一方，蝸牛管は内リンパで満たされている．

2．耳の機能
1）聴覚のメカニズム

耳介は，その形状から集音器として働き，また，その可動性から音源の探知器としても作用している．音波が鼓膜に達すると，鼓膜を内方，および外方に振動させる．音波が止むと同時に鼓膜の振動も止まる．鼓膜にはツチ骨柄が付着しており，その骨頭部はキヌタ骨と関節を作り，キヌタ骨は次にアブミ骨頭と関節を作る．アブミ骨底は前庭窓に嵌入している．この 3 小骨は一体となって作動し，てこ（挺）の役割をしている．鼓膜に伝わった圧力は，このてこの作用により，増強されて前庭窓に加わるが，鼓膜の面積より前庭窓の面積が小さいことから，圧力はさらに増幅されて，結果的に 20 倍前後になって前庭窓を経て内耳に伝えられる．

鼓膜から耳小骨を経て，音波が内耳に伝えられる場合を耳小骨伝導（ossicular conduction）といい，頭蓋骨に直接与えられた振動が内耳に伝達される場合を骨伝導（bone conduction）という．

前庭窓に伝えられた振動は，前庭階の中の外リンパを経て，蝸牛孔から鼓室階に伝わり，蝸牛窓に達して圧力が逃げる．この間に，外リンパの振動は蝸牛管にある基底膜を振動させ，さらにその上にあるラセン器（コルチ器官）に伝わる．ラセン器上の有毛細胞の先端にある毛は，蓋膜の下面に埋没していて固定されているので，ラセン器の振動は有毛細胞の毛に歪みを与え，興奮を起こす．

基底膜を音刺激によって振動させると，進行波が生じ，蝸牛頂部に向かう．進行波は，高音では蝸牛底部（蝸牛窓に近い部分）に限局され，低音では蝸牛頂部に達して，それぞれの部位の基底膜を最大に偏位させる．その結果，偏位部のラセン器の有毛細胞が刺激され，興奮が蝸牛神経に伝えられて，音の受容が行われる．すなわち，ある周波数の音は，蝸牛のある特定部位の有毛細胞を刺激することになるので，これを音の受容の場所説（place theory）という．

蝸牛の表面，または前庭階や鼓室階の内部からは音刺激に伴って刺激波形とよく似た電位変動が導出される．多数の有毛細胞から発生した受容器電位が集合したもので蝸牛マイクロホン電位（cochlear microphonics）といわれる．この電位の特徴は潜時がほとんどない，不応期がない，疲労しにくい，寒冷，麻酔，虚血などに対する抵抗が高い，振幅が刺激の強さに比例するなど，活動電位とは全く違うものである．マイクロホン電位は蝸牛底部では高，低音のいずれでも生ずるが，蝸牛頂部では低音に対してのみ生ずる．

一方，蝸牛神経の純音刺激に対する応答（図10・11）は音の強さが大きければ周波数の広い範囲にわたって応答するが，音の強さが小さくなるに従い，応答する周波数の範囲が狭くなり，閾刺激では特定の周波数（特徴周波数，characteristic frequency）の音にしか応答しない（図で7 kHz 付近）．刺激音の周波数が特徴周波数より高くても，低くても刺激閾値は上昇するが，高い場合に著しい（図の点線の傾斜が急）．蝸牛の各部で単一蝸牛神経線維の応答性を調べると，蝸牛底部では高音から低音にわたって広い範囲で応答するが，蝸牛頂部では低音にしか応答しない．これらの現象は，マイクロホン電位とともに音の受容の場所説を裏付けるものである．

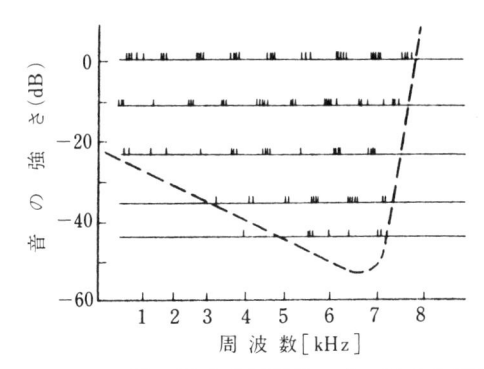

図10・11 単一蝸牛神経線維の音の強さと周波数に対する応答野
点線は閾値を結ぶ線（田崎ら，生理学通論Ⅱ）

蝸牛神経の興奮は，内耳神経（Ⅷ脳神経）に伝わり大脳皮質聴覚領に至る．

音にはいくつかの性質がある．音の大きさ（loudness）または強さは，音波（外界におきた波動をいう．水中も含むが一般に空気の波動をさす）の振幅と関係し，音の高さ（pitch）または調子は音波の周波数（振動数）と関係する．また，音色（timbre）または音質（quality）は，基本音と，それと調和関係にある振動数の音とから構成されている．

動物が聴き得る周波数の範囲は，動物によって大きく異なる．また，動物は自分が聴き得ない周波数の音は出さないことがわかる（表10・2）．家畜の聴覚機能に関しては，比較的研究が少ない．牛の最小可聴閾値（可聴周波数のうち，もっとも小さい音を聞きとり得る周波数）は，8,000 Hz，めん羊で7,000 Hz 付近にあるという．鳥類では種類によって2,000〜6,000 Hzと差があるが，2,

表10・2　各種動物の可聴ならびに発生音の周波数（Hz）

動物	犬	人	猫	コウモリ	イルカ
可聴周波数	15～50,000	20～20,000	60～6,500	1,000～120,000	150～150,000
発生音の周波数	452～1,080	85～1,100	760～1,520	10,000～130,000	7,000～120,000

（田崎ら，生理学通論Ⅱ）

000～3,000 Hz 付近の値が多い．家畜の発生音は，個体間の情報伝達の手段として重要である．牛，めん羊，馬，豚，鶏について，種々の条件下における発生音の分析や行動から情報の内容を知り，また各種の音を用いて，動物の反応や行動を制御しようとする試みがなされている．

2）平衡感覚のメカニズム

全身の位置，運動に関する感覚を平衡感覚（equilibrium sensation）といい，これには視覚，筋，腱，関節にある深部感覚，皮膚感覚も関与しているが，内耳における感覚がもっとも重要である．

平衡斑上（図10・9）にある平衡砂はそれを浸している内リンパより重く，絶えず平衡斑に圧力を与えて，前庭神経からインパルスの発射を行わせている．もし，頭の位置が変わりある方向に傾くと，圧力の方向も変わり，有毛細胞を刺激して，インパルス発射の様相を変える．頭の上下動では圧力の増減，側方運動では圧力の方向変化があるが，平衡斑は運動の加速度に対して反応するので，直進運動では速度が一定となると刺激効果がなくなる．

半規管中の内リンパは，頭を回転させると慣性のため，頭の回転方向とは反対に流れて，膨大部稜の感覚上皮中の有毛細胞を曲げて刺激を与える．回転が一定速度に達すると，内リンパも同一速度で流れるので，有毛細胞は正規の位置に戻るが，回転が停止するとリンパはそのままの方向に流れ，有毛細胞を刺激する．生じた興奮は中枢神経系（網様体）に送られ，反射的に運動神経を介して体の平衡を保つ．速度の変化が大きい時，また回転運動停止後に半規管は強く刺激され，めまい，嘔気，眼球の動揺が起こることがある．半規管は互いに直交する三つの平面内にあるので，どの方向に頭が回転しても刺激は起こり得る．

内耳にある平衡感覚の受容器を破壊すると，動物は直進運動ができなくなり，回転運動を行うようになる．

Ⅳ　嗅　覚

嗅覚（smell, olfaction）は動物の採食，個体認識，性行動など種族保存のための諸行動を規定する重要な本能的感覚である．嗅覚と味覚は，いずれも化学的物質を特殊に分化した受容器で刺激として受容することから，化学感覚（chemical sensation）と呼ばれる．

嗅覚は気化した化学物質が直接受容器に感受されるのではなく，最終的には鼻粘膜より分泌された粘液中に溶けたのち感受される．

1. 鼻腔の構造

　鼻腔は外鼻孔で外界と通じ，後方では後鼻孔によって咽頭，喉頭につらなる．鼻腔の内部は，粘膜に覆われた鼻骨によって，背，中，腹鼻道に分かれ，それらは集まって総鼻道となる．嗅機能を示す嗅部は背鼻道後部，中鼻甲介およびその付近の鼻中隔壁を含む鼻腔後部の小さな範囲を占めている（図10・12）．嗅部の色調は動物によって異なり，馬，牛では黄色，豚では褐色，犬は灰色である．嗅部の粘膜は嗅上皮（olfactory epithelium）といわれ，著しく厚い．嗅上皮（図10・13）は支持細胞（supporting cell）と嗅細胞（olfactory cell）および基底細胞（basal cell）よりなる．支持細胞は円筒状で，ミトコンドリアに富み，黄褐色の顆粒を含む．また，粘膜面には多数の微絨毛を有する．嗅細胞は両端が著しく長い双極神経細胞で，粘膜面は樹状突起であって膨隆し，嗅小胞（olfactory vesicle）となる．嗅小胞の表面からは数本の長い嗅線毛（olfactory cilia）が放射状

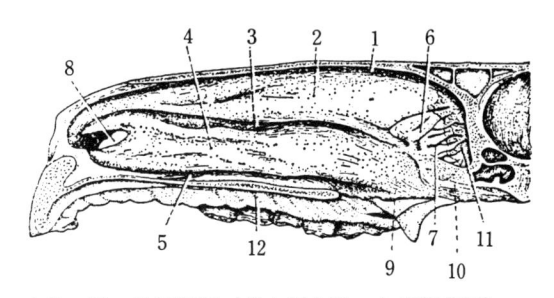

図10・12　馬の鼻腔縦断（鼻中隔を除いた右側鼻腔）
1：背鼻道　2：背鼻甲介　3：中鼻道　4：腹鼻甲介
5：腹鼻道　6：中鼻甲介　7：篩骨道　8：外鼻孔　9：後鼻孔　10：咽頭　11：鼻粘膜嗅部　12：硬口蓋
（加藤・山内，家畜比較解剖図説）

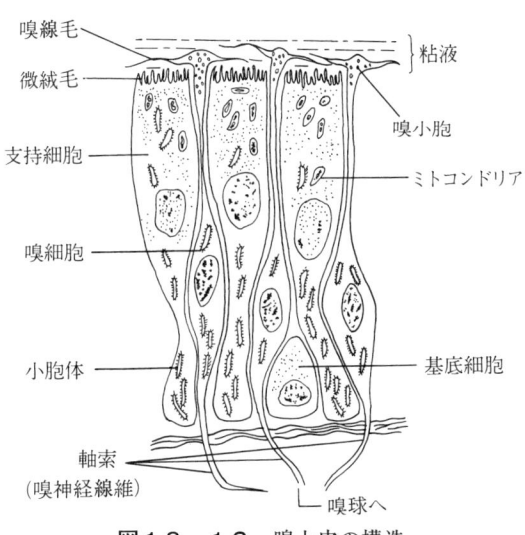

図10・13　嗅上皮の構造

に突出している（図10・14）。他端の突起は細く無髄神経となり，他の嗅細胞からの神経と小束を作って大脳底にある嗅球に達する。基底細胞は分化して嗅細胞になるといわれている。粘膜固有層中には嗅腺（olfactory gland またはボーマン腺（Bowman's gland））と呼ばれる多数の小腺が存在しており，導管が上皮表面に開口し，粘液を分泌して嗅粘膜面を潤している。嗅線毛はこの粘液中に存在して，粘液に溶けた化学物質を感受する。動物によって嗅上皮の構造はいくらか異なり，犬では嗅小胞が長く，嗅線毛は微絨毛と交差している。

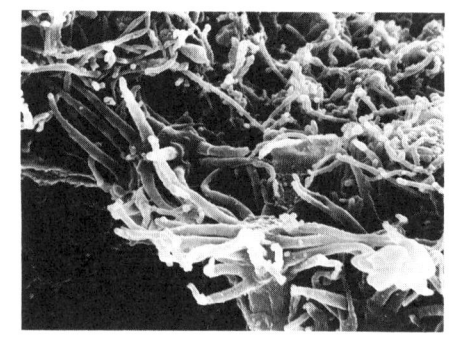

図10・14 ラットの嗅上皮
嗅細胞の嗅小胞からでる嗅線毛，細い毛は支持細胞の微絨毛（×26,000） （濱崎（正））

　嗅球に達した嗅細胞の軸索は，僧帽細胞（mitral cell）と呼ばれる神経細胞と，シナプスを作って嗅糸球体（olfactory glomerulus）となる．僧帽細胞の線維は，さらに嗅索を通って大脳に入り，辺縁皮質に終わる．

2．においの受容

　嗅上皮に電極をあて，におい物質を粘膜に吹きつけると，粘膜表面が裏面に対し，負となるゆるやかな電位を生ずることは古くから知られていた．しかし，「におい」として脳で感知され，識別される仕組みは，長い間，謎のままであった．その仕組みとして，嗅細胞の表面にある受容体に，匂い物質が特異的なリガンドとして結合するという"立体構造説"，嗅細胞の細胞膜に匂い物質が非特異的に吸着して，膜電位そのものが変化するという"膜吸着説"，細胞表面に結合した匂い分子固有の分子振動が神経の共鳴や電気振動として伝わるという"分子振動説"が提唱されていた．1991年に，アメリカのリンダ・B・バック（Linda B. Buck）博士とリチャード・アクセル（Richard Axel）博士が嗅覚受容体遺伝子群を発見（2004年ノーベル医学生理学賞）して以来，飛躍的に嗅覚の分子レベル・神経回路レベルの解明がされてきた．嗅覚受容体は嗅細胞で発現しており，特定の構造をもつにおい分子と結合する．すなわち，立体構造説が正しかったということになる．嗅覚受容体は，Gタンパク質共役受容体（GPCR）ファミリーに属する，7回膜貫通型の膜タンパク質である．におい分子の結合によってGタンパク質が活性化し，イオンチャネルが開口する．するとNa^+とCa^{2+}が細胞内へ流入し脱分極が起き，活動電位が発生し嗅糸球体へ情報が送られる．

　多種多様なにおい分子に対応できるように，非常に多くの嗅覚受容体がゲノム上に存在している．これまで明らかになっている嗅覚受容体数は，人で約400個，マウスで約1,000個，犬で約800個，牛で約1,100個，鶏で約300個であり，全遺伝子の2〜3%を占める．1個の嗅細胞は数ある嗅覚受容体のうちたった1個の嗅覚受容体しか発現していない．さらに，同じ受容体を発現した

嗅細胞はそれらの軸索を，内側と外側のそれぞれ一つの嗅糸球体へと集束させている．これら二つのルールを基盤として形成される神経回路によって，多種多様なにおい分子の化学構造の脳内表現としての「匂い地図」が嗅球に展開される．このメカニズムが多様なにおい分子の検出・識別を可能にしている．

3．家畜とにおいに対する感受性

哺乳類のなかで，においに対する感受性は人では低い（microsomatic）が，家畜ではよく発達している（macrosomatic）．鳥類は哺乳類と同様な嗅覚器官を備えているが，一般に，その能力は低いといわれている．しかし，例外もありニュージーランドに生息するキウイは，土中のみみずを捕食することができる．土中にある物質をかぎあてる能力は，豚，山羊，犬にもある．犬は嗅覚の優れた動物であって，嗅上皮の面積は人の50倍もある．酢酸を例にとり，においを感ずる閾値を調べると，人は$5×10^{13}$分子/mℓ必要であるが，犬は$5×10^5$分子/mℓであり，人の10^8倍の感度を有する．

4．においと行動

1）フェロモン

動物は，しばしば皮膚や生殖器にある分泌腺や尿道からフェロモン（pheromone）を放出し，同種の他個体の嗅覚を通じて作用し，特定の行動を引き起こすことが知られている．フェロモンは，自らの足跡や縄張り，個体の識別や，敵と味方の判別に用いられ，また食物の存在場所を知るために利用される．

フェロモンの概念は，元来，昆虫の分野で認められたものであり，ギリシャ語のpherein（運ぶ）とhormone（興奮させる）からなる合成語である．フェロモンの作用はリリーサー（releaser）効果と，プライマー（primer）効果に大別される．フェロモンは一般に比較的，構造の簡単な有機化合物で種特異性が高く，きわめて微量で作用を表わす．

集団飼育して非発情状態にある雌のマウスの中に，雄を入れると，3日後には発情が同期化し，雄と交尾をする．この場合は，雄のフェロモンが尿中に含まれており，雌のゴナドトロピンの合成と分泌が，このフェロモンにより促進されることが認められている．この現象は，発情期前の雌羊群に雄羊を入れて雌羊群の卵巣周期の開始を早くしたり，確実にしたりすることに利用される．また，同様の現象が豚についても見られる．

繁殖期にある雄山羊は強い特異臭を発散するが，その成分は4-エチルオクタン酸，4-エチルデカン酸，4-エチルドデカン酸，4-エチルテトラデカン酸，4-エチルヘキサデカン酸である．4-エチルオクタン酸の含有率は少ないが（1〜2％），もっとも天

$$\overset{8}{CH_3}·\overset{5〜7}{(CH_2)_3}·\overset{4}{CH}·\overset{3}{CH_2}·\overset{2}{CH_2}·\overset{1}{COOH}$$
$$|$$
$$C_2H_5$$

図10・15 4-エチルオクタン酸
（成熟雄山羊特異臭の主成分）
（正木ら）

然の雄山羊臭に近いという（図10・15）．これらの4-エチル脂肪酸は雄山羊の皮脂腺より分泌され，発情期の雌に対し，性フェロモンとしての効果を示すことが確かめられている．

2）鋤鼻器

両生類以上の動物で，鼻中腔の前部に盲管状の構造があるものがあり，鋤鼻器（vomeronasal organ，またはJacobson器官）といわれる．その開口は動物によって異なり，齧歯目では鼻腔内あるいは口腔に開口しているが，牛では鼻口蓋管で口腔に開口している．鋤鼻器の内側面は鋤鼻細胞で覆われ（図10・16），その軸索は副嗅球に投影している．古くから鋤鼻器は特に動物の性行動に関係があることが知られていた．たとえばマウスは頭を尿に近づけ，尿を鋤鼻器内に吸い込み，尿中に含まれる不揮発性分子を受容器に到達させて，発情物質の有無を感知する．この行動はまた，動物個体の識別，順位，栄養状態の判別にも有効であるという．

1995年にフェロモン受容体遺伝子がラットの鋤鼻細胞から同定されて以降，鋤鼻器はフェロモンを受容する器官であることが明らかとなってきている．フェロモン受容体は，7回膜貫通型受容体構造をもち2種類のファミリー（V1RとV2R）を形成している．それぞれおよそ100種の遺伝子が見いだされているが，嗅細胞における嗅覚受容体の発現と同様，フェロモン受容体も個々の鋤鼻細胞は一つの受容体のみを発現している．鋤鼻細胞から副嗅球に伝えられた情報は，扁桃体の内側部に至り，最後は視床下部に到達する．プライマーフェロモン効果の場合は，視床下部で合成された下垂体刺激ホルモンが正中隆起部から分泌され，門脈と呼ばれる血管系を通じて下垂体に運ばれ，下垂体の内分泌細胞に働きかけることにより，内分泌系をコントロールしている．リリーサー効果の場合は，視床下部からさらに脳の下位の神経系を制御して行動を引き起こすと考えられているが，その機構は未だに不明である．

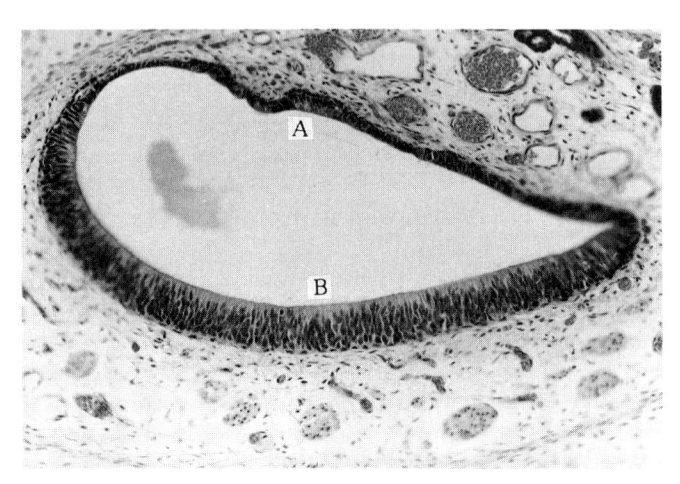

図10・16　猫の鋤鼻器粘膜（×180）
A：外側面は呼吸上皮
B：内側面は嗅上皮よりなる
（濱崎（正））

V 味　覚

味覚（taste, gustation）は，化学感覚の一つであり，動物の採食時において飼料中の有毒物質の有無，栄養物質の多寡，あるいは嗜好性の良否を判断する重要な感覚である．

1. 味覚受容器

味覚受容器は哺乳類や鳥類にあっては，味蕾（taste bud）にある．味蕾の大部分は舌表面にある乳頭中に含まれるが，少数のものは口蓋，咽頭または喉頭にも存在する．その数は動物によって異なり（表10・3），一般に草食の哺乳類の方が，肉食のものより多い．味蕾の大きさは動物によって異なるが20〜100 μmの小さな器官で円形または楕円形（図10・17（A, B））をしており，味細胞（gustatory cell）と支持細胞より構成されている．味細胞の先端からは細い繊毛が生じており味蕾の上皮にある味孔（gustatory pore）に達している．すべての味物質は溶液として味孔に達し，味覚受容体を介して味細胞を刺激する．味細胞の寿命は数百時間に過ぎず，古い細胞は，味蕾周辺に生じた新しく分化した細胞と置き換わる．

味蕾の細胞は，I型からIV型までの4種類に分類される．I型は支持細胞，II型は甘味，苦味，うま味を検出する細胞，III型細胞は塩味や酸味を検出する細胞，IV型細胞は成長してこれら細胞種になる，と考えられている．このうち，塩味，酸味を受容するIII型細胞のみが神経伝達物質の生合成酵素やシナプス小胞といったニューロンに特有の性質をもち，味神経の終末とシナプスを形成している．甘味，苦味，うま味を受容する細胞は共通の細胞内シグナル伝達系をもちII型細胞に分類される．味細胞に分布した神経は集まって，味蕾底部の基底膜付近で神経叢を作り，次の三つの

表10・3　動物の種類と味蕾数

動物種	味蕾数/舌
牛	35,000
豚	15,000
山羊	15,000
カイウサギ	17,000
ノウサギ	9,000
人	9,000
鶏	24

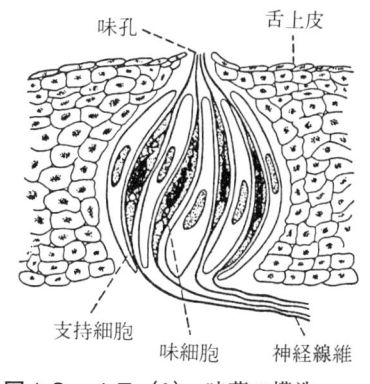

図10・17（A）　味蕾の構造
（星・林，生理学）

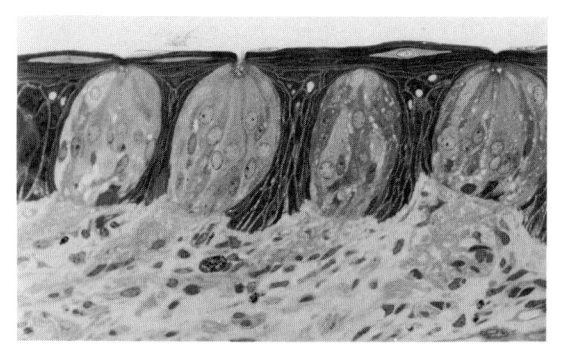

図10・17（B）　猿の味蕾
（濱崎（正））

脳神経を通って中枢に向かう．舌の前部2/3および硬口蓋の味蕾から生じた線維は鼓索神経を経て顔面神経に入る．また，舌の後部1/3と軟口蓋より生じたものは舌咽神経に入る．一方咽頭，喉頭にある味蕾からの線維は迷走神経に入る．これら三つの脳神経からの線維は，延髄に入り延髄内で孤束を作り，孤束核に終わる．ここでニューロンを変え，次のニューロンは上行して視床の後内側腹側核に達する．さらに第三次ニューロンは大脳皮質の味覚領に達する．味覚領は第一次体性感覚野の最下部付近に存在している．

2．味の受容

生理学的に甘味，酸味，塩味，苦味，うま味の五つが基本味に位置づけられる．これらの物質を味細胞に与えると，受容器電位として濃度とともに振幅が大きくなる正の電位が得られる（図10・18）．このことから，それぞれの味に特異的に反応する神経が存在すると考えられてきた．1999年に味覚受容体が初めて哺乳類から同定され，味覚の仕組みが分子レベルで明らかになりつつある．味覚受容体には，7回膜貫通型の受容体構造をもちGタンパク質共役型受容体と，イオンチャネル内蔵型受容体がある．甘味，苦味，うま味を感受するのはGタンパク質共役型受容体であり，味物質と結合するとGタンパク質が活性化し，イオンチャネルが開口する．その結果，Na^+を細胞内に流入させて，味細胞を脱分極させる．塩味，酸味を感受するのはイオンチャネル内蔵型受容体である．Gタンパク質共役型受容体とは異なり，細胞外のH^+（酸味）やNa^+（塩味）などのイオンによって開口し，イオンチャネルとして働くことにより，味細胞を脱分極させる．一つの味蕾にはすべての味覚受容体が発現していることから，五つの基本味の識別は舌の部位や味蕾による分担はなく，一つの味蕾は五つの基本味のすべてに対応している．一方，一つの味細胞には一種の味覚受容体しか発現しておらず，一つの味細胞は一種類の基本味の受容に特化しており，またそこから，その味に特化した味神経につながっており「一種類の味」の情報として脳に伝えている．

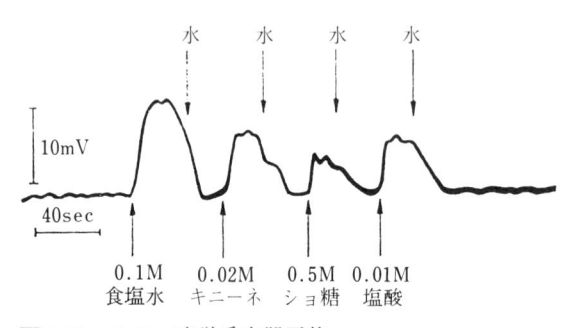

図10・18　味覚受容器電位

（田崎ら，生理学通論Ⅱ）

3．飼料の選択と味覚

家畜の味覚は，二種類以上の飼料や液体を動物に与えて，飼料の摂取状況から判断することが多い．

子牛に水と，人では甘みを感じない1％ショ糖液を与えると，後者を好んで選択する．また，3〜4％のラクトースやマルトース液は好まないが，キシロース，フルクトース，グルコース溶液は

好んで摂取する．猫はどんな糖にも選択好性を示さないが，犬は好んで摂取する傾向にある．豚はスクロースをよく好むが，グルコースやラクトースは少量を摂取するに過ぎない．家禽はグルコース，マルトース，スクロースを区別することはなく，キシロース溶液は忌避する．しかし，これらの選択性試験は栄養状態その他の要因によって左右されることが多く，一つの動物種がまったく異なった反応を示すことさえある．

　温度は人にあっては味覚を左右する要因の一つであるが，家禽は明らかに温度に対し選択性を示し，高温を嫌うことが知られている．

　味覚の本質的な意義の一つは飼料中に不足物質がある時，その調節をする必要があるからであろう．もし副腎除去によってナトリウム不足が体内に生じた場合，動物はその損失を補うように食塩を摂取する．このような合目的な反応は，舌からの求心性神経を切断すると消失する．めん羊に十分なナトリウムと水とが与えてある時，食塩と炭酸水素ナトリウムは区別されることなく摂取されるが，耳下腺フィステルから唾液を除去すると，唾液中から失われる炭酸水素ナトリウムを好んで摂取するようになる．

4．飼料に対する嗜好性

　家畜の飼料に対する好悪の程度は嗜好性（palatability）をもって表わされる．嗜好性は植物，動物，環境要因の複雑な組み合わせによって決定される．香気，形状，水分含量，粗剛性，栄養物質含量，生育時期，毒物含量，草丈，土地の肥沃度などの要因が挙げられている．嗜好性の良否には嗅覚，味覚，触覚，時には色覚の関与も考えられているが，それぞれの関与の程度は明らかではない．

　また，一種類の飼料では嗜好性が低い場合も，二種類以上の混合により，改善される場合，あるいは動物の慣れによって異なる場合，同じ動物種内でも個体間で相違する場合など，複雑である．

Ⅵ　採 食 調 節

　エネルギーを二酸化炭素と水から作り出すことができない動物は，従属栄養の形態をとり，生体のホメオスターシスを維持しなければならない．言い換えれば，生命を保つためのエネルギーバランスを調節するために採食を介して栄養を摂らざるを得ない．採食行動は，環境状態，感覚上の信号や飼料に含まれる栄養素などの多くの外的要因により影響を受ける．すなわち消化管における各種要因，ホルモンや代謝産物といったものによって採食は調節される．動物生産においては，いったん体内に取り込んだ栄養素を肉，卵，牛乳等の畜産物に変化させていかなければならない．したがって，採食量が減少するようなことになれば，遺伝的改良を施した意味が失われる．肉生産に関すれば，増体の良いものが選抜されてきたが，実態は採食量の多いものを選抜した経緯がある．またいくら栄養素のバランスが優れた飼料を作製したとしても，その飼料の嗜好性が低いのであれば意味がない．

第10章 感覚・採食調節

　採食は，動物が脳を有し，行動し，食物を獲得することにより可能となる．進化を経てきたためか採食行動の調節機構は多くの動物種においてかなり共通しているが，たとえば消化管の形態が異なる反芻動物と単胃動物ではその制御機構に差異が生じるし，また同じ単胃動物においても哺乳動物と鳥類では異なる点が認められる．

　しかしながら，採食調節における脳の重要性が判明してからまだ100年にも満たない．1930年代に，脳内の特定部位に電極を植え込む脳定位法が確立された．この方法を応用して，その食欲の脳における中心的な部位が，視床下部にあることが判明した．視床下部の腹内側核には満腹中枢（satiety center）があり，この部位の興奮により採食は中止される．しかしこの中枢が破壊されると動物は著しく多食（hyperphagia）になり肥満する．一方，外側野には採食中枢（feeding center）があり，この部位にアドレナリン様物質を注入したり，電気刺激を行ったりすると，採食を開始するが，破壊すると無食症（aphagia）に陥り，ついには餓死してしまう．満腹中枢は採食中枢を抑制するように作用して採食量の調節を行っていると考えられる．今ではさらに多くの脳部位が採食に関わっていることが判明している．

　一方，末梢における消化管なども食欲の調節に関与し，体全体が採食の調節に調和をもって当たっていることは明らかである．採食を調節するメカニズムに関しては下記に述べるように多くの説が提唱されている．

1．脳による採食調節

　脳における機構は，大きく分けてエネルギー代謝（平衡），神経およびホルモンによる調節および感覚に関連したものである．表10・4にその概要をまとめた．

1）エネルギー代謝に関連した採食制御理論

糖定常説：飢餓時にグルコースの水準が低下する場合は，ケトン体がグルコースの変わりをするが，通常はグルコースが脳の主たるエネルギー源である．脳のエネルギー消費量は，総エネルギー消費量のおよそ20%にも及ぶ．また，グルコースは脳以外の組織でも利用され，同じエネルギー源となる脂質やタンパク質よりも代謝の早いことから採食調節機構の短期的な制御をつかさどる．

表10・4　脳における採食調節に関する機構

エネルギー代謝（平衡）	神経およびホルモン	感覚
糖定常説	イオン定常説	甘味
温度定常説	アミノ酸定常説	塩辛味
脂肪定常説	ペプチド作動説	酸味
リン酸化定常説		苦味
		旨味
		匂い
		臭い
		色
		形状

脳内に血糖濃度に応答するグルコース受容体があり，血糖の絶対濃度が閾値を越えて低くなると採食を誘起するという理論が最初に提唱された．ところが糖尿病の患者は，高血糖でありながらも過食が起こり，この説には矛盾が認められた．その後，この説は血糖値がすべてを説明するのではなく，細胞内におけるグルコースの利用率によって決定されるというものに修正された．代表的な動物の血糖値を表10・5に示す．齢や種により違いが存在するとしても，鳥類の血糖値は高く，反芻動物のそれは低い．鶏においてはグルコースが採食の調節因子となりうるかについては様々な意見が存在するが，反芻動物においては採食調節に関わるという証明はない．

表10・5 代表的な家畜を含む動物の血糖値

種	血糖値 (mg/100ml)
牛	40-70
鶏	130-260
犬	60-90
アヒル	148
山羊	45-60
馬	55-95
人	60-100
ダチョウ	164
豚	45-75
ウサギ	97-109
ラット	92-106
めん羊	30-50

(Flindt, Amazing Numbers in Biology)

　採食行動を制御している部位である視床下部においてグルコースは重要な働きをする．満腹中枢である腹内側核にはグルコース受容ニューロンが，また採食中枢である外側野にはグルコース感受性ニューロンが存在する．グルコース受容ニューロンは，グルコースにより脱分極を起こしてニューロン活動が上昇する．これはグルコースが受容体に結合し，アデニル酸シクラーゼを活性化することにより，その後のcAMP，プロテインキナーゼAの活性化，膜のカリウムチャンネルのリン酸化，カリウムチャンネルの閉鎖，膜コンダクタンスの低下，脱分極という一連の流れを進めるために起こる．一方，グルコース感受性ニューロンは，グルコースによりニューロン活動は抑制される．これは細胞に取り込まれたグルコースが，ATPに変換され，膜のNa$^+$/K$^+$ATPアーゼを活性化することにより，Na$^+$が過剰に細胞外に追い出されるためにニューロン膜が過分極することによる．興味深いことに，グルコース受容ニューロンとグルコース感受性ニューロンは，グルコースにのみ感受性を示すのではなく，ペプチドや神経伝達物質など多くのものにも応答する．グルコースは採食行動を止める働きは強いが，開始する働きに関しては明らかではない．

温度定常説：環境温度が低くなると採食量が増加し，逆に暑い環境下では減少する．また，飼料を摂取した後には，熱が発生し体温上昇が起こる．そこで体温の上昇が，食欲を調節するという温度定常説が出されるに至った．しかしながら，発熱だけが採食行動を調節している可能性は低いことが証明され，環境温度の変化による食欲の変動にはホルモンなどの関与が示唆されている．

脂肪定常説：体内におけるエネルギー貯蔵の主要なものは脂肪であり，長期にわたって体内のエネルギー出納を管理するものは脂肪であるとする説である．この説は，脂肪の合成・分解を脳が感知し，食欲を調節するという考えである．因子としては，血中の遊離脂肪酸が提唱されている．遊離脂肪酸の血中濃度は，採食状態に依存して変化する．採食下であれば，インスリンの放出に伴い脂肪組織で中性脂肪の合成に用いられるために血中濃度は低下する．一方，絶食下であれば，脂肪が

エネルギー源として動員されるために血中濃度は高まる．この脂肪酸の代謝を抑制する物質を投与すると，採食が亢進することが知られている．また，ケトン体の一種であるβ-ヒドロキシ酪酸には鶏において強い採食抑制効果が認められる．

リン酸化定常説：生命活動のエネルギーとして最終的にATPが利用される．したがって視床下部のニューロンが，生体のATPの利用を定常化するという考えがリン酸化定常説である．グルコースや脂肪の分解によって産生されるグリセロールやプロピレングリコールの体重減少に対する効果はグルコースよりも強い．グリセロールやプロピレングリコールのATP産生能が高いために起こるからと考えられた．

2) 栄養素に関連した採食制御理論

イオン定常説：体温と採食量に視床下部における細胞外カルシウムとナトリウムイオン濃度が影響を及ぼすというイオン定常説がある．視床下部の腹内側核にカルシウムイオンを過剰に投与したり，視床下部外側野にナトリウムイオンを過剰に投与したりすることにより過食が生じる．

アミノ酸定常説：飼料中のタンパク質水準，言いかえればアミノ酸含量がわずかに減少すれば，それを補うためにより多くの飼料を摂取しようと動物は試みる．しかしながらタンパク質の欠乏状態が厳しくなるに従い飼料摂取量は著しく抑えられる．これは逆に特定のアミノ酸が過剰に存在する場合にも認められる現象である．これらアミノ酸の過不足を脳内で感知し，食欲を調節するという概念がアミノ酸定常説である．

飼料由来で獲得したタンパク質は，アミノ酸にまで消化され吸収される．このアミノ酸の多くは，体タンパク質の合成に使われる．しかし脳内に取り込まれたアミノ酸は，あるものはそのままで，また他のものは代謝されて神経伝達物質として働く．その一部を下記に述べる．

アルギニンは一部の動物または他の動物でも成長期だけは必須アミノ酸として要求されることがある．アルギニンから一酸化窒素合成酵素により産生される一酸化窒素は，脳内にも存在が確認され，神経伝達物質として機能する．一酸化窒素は脳内において採食調節に関わる．

ヒスチジンは，ヒスチジン脱炭酸酵素により脱カルボキシル化を受けてヒスタミンになる．中枢においてヒスタミンは神経細胞と肥満細胞の両者に存在し，ヒスタミン神経の投射も明らかにされてきた．ヒスタミンの中枢投与により採食量は減少する．神経終末に存在するヒスチジン脱炭酸酵素の活性を抑え，ヒスタミンを枯渇させると採食は亢進する．これらの事実から中枢におけるヒスタミンは採食抑制に働くものと認識されている．

芳香族アミノ酸であるフェニルアラニンは，肝臓に存在するフェニルアラニン水酸化酵素によりチロシンへと代謝される．このチロシンを出発点として，ドーパが産生され，その後カテコールアミンであるドーパミン，ノルアドレナリン，アドレナリンへとさらに代謝される．この中でノルアドレナリンに関しては，視床下部に注入することにより採食が誘起されることが認められている．この作用座位は視床下部室傍核である．ノルアドレナリンによる採食亢進作用は，α_2受容体を介して起こり，そのニューロン活動が抑制されることに起因することが明らかにされている．鶏ヒナで

は，脳室にノルアドレナリンを低用量で投与すると採食の亢進は起こるが，高用量になると睡眠が誘導される結果，採食量は減少する．ドーパミンは，採食亢進・抑制の両方向に働き，D_1受容体に作用すると採食抑制，D_2受容体に働くと採食を亢進する．しかし，鶏ヒナでは効果は認められない．

セロトニンは，トリプトファンから産生される物質であり，胃分泌を抑制し，平滑筋を刺激することが知られている．中枢神経系のある部分（縫線核）に比較的高濃度で存在し，多くの末梢組織や細胞，癌様腫瘍内にも存在する．セロトニンを中枢に投与すると採食は抑制されるし，前シナプスからのセロトニンの遊離を阻害すると採食は亢進する．

3）ペプチドホルモンによる制御

脳内で発現するペプチドは，食欲に関して亢進的に働くもの，抑制的に働くものならびに何ら関与しないものの三つに大別される．動物脳内において採食を調節する神経ペプチドは，新たなものが未だに発見され続けている．それらペプチドに加え，末梢に分泌されるペプチドホルモンのいくつかにおいても採食調節作用が知られている．すべてのペプチドについて言及することは難しいために表10・6にラットの採食に対する効果の一部をまとめた．

インスリンは膵臓から分泌され末梢において糖代謝に大きく関わるが，中枢神経においても作用する．脳室内に長期投与すると採食を抑制することが報告されている．このことは中枢にもインス

表10・6 様々なペプチドのラット中枢内投与による摂食量の変化

ペプチド	摂食に対する効果
メラニン濃縮ホルモン	⇑
モチリン	⇑
ガラニン	⇑
成長ホルモン放出因子	⇑
グレリン	⇑
オピオイド	⇑
ニューロペプチドY	⇑
パンクレアチックポリペプチド	⇑
ペプチドYY	⇑
オレキシンA	⇑⇨
オレキシンB	⇑⇨
インスリン	⇓
グルカゴン	⇓
グルカゴン様ペプチド-1	⇓
レプチン	⇓
コレシストキニン	⇓
甲状腺刺激ホルモン放出ホルモン	⇓
ボンベシン	⇓
ニューロテンシン	⇓
副腎皮質刺激ホルモン放出因子	⇓
α-黒色素胞刺激ホルモン	⇓
オキシトシン	⇓

⇑：摂食亢進　⇓：摂食抑制　⇨：変化なし

```
グルカゴン              HSQGTFTSDYSKYLDSRRAQDFVQWLMNT
セクレチン              HSDGTFTSELSRLRDSARLQRLLQGLV
GLP-1 (7-36)(哺乳類)    HAEGTFTSDVSSYLEGQAAKEFIAWLVKGR
GLP-1 (7-36)(鳥類)      HAEGTYTSDITSYLEGQAAKEFIAWLVNGR
GLP-2                   HADGSFSDEMNTILDNLAARDFINWLIQTKITDR
エキセンディン-3        HSDGTFTSDLSKQMEEEAVRLFIEWLKNGGPSSGAPPPS
エキセンディン-4        HGEGTFTSDLSKQMEEEAVRLFIEWLKNGGPSSGAPPPS
PHI                     HADGVFTSDFSRLLGQLSAKKYLESLI
VIP                     HSDAVFTDNYTRLRKQMAVKKYLNSILN
GIP                     YAEGTFISDYSIAMDKIRQQDFVNWLLAQKGKKSDWKHNITQ
GRH                     YADAIFTNSYRKVLGQLSARKLLQDIMSRQQGESNQERGARARL
```

図 10・19 グルカゴンスーパーファミリーのアミノ酸配列
GLP-1: glucagon-like peptide-1, GLP-2: glucagon-like peptide-1.
PHI: peptide histidine isoleucine, VIP: vasoactive intestinal peptide,
GIP: gastric inhibitory peptide, GRH: growth hormone-releasing peptide

リンの受容体が存在することを示唆している．受容体数は嗅球でもっとも多く，大脳皮質，視床下部の順番になっているが，脳内のインスリン含量は視床下部でもっとも高い．鶏においてもインスリンは採食を抑制する．反芻動物の中枢神経系におけるインスリンの作用は十分に理解されていない．

グルカゴンはインスリン同様に膵臓から分泌されるが，その作用はインスリンの逆である．中枢における作用は，インスリンと同様で採食抑制に働く．グルカゴンにはアミノ酸配列が類似した多くのペプチドが存在し，それらはまとめてグルカゴンスーパーファミリーと呼ばれる（図10・19）．その中のセクレチンは膵臓からの膵液の分泌を促すことが知られているが，採食に対する中枢への直接作用は確認されていない．グルカゴン様ペプチド-1（glucagon-like peptide-1, GLP-1）のアミノ酸配列は，現在のところ哺乳類ではすべて共通であり良く保存されている．このペプチドは，鳥類や魚類においても確認されている．その採食に対する中枢効果は抑制的である．毒トカゲから抽出されたエキセンディンは，GLP-1の作動薬として働くために採食を抑制するが，エキセンディンの断片はGLP-1の拮抗物質として働くために中枢投与で採食を亢進する．成長ホルモン放出ホルモン（growth hormone releasing hormone, GHRH）も同ファミリーに属する．GHRHは視床下部で産生され，下垂体からの成長ホルモンの分泌を促す．GHRHは採食亢進に作用するが，成長ホルモンを介するものではなく直接作用と考えられている．鶏ヒナでは逆にGHRHにより採食は抑制される．鶏ヒナでは，グルカゴンスーパーファミリーはすべて採食抑制に働くが，その効果はGLP-1やGHRHで強い．

一方，胃からも成長ホルモン分泌刺激作用をもつホルモンが発見され，グレリンと名付けられた．グレリンは，オクタン酸を配位するペプチドホルモンであり，オクタン酸がなければ生理活性をもたない．グレリンは，ラットの採食を亢進する．鶏ヒナにおいては哺乳類における反応と全く異なり，GHRHと同様に採食を抑制する．

ガストリン（gastrin）とコレシストキニン（cholecystokinin, CCK）はもっともよく知られてい

る消化管ホルモンの一つであり，第2章で述べたように両者のアミノ酸配列（図2・12）は類似している．哺乳類において，ガストリンとCCKはC末端の五つのアミノ酸配列が共通していることから，両ホルモンはガストリン/CCKファミリーに属するペプチドホルモンに属すると考えられている．そのファミリーの中でもCCKのC末端の8アミノ酸残基からなるオクタペプチドをCCK-8と呼ぶ．CCKは，末梢において膵酵素分泌の促進や胆嚢の収縮作用を有するホルモンとして認識されていたが，CCKを末梢に投与すると採食の抑制や胃からの食物の流出が遅延することが明らかにされた．CCKは脳内にも存在することが確認され，脳腸ペプチドと呼ばれている．CCKは中枢神経に存在する神経ペプチドの中でもっとも含量が高い．CCK分子種の中でCCK-8は脳内にもっとも多く存在している．CCKを哺乳類の脳室内に投与すると採食量が減少することから，CCKは採食抑制ペプチドの一つであることが知られている．しかし，ガストリンには哺乳類で効果がないとされている．鶏ガストリン（36アミノ酸残基，131 pmol）とCCK-8（66または131 pmol）を脳室内に投与すると，ガストリンは鶏ヒナの採食を抑制するが，CCK-8ではどちらの水準においても採食量に変化が認められない．また，高濃度のCCK-8（262 pmol）では，投与直後は採食を抑制するが，その効果は速やかに消失する．さらに，33アミノ酸残基からなるCCK-33とガストリンの採食抑制効果を比較したところ，両者は同等の効果を有した．この結果は，鶏ヒナの脳内においてはペプチド鎖が長いCCKの方が短いものよりも採食抑制効果が強いことを示し，ガストリン/CCKファミリーの採食抑制作用にはペプチド鎖長が重要な鍵を握ることを示唆している．

　ガストリン分泌を刺激するペプチドとして，ガストリン放出ペプチド（gastrin releasing peptide, GRP）がある．ボンベシンはそのGRPの構造類似体であり，哺乳動物の採食を抑制する．ボンベシンの脳室内投与で，哺乳類と鳥類の採食量は減少する．

　動物にストレスが加わると視床下部室傍核の副腎皮質刺激ホルモン放出因子ホルモン（corticotropin-releasing hormone, CRH）産生細胞が興奮する．その神経終末よりCRHが放出され，下垂体前葉を刺激して副腎皮質刺激ホルモン（adrenocorticotropic hormone, ACTH）の分泌を促す．その結果，副腎皮質からの糖質コルチコイドの分泌が促進されるストレス反応に関しては9章で述べた．ACTHは，プロオピオメラノコルチン（proopiomelanocortin, POMC）遺伝子の中にα-黒色素胞刺激ホルモン（α-melanocyte-stimulating hormone, α-MSH）やβ-エンドルフィンなどと共に配列されている．CRHを中枢に投与すると動物の採食量は減少するが，下垂体を摘出してもこの効果は影響を受けないため，POMC遺伝子関連物質を介したものではない．

　α-MSHは，脳下垂体から分泌され，体色・体毛色を変化させる．α-MSHをラットの脳室内に投与すると採食量が減少することから，α-MSHは採食抑制ペプチドとして認められている．この採食抑制作用はメラノコルチン受容体-4（melanocortin receptor-4, MC4R）を介している．MC4Rが遺伝的に欠損しているマウスでは肥満，過食，高インシュリン血症および高血糖の症状が観察されており，α-MSHは採食・体重調節において重要な働きを担っている．MC4Rにはアグ

ーチ関連タンパク質（agouti-related protein, AGRP）という内因性アンタゴニストが存在している．AGRP をラットの脳内に投与すると採食量が増加することから，哺乳動物の脳内には，α-MSH と AGRP による MC4R を介した採食調節機構が存在するとされている．

　哺乳動物と同様に，鶏ヒナの脳室に α-MSH を投与すると採食量の減少が見られる．また，この採食抑制作用は AGRP を同時に投与することで緩和される．これらの結果は，鶏ヒナの脳内にも MC4R を介した採食調節機構が存在していることを示唆している．さらに，鶏ヒナの脳室に AGRP のみを投与したところ，卵用鶏ヒナでは採食量が増加するが，肉用鶏ヒナでは採食への効果が見られない．α-MSH の脳室内投与による採食抑制効果は，両系統に MC4R の存在を確認し，肉用鶏ヒナにおいて AGRP のみの投与で採食亢進効果が見られなかったことは，脳内の内因性 α-MSH の発現が低いことを示唆している．

　POMC 遺伝子に含まれる β-エンドルフィンは，オピオイドペプチドと呼ばれる．それにはエンドルフィンの他にもエンケファリンなどの内因性の麻薬性物質やモルヒネ，ヘロイン，メペリジン，メサドンなどの外来性の麻薬が含まれる．オピオイドペプチドの中枢投与により採食は亢進する．

　CRH にはいくつかの類似体が存在しており，その一つに魚類から発見されたウロテンシン-I（urotensin-I, USN-I）がある．後に発見されたウロコルチン（urocortin, UCN）の名は，CRF と USN-I に構造が類似していることに由来している．CRH 受容体には CRH1 受容体と CRH2 受容体の二つが確認されている．CRH と比較すると UCN の CRF 受容体に対する親和性は，CRH1 受容体で 6 倍，CRH2 受容体で 20 倍と高い．特に，UCN は CRH2 受容体に対して高い親和性を示すため，UCN が CRH2 受容体の内因性リガンドであると考えられている．

　哺乳類において UCN は CRH と同様に採食抑制効果を有するが，UCN の作用の方が強い．したがって，CRH の採食抑制作用には CRH2 受容体が関与するとされている．一方，鶏ヒナにおける CRH, UCN および USN-I の採食抑制効果を比較したところ，採食抑制効果は CRF, USN-I, UCN の順に強いことが明らかとなり，哺乳類とは異なり UCN の効果は弱い．これは，鶏ヒナにおける CRH の採食抑制作用には CRH1 受容体が関与していることを示唆している．しかしながら，鶏 CRH 受容体と CRH, UCN および USN-I の親和性に関する知見は未だ不十分である．

　パンクレアチックポリペプチド（pancreatic polypeptide, PP）は最初に膵臓から単離され，その後に構造が類似したニューロペプチド Y（neuropeptide Y, NPY）とペプチド YY（peptide YY, PYY）の存在も明らかになった．NPY は，中枢神経系から末梢神経系にまで広く分布しているが，中枢内に投与すると非常に強い採食亢進作用を示す．PP や PYY にも同様の効果が認められる．

　上述したように GHRH やグレリンなどの神経ペプチドホルモンの採食に対する効果は種によって異なる．採食の制御を理解するためには種特異性を考慮しなければならない．

　上記の因子の多くは作用部位としての脳に到達して，あるいは脳で合成されて始めて採食の調節

因子となりうる．脳内においてその産生量あるいは放出量が変化する場合は直接的に働くことが可能である．しかしながら，末梢からの因子は容易く脳内に入ることができるものばかりではない．それは様々な物質が簡単に脳内に入り込めば，中枢における制御機構が暴走する結果となるからである．そこで動物の脳は，物質を選択的に通過させる機能を有し，それは血液脳関門（blood-brain barrier）と呼ばれている．この関門を形成する毛細血管は，内皮細胞が密に接している．しかしこの関門は，脳全体にわたって存在するわけではなく，例えば視床下部，特に底部では内皮細胞が密に接してはいない．

　アミノ酸を中性，塩基性ならびに酸性に分け，また，それらの膜輸送がナトリウムの存在に依存するか否かで，アミノ酸トランスポーターは6群に分類される．同じトランスポーターを介して取り込まれるアミノ酸はそれぞれ拮抗するため，あるアミノ酸の濃度が高いと他のアミノ酸の取り込みが阻害される．血液中を循環するアミノ酸の中では，トリプトファンのみがアルブミンと結合する．しかし，トリプトファンは神経伝達物質であるセロトニンの前駆物質であるために脳内には必ず取り込む必要がある．食後にはインスリンの作用により他のアミノ酸が筋肉に取り込まれるために，トリプトファン濃度は高まり脳内に取り込まれやすくなる．また絶食やストレス化では，脂肪分解が起こり，遊離脂肪酸が血中に高まる．遊離脂肪酸は，アルブミンと結合するために遊離型のトリプトファンは高くなり，脳内に移行しやすくなる．

4）感覚

　本章で詳しく述べている感覚，すなわち味覚，嗅覚，視覚および触覚は当然のことながら食欲を刺激したり，食物を識別したりするために重要な感覚である．それぞれの感覚は単独で働くと同時に，組み合わされることで生理学的に重要な働きをする．しかしながら，動物種によっては感じ方が異なる．

2．末梢による採食調節
1）消化管における制御

　摂取した食物は口腔で咀嚼され，食道を介し胃に送られる．単胃動物であればここまでの過程で栄養素は体内に取り込まれない．ただし，一部の動物においては食道が変形している．鶏では摂取した飼料は食道が変形した嗉嚢にいったん蓄えられる．その嗉嚢を切り取っても鶏は体重を維持できるし，自由摂取条件下であれば摂取量の低下は起こらない．しかしながら，飼料を一定時間しか与えない場合には，やはり嗉嚢がない場合の方が摂取量は減少する．卵用鶏に比べて肉用鶏は自由摂取条件下において飼料を物理的な上限近くまで摂取している．また，反芻動物においても，第一胃の飼料による拡張により採食が停止することが知られている．これらの事実は，動物の消化管には知覚系が存在することを示唆する．事実，採食した食物は，消化管に送り込まれ，そこで消化・吸収されると共に，消化管に存在する各種のレセプターを介し，採食の調節に関わっている．反芻動物では，第一胃内のpH，浸透圧，短鎖脂肪酸濃度などが採食に影響する．

まず，化学レセプターとして，グルコースレセプター，アミノ酸レセプター，酸・アルカリレセプター，脂質レセプターおよびアミン・ペプチドレセプターが存在する．グルコースレセプターは，十二指腸および空腸の起始部に局在している．グルコースにもっとも良く反応し，同じ六炭糖ではフルクトースにかなり良く反応する．同じく二糖類にも反応を示すが，五炭糖にはわずかしか反応しない．グルコースを静脈内に投与したり，消化管の粘膜を表面麻酔したりすると反応しないために，レセプターは粘膜表面に存在する．犬と猫でアミノ酸を腸内に注入すると，グリシンとヒスチジンなどでは腸管膜神経で測定した求心性インパルスが増大したが，グルタミン酸でははっきりした効果は得られなかった．節状神経記録法によるとアルギニンやロイシンに反応するものが多かった．これらの結果が，消化管には特定のアミノ酸と結合するアミノ酸レセプターが存在することを示唆する．胃壁には，酸に反応するタイプとアルカリに反応するタイプの化学レセプターが存在し，粘膜の近くに存在するものとされている．十二指腸壁にも速順応と遅順応の2種類の酸レセプターが存在するとされている．胃酸の分泌を薬理学的に停止すると，飼料の消化管からの流出が遅延することが報告されている．脂質レセプターには二つのタイプがあり，長鎖脂肪酸に反応するものと短鎖脂肪酸とグリセロールに反応するものがある．アミン・ペプチドレセプターの中には，トリプトファンから産生されるセロトニンのレセプターが，腸管支配神経終末に存在する．また消化管には多くのペプチドが存在するが，その存在部位は粘膜のみならず内臓神経や迷走神経繊維中にも認められる．消化管ペプチドは，消化管平滑筋の収縮に関与するだけではなく，求心系活動の促進を起こし採食を調節する．

　一方，物理レセプターとして，胃と十二指腸には，温度刺激にのみ反応を示す温度レセプターが二つあり，一つは至適温度が比較的高い温レセプター（46-49℃）で，他方は冷レセプター（12-10℃）である．また，小腸の上皮には，浸透圧に反応する浸透圧レセプターが存在し，胃からの内容物の放出調節に関与している．さらに，食道全周の平滑筋層には，機械的レセプターが存在する．食道の拡張と収縮に反応する遅順応型がほとんどであるが，食道拡張の初期にのみ反応する速順応型も存在する．胃壁に存在し，求心線維が迷走神経を通るレセプターは，存在部位により働きが異なる．幽門部のものは，幽門収縮の強さ，持続時間，頻度に関する情報を，胃体部と底部のものは胃の伸展度に関する情報を中枢に送る．その情報が，食欲に関連するものと思われる．腸に存在し，求心線維が迷走神経を通るレセプターは，四つに分類できる．小腸張力レセプターは，筋層に存在し，腸壁が伸展されると活動し始める．小腸粘膜機械的レセプターは，粘膜内に存在し，自発放電活動と蠕動運動による内容の移動は一致する．十二指腸内に存在する粘膜レセプターは，粘膜の機械的刺激に反応する遅順応型のレセプターである．十二指腸張力レセプターは，十二指腸の近位部と幽門の括約筋部の外側縦走筋層に存在し，十二指腸の伸展や平滑筋の収縮時に活動が高まる．また十二指腸内面に胃から入ってくる食物になどにより機械的・化学的刺激を受けても活動は増加する．

2) 肝臓における知覚

　腸から吸収された栄養素の多くは，門脈を介して肝臓に運ばれる．肝臓は，生体にとって欠くことのできない臓器であり，その体に占める割合も大きい．したがって門脈・肝臓系において様々なレセプターが存在することは容易に推察できる．これらのレセプターを介して採食の調節が行われる．門脈内にグルコースを投与することにより採食の抑制が起こることより，グルコースレセプターの関与が考えられている．その他としては浸透圧レセプターや温度レセプターが示唆される．

第11章 繁殖および泌乳

I 繁殖機能の発現

1. 性成熟

　動物が生後一定の時期に達すると，雄では精巣（testis）に精子（spermatozoon, *pl.* spermatozoa）が出現し，雌では排卵（ovulation）が開始される．同時に，生殖腺（gonad）から分泌されるステロイドホルモンの作用によって性欲が高まり，雄の乗駕（mounting）行動や雌の発情（estrus, heat）に伴う許容行動がみられるようになる．これらの現象は，生殖器系の機能が活動を開始し，繁殖可能な状態に達したことを示すもので，この時期を春機発動期（puberty）と呼んでいる．家畜の春機発動期は人に比べて早く，生後1年以内に現れるものが多い．ただし，この時期の動物はまだ発育途上にあるので，成熟個体と同じような繁殖成績は一般に望めない．すなわち，性成熟（sexual maturation）が完了するまでには，さらに数カ月または数年を要するので，家畜が実際に繁殖に供用される時期は春機発動期よりはるかに遅くなる．しかし，実験動物を含めて，広義には春機発動と性成熟とは同じ意味に用いられることが多い．

　春機発動の発現機構には，視床下部および下垂体が関係している．それを示す例として，まだこの時期に達しない動物でも性腺刺激ホルモン（gonadotropin）または性腺刺激ホルモン放出ホルモン（gonadotropin-releasing hormone, GnRH）の投与を受けると，精子形成（spermatogenesis）や排卵反応が現れる．このことは，春機発動期よりかなり以前に生殖腺は機能発現の準備ができているが，視床下部および下垂体のホルモン分泌機構が整っていないことを示している．春機発動ないし性成熟に達する時期は品種，飼養環境，栄養などの要因によって左右される．

2. 繁殖の周期

　繁殖機能が維持される間，哺乳動物は種特有の周期にしたがって繁殖現象を繰り返す．これについては，発情に関する周期や季節に伴う周期がよく知られているが，正常雌動物が妊娠を繰り返す場合は分娩も一定の間隔で現れることになる．鶏など鳥類の産卵にも固有の周期が存在する．また，外部からは観察されないが，精巣の精細管（seminiferous tubule）内では精子形成が周期的に行われている．家畜，家禽の繁殖効率を高めるためには，原則としてこれらの周期を乱さないことが重要であるが，積極的な増殖を計画したり，飼養管理の簡易化を図る場合は，ホルモン処置などによる周期の制御も必要になる．表11・1に雌畜の繁殖周期に関係のあるデータを示した．

1）発情周期（estrous cycle）

　家畜を含む多くの哺乳動物では，交配期になると雌に発情の徴候が現れる．キツネや熊などの野生動物は，発情が1年に1度しか現れないので単発情動物（monoestrous animal）と呼ばれ，犬も

表 11・1　雌畜の繁殖データ

動物	性成熟 春機発動期	性成熟 繁殖供用開始期	発情・排卵 発情周期	発情・排卵 発情持続時間	発情・排卵 排卵時間	胚の発育・着床 胚盤胞	胚の発育・着床 着床	妊娠・分娩 妊娠期間	妊娠・分娩 産子数	繁殖季節
牛	10～12カ月	14～22カ月	21日	16～20時間	発情終了後10～12時間	排卵後7～8日	30～35日	275～290日	1	なし
馬	15～18カ月	3～4年	22日	4～8日	発情終了前1～2日	5～6日	8～9週	330～345日	1	春～夏
豚	5～8カ月	8～10カ月	21日	2～3日	発情期後半	交配後5～6日	11日	112～115日	8～12	なし
めん羊	5～7カ月	12～18カ月	17日	24～48時間	発情末期	6～7日	15～16日	145～155日	1～3	秋～冬

これに属する．一方，発情が1年間または1繁殖季節を通じて周期的に現れる動物は多発情動物（polyestrous animal）と呼ばれ，牛，馬，豚，めん羊，山羊などの家畜や，マウス，ラット，モルモットなどの齧歯類がこれに属する．多発情動物における発情周期の長さは動物によって一定しており，家畜では20日前後である．発情周期は発情前期（proestrus），発情期（estrus），発情後期（metestrus），発情休止期（diestrus）の4期に区分され，これに伴って卵巣，子宮，膣の形態および機能が周期的に変化する．たとえば，ラットやマウスでは膣スメア（vaginal smear）に特徴がある細胞像が出現し，発情期は角化細胞の出現によって判別される．発情期の長さ，または発情持続時間は動物種によってかなり違い，牛の18時間前後に対して馬では5～6日間も持続する．

発情周期は卵巣機能の周期的変化を反映しているので，家畜を含む多くの動物では1周期を卵胞期（follicular phase）と黄体期（luteal phase）に区分することができる．卵胞期の中には前述の発情前期と発情期が含まれ，この間に卵巣の濾胞（卵胞）が発育，成熟する．1発情周期における成熟卵胞数は，牛のような単胎動物では通常1個，豚のような多胎動物では十数個である．卵胞の成熟に伴い，エストロジェン（estrogen）の分泌が増加して発情徴候が現れ，続いて卵子の放出，すなわち排卵が起こる．家畜の排卵は発情期中に起こるものが多いが，牛は例外で発情終了後になる．しかし，いずれにしても発情と排卵とは密接な関係があるので，授精適期の判定には発情徴候の確認が重要になる．黄体期は排卵後，黄体が形成され機能を維持する時期で，前述の発情後期と発情休止期が含まれる．家畜では卵胞期が数日で終わるのに対し，黄体期は十数日も続く．したがって，発情周期の大半は黄体期で占められるといってよい．

哺乳動物の中には，家畜の発情周期とは異なる型を示すものがある．たとえばラットやマウスでは交尾刺激によって初めて黄体が本来の機能を発揮するようになり，妊娠しなくても子宮および乳

腺に妊娠期様の変化をもたらすことが知られている．これは偽妊娠（pseudopregnancy）といわれる現象で，非妊時の犬の黄体期の状態も同じ意味に用いられる．また，兎，フェレット，猫などは，交尾刺激によって初めて排卵が誘起される動物で，自然排卵動物（spontaneous ovulator）に対して交尾排卵動物（copulatory ovulator）と呼ばれている．一方，人や猿などの霊長類では黄体期の終わりに月経（子宮内膜の剥離に伴う血液の流出）があり，これが家畜の発育と同様に周期の指標になる．したがって，霊長類の周期は月経周期（menstrual cycle）と呼ばれ，卵胞期と黄体期がほぼ同じ長さを保つ．発情周期および月経周期は一般に性周期（sexual cycle）とも呼ばれる．

2）季節周期（seasonal cycle）

牛や豚の発情周期は年間を通じて繰り返されるが，馬，めん羊，山羊の場合は周期の発現が特定の季節に限られている．後者のグループは季節繁殖動物（seasonal breeder）と呼ばれており，繁殖季節（breeding season）の出現時期によって，馬のような春—夏型または長日型とめん羊，山羊のような秋—冬型または短日型に分けられている．これら季節繁殖動物では非繁殖季節（non-breeding season）中，卵巣機能が活動を停止し，無発情（anestrus）を続ける．このような季節周期は野生動物全般にみられる現象で，一般に産子の発育に最適の時期に分娩できるように繁殖季節が定められている．したがって，家畜化が進み産子の発育に及ぼす季節要因の影響が小さくなることにしたがい，季節周期は不明瞭になる．また，めん羊でみられるように，高地や寒冷地など季節変化の激しい地方で飼育される品種は比較的繁殖季節が短く，逆に温暖な環境下で飼育される品種は繁殖季節が長くなり，通年繁殖型に近づく．

季節周期の発現には主として日長（day length）が関係しているが，環境温度の影響も無視することはできない．たとえば高温環境下では，一般に造精機能の低下や胚の早期死亡が起こりやすくなる．

3）分娩間隔（delivery interval，牛の場合は calving interval）

動物の繁殖が継続して行われる場合，分娩はほぼ一定の周期で繰り返されることになる．この周期は分娩間隔と呼ばれ，繁殖成績の指標の一つにされている．たとえば牛の場合，分娩間隔が12カ月であれば，1年1産の目標を達成できたことになる．分娩間隔は分娩から次回の受精成立までの期間と，これに続く妊娠期間を加算したものであるから，これを短縮するためには分娩後の受胎促進が重要になる．しかし，分娩後の繁殖機能の回復には生理的にかなりの日数を要することが知られている．牛では一般に発情回帰が分娩後35日ぐらいになるが，肉牛では乳牛よりも遅れる傾向を示す．また，哺乳期間の長いものや搾乳回数の多いものも遅れ，したがって分娩間隔も長くなる．この他，品種の飼養環境の影響も知られており，ゼブー系の牛は温帯種の牛に比べて一般に分娩間隔が長い．馬は分娩後の発情回帰が比較的早く，7日前後で現れ，この時交配すれば受胎も可能である．豚でも分娩後数日で発情が現れるが，排卵を伴わないため受胎できず，正規の発情回帰は離乳後になる．季節繁殖動物のめん羊や山羊では，通常，分娩後の発情回帰が次回の繁殖季節まで持ち越される．この結果，家畜の分娩間隔を比較すると，豚がもっとも短く，牛，馬，めん羊，

山羊はほぼ同じになる．ラットやマウスの場合は妊娠期間が約 20 日で，分娩後 24～48 時間に排卵を伴う後分娩発情（postpartum estrus）が現れ，この時交配すれば妊娠することができる．したがって，たとえ着床遅延による妊娠期間の延長があったとしても，家畜とは比べものにならないほど分娩間隔が短く，繁殖効率はきわめて高いことがわかる．

3. 生殖ホルモン

1) 種　類

　視床下部，下垂体，生殖腺の 3 器官は繁殖機能の発現に関係のある重要なホルモンを生産，分泌している．3 器官のホルモン分泌には，促進または抑制関係が存在し，これによって繁殖機能が維持，調節されている（図 11・1）．このうち，生殖腺ホルモンはこれを支配する視床下部または下垂体に逆作用して，これら上位器官からのホルモン分泌を促進または抑制する（ホルモンのフィード・バック機構）．

　視床下部および下垂体のホルモンは第 3 章に詳述されているとおりで，化学的にはペプチドに属する．このうち，繁殖現象に直接的に関連のあるホルモンは，視床下部の性腺刺激ホルモン放出ホルモン（GnRH），下垂体前葉の卵胞刺激ホルモン（FSH），黄体形成ホルモン（LH）（または間質細胞刺激ホルモン，ICSH），プロラクチン（PRL），および視床下部で生産され下垂体神経葉から分泌されるオキシトシンなどである．視床下部ホルモンのうち GnRH はアミノ酸 10 個からなるペプチドで（図 11・2），今日では類縁物質も合成されている．下垂体前葉に働いて LH および FSH を放出

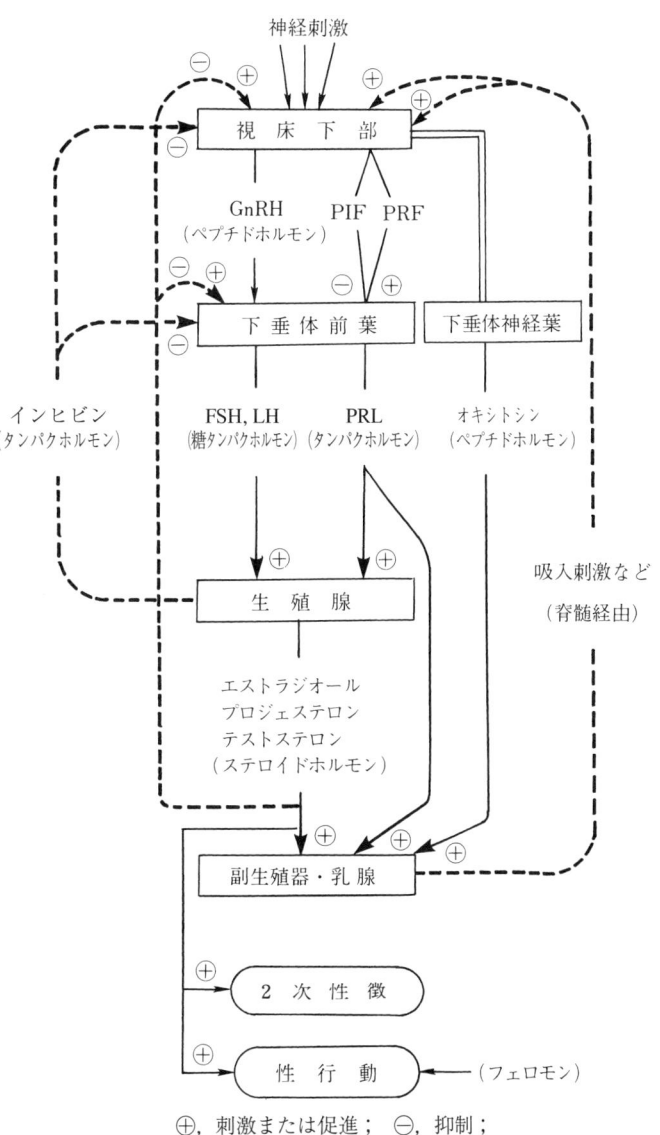

図 11・1　視床下部，下垂体，生殖腺ホルモンの相互作用

⊕，刺激または促進；　⊖，抑制；

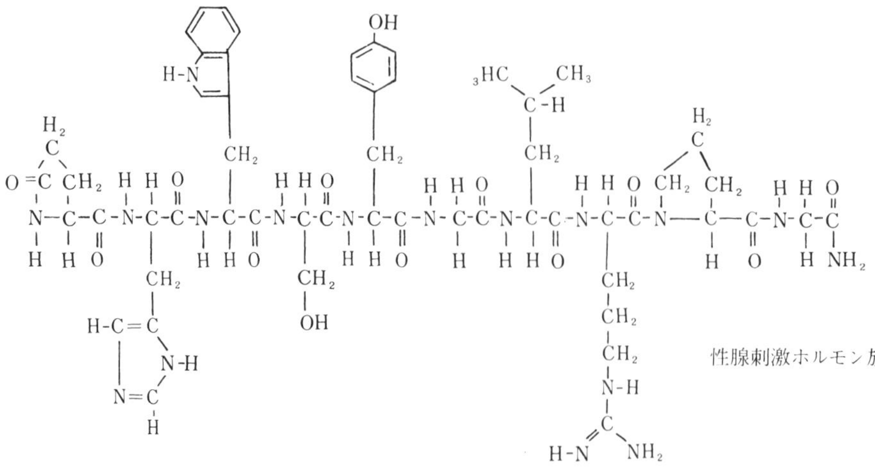

(pyroGlu－His－Trp－Ser－Tyr－Gly－Leu－Arg－Pro－Gly－NH₂)

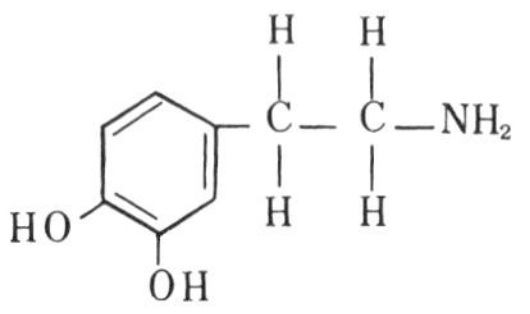

性腺刺激ホルモン放出ホルモン (GnRH)

ドーパミン (dopamine)

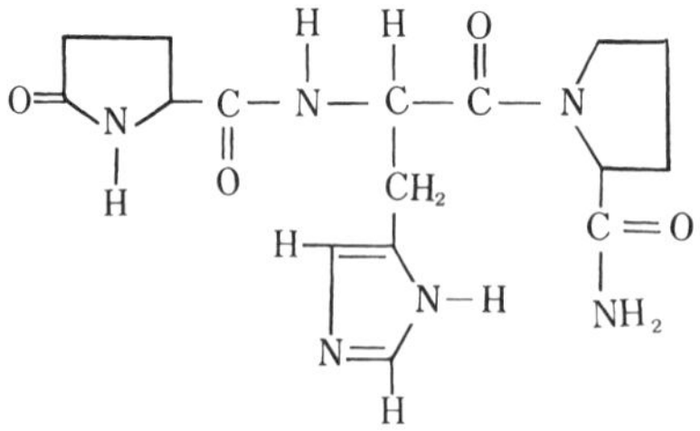

甲状腺刺激ホルモン放出ホルモン (TRH)

pyroGlu-His-Pro-NH₂

図11・2 下垂体前葉を支配する視床下部のホルモン（または因子）

させる作用があり，別名 LHRH, LRH, LH/FSH-RH として知られている．一方，下垂体前葉からのプロラクチンの放出は，視床下部で生産される抑制因子（PIF）および刺激因子（PRF）によって調節されており，抑制因子としてドーパミン（dopamine），刺激因子として甲状腺刺激ホルモン放出ホルモン（TRH）などが挙げられている（図11・2）が，プロラクチン放出ホルモンが発見された（第3章，II-6）．ペプチドホルモンまたはタンパクホルモンの標的細胞における作用機構はステロイドホルモンの場合と異なり，自らは細胞質内に入らず，cAMP を介してホルモン作用を発現する．

　生殖腺から分泌されるホルモンはステロイド構造を有するので，性ステロイドホルモンまたは性ホルモンと呼ばれている．これらの性ホルモンは，生物学的作用によってアンドロジェン（androgen），エストロジェン（estrogen），プロジェスチン（progestin）に大別される．アンドロジェン

は主として精巣の間質細胞（ライディヒ細胞，Leydig cell）から分泌される雄性化作用を有するホルモンの総称で，その代表はテストステロン（testosterone）である．エストロジェンは主として卵胞から分泌される発情ホルモンの総称で，おもなものにエストラジオール（estradiol）やエストロン（estrone）がある．プロジェスチンは主として卵巣の黄体から分泌される妊娠維持作用を有するホルモンの総称で，プロジェステロン（progesterone）がその代表である．これらのホルモンは雄または雌に特有のものではないので，雄の血中にエストロジェンが見出されたり，雌の血中にアンドロジェンが見出されても不思議ではない．これらの性ホルモンは合成経路からみても相互に密接な関係があるが（図11・3），生産，分泌器官は必ずしも生殖腺だけでなく，副腎皮質や胎盤にもその機能が見出されてい

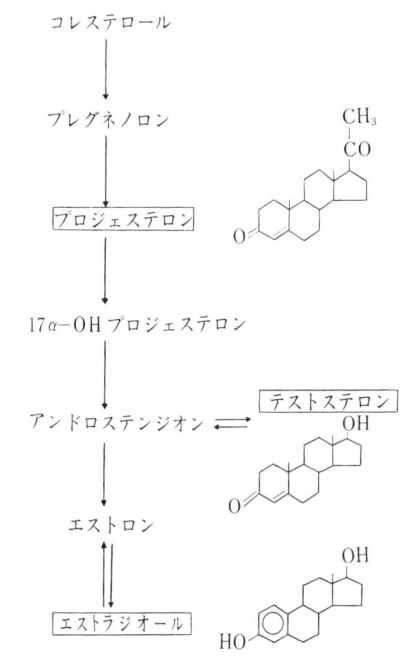

図11・3 性ステロイドホルモンの合成径路

る．ステロイドホルモンは脂溶性であるが，血中では通常，タンパク質と結合し，水溶性の不活性型として運ばれる．標的細胞には遊離型となって入り，細胞質に存在するレセプター（受容体）と結合して複合体をつくり，核に運ばれてDNAと結合したのち，ホルモン作用を発揮する．

2）役割

アンドロジェンは雄の性徴および性欲の発現と副生殖器の発育を支配し，精子形成にも関与している．精巣におけるテストステロンの動態をみると，LH（またはICSH）の刺激によって間質のライディヒ細胞で生産されたのち，一部が精細管内に入り，セルトリ細胞（Sertoli cell）で生産されたアンドロジェン結合タンパク質（androgen binding protein, ABP）と結合して利用部位へ運ばれる．ABPはFSHの刺激によって生産される．雄におけるFSHおよびLHの分泌は，それぞれインヒビン（inhibin，雄では精細管内のセルトリ細胞から分泌される）およびテストステロンによって制御されている．この他，アンドロジェンは直接または間接的に，精巣上体における精子成熟，雄生殖道における精子輸送，雄生殖器系の分泌機能，および射精行動に関係している．ラット前立腺では，テストステロンが細胞質内に存在する 5α-レダクターゼによって 5α-ジヒドロテストステロン（5α-DHT）に転換され，後者が細胞質のレセプターと複合体を作ったのち核に運ばれ，強力なアンドロジェン作用の発現をもたらすことが知られている（図11・4）．

エストロジェンは雌生殖道および乳腺を刺激するほか，発情行動を誘発させる．子宮に対しては内膜および筋層を肥厚させるとともに子宮の収縮運動を促進させる．また，プロジェステロンのレセプターを増加させる作用がある．その他，卵管に対しては発育および筋運動を促進させ，膣に対

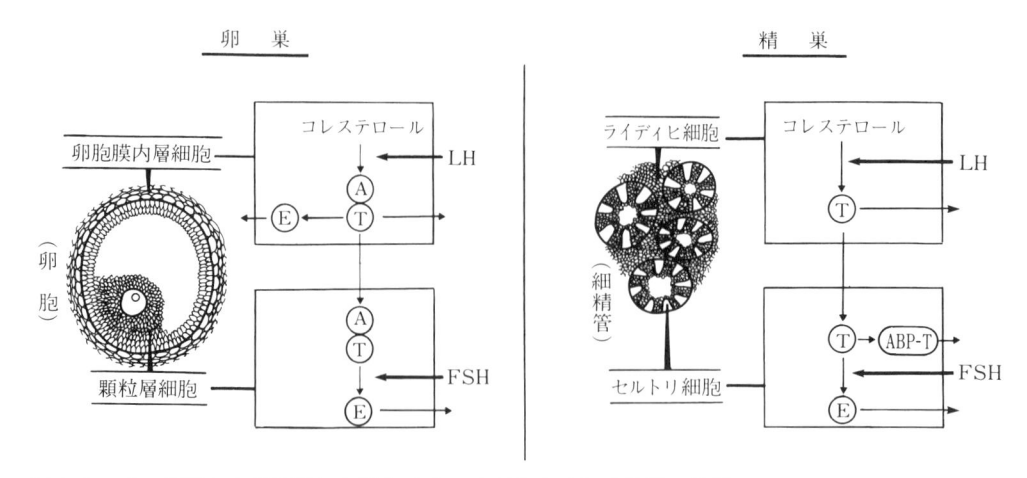

図11・4　卵巣および精巣におけるステロイドホルモンの生産・分泌
Ⓐ アンドロステンジオン　　Ⓔ エストラジオール
Ⓣ テストステロン　　ABP-T アンドロジェン結合タンパク・テストステロン複合体

しては上皮の増殖を促す．また，乳腺に作用して乳腺管を発育させる．性腺刺激ホルモンに対するフィードバック作用も強い．

　プロジェスチンはあらかじめエストロジェンの作用を受けた子宮に対して，胚盤胞 (blastocyst) が着床できるような準備を整えさせる．妊娠中は子宮運動を抑制して，胎児の正常な発育を助ける．また，エストロジェンの作用を受けて乳腺管の発育した乳腺に対して，腺胞の形成を促す．その他，エストロジェンとの協同で発情行動の発現にも関係していることが知られている．

3）消　長

　春機発動期に達した動物では，性腺刺激ホルモンと性ステロイドホルモンの分泌および両者の相互関係が明らかになる．しかし，ホルモン分泌はこの時期に始まるのではない．たとえばテストステロンは胎生期における雌雄生殖器の分化および発育の重要な鍵を握っており，テストステロンが存在すると雄の性徴が現れるしくみになっている．

　野生動物の多くは雄にも繁殖季節があり，非繁殖季節中は一般に精巣が退行し，精子形成もアンドロジェン分泌もほとんど停止する．めん羊，山羊のような季節繁殖家畜の雄では，年間を通じて精液採取が可能であるが，非繁殖季節中は血中 LH およびテストステロン値が明らかに低下する．これらホルモンの分泌には日内変動も観察されており，季節周期も発情周期もない雄牛の場合でも，LH およびテストステロンには1日数回のピークを有する変動がみられている．また，心理的影響がホルモン分泌に関係する例として，雌牛の存在下で雄牛の射精行動を抑制すると，血中 LH およびテストステロン値が急増することが知られている．

　加齢に伴う血中性ホルモンの消長について，家畜ではほとんど調べられていないが，人では男性の血中アンドロジェンが10歳前後に増加し始め，20～30歳で最高に達し，以後減退するものの80歳を過ぎても分泌を続ける．アンドロジェンの支配を受けている精液中のフルクトースの濃度にも

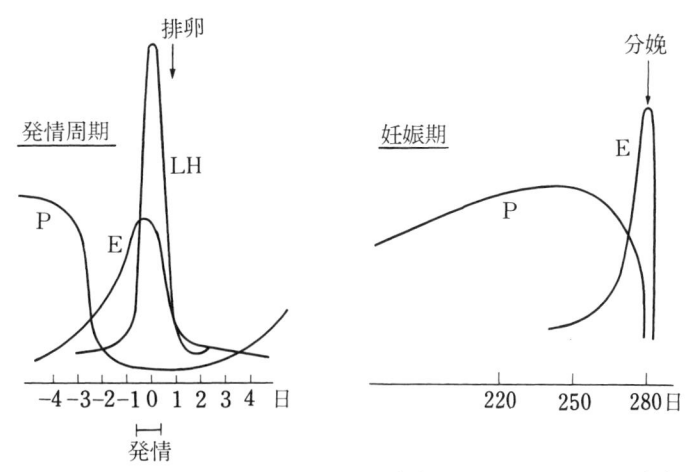

図11・5 牛血中のLH, エストロジェン (E), プロジェステロン (P) の消長

同様な消長が認められている．

　雌動物では，発情周期および妊娠期の性ホルモンの消長について詳しく観察されている（図11・5）．発情周期中の変化の中で各種動物に共通なのはLHサージ（LH surge）と呼ばれる血中LHの一過性の急激な増加で，排卵誘発の要因となる．人や猿では血中FSHもLHとほぼ同じ時期に増加することが認められているが，LHほど顕著ではない．血中エストロジェンはFSHおよびLHの支配を受けて卵胞期に増加し始め，ある程度に達するとLHサージを起こすものとみられる．LHの作用を受けて排卵後黄体が形成されると，黄体期に入り，血中プロジェステロンが増加する．プロジェステロンは負のフィード・バックによりLHの分泌を抑制し，その結果やがてプロジェステロンが減少する．動物によっては，プロジェステロンの消長にプロラクチンやプロスタグランジンが関与する．また，発情周期中のFSH分泌抑制因子として，卵胞からのインヒビンの作用が明らかにされている．

　性腺刺激ホルモンおよびそれを支配する視床下部のGnRHは，脈動性（pulsatile）の分泌をすることが明らかにされている．この種の様式は，卵胞期のLH分泌によく現れている．生殖腺からのステロイドホルモンは，フィードバックによって上位器官のホルモンの脈動性分泌に影響を及ぼしている．

　妊娠期に必要なホルモンは卵巣の他，胎盤からも分泌される．胎盤からのホルモン分泌は一般に妊娠中期から後期に盛んになるが，卵巣ホルモンとどちらが重要であるかについては動物種によって一様ではない．たとえば馬やめん羊では，妊娠後半に卵巣を摘出しても流産が起こらないので，これらの動物では胎盤ホルモンが卵巣ホルモンに代わって妊娠維持に働いていることが推察される．家畜の妊娠中における血中エストロジェンとプロジェステロンの消長は対照的である．すなわち，プロジェステロンは一般に妊娠中高値を維持し分娩前には減少するが，エストロジェンは分娩時に急激な増加を示す（図11・5）．これは，子宮運動に対する両ホルモンの作用の違いからみて

当然の消長のように思われる．馬では妊娠約60日をピークとして妊馬血清性性腺刺激ホルモン（PMSG）が血中に出現するが，プロジェステロン分泌もほぼこの時期に高まり，妊娠120日頃までピークを維持する．

II 精子と卵子

1．精 子（spermatozoon, *pl.* spermatozoa）

1）精子の形成と成熟

精子は精巣の精細管内で形成され，精巣上体で成熟変化を受けたのち放出される（図11・6）．精子に分化し得る生殖細胞は胎生期の精巣内にすでに存在しているが，性成熟の開始期までは精子形成が進行しない．精子形成に伴って精細管に出現する生殖細胞は，精祖細胞（spermatogonium, *pl.* spermatogonia），精母細胞（primary spermatocyte），精娘細胞（secondary spermatocyte），精子細胞（spermatid）で，精母細胞から精娘細胞が生ずる時に減数分裂が行われ，染色体数が半減する．また，精子細胞から精子を生ずる過程で核および細胞質が変形し，精子の頭部および中片・

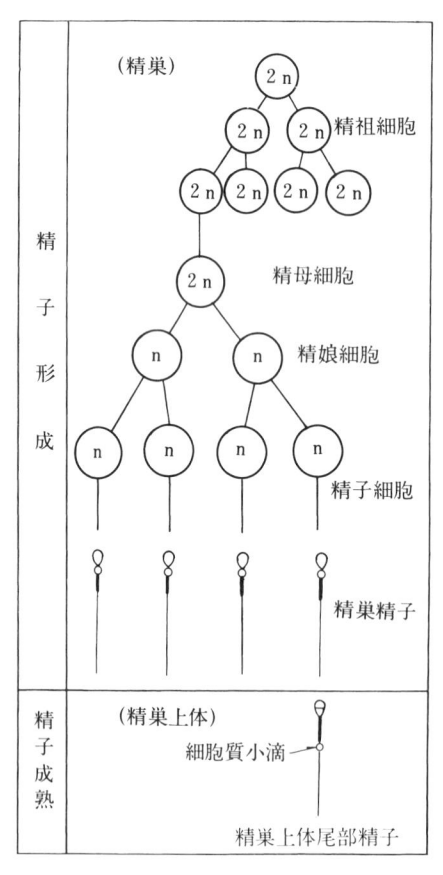

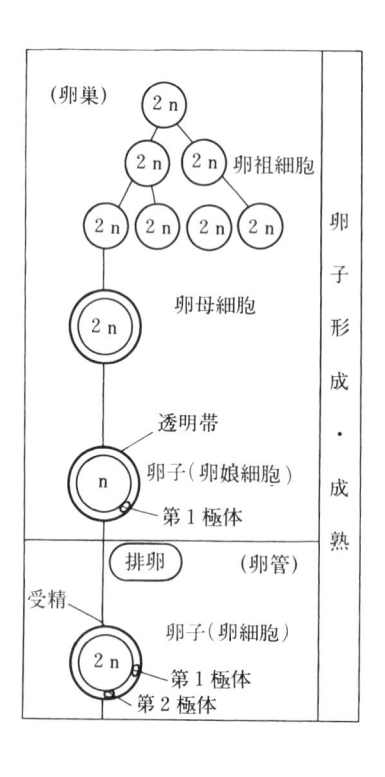

図11・6　生殖細胞の分化と成熟

尾部が完成する．精子形成が進行している精細管内では，上皮で作られる細胞像が周期的に変化し，分化の進んだ生殖細胞は順次内腔の方向へ移動していく．この周期の長さは動物種によって異なり，家畜では9～14日である．牛では精巣における精子形成所要日数が約60日で，1日あたり生産精子数は約100億といわれている．

精細管および精巣網（rete testis）からは血漿やリンパ液と組成の異なる液が分泌されており，これが精巣液となって精巣精子の生存および精巣上体への輸送の役割を果たしている．精細管に見出される液は，おそらくセルトリ細胞により分泌されたものである．隣接するセルトリ細胞間には血液・精巣関門（blood-testis barrier）に関係があると考えられる密着結合が存在する．この構造は精祖細胞を主とする基底部と精子形成の中期～末期までの細胞群を含む先行部間の関門として作動し，精子形成の環境づくりに役立っているとみられる．

精巣上体（epididymis）は頭部，体部，尾部からなり，精子の通過する精巣上体管の全長は数十mに及ぶ．精巣輸出管より精巣上体頭部管に流入した時点の精子濃度は各家畜を通じて 1×10^8/ml 程度であるが，精巣上体尾部では約 40×10^8/ml に濃縮される．これは精巣上体頭部で大部分の水分が再吸収されるためである．これに伴い精巣上体液中の無機イオン濃度も変わり，Na^+およびCl^-が低下し，K^+が上昇する．一方，精巣上体液中にはグリセロリン酸コリン（glycerylphosphorylcholine, GPC）やカルニチン（carnitine）が他の体液中に比べて高濃度に存在するので，特異な分泌機能があるとみられている．精子は精巣上体の通過に8～14日を要するが，この間に成熟変化を受け，射出精子とほぼ同程度の運動能と受精能をそなえるようになる．成熟変化の指標の一つに用いられるのは細胞質小滴（cytoplasmic droplet）の位置の移動である．この小滴は後述の先体（acrosome）と同様にゴルジ体より分化したもので，精巣精子および精巣上体頭部精子では中片部の先端に位置するが，精巣上体尾部精子では中片部の末端に移動し，射出精子では消失する．精巣上体尾部は成熟した精子を貯留する役割も果たしており，兎精子の場合はこの部位に30～60日間貯留されても生存性を維持できる．精巣上体精子の生存環境は精巣アンドロジェンによって支配されているが，精巣上体尾部では特に精子密度が高いことや還元糖を欠いていることなどが精子の代謝抑制に役立ち，長期生存の一因をなしているものとみられる．また，精子生存のエネルギー源としては精子内に貯留されているリン脂質がおもなものであろうとみられている．

2）射出精液中の精子

精子は陰茎（ペニス，penis）の勃起（erection），および放出（emission）反応によって雄の生殖道から放出される．射精（ejaculation）には知覚神経，中枢神経などの神経系の他，テストステロン，オキシトシンなどのホルモンが関係している．射精に要する時間は反芻動物のように瞬間的なものから，豚のように通常5分以上を要するものまである．射出された精子は主として精巣上体尾部に貯留されていたもので，副生殖腺液の混合した精漿（seminal plasma）とともに精液（semen）を構成する．精液の量，精子濃度および化学的性状は動物種によって著しく異なるが（表11・2），精子の形態はよく似ており，家畜精子の長さは50～60μmである（図11・7）．精子頭部

表11・2 家畜精液の性状

精液	牛	馬	豚	めん羊
量 (ml)	4 (2〜10)	70 (30〜300)	250 (150〜500)	1 (0.7〜2)
精子濃度 ($\times 10^8$ ml)	10 (3〜20)	1.2 (0.3〜8)	1 (0.3〜3)	30 (20〜50)
Na	+	+	#	#
K	#	+	#	+
Cl	#	#	#	+
フルクトース	#		±	#
ソルビトール	+	±	±	+
イノシトール	±	±	#	±
クエン酸	#	+	#	#
GPC	#	+	#	#
エルゴチオネイン		±	±	
リン脂質	#	+	#	#
タンパク質	#	#	#	#

\# 200 mg/100 ml 以上　　+ 100〜199 mg/100 ml
\+ 50〜99 mg/100 ml　　± 5〜49 mg/100 ml

は細胞の核に相当する部分で，体細胞の半量のDNAおよび性決定の要因となるXまたはY染色体を含んでいる．精子頭部の前半は先体で覆われている．ここには，受精時に卵丘細胞（cumulus cell）の離散や透明帯（zona pellucida）の融解によって精子の進路をつくる酵素群が含まれている．哺乳動物精子の中片・尾部の内部には中心に2本の微小管（microtubule）が走り，それを囲む円周上に9対の微小管が配列されている．さらにその外周に微小管より太い9本の繊維が存在し，いわゆる9+9+2の配列をなしている．これら軸糸の性状は筋繊維に似ており，精子運動および推進に役立っている．また，中片部には軸糸を囲んでミトコンドリア鞘（mitochondria sheath）が存在し，物質代謝に必要な成分を蓄えている．射出直後の精子は活発な前進運動を示すが，そのエネルギー源は主として精漿中のフルクトース，ソルビトール，乳酸，精子中のリン脂質とみられている．また，グリセロリン酸コリンのように子宮内に酵素で分解されたのち利用できるものも存在している．このうち，フルクトースは血中のグルコースに相当する還元糖で，嫌気的条件下でも精子に利用されるので特に重要な成分の一つとみられているが，豚精液では少なく馬精液ではほとんど検出されない．

2. 卵子 (ovum, pl. ova)

1) 卵子の形成と成熟

卵巣は雄動物の精巣と対比される雌動物の生殖腺で，卵子の生産と性ステロイドホルモンの生産，分泌を行っている．卵子形成（oogenesis）は雌動物の生殖細胞が卵祖細胞（oogonium, pl. oogonia），卵母細胞（primary oocyte）を順次経て分化，発育，成熟し，受精能を有する卵子がつくられるまでの変化をさす（図11・6）．成熟分裂（meiosis）によって染色体数が半減する点は精子形成の場合と同様であるが，生殖細胞の分化，増殖の時期や成熟変化の内容は異なっている．多

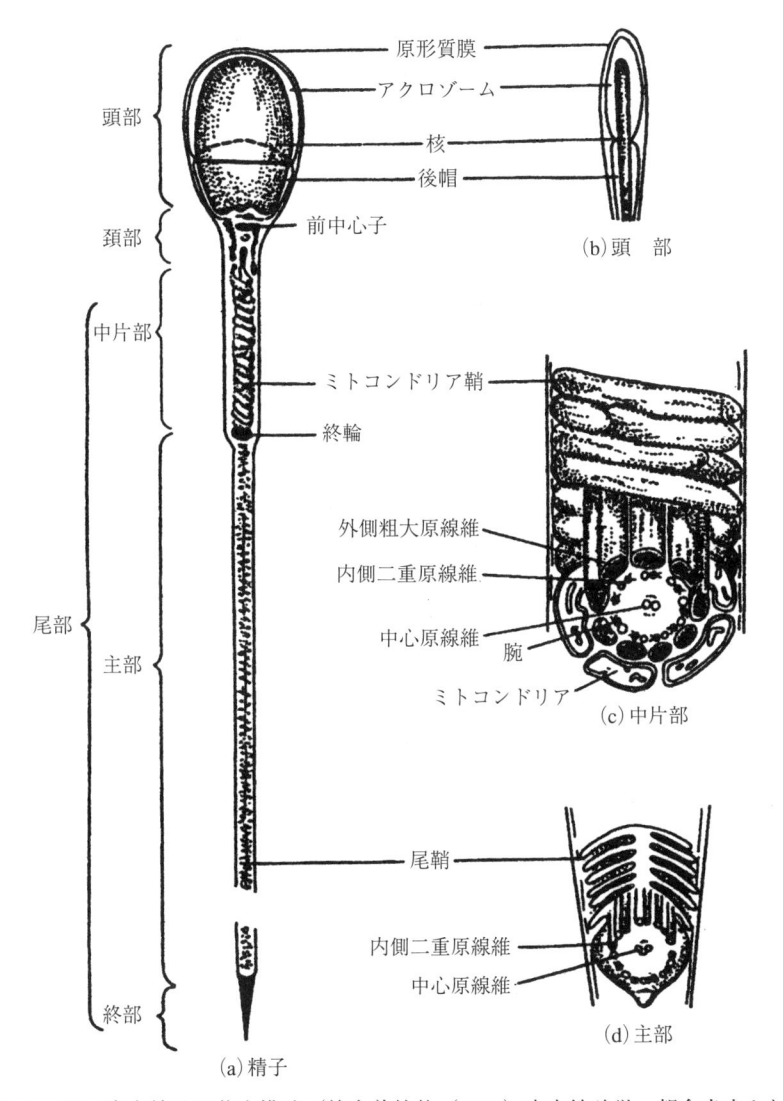

図11・7 家畜精子の基本構造（鈴木善祐他（1976）家畜繁殖学，朝倉書店より）

くの哺乳動物では，卵祖細胞の増殖が通常，胎生期に終了しているので，出生時の卵巣に存在するのは卵母細胞である．その数は二つの卵巣を合わせて6～10万個に達するが，将来，成熟して卵子になることができるのは，きわめて僅かである．卵母細胞は卵胞内に1個ずつ包含されている．したがって，卵巣には数多くの卵胞が存在することになるが，その大部分は一層の上皮細胞よりなる原始卵胞（primordial follicle）である．この中から発育する卵胞が現れ，第一次卵胞，第二次卵胞を経て，内腔液を蓄えたグラーフ細胞（Graafian follicle）に成熟する（図11・8）．排卵を誘起するホルモンの作用が加わると，グラーフ卵胞は破裂し，多くの哺乳動物では第一成熟分裂の終わった卵娘細胞（secondary oocyte）に相当する卵子と第一極体（first polar body）が放出される．こ

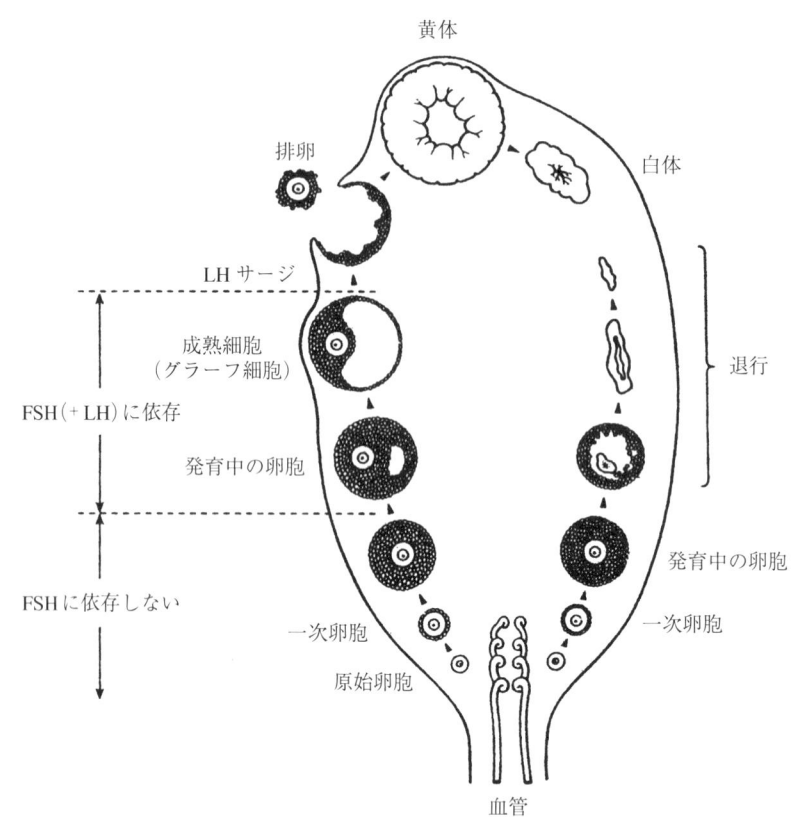

図 11・8 卵胞の発育と退行
(C. R. AUSTIN & R. V. SHORT (1982) Germ cells and fertilization, Cambridge Univ. Press より改変)

の排卵卵子が精子侵入を受けると第二成熟分裂が進み，卵子細胞（ootid）に相当する卵子と第二極体（secondary polar body）が生じ，卵子形成が完成する．このように卵子形成の全過程は精子侵入後に完了することになるが，第一成熟分裂後の卵胞内卵子や排卵卵子が受精能を有する点で，精巣内の精子よりもはるかに成熟が進んでいるといえる．また，卵子形成では卵母細胞 1 個より卵子 1 個と受精能をもたない第一，第二極体が作られる点でも精子形成の場合と著しく異なっている．

卵母細胞の成長および成熟変化は卵胞発育と関連して進行する．卵胞発育はホルモン支配の有無によって二段階に分けられる．最初の段階は下垂体ホルモンの支配を受けずに進行する変化で，原始卵胞の発育開始に伴い卵母細胞の大きさが増し，透明帯が形成され，卵胞の顆粒層細胞（granulosa cell）が増殖し，さらにその外側に二層の卵胞膜が形成される．次の段階は性周期の開始と関係があり，下垂体からの性腺刺激ホルモンによって卵胞発育が進行する．この過程で顆粒層細胞の増殖が顕著になるとともに，内腔ができて卵胞液を貯留するようになる．この時期の卵胞がグラーフ卵胞で，卵子は内腔の一側に卵丘細胞に囲まれた状態で存在する．1 性周期中にこの状態にまで

発育できる卵胞の数は，これを支配するホルモンの量によって決まり，各動物種でほぼ一定している．しかし，牛のように1性周期に1排卵しかない動物でも，FSH製剤や性腺刺激ホルモン作用を有するPMSG（妊馬血清性性腺刺激ホルモン）投与によって多数の卵胞を発育させ，排卵を誘起させることができる．卵母細胞の成熟分裂は，卵胞がホルモン支配を受けるこの第二段階で開始される．図11・4に示すとおり，下垂体からの性腺刺激ホルモンの刺激を受けると，卵胞膜内層細胞（theca interna cell）はLHの支配下でコレステロールからテストステロンを生合成する．このテストステロンが顆粒層細胞に運ばれると，FSHの支配下でエストラジオールに変換され，その結果，卵胞液中にはエストロジェンとアンドロジェンが共存することになる．

卵巣におけるステロイドホルモンの生合成過程は，精巣のそれと共通点が多い．すなわち後者では，間質のライディヒ細胞がLHの支配を受けてコレステロールからテストステロンを生成し，これが精細管内にあるセルトリ細胞に運ばれる．FSHの支配下で一部がエストラジオールに変えられる．卵巣の顆粒層細胞と精巣のセルトリ細胞は，インヒビンを生産できる点でも共通している．

2）卵子の構造

透明帯を除いた家畜の成熟卵子は直径120～150 μm の球状を呈し，核，細胞質，卵膜で構成されている．成熟分裂前の卵母細胞では核の中に1～数個の核小体（nucleolus）が観察されるが，成熟分裂が始まると消失する．細胞質中には一般細胞にみられるミトコンドリア，ゴルジ体，小胞体の他，卵黄粒（yolk granule）や表層粒（cortical granule）が存在する．卵黄粒の化学組成は動物種によって異なるが，主成分はタンパク質，リン脂質，中性脂肪である．卵黄粒は細胞質中にほぼ均一に分布しているが，哺乳動物卵子では含量が少ない．表層粒は原形質膜の下に一列に配列している顆粒で，化学的には酸性ムコ多糖類とタンパク質を含む．細胞質は原形質膜に相当する卵黄膜（vitelline membrane）で包まれ，その外側を透明帯が覆っている．透明帯はタンパク質とムコ多糖類で構成され，トリプシンに似たタンパク質分解酵素によって分解される．成熟分裂の際に放出される極体は透明帯と卵黄膜の間にできた囲卵腔（perivitelline space）と呼ばれる間隙に認められる．卵胞内卵子の表面には微絨毛（microvilli）が密生している．これらの一部は周囲をとりまく卵胞細胞の突起と連結しているので，卵子への栄養供給の通路として役立っているものとみられる．

III 受精・妊娠・分娩

1．受 精（fertilization）

1）配偶子の輸送

受精は精子と卵子が接合し，新しい生命をうみだす現象である．この結果，受精卵の染色体は倍数に回復する（図11・6）．家畜の場合，受精は通常，卵管膨大部で行われる．卵子は排卵後，卵管の絨毛と筋の運動によって受精部位に運ばれる．これらの運動はエストロジェンおよびプロジェステロンの支配を受けている．排卵された卵子の受精能保持時間は比較的短く，通常24時間以下

である．老化が進んだ卵子は受精できないが，老化が進行中の卵子の中には，受精できても多精子侵入などによって胚の正常発育をみないものが現れる．

一方，精子は自然交配の場合，膣または子宮内に精液の一部として射精される．この段階の精子は活発な運動能を有するが，卵管内の受精部位には主として雌生殖道の収縮運動によって運ばれる．雌生殖道の収縮運動を刺激する因子の中には，オキシトシンや精液中のプロスタグランジンも含まれている．交配後，精子が受精部位に到達するまでの時間は比較的短く，多くの動物で30分前後である．雌生殖道内における精子の受精能保持時間は一般に卵子の場合より長く，24〜48時間程度のものが多い．

2）精子の受精能獲得

射出された精子は受精能をそなえているけれども，実際にはさらに準備が整わないと卵子内には侵入できない．これは，精子が雌生殖道内で受ける受精準備のための生理的変化で，受精能獲得またはキャパシテーション（capacitation）と呼ばれている．この現象はすべての動物で確認されたわけではないが，兎では交配後約5時間，ラットやハムスターでは約3時間，めん羊では約1.5時間を要する．受精能獲得の機能は，十分に明らかにされてはいないが，関連した変化として，先体反応（acrosome reaction）がみられ，さらに精子運動が質的に変化する．先体反応は，先体膜の崩壊によって先体成分である受精関連酵素の放出が容易になる変化である．また，精子運動性の変化として，比較的単純な前進運動から左右に激しくふれる"むち打ち型"の運動を示すようになる．先体の酵素のうち，作用が明らかなのはヒアルロニダーゼ（hyaluronidase）とアクロシン（acrosin）である．いずれも精子の進路を開く役割があり，ヒアルロニダーゼは主として卵子をとりまく卵丘細胞の離散に，アクロシンは透明帯の部分的融解に働く．受精能獲得は $in\ vitro$ でも起こすことができるが，その条件は動物種によって異なる．

3）受精現象

受精能獲得を終えた精子が卵子に到達すると，透明帯に細い通路をあけて頭部より侵入し，囲卵腔に入る．精子は頭部側面を卵細胞質表面に接触させたのち，内部に取り込まれる．多くの哺乳動物では精子尾部も同時に入っていくが，受精には関係せず，あとで分解される．卵子が細胞質内に精子を取り込むと種々の変化が現れる．その一つは多精子侵入（polyspermy）の阻止反応である．これは透明帯および卵細胞質の表面構造が変化し，後続の精子が侵入できなくなる反応である．表層粒の崩壊も関連があるものとみられる．また，この段階で第二成熟分裂が再開され，第二極体が放出される．精子および卵子の核はそれぞれ雄性前核（male pronucleus）および雌性前核（female pronucleus）に発達し，卵子のほぼ中央で接合して受精が完了する．

2．妊　娠

1）妊娠の成立

受精が完了すると受精卵の分割が開始され，胚（embryo）の発育が始まる．胚は卵管から子宮

内へ下降して発育を続け，器官形成後は胎児（fetus）と呼ばれるようになる．この時期になると胎児は胎盤（placenta）を経由して母体から栄養を摂取し，急速に成長する．妊娠期間は受精の成立から分娩までの期間で，動物の種類によってほぼ一定している．家畜ではおおよそ牛 280 日，馬 336 日，豚 114 日，めん羊および山羊 150 日であるが，品種，母親の年齢，同腹の胎児数，胎児の性などによっていくぶんか違ってくる．哺乳動物を通じてみると，母体が大きくなるにしたがい妊娠期間が長くなる傾向を示す．妊娠中，母親の発情，排卵は原則として停止し，胚および胎児の成長に適した子宮環境が用意される．胎盤からはステロイドホルモンのほか，下垂体の性腺刺激ホルモン，プロラクチンおよび成長ホルモンに作用のよく似たタンパクホルモンが分泌される．このほか，妊娠動物の血中には，胚または受胎産物（conceptus）由来の早期妊娠因子（early pregnancy factor, EPF）と呼ばれる物質が出現する．また牛，山羊の乳汁中には，妊娠の早期診断に利用されるほど高濃度のプロジェステロンが検出される．

　哺乳動物の中には，1 妊娠期に 1 胎児しか発育しない単胎動物と複数の胎児が発育する多胎動物がある．家畜では牛，馬が単胎，豚が多胎である．めん羊や山羊でもしばしば多胎になる．いずれに属するかは，排卵される卵子の数と受精卵を受け入れる子宮の収容能力によって決まるので，牛のような単胎動物でもホルモン投与による過排卵処置や受精卵移植技術の導入によって，多胎を誘起させることができる．

2）胚の発育と着床

　受精卵は卵管内で分割を始め，ほぼ 3～4 日で子宮内に下降する．1 細胞卵は 2,4,8,16 細胞卵へと順次分割し，桑実胚（morula）を経て，内腔を有する胚盤胞（blastocyst）に進む（図 11・9）．胚盤胞の細胞は内細胞塊（inner cell mass）と栄養膜（trophoblast）の二種類に分化し，前者は体組織に，後者は胎児の絨毛膜（chorion）に発展する．受精卵の代謝能は分割が進むにしたがって変化し，細胞外基質の利用性が変わる．すなわち，1 細胞期の卵子では代謝できる基質が限られており，ピルビン酸は利用されるが，グルコースは 8 細胞期になるまではほとんど利用されない．桑実胚を経て胚盤胞に進むと，酸素消費，RNA 合成，タンパク合成が著しく高まる．

　胚が母体の子宮に接着する現象を着床する（implantation）という．着床は胚盤胞の栄養膜が子宮上皮に侵入することによって開始される．この刺激によって付近の細胞が肥大，増殖し，脱落膜（decidua）が形成される．この反応にはプロジェステロンが不可欠である．脱落膜は多量のグリコーゲンを含み，強い代謝活性を有し，齧歯類，食肉類，霊長類などでは分娩時に剥離，脱落する．多くの哺乳動物では，受精後数日で着床変化がみられるが，主要家畜を含む有蹄類では十数日ないし数十日を経て着床が始まる．豚などの多胎動物では，胚がこの間に子宮内を移動し，ほぼ一定の間隔で着床位置を定めるようになる．透明帯は着床前に剥離する．着床が成立するためには，胚盤胞の成長と子宮の機能的変化が同調されなければならない．ホルモンはそのための重要な要因で，家畜ではプロジェステロンが重要であるが，ラットやマウスでは，さらにエストロジェンが必要になる．野生動物の中には，最適季節に分娩できるように着床時期が定められているものがある．ラ

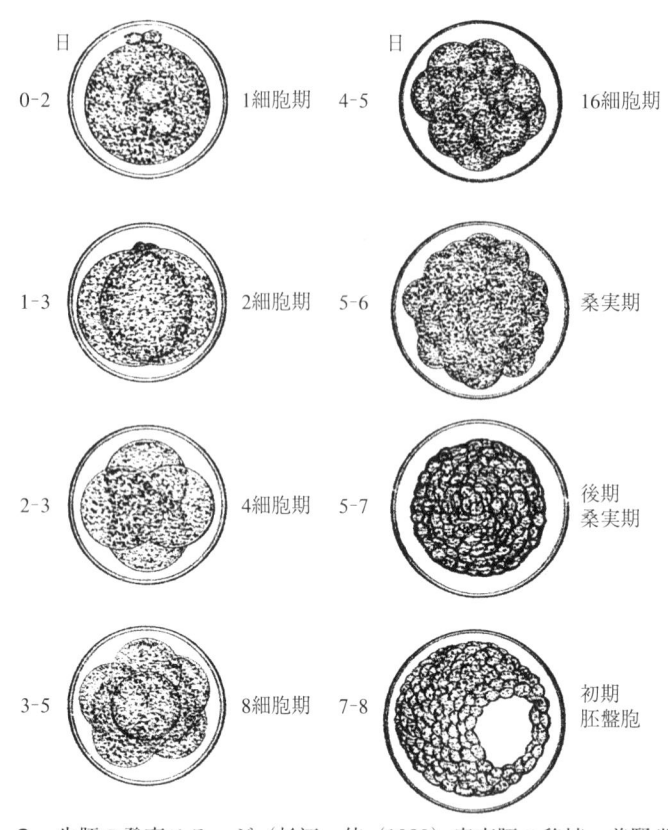

図11・9　牛胚の発育ステージ（杉江 佶（1989）家畜胚の移植，養賢堂より）

ットやマウスが後分娩発情時に受精した場合は，哺乳の影響によって着床遅延（delayed implantation）が起こる．着床遅延中は胚の代謝能や子宮の機能が低下する．家畜では胚の約25〜40％が着床前後に死亡し，吸収されるといわれている．その原因は一様でないが，内分泌要因，母親の年齢，母親の飼養環境，受精時の配偶子の状態などが関係している．

3）胎盤形成（placentation）

胎盤は胎児と母体の生理的物質交換を行うために新生された器官で，胎児を包む胎膜（fetal membrane）と，これに接着する母体の子宮内膜組織によって構成される．胎膜は外部の絨毛膜，内部の羊膜（amnion），および両者の間に存在する尿膜（allantois）からなる．高等哺乳動物の胎盤形成に関与する胎膜は，絨毛膜とこれに接する尿膜で，絨毛膜・尿膜胎盤（chorioallantoic placenta）と呼ばれる．羊膜および尿膜の内部には，それぞれ羊水（amniotic fluid）および尿膜水（尿膜液，allantoic fluid）を貯える．これらの液は胎児の排泄物や分泌物を含むほか，機械的損傷から胎児を保護する役割も果たしている．また，分娩時には胎膜の破裂によって流出し，産道をうるおして胎児の娩出を助ける．

胎盤は，母体組織と胎児組織の結合様式，または絨毛膜絨毛の分布形態によって，それぞれ表

表11・3 胎盤の分類

動物	母体組織（母体胎盤部）と胎児組織（胎児胎盤部）の結合様式	絨毛膜絨毛の分布形態
A. 馬，豚	上皮絨毛胎盤（epitheliochorial placenta）	散在胎盤（diffuse placenta）
B. 反芻類	結合組織絨毛胎盤（syndesmo-chorial placenta）	多胎盤（multiplex placenta）または子葉状胎盤（cotyledonary placenta）
C. 犬，猫	内皮絨毛胎盤（endotheliochorlal placenta）	帯状胎盤（zonary placenta）
D. 人，猿，齧歯類	血絨毛胎盤（hemochorial placenta）	盤状胎盤（discoid placenta）

表11・4 家畜胎児の体重および体長

妊娠の時期	牛	馬	豚	めん羊
初期	2カ月 8～15 g / 6～7 cm 3カ月 100～200 g / 10～17 cm 4カ月 500～800 g / 25～30 cm	2カ月 7 g / 5 cm 3カ月 100 g / 10 cm 4カ月 1,000 g / 15 cm	4週 1.2 g / 2 cm	1～2カ月 50 g / 6 cm
中期	5カ月 2,000～3,000 g / 30～40 cm 6カ月 5,000～8000 g / 50～60 cm	5カ月 3,000 g / 25 cm 6カ月 4,000 g / 35 cm 7カ月 5,000 g / 60 cm	6週 16.7 g / 5.9 cm 8週 80 g / 11 cm	3カ月 500 g / 12 cm
末期	7カ月 8,000～12,000 g / 60～80 cm 8カ月 15,000～30,000 g / 70～90 cm	8カ月 8,000 g / 75 cm 9カ月 12,000 g / 80 cm 10カ月 20,000 g / 120 cm	10週 240 g / 16 cm 12週 520 g / 20 cm	4カ月 2,000 g / 35 cm
分娩時	9カ月 25,000～50,000 g / 70～95 cm	25,000 g / 140 cm	1,200 g / 25 cm	4,500 g / 45 cm

(FRASER)

11・3に示す4種に分類されている．表中，CおよびDの動物では出産時に子宮内膜固有層の一部が剥離，脱落するが，AおよびBの動物ではこのような脱落は見られない．

4）胎児の成長

胎盤は，母体から胎児への栄養供給，逆に胎児排泄物の母体への運搬，およびガス交換などの仲介役を果たしている．また，内分泌器官として妊娠時に必要なホルモンも分泌している．特に人，猿，馬，めん羊，モルモットなどは胎盤ホルモンに対する依存度が高いため，胎盤の内分泌機能が開始されたあとは卵巣を摘出しても流産は起こらない．

胎児は羊水（羊膜液）中に浮遊した状態で母体から栄養を供給されて成長を続ける（表11・4）．

栄養は主としてグルコースであるが，胎児血中には胎盤で合成されたフルクトースも見出されている．胎児の成長には栄養だけでなく，胎児自身の内分泌器官も関係している．胎児の視床下部，下垂体，甲状腺，膵臓，副腎，生殖腺（特に精巣）はすでにホルモンの生産・分泌を開始しており，特に甲状腺のサイロキシン，膵臓のインスリン，副腎皮質のグルココルチコイド，精巣のテストステロンは胎児の成長に直接関係があると見られている．すなわち，サイロキシンは胎児の脳，骨，毛の発育を促進し，インスリンは胎児のおもな栄養であるグルコースの代謝を調節している．また，コルチゾールは胎児諸器官の発生・分化に関与する酵素群を活性化し，テストステロンは性分化の完成に役立っている．

3. 分　娩

妊娠の終了または分娩の開始が何によってもたらされるかは明らかでないが，血中ホルモンの消長からみて，数種のホルモンが関係しているとみられる．牛やめん羊では妊娠末期に血中プロジェステロン濃度が低下し，分娩時にエストロジェン濃度が急上昇する（図11・5）．エストロジェンは子宮筋層の収縮運動を促進し，プロジェステロンはこれを抑制することから，両ホルモンの消長が分娩開始に関係していることは明らかである．また牛やめん羊では胎児の血中コルチゾール濃度が分娩時に急上昇することから，胎児の副腎皮質も分娩開始に関係しているとみられるようになった．すなわち，母体血中のエストロジェンの増加，プロジェステロンの減少および$PGF_{2\alpha}$の増加は，いずれも胎児血中のコルチゾールの増加と連動していることから，後者が分娩の引き金役を果たしているとみられている．この場合の$PGF_{2\alpha}$は，下垂体神経葉からのオキシトシンとともに子宮筋を収縮させ，分娩の進行を助ける．

分娩は通常，三期に区分される．第一期は開口期または準備期で，三期のうちでは時間がもっとも長く，牛，めん羊では2～6時間，馬では1～4時間，豚では2～12時間を要する．胎水の充満した胎膜は子宮の収縮によってしだいに子宮頸管側に押しやられる．第二期は娩出期で胎膜が尿膜，羊膜の順に破裂し，産道より胎児の一部が出現し，腹筋の収縮も加わって娩出が完了する．第三期は後産（あとざん）期で，胎児胎盤が娩出される時期をいう．

IV　繁殖技術

家畜を増殖させるために，繁殖機能を把握し繁殖適期に交配させることが重要であるが，その目的で，凍結精液による人工授精，体外受精，胚移植などの繁殖技術が開発されている．さらに，これらの技術は，家畜の増殖だけでなく，改良や野生動物の保存にも応用されている．

1. 凍結保存

生殖細胞である精子および卵子，さらに受精卵（胚）を体外で保存する技術は，優良家畜の増産や育種改良の目的で開発されている．乳牛ではほぼ100%，肉牛で約90%が凍結精液による人工授精

で子畜を生産している．精子の凍結保存（cryopreservation）は，1950年前後にイギリスのポルジ（POLGE）らによってグリセリンを使った方法が開発されたことによる．牛では，射出精液を一次希釈液として卵黄クエン酸緩衝液で数倍に希釈後，4℃まで温度を下降させ，グリセリンを含む二次希釈液で1ストロー内の精子濃度が3,000〜5,000万程度になるように希釈し，凍結まで6〜10数時間平衡化させる．この平衡をグリセリン平衡と呼び，凍結保護剤であるグリセリンが精子細胞内に透過するのに必要な時間である．その後，プログラムフリーザーで温度を下降させ，最終的に液体窒素中で保存する．さらに，雌雄の産み分けを目的に，精子をX精子とY精子に分別し，凍結保存する技術が可能となっている．

卵子および胚の凍結保存技術は，IVMFCや受精卵移植技術の発達とともに開発・改良されている．凍結保護剤として，DMSOを用い，プログラムフリーザーで温度下降をゆっくりと行う緩慢冷却法が，牛，山羊，羊，馬などで確立されている．さらに，急速に凍結するガラス化法（vitrification）が開発され，産子が得られている．

2．IVMFC（*in vitro* maturation, fertilization and culture）

体外受精技術（*in vitro* fertilization, IVF）は，排卵された卵子を射出精子あるいは実験動物では精巣上体精子から得た精子とインキュベーター内で体外で受精させるものである．この場合，精子はそのままでは受精能を持っていないことから，受精能を獲得させる処理が不可欠である．さらに，屠場から採取した卵巣を実験室に持ち帰り，卵胞から吸引採取した卵子を体外で成熟培養し（*in vitro* maturation, IVM），体外受精させることが牛，豚，羊などで可能である．このようにして得られた受精卵（胚）を体外で培養して胚盤胞期まで発育させ（*in vitro* culture, IVC），胚移植することで産子が生産されている．一般に，卵巣内にある各発育段階の細胞の大多数は，退行し，排卵されない．体外で卵子を発育させ，受精し，胚を生産する技術（IVMFC）は，優良雌畜の卵巣から多数の卵子を利用する技術として応用されている．この技術で得られる卵子や胚は，凍結保存することにより輸送が可能であり，子畜生産の効率化だけでなく，発生工学に必要な卵子・胚を生産するという面でも応用範囲は広い．

3．発生工学

家畜の経済形質を改良する目的で，種々の遺伝子を胚に導入し，遺伝子導入（transgenic, Tg）家畜が豚，牛，羊，山羊などで作られている．この技術は，受精後雌性および雄性前核がある1細胞期胚をマイクロマニピュレーターをつけた倒立顕微鏡で操作し，目的遺伝子を直接，雌性あるいは雄性前核に注入する方法である．さらに，この遺伝子導入技術を利用して，主に乳中に生産させることにより医薬品を作る（創薬）工場としてのTg家畜が考えられている．IVMFCを利用して大量の胚を作ることが可能となっているが，Tg家畜の作出効率は非常に低く，実用段階にいたっていない．

優良家畜と同一の遺伝形質を持ったクローン個体の作出が羊，牛，山羊，豚などで可能である．

この技術は，あらかじめ除核した卵子（レシピエント細胞）に目的の細胞あるいは細胞核（ドナー細胞）を移植するものである．ドナー細胞として受精卵（胚）由来の細胞を使った，受精卵クローン個体の作出が1980年代に報告され，乳腺細胞などの体細胞由来の細胞核を使った，体細胞クローンが1990年代の後半に作出された．このような核移植技術で作出したクローン個体は，生殖能力を持っている．

V　泌　　乳

　哺乳類動物における新生子牛の栄養は，母体の乳腺で生成される乳汁に依存している．泌乳は，妊娠，分娩とともに哺乳類を特徴づけるもっとも重要な生理機能の一つである．泌乳は，乳腺において栄養素の供給の下に，種々のホルモンの制御下において，乳汁を合成分泌するという複雑な生理現象である．乳腺の上皮細胞における乳汁の合成と，細胞質から腺胞腔への乳汁の移行，乳槽内にある乳汁の流下と乳腺胞内の乳汁排泄を泌乳といっている．

1. 乳房・乳腺の構造

　乳腺は外胚葉に由来する外分泌腺で，実質と間質からなり，実質は腺胞と導管から形成され，間質は結合織や脂肪組織で実質を区分している．家畜の乳頭数は牛4, 馬2, 豚10〜14, めん羊および山羊2である．家畜の中で代表的な牛の乳房の構造について見てみると，牛の乳房は機能的に独立した四つの乳区分からなり，各乳区分は，それぞれ独立した腺胞乳管，乳腺槽，乳頭を持っている．図11・10に乳房および乳腺胞の模式図を示した．乳腺胞は，単層の分泌上皮細胞が腺腔を取り囲んだ直径0.1〜0.2 mmの球状をしており，血液中の栄養素を利用して乳を合成する働きをする乳腺実質組織の最小単位である．乳腺胞の周囲は，筋上皮に取り囲まれており，吸入や搾乳時の乳房や乳頭の刺激により下垂体後葉から分泌されるオキシトシンの作用で乳腺胞内の乳汁を排出する．乳腺胞は集合して乳腺小葉さらに乳腺葉を形成するが，その状態はブドウの房状になっている．腺胞に分泌された乳汁は乳管を下降するが，乳管は細乳管から次第に太い乳管になり，ついには乳腺槽（約100〜450cc）に達し，乳頭の乳頭槽，乳頭管を経て排出される．

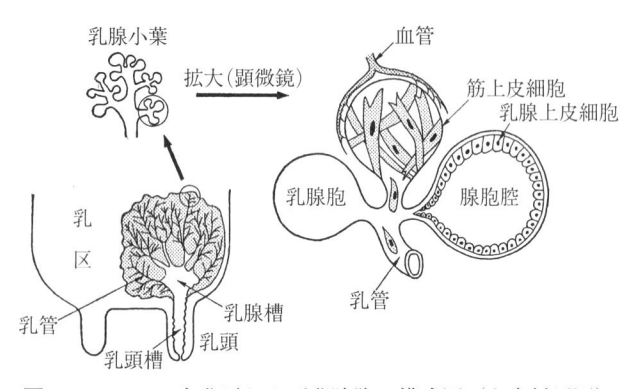

図11・10　牛乳房および乳腺胞の模式図（上家哲原図）

2. 乳腺上皮細胞の構造と役割

　乳腺を形成する乳腺細胞は，基本的には他の外分泌腺と類似構造を持つ．泌乳している乳腺上皮

細胞の電子顕微鏡写真から，牛乳成分である乳脂肪とカゼイン生成の流れを模式化したものを図11・11に示す．（Ⅰ）の経路では脂肪球が細胞質内を移動して，細胞頂端から付き出し，細胞膜に覆われて分泌される．（Ⅱ）の経路では，脂肪以外の乳タンパク質，乳糖や，その他多くの成分がゴルジ体から分泌液胞膜に包まれて分泌され，やがて細胞膜と合流して放出される．小胞体には，膜の表面に球状のリボソームの付着した粗面小胞体とリボソームのない滑面小胞体がある．リボソームはタンパク質合成時，泌乳時の上皮細胞の小胞体で発達する．ゴルジ体は乳糖合成，カゼインのリン酸化を行うとともに乳糖，タンパク質などの脂肪以外の成分を梱包して分泌する役割を持つ．ミトコンドリアは酸化的リン酸化によってATPを産生する役割を持ち，泌乳開始時に著しく増加する．ライソゾームは多くの加水分解酵素をもち，細胞内の小器官の消化・分解を行う消化系として働き乾乳期や乳房炎感染時の乳腺組織の崩壊や退行に関連する．細胞質ではグルコースの酸化，脂肪酸合成，アミノ酸の活性化が行われる．

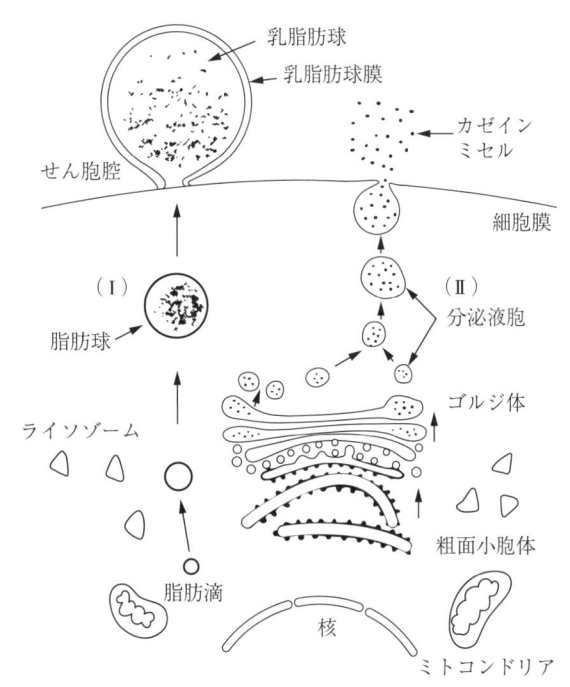

図11・11 乳せん細胞における牛乳成分の生成の流れの模式図

3. 乳 量

乳牛の乳量は分娩後3〜6週間で最高に達したのち，しだいに減少する．また，産次でみると5〜7産次で最高に達する．牛では分娩後一定期間経過すると泌乳中でも正常な発情が現れ，妊娠が可能となる．しかし，搾乳回数が多い場合は発情の回帰が遅れることや，泌乳中に妊娠したものは妊娠しないものに比べて，乳量が低下する時期が早まることが知られている．泌乳牛が妊娠した場合は通常，分娩前の50〜60日間搾乳を停止し，乾乳（dry-up）を行う．この処置は次期泌乳のための乳腺の整備に役立つほか，母体の体力回復や胎児の発育完成のために有効である．豚では分娩後約2週間で乳量が最高になり，乳期は牛に比べてはるかに短く，泌乳中は排卵を伴う発情は現れない．このように，泌乳と繁殖は一般に拮抗しながら密接な関連を保っている．

乳量を決定する重要な生理機能の一つとして乳房への血流量の増加が挙げられる．血流量は，分娩後著しく増加し，また乳量の増加に比例する．泌乳最盛期の山羊ではミルクを1kg生産するのに400lの血液を必要とするといわれている．牛でも山羊と類似する値が報告されている．

4. 牛乳成分

おもな乳成分である乳タンパク質，乳糖，乳脂肪は，消化管から吸収された代謝産物由来の前駆物質を血液を介して乳腺に送り込み，これを原料として，乳腺で合成され分泌される．表11・5に泌乳牛における消化管からの消化産物の吸収と血液中の前駆物質，乳成分の関係を示した．牛では消化管で産生されるプロピオン酸，乳酸，アミノ酸は，肝臓で糖新生によりグルコースが作られる．このグルコースを材料として，乳腺において乳糖合成酵素によりガラクトースとグルコースよりなる乳糖を合成する．乳糖は乳汁中の浸透圧を調節しており，乳腺内における水分の移動に関与することによって乳汁生産を制御している．カゼイン，α-ラクトアルブミンおよびβ-ラクトグロブリン等のタンパク質は，小腸より吸収されたり組織で代謝された遊離アミノ酸から血液循環を介して乳腺で合成される．乳脂肪の短鎖脂肪酸は酢酸およびβ-ヒドロキシ酪酸から，また，乳脂肪の長鎖脂肪酸の大部分は血漿中のキロミクロンおよび低密度リポタンパク質からそれぞれ乳腺で作られる．一方，血清アルブミン，免疫グロブリン，無機質，ビタミンなどの血液中の成分が，乳腺細胞で変化を受けずにそのまま通過して乳成分となる．

分娩後最初に分泌される乳汁は，初乳（colostrum）といい，常乳（normal milk）と成分が異なる．初乳は常乳に比べて固形物が多い．特にタンパク質，ビタミン，無機質が多いが，乳糖（lactose）は少ない．初乳タンパク質の大半を占めるのはγ-グロブリンで，新生子に免疫を与える役割を果たしている．牛，馬，豚などの主要家畜では胎生期に抗体が得られないので，初乳による免疫

表11・5 消化産物，血液前駆物質と牛乳成分

消化産物	血液成分 (%)	乳成分 (%)
水	水　(91)	水　(86)
プロピオン酸 乳酸 アミノ酸	グルコース　(0.05)	乳糖　(4.6)
アミノ酸	アミノ酸　(0.02)	タンパク質 カゼイン　(2.8) β－ラクトグロブリン　(0.32) α－ラクトアルブミン　(0.13)
	血清アルブミン　(3.2) 免疫グロブリン　(2.6)	血清アルブミン　(0.07) 免疫グロブリン　(0.05)
長鎖脂肪酸 酢酸 酪酸	長鎖脂肪酸 酢酸 β－ヒドロキシ酪酸 グルコース グリセロール	脂肪 長鎖脂肪酸 短鎖脂肪酸 短鎖脂肪酸 グリセロール
無機物	無機物	無機物
ビタミン	ビタミン	ビタミン

の獲得が重要になる．また初乳には，IGF-I（牛），EGF（ヒト）などの成長因子が高濃度に含まれており，これらは新生子の腸管発達を促進する．

5. 乳腺発育
　乳牛において，乳腺の発育がもっとも著しいのは妊娠期であり，妊娠によって乳汁分泌を行う乳腺胞の形成が始まる．すなわち妊娠3カ月までに乳管の伸長と分枝が起こり，4カ月前後から乳管に乳腺胞が形成されてくる．乳腺胞の発育に血管系，リンパ系の発達が伴う．乳腺胞の数はその後さらに増加し，妊娠9カ月で乳汁分泌が開始され，乳房容積も著しく増加する．乳腺の発育にはエストロジェン，プロジェステロン，グルココルチコイド，プロラクチン，GHが不可欠である．乳管の発育には，主としてエストロジェンが，腺胞小葉の発育にはエストロジェンとプロジェストロンが必要である．妊娠中期以降のラットや山羊ではプロラクチンやGHよりも胎盤性ラクトジェンも重要と見なされている．

6. 泌乳開始
　牛の上皮細胞は，妊娠末期において乳汁分泌機能を持ち始め，乳汁が乳腺内に蓄え始める．さらに分娩前後から乳腺細胞の分泌機能が著しく亢進して泌乳を開始する．泌乳開始に必要なホルモンは，マウス，ラット，めん羊，牛において，インスリン，グルココルチコイド，プロラクチンであるとされる．泌乳を開始すると栄養素の流れが子宮，胎児，胎盤から乳腺に移行し，体内の栄養素は優先的に乳腺に分配される．反芻動物，ラットともに，泌乳開始の引き金を引くのは，プロジェステロン分泌の低下であると考えられている．

7. 泌乳の維持
　泌乳は，吸乳や搾乳の刺激によって維持される．吸乳や搾乳の刺激は，下垂体後葉から分泌されるオキシトシンが，前葉からプロラクチンやACTHが放出され泌乳を維持している．また，泌乳の維持に必要なホルモンは，プロラクチン，グルココルチコイド，甲状腺ホルモン，GHとされている．泌乳を維持するためには大量のグルコース，アミノ酸，酢酸，長鎖脂肪酸および無機物を水分とともに優先して乳腺へ送る必要があるが，この作用をGHなどのホルモンが制御している．
　ウシにおけるもっとも重要なホルモンはGHである．GHの増乳効果の機構としては，脂肪組織における脂肪分解作用，グルコースなどの乳腺への優先的動員や分配，肝臓におけるIGF-Iを介しての間接作用と乳腺におけるGHレセプターを介しての直接作用が考えられる．

8. ミルク合成の制御
　搾乳回数を増やすとミルク合成が促進され，搾乳を停止して乳汁を乳房内に充満させるとミルク合成が抑制されることはよく知られた事実である．WILDEら（1995）は，この調節因子である

feedback inhibitor of lactation（FIL）を，山羊の乳汁中から発見した．この因子は分子量約7.6 kDaの新規な糖タンパク質である．乳腺上皮細胞で合成されるFILは乳腺胞内へ外分泌されたのち，乳腺上皮細胞に作用するという非常に珍しい形式のautocrine feedbackを行う．また，FILは乳腺細胞の分化を抑制する作用を持つが，これは長期的な作用でありホルモン受容体のdown regulationによるものであると考えられる．

9．乳腺の退行

　乳腺は一定の泌乳期ののち，退行が起こり，多くの乳腺上皮細胞はプログラム細胞死により除かれる．牛においては，細胞死の割合がマウスなどと比べて小さく乳腺胞構造を維持できない細胞がアポトーシスを起こすといわれている．マウスで離乳後のアポトーシスはプロラクチン投与で抑制される．また山羊ではアポトーシスの発現にプロラクチンやGHの他に局所的因子も関与しているとされている．IGF-Iは乳腺細胞，乳腺間質細胞で合成，分泌され，乳腺細胞のアポトーシス抑制作用を持つ．アポトーシスを起こす乳腺細胞はIGFBP5を合成分泌しIGF-Iの作用を遮断して乳腺細胞の自殺を促進しているらしいことが明らかになっている．

１０．乳腺上皮細胞の新規機能調節因子

　乳腺上皮細胞はミルクを合成する実質細胞であり，基底膜側の血管から乳成分の前駆物質である糖，アミノ酸，脂肪酸などを取り込み，細胞内で乳成分を合成して乳腺胞腔内に分泌する．したがってミルク合成のメカニズムを知るためには，この乳腺上皮細胞の機能について知る必要がある．近年ウシにおいても培養ウシ乳腺上皮細胞を用いた研究が増えてきており，いくつかの新しい知見が得られている．

　反すう動物におけるGHの増乳作用は，乳腺上皮細胞に対する直接作用ではなく，糖・脂質代謝などを変化させることによる間接効果であるとされてきた．しかし，培養ウシ乳腺細胞を用いた研究により，GHが直接ウシ乳腺上皮細胞に作用し，代謝やカゼイン合成を促進することが明らかになった．すなわち，GHは乳腺組織への栄養素供給を増やすだけではなく，乳腺上皮細胞の機能を亢進させることでも増乳効果をもたらすと考えられる．

　脂肪酸，特に長鎖脂肪酸がウシ乳腺上皮細胞に直接作用し，トリグリセリドおよびカゼイン合成を促進する．ヒト乳癌細胞では長鎖脂肪酸受容体（GPR40）が発現しているが，ウシ乳腺では短鎖脂肪酸受容体（GPR41, GPR43）発現は報告されているが，GPR40まだ確認されておらず，ウシ乳腺に対する長鎖脂肪酸の直接作用のメカニズムもまだ不明である．

　このように，ウシ乳腺細胞を用いた研究により，GHや長鎖脂肪酸が直接乳腺機能に影響を与えることが明らかになり，今まで知られていなかったホルモンや栄養素による乳腺機能の調節機構が存在することを示している．

第12章 腎　　臓

I　腎臓の構造

　尿の生成は腎臓に存在する機能的な単位であるネフロン（nephron）において行われる．ネフロンは糸球体胞（ボーマン嚢）と糸球体からなる腎小体（図12・1）と近位尿細管，ネフロンループ（ヘンレ係蹄）および遠位尿細管からなる尿細管によって構成される．遠位尿細管は幾本かが集合して集合管となって髄質内を走る（図12・2）．

　腎動脈は葉間動脈を経て弓状動脈に分かれる．弓状動脈から小葉間動脈が皮質表面に向かって放射状に走り，小葉間動脈は糸球体に向かう輸入（糸球体）細動脈を次々に送り出す．腎臓に入った動脈血は原則としてすべて糸球体に向かう．輸入細動脈は糸球体に入ると直ちに糸球体毛細血管となり，合流すると輸出（糸球体）細動脈となって尿細管周囲毛細血管にそそぐ．

　尿細管は部位によってそれぞれ機能が異なっており，近位尿細管は一層の細胞からなり，管腔側に刷子縁をそなえている．これにより表面積は著しく大きくなっている．遠位尿細管もほぼ同様な構造であるが，刷子縁はみられない．集合管は立方上皮よりなる比較的簡単な構造でありミトコンドリア数も少ない．

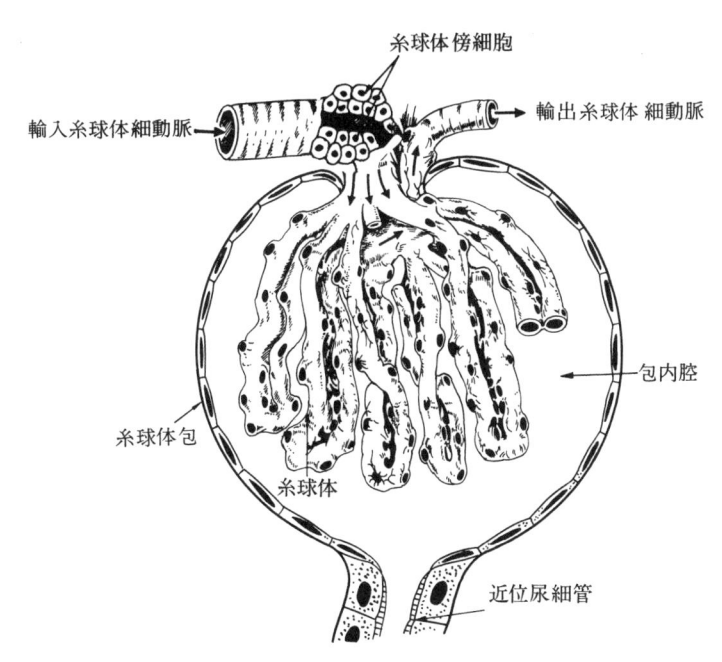

図12・1　腎　小　体

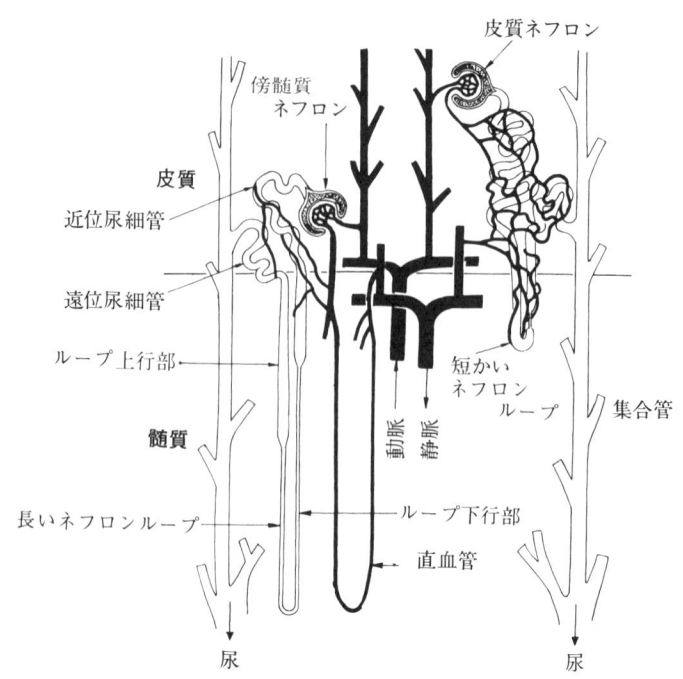

図12・2　ネフロンと血管系の模式図（SMITH, The kidney）

II　腎小体の機能

1．糸球体濾過

　糸球体濾過は糸球体毛細血管壁の内皮細胞，基底膜および糸球体胞の上皮細胞（足細胞）よりなる三層の濾過膜によって行われており，その駆動力は血圧である．濾過は糸球体血管内の血圧，約 85 mmHg に対して糸球体胞内腔内液の圧は 15〜20 mmHg に過ぎないのでその圧差によって行われる．しかし，血液は膠質浸透圧約 30 mmHg を有しており，血液水分が血管外へ漏出することを妨いでおり，実際の濾過圧は約 40 mmHg となる．この圧を有効濾過圧という．また，濾過膜は負の電荷を帯びており，同様に陰性荷電を持つ血漿タンパク質などは透過性が低い．

2．糸球体濾過量

　単位時間あたり，腎臓全体の糸球体を流れる血漿中から濾過される液量を糸球体濾過量（glomerular filtration rate, GFR）という．GFR は糸球体濾過係数と糸球体濾過圧の積で表される．糸球体濾過係数は濾過膜の透過係数（k）と濾過面積（S）の積であり，糸球体濾過圧は糸球体毛細血管圧（P_{GC}）から糸球体胞内腔圧（P_T）と血漿膠質浸透圧（π_{GC}）を引いたもので表されるので，GFR＝k×S×(P_{GC}-P_T-π_{GC}) となり，それぞれの値が変化することによって GFR は以下のように調節される．

1）濾過面積（メサンギウム細胞）

メサンギウム細胞は糸球体毛細血管に存在しており，平滑筋様の収縮性を持ち，収縮により濾過面積は減少してGFRは減少し，弛緩によりGFRは増加する．

2）血漿膠質浸透圧

脱水では浸透圧が増加することでGFRは減少し，低タンパク血症では浸透圧が減少することによりGFRは増加する．

3）糸球体毛細血管圧

糸球体毛細血管圧の変化とは輸入もしくは輸出細動脈の変化であり，輸入細動脈が収縮するとGFRは減少し，輸出細動脈が収縮するとGFRは増加する．これらの変化はホルモンや尿細管糸球体フィードバックにより調節されている．尿細管糸球体フィードバックとは単一ネフロン毎にGFRを調節する機構である．遠位尿細管はヘンレ係蹄から上行した後細動脈に接しており，接触部には緻密斑（macula densa）という特殊な細胞が分布している．緻密斑は遠位尿細管におけるCl$^-$の輸送量の増減を感知して，細動脈を収縮もしくは弛緩させてそのネフロンのGFRを調節する．

4）血　圧

血圧の変動は腎血流量やGFRにあまり影響しない．血圧が80～200 mgHgの範囲では，血圧が上昇しても腎血流量はほとんど不変であり，これを腎血流の自動調節（autoregulation）という．

3．クリアランス

血中の物質xが尿中に完全に排泄されるとき，xがどれだけの血漿中に含まれていたことに相当するかを示す値をその物質のクリアランス（clearance）という．物質xの血漿濃度をP_x，尿中濃度をU_x，尿量を毎分V mlとすると，$U_x \times V$はxの毎分排泄量であり，この量を排泄するのに必要な血漿量C_xは，$P_x \times C_x = U_x \times V$である．すなわち，物質$x$のクリアランス$C_x$は$C_x = (U_x \times V)/P_x$で表される．

もし，自由に糸球体で濾過され，尿細管において再吸収も分泌もされない物質aがあるとすれば，糸球体で濾過されるaの量は$P_a \times$GFRであり，これがすべて尿中に排泄されるため，$P_a \times$GFR$= U_a \times V$となり，GFR$=(U_a \times V)/P_a$として表される．そのため，aのような物質の腎クリアランスを求めることで腎糸球体濾過量を求めることができる．フルクトースの重合した多糖類であるイヌリンは上記の条件をすべて満たす物質であるが，利用するには静脈中に注入する必要がる．対して，クレアチニンは内因性物質として血漿中に存在しており，イヌ，ネコ，ウサギなどではイヌリンに近いため，簡便に利用することが可能である．しかし，ヒトやラットでは再吸収や分泌があるため注意が必要である．

糸球体において自由に濾過され，尿細管において再吸収されず，分泌によって尿中に完全に排泄される物質bがあるとすると，bの腎クリアランスは腎血漿流量（renal plasma flow, RPF）を示

す．パラアミノ馬尿酸（paraaminohippuric acid, PAH）はこれらの条件を満たす物質であるが，1回の腎循環によって完全には除去されない（除去率約90%）ため，PAHによって求められる腎クリアランスを有効腎血漿流量（effective renal plasma flow, ERPF）という．RPFは犬で150～250 ml/min，めん羊400～500 ml/min，牛3,500～4,500 ml/minである．この血液のヘマトクリット値を求めることで腎血流量（renal blood flow, RBF）を計算することができる．

III 尿細管の機能

糸球体で濾過された物質は尿細管を通過する過程でそれぞれの部位において再吸収もしくは分泌される．尿細管からの再吸収機構は受動的拡散，あるいは能動輸送のいずれかによるが，有機物質の能動的な再吸収や分泌のほとんどは近位尿細管において行われている．

1. 栄養素の再吸収

グルコースの再吸収は近位尿細管上皮細胞で行われており，小腸上皮細胞と同様に管腔側では二次性能動輸送体であるSGLT（sodium dependent glucose transporter），血液側では促通拡散型輸送体であるGLUT（glucose transporter）により輸送されている．しかし，尿細管では効率よくすべてのグルコースを再吸収するためにSGLT1およびSGLT2という2種類のSGLTが局在している．これら輸送体には最大輸送量（transport maximum, Tm）という限度量があるため，Tmをこえてグルコースが濾過された場合，尿中に排泄されるようになる（図12・3）．

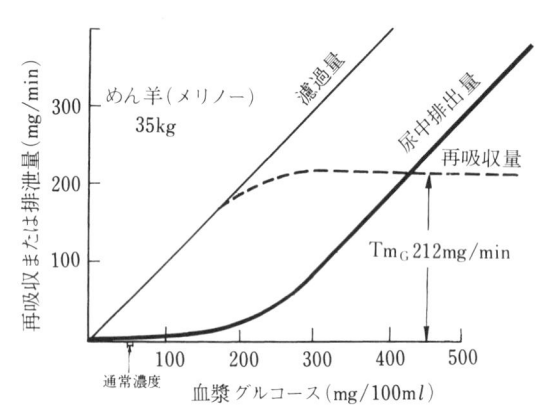

図12・3 グルコースの再吸収とTm_G．めん羊の例が示してある．
（PHILLIS, Veterinary Physiology）

ほとんどのL-アミノ酸はグルコースと同様にNa^+と共役した二次性能動輸送によって近位尿細管上皮細胞において再吸収される．アミノ酸輸送系は大きく中性アミノ酸，塩基性アミノ酸，酸性アミノ酸およびイミノ酸・グリシン輸送系に大別できる．また，ペプチドはオリゴペプチド輸送体（PepT2）によって再吸収される．糸球体におけるタンパク質の通過は微量であるが，濾過されたタンパク質は受容体介在性のエンドサイトーシスによって取り込まれる．

2. 有機物の分泌

内因性の老廃物や外的化合物（生体異物）は，有毒な場合グルクロンサン，硫酸，酢酸あるいはグルタチオンと結合して抱合体を形成し，胆汁や近位尿細管で分泌される．また，近位尿細管では

多くの老廃物や生体異物だけでなく，体内に投与された薬物の排出経路として重要であり，これらは能動輸送機構により分泌される．

3．電解質の再吸収と分泌

ネフロン各部位におけるNa^+の再吸収率は，近位尿細管（約67％），ヘンレ係蹄上行脚（約25％），遠位尿細管および皮質集合管（約5％），髄質集合管（約3％）となっており，大部分のNa^+は近位尿細管において再吸収されており，ほぼすべてのNa^+が再吸収される．近位尿細管では血漿成分に等しい濾液を大量に再吸収する必要があるため，Na^+依存性輸送体が発達している（SGLT，アミノ酸輸送体，リン酸輸送体，Na^+/H^+交換輸送体など）．細胞内に取り込まれたNa^+はNa-KポンプやNa^+，HCO_3^-共輸送体によって間質に排出される．尿細管のNaCl輸送には，尿細管細胞を経由する①経細胞輸送と細胞間隙を通る②経細胞間（隙）輸送がある．経細胞輸送は2段階輸送であり，経細胞間隙輸送はタイト結合を経由して間質へ移動する．近位尿細管では間隙の透過性が高く，NaClの移動量に匹敵した水の移動が起こるので，大量の溶液再吸収にもかかわらず近位尿細管終端部における浸透圧はほとんど変わらない．

消化管から吸収されたK^+は適正な比率で細胞内液・外液に分布しており，摂取したK^+に見合う量のK^+を消化管および腎臓から体外に排泄している．糸球体で濾過されたK^+の大部分は近位尿細管とヘンレ係蹄を経由する間に再吸収されるが，消化管から吸収されるK^+は，K^+バランスの収支計算上過剰なK^+であるため集合管で濾液中に分泌される．一方，消化管から吸収されるK^+が少ない場合，集合管においてK^+は能動的に再吸収能され，尿中への排泄は低下する．

4．水の再吸収

前述したように，近位尿細管ではNaClの移動量に匹敵した水の移動が起こっており，濾過された濾液の約75％が近位尿細管で吸収される．ネフロンループは近位尿細管に続くが，腎皮質に存在する皮質ネフロンを構成する短いループと，髄質の近くに存在する傍髄質ネフロンを構成する長いループとがある（図12・2）．動物種によってこれらの構成割合は異なっており，傍髄質ネフロンの数が多い動物ほど尿の濃縮率は高い（表12・1）．長いネフロンループは皮質から髄質に向か

表12・1 ネフロンループの割合と尿の濃縮

長いループの割合	動物名	水のターン・オーバー率 ($ml/kg^{0.82}\cdot 24\,hr$)	尿の浸透圧最大濃度 (Osm/l)	尿/血漿濃度
0〜僅少	豚，象，トナカイ，ビーバー，鳥，人	400〜500	1.4	4
20〜40％	馬，熊，牛，カモノハシ	250〜350	2.5	7
40〜80％	めん羊，山羊，ラクダ，猫，犬	100〜200	3.5	10
100％	サンドラット，カンガルーラット	40〜80	7.0	17

長いループの割合の少ない動物は水の代謝回転速度（ターン・オーバー率）が高く，割合の多い動物はその逆である．
(PHILLIS, Veterinary Physiology)

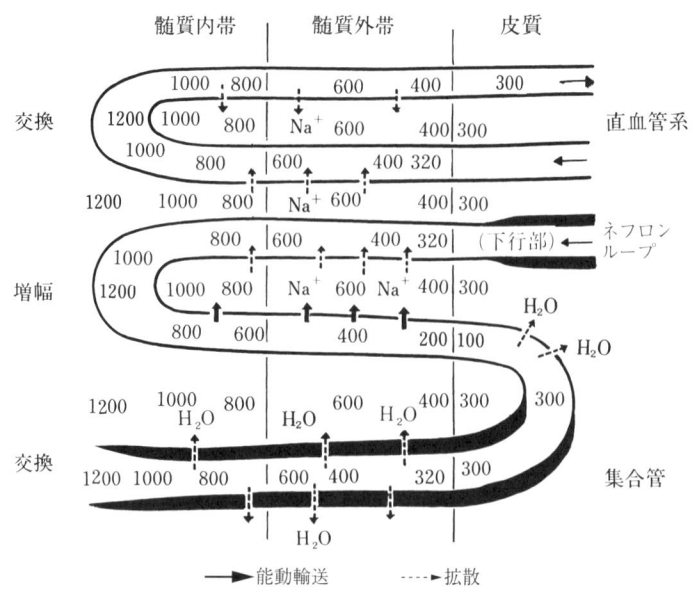

図12・4 尿細管と直血管系における対向流増幅および交換系
数字は浸透圧（mOsm/l・H_2O）

って下行してヘアピン状に屈曲して上行し，遠位尿細管へと続く．

腎臓は皮質から髄質内帯に向かって浸透圧勾配が形成されており，その浸透圧は1,200 mOsm/Kg H_2Oに達する．この浸透圧勾配はネフロンループの対向流増幅機構によって形成されており，ネフロンループと平行して走っている直血管系の対向流交換系によって維持されている．

ネフロンループでは間質液を介して上行部と下行部が相接している（図12・4）．近位尿細管からネフロンループ下行部に流入した尿は下行部の水の透過性が高いため，髄質に近づくにしたがって尿は徐々に濃縮される．対して，上行部は水に対してほとんど透過性がなく，Na^+は受動的もしくは能動的に間質へ輸送されるため，上行部では皮質に近づくにしたがって尿は徐々に希釈され，浸透圧は低下する．間質中に輸送されたNa^+は間質液を高張に維持するのに役立つと同時に，下行部に受動的に吸収され，下行部中の尿の高張性を保つのに役立っている．このように，ネフロンループは構造的に対向流交換器として作用しているのに加え，Na^+の能動輸送のためにその効率はさらに増強され，対向流増幅器として機能する．

直血管系はネフロンループと平行して走行している．下行直血管中の溶液は，髄質において間質の浸透圧増加に伴って，水を排出してNa^+などの溶質が拡散によって入ってくることにより，管内の浸透圧も増加する．対して，上行直血管中の溶液は，間質の浸透圧低下に伴って，水が流入して溶質は排出され，管内の浸透圧は減少して腎外へと出ていく．

遠位尿細管ではNa^+の間質液側への能動輸送が行われ，これに伴って水分も受動的に輸送される．集合管の入り口では尿と血漿はほぼ等張であるが，集合管内の尿が髄質中を通過する過程で，

開口部に近くなるにつれ上昇する浸透圧勾配を持った間質液と接することにより，水は受動的に吸収され，尿は濃縮される．

5．酸の分泌

生体において代謝によって生成されたCO_2は間質より尿細管上皮細胞内に拡散する．細胞内のCO_2は炭酸脱水酵素（carbonic anhydrase, CA）によって直ちに炭酸に変換され，解離したHCO_3^-は間質へと輸送される．近位尿細管では主にNa^+/H^+交換輸送体によってH^+が分泌されており，濾液中のHCO_3^-と反応した炭酸はCAの働きにより，CO_2となって細胞内に拡散する．細胞内のCO_2はCAによって直ちに炭酸に変換され，解離したHCO_3^-は間質へと輸送される．遠位尿細管および集合管間在細胞では，産生されるH^+はH^+/K^+ATPaseやH^+ATPaseによって管腔へ分泌される．管腔のH^+はNH_3やHPO_4^{2-}に緩衝され，NH_4^+および$H_2PO_4^-$として尿中に排出される．

NH_3は近位尿細管において，グルタミンから生成されており，この反応はアシドーシスにより促進される．NH_3産生が増加することによって遠位尿細管および集合管からの酸分泌増加に対応することができるようになる．

Ⅳ　ホルモン分泌と作用

1．体液量調節

身体における体液量および浸透圧は腎臓からの水とNa^+や飲水の増減によって調節されている．腎臓におけるこれらの調節は濾過，再吸収，分泌という尿の生成過程のそれぞれにおいて行われており，バゾプレッシン，レニン・アンジオテンシン・アルドステロン系，心房性ナトリウム利尿ペプチドなどのいくつかのホルモンによってコントロールされている．

1）バゾプレッシン（ADH）

ADHは視索上核・室傍核あるいは終板脈絡器官にある浸透圧受容器が血漿浸透圧の上昇を感知することで視床下部において産生され，下垂体後葉より分泌されるホルモンである．ADHは浸透圧の上昇の他にも血流量の減少，アンギオテンシンⅡ，精神的ストレス，体温上昇などの刺激によっても分泌が促進される．ADHは腎臓の集合管に作用することで水の透過性を増加させることで浸透圧を減少させ，体液量を増加させる．

2）レニン・アンジオテンシン・アルドステロン系（RAA系）

レニンは緻密斑が遠位尿細管におけるCl^-の輸送量の増減を感知して，その情報が傍糸球体細胞に伝達されたり，交感神経刺激，輸入細動脈圧の低下などにより傍糸球体細胞より分泌されるタンパク質分解酵素である．レニンは肝臓で合成されるタンパク質であるアンジオテンシノーゲンをアンジオテンシンⅠに分解する．アンジオテンシンⅠは，血中（特に肺循環）に存在するアンジオテンシン変換酵素（ACE）によってアンジオテンシンⅡに変換される．アンジオテンシンⅡは強い血管平滑筋収縮作用を持ち，血圧は上昇する．腎臓においても輸出細動脈を収縮させる．また，副

腎皮質からアルドステロンを分泌させる．アンジオテンシン II は視床下部にも作用して水分摂取や ADH 分泌を増加させる．さらに，近位尿細管では Na^+ の再吸収を促進させる．アルドステロンは集合管に作用して Na^+ の再吸収を促し，結果として水の再吸収も増加する．

3）心房性ナトリウム利尿ペプチド（ANP）

ANP は体液量増加に伴う静脈還流量の増加による心房圧の上昇が心房筋伸展刺激となり，分泌されるペプチドホルモンである．放出された ANP は腎臓において，輸入細動脈を拡張させることにより GFR を増加させ，集合管における Na^+ の再吸収を阻害し，レニン分泌を抑制する．また，腎外においては血管を拡張させ，アルドステロンおよび ADH の分泌を抑制する．これらの機構により，水と Na^+ の排出は促進され，血圧は低下する．

2．腎臓からのホルモン分泌

上皮小体ホルモンは Ca^{2+} の吸収を促し，リン酸の排出を行う．また，このホルモンによる腎臓における cAMP の生成を通じて，ビタミン D の活性化型である 1,25-ジヒドロキシコレカルシフェロールが生成され，腸管において Ca^{2+} の吸収が促進される．また，同じく腎臓で生成されるプロスタグランジンも Na^+ の排泄などを通じて尿の生成に関与している．さらに腎臓はエリスロポエチンを分泌し，赤血球の生成に関与している．

V　尿量の調節

1．水利尿

大量の低張液（水）を飲んだ時に起こる尿量の増加を水利尿という．多量の飲水によって全身血液量の増加，血圧上昇，血中浸透圧低下が起こり，それぞれの受容器で感知されることで ADH の分泌抑制，レニン・アルドステロン分泌抑制，ANP 分泌増加などの結果として尿量は増加する．犬や人で水を相当量（1 l）摂取すると，血液の膠質浸透圧は低下し，血液量も増加する．その結果，尿量が増加して 45 分後に尿量は最大に達するが，3 時間後には摂取した水はすべて排泄される．一方，反芻動物では第一胃があるために，めん羊に 2 l の水を与えても 2 時間は利尿は起こらない．牛ではめん羊に比べて水の利用速度が速いために，利尿が現れる時間はめん羊より早い．

2．浸透圧利尿

再吸収されない溶質が尿細管中に多量に存在することによる尿量の増加を浸透圧利尿という．マンニトールや類縁の多糖類のように糸球体で濾過されるが尿細管で再吸収されない物質が投与されたり，多量の生体内グルコースや輸液される尿素，NaCl が濾過されたのち最大吸収量を超えて尿細管に残っている場合，浸透圧の下がっていない大量の濾液がヘンレループ以降へ流出し，ヘンレループ下行部および集合管で水の再吸収が阻害され，尿量は増加する．

3. 利尿剤による利尿

犬や猫における心疾患あるいは腎疾患，牛や馬における妊娠浮腫あるいは心疾患により細胞外液量が増加する場合，利尿剤で治療することがある．フロセミドはループ利尿薬の一つで，ヘンレループ上行部の $Na^+/K^+/2Cl^-$ 共輸送体を阻害することで腎臓からの Na^+ と水の排泄を増加させ，利尿効果を示すことにより体液の貯留を改善する．

4. 尿量の減少

尿量の減少は腎臓の機能的，病的あるいは薬物的な要因によって生ずる．尿の排泄量は時間的にも同一でなく，昼と夜，あるいは季節によっても変化する．めん羊の GFR は夏季は冬季のほぼ 2 倍になるという．放牧されている家畜は水分，タンパク質および K 含量の高い草を摂取するので，乾草などを採食する場合より尿量が多い．

5. 採食と尿量

肉食動物では採食の際の唾液分泌量は比較的少ないが，反芻動物では採食に伴って大量の唾液が分泌される．これにより血液から水分と Na^+ および HCO_3^- が奪われる．したがって血液は酸性化し，尿も酸性となり通常 pH7.5 かそれ以上を示す尿が 5.5 あるいはそれ以下に低下する．また，時間を制限して飼料を与えるような場合は血中水分の減少によって生ずる浸透圧の増加は抗利尿ホルモンの増加を促し，尿量が減少する．同様の事が哺乳中の雌めん羊にも起こり，オキシトシンとともに抗利尿ホルモンが分泌されて，尿量が減少する．

VI 排 尿

各集合管を経て腎盂に集まった尿は，三層の平滑筋に囲まれた尿管に入る．尿管の腎盂側末端には蠕動運動を生じるペースメーカー部位があり，尿はその運動に伴って膀胱に流れる．2 本の尿管は膀胱壁を構成する筋の内部をある距離に渡って通るので，膀胱筋は尿の逆流を防ぐ括約筋の役目を果たしている．膀胱は排尿筋と呼ばれるらせん状，縦走および輪走の三層の平滑筋よりなる．膀胱底の内面には膀胱三角がありその二つの頂点に尿管が開口し，ほかの一つに尿道が開口する．尿道は内および外膀胱括約筋によって取り囲まれる．これらの筋の共同作用によって膀胱内にたまった尿が尿道に排泄されることを排尿という．

膀胱に尿がたまると膀胱壁の伸展刺激は骨盤神経を介して仙髄に送られ，反射的に骨盤神経を刺激しての排尿筋の収縮と内尿道括約筋を弛緩させる排尿反射をもたらす．豚や犬において排尿反射は間歇的に起こり，1～2 秒ずつの尿排泄が続くが，牛や馬では間断なく排尿される．さらに，刺激は脳にも伝えられ，尿意として感じるとともに脊髄に作用して排尿反射を抑制する．また，排尿は陰部神経を介した外尿道括約筋の収縮により随意的に止めることができる．めん羊，山羊，牛では異常事態や恐怖があると排尿を中止する．

尿路のいずれの部分にも尿石が形成される可能性がある．大小さまざまの尿石が尿細管，腎盂，尿管および膀胱に沈着し，疼痛と排尿障害などを主徴とする尿石症が発症する．肉食家畜では尿酸塩またはシステイン結石が主なものであるが，草食家畜ではリン酸，シュウ酸，炭酸のCa，KまたはMg塩が最も普通である．我が国の飼育牛に発生する尿石の成分はリン酸Mg塩を主成分とすることが多い．

Ⅶ 尿

尿の成分や量は飼養条件によって著しく変化する．尿の成分は水を主として，タンパク質の代謝産物，無機物および色素を含む．馬尿は，腎盂や尿管からの粘性分泌物を含むために，やや濃厚である．馬や牛の尿は$CaCO_3$を含むために，混濁する．肉食動物や豚の尿は淡黄色から赤色味を帯びる．草食動物の尿は放置すると，表層から褐色化する．これはフェノール，特にカテコールがアルカリ溶液中で空気によって酸化されるからである．尿色素にタンパク代謝産物としてウロクロモーゲン（酸化されてウロクロームとなる），胆汁色素に基づくものとして，ウロビリンが存在する．

尿のpHは草食動物でおおむね6〜9，肉食動物では5〜7の範囲にある．尿中のタンパク代謝産物中，主要なものには尿素，馬尿酸（草食動物に多く馬，牛で150 g/日，犬で0.2 g/日の排泄がある），尿酸（鳥類に多い），アラントイン，クレアチニンなどがある．

第13章 循　　環

I　心臓の運動

1．心臓の構造と自動性

　哺乳類および鳥類の心臓は左右の心房と左右の心室の4室からなる．心房と心室の間には右房室弁および左房室弁が，心室と動脈の間には半月弁があり，肺動脈口と大動脈口にある半月弁をそれぞれ肺動脈弁，大動脈弁という（図13・1）．心房と静脈の間に弁はない．

　心臓の筋肉は横紋筋の一種であるが，心房筋と心室筋からなる固有心筋と，興奮を心房から心室に伝導する刺激伝導系（興奮伝導系）の役割を持つ特殊心筋からなる．刺激伝導系はそれぞれ自動性を持っており，洞房結節，房室結節，房室束（ヒス束），伝導心筋線維（プルキンエ線維）から構成されている（図13・2）．洞房結節は前大静脈が右心房に開口する部分の前上方にある特殊心筋細胞群である．洞房結節の細胞は自動的に興奮し，その脱分極は周囲の心房の細胞に伝わって，心房全体をただちに興奮させると同時に心房内伝導路を経て房室結節に集まる．興奮の自動性は，膜電位が徐々に脱分極して発火レベルに至るという歩調取り電位（pacemaker potential）によって起こっており，脱分極して活動電位が発生したのちに再分極して静止電位のレベルにまで戻った膜電位がこの状態でとどまらず再びゆっくりと自動的に脱分極を始めることで繰り返される．特殊心筋はそれぞれ自動的に興奮する能力を持っているが，洞房結節の電位は他の特殊心筋よりも早い頻

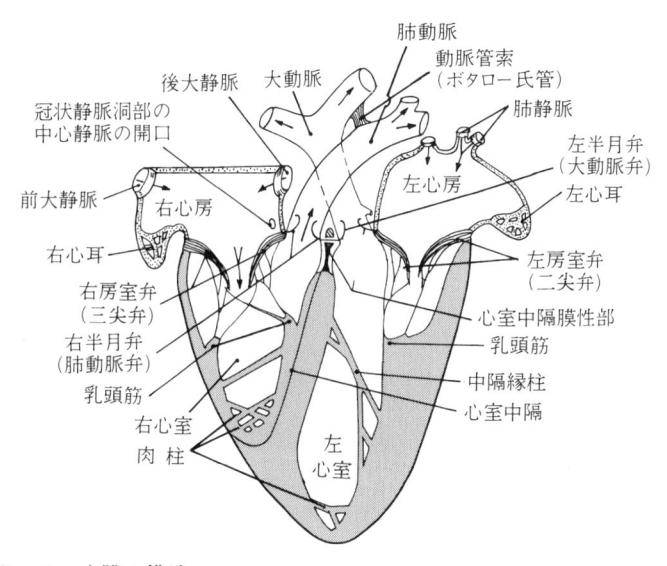

図13・1　心臓の構造
（Scheunert & Trautmann, Lehrbuch der Veterinär-Physiologie）

度で興奮するため，洞房結節がペースメーカーとして機能している．房室結節は右心室の背部で冠状静脈洞の開口部付近に位置する．この結節からは上方に心房筋と連絡する放射状の線維が走り，下方はヒス束に続く．洞房結節で生じた興奮は房室結節に集まるが，ここでの伝導速度は遅いので，一定の遅れを生じてヒス束に伝播する．心室の収縮が心房のそれより時間的に遅れるのはこのためである．ヒス束に伝播した興奮は，心室中隔の上部で左脚および右脚に別れて心室中隔の内膜下を心尖の方向に向かって

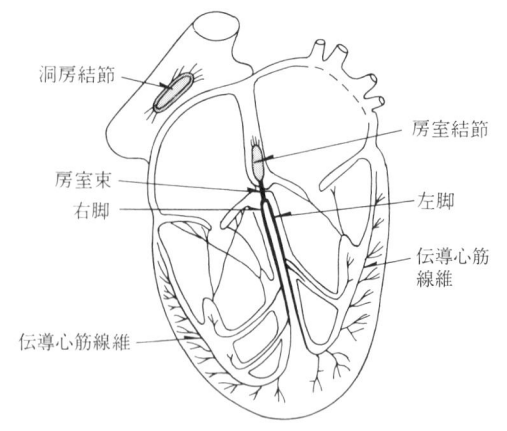

図13・2　心臓の興奮伝導系

伝導する．プルキンエ線維はヒス束の末端が細かく網状に分散したもので，その末端は心室の固有心筋に移行する．ヒス束やプルキンエ線維の伝導速度は速いため，心室筋はだいたい各部が同時に収縮できる．

　心筋は骨格筋と同様の横紋を有する横紋筋で，顕微鏡下においてA帯とI帯およびI帯の中央にあって暗く見えるZ帯などが区別できる．心筋にもT細管と呼ばれるT字型の管が細胞膜から細胞内に向かって入り込んでいる．心筋ではT細管が骨格筋よりも発達しており，細胞外のCa^{2+}を細胞内に導くパイプの役割を果たしている．心筋細胞は骨格筋と異なり枝分かれがあり，接合部は介在板により強固に接合している．介在板のギャップ結合はイオンを通過させることができるため，脱分極は隣の細胞に素早く伝わる．それゆえ，心筋細胞は形態上では分離していても機能的にはつながっており，心房や心室はそれぞれ一体として動作する機能的合胞体を形成する．

2．心　電　図

　心臓における興奮の伝播に伴って生ずる心房および心室筋の脱分極と再分極の様相を，体表に置いた二つの電極間の電位差として記録することができる．このような心臓の収縮・弛緩に伴う電位変化を記録したものを心電図（electrocardiogram, ECG）という．

　心電図の基本的波形のうち，P波は心房の興奮に相当するものである（図13・3）．P波の始まりから次のQRS群の始まりまでの間隔をPQ間隔といい，洞房結節の興奮が房室結節を通過するまでの時間を表す．QRS群は房室結節を経て興奮がヒス束，プルキンエ線維に入り，心室筋に拡がる過程に生じる．心臓が興奮していない時には心臓全体が等電位であるため体表においても電位差がみられない

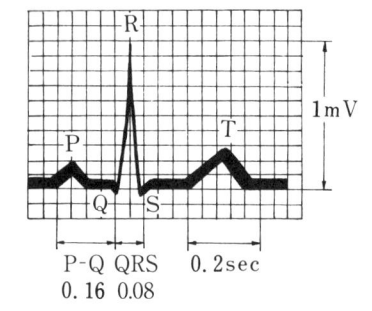

図13・3　正常心電図の波形
（鈴木ら，生理学通論Ⅲ）

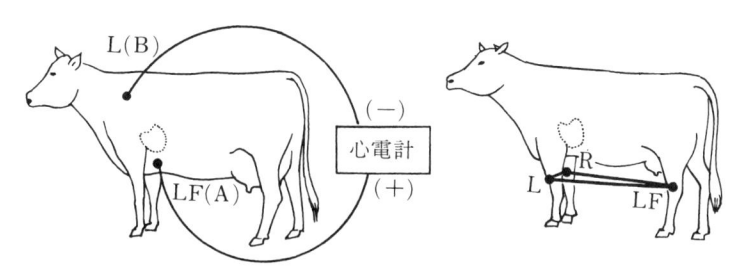

図13・4 牛の心電図誘導法
　　　　　左：牛のA-B誘導
　　　　　右：牛の双極肢誘導および増高単極肢誘導
　　　　　　　　　　　　（中村ら，牛の臨床検査法）

のは当然であるが，心臓の各部が等しく興奮している時も電位変化は見られない．QRS群の終わりからT波の始まるまでの平坦な部分であるST部は，心室筋が等しく興奮している状態を示す．T波は心室筋が再分極し興奮消失の過程を示すものである．QT間隔は心室の興奮開始から消失までの時間を表すもので，この長さは心拍数に比例し，心拍数が多ければQT間隔は短くなる．

　心電図から得られる情報は，心拍数，拍動のリズム，各波の間隔，形状，振幅，位置関係，心運動に伴う電位の方向と大きさなどである．これらの情報より，興奮伝導系の異常，心筋の肥大，変性，疾病や薬物の心臓に与える影響などを知ることができる．

　生体の表面で得られる心臓の活動に基づく電位の分布はその位置によってそれぞれ異なるから，電極の置き場所によって得られる心電図の波形もそれぞれ異なる．この電極の置き場所によって誘導方が決まる．誘導方には，体表の二点に電極を置く方法（双極誘導法）と，一つの電極は体表上に，他の電極は心臓の拍動による電位変動を受けないようにした電極（ウィルソンの中心電極）を用いる方法（単極誘導法）がある．わが国では各家畜の誘導法について一応の取り決め（家畜心電図研究会による）がある．牛では双極誘導としてA-B誘導（A：心尖部，B：左肩甲骨の前縁中央）と肢誘導（右前肢―左前肢，右前肢―左後肢，左前肢―左後肢），単極誘導として増高単極肢誘導が用いられる（図13・4）．

3．心臓周期

　心房の脱分極に始まり，心室の脱分極・再分極を経て再び心房の脱分極に至るまでの期間を心臓周期という（図13・5）．心臓周期は収縮期と弛緩期に大別することができ，これらは通常心室の収縮期および弛緩期のことをさす．

　収縮期は等容性収縮期と心室拍出期とに分けられる．等容性収縮期では，心室筋の収縮により心室内圧は上昇するが房室弁は閉じており，大動脈および肺動脈血圧よりも心室内圧は低いため，半月弁は閉じたままである．したがって心室内の血液量に変化はなく等容である．さらに心室筋の収縮が増し，大動脈および肺動脈血圧に打ち勝つと半月弁が開くところまでを等容性収縮期という．

半月弁が開くことで心室内血液は大動脈および肺動脈へと流れ込み，動脈内圧は上昇するが，心室容積は減少する．心室容積の減少により拍出量は低下し，拍出速度も遅くなると動脈圧はゆっくりと下降する．心室内圧はそれより急速に低下し，動脈圧より低くなった時点で半月弁が閉鎖する．

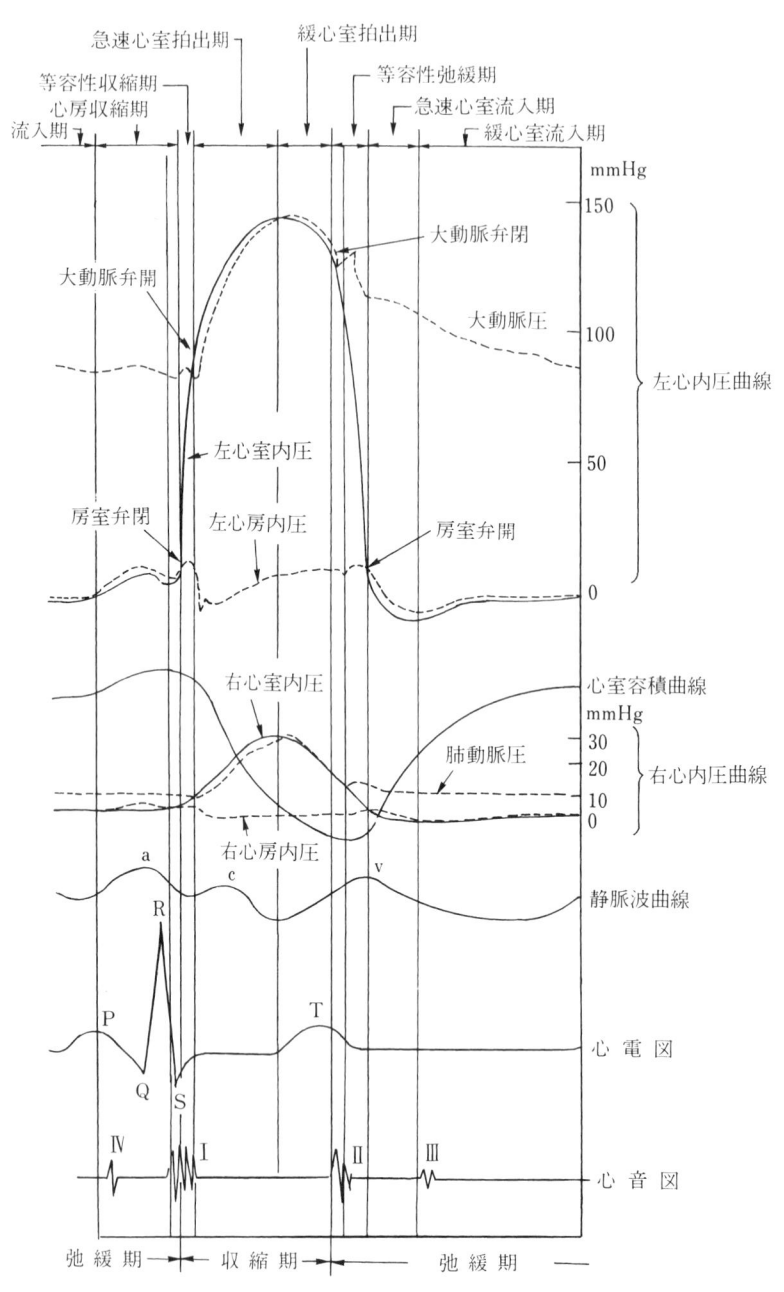

図13・5 一心臓周期中にみられる諸現象の関係
a：心房収縮によるもの　　c：心室収縮による心房の圧迫
v：三尖弁の開く前の心房内圧の上昇によるもの

ここまでの期間を心室拍出期という.

弛緩期は等容性弛緩期,心室流入期および心房収縮期に分けられる.等容性弛緩期では,半月弁は閉じており,心室筋の弛緩により心室内圧は低下を続けるが,この間に心房内に血液が流入して心房圧が高まりつつあり,ついには両内圧が等しくなり,房室弁が開く.この時期は心室の容積が変わらずに弛緩するため等容性弛緩期という.心室流入期では房室弁の開放と同時に心房内の血液が心室内に流入し,心室容積は急速に増加するが,時間の経過とともに緩徐になる.心房収縮期は流入期の終了時に始まる.心房の収縮は心房圧とともに心室圧,静脈血圧の上昇,心室容積の増加をもたらす.心房収縮は血液を心室内に送り込むが,必ずしも血液の心室内流入に必須なものではない.しかし,頻脈のような場合,心室内への血液の流入が十分に行われていないような場合には意味がある.

心音は心拍数に伴って生じる振動を胸壁でとらえることのできる音であり,第Ⅰ,第Ⅱ,第Ⅲ,第Ⅳ音がある.心音の振動数成分は20〜150 Hzという低音域にあるため,第Ⅰ,第Ⅱ音は耳で聞き取れるが,第Ⅲ,第Ⅳ音は心音計によらなければ聞き取れない.第Ⅰ音は心室の収縮開始時に聞こえる低い鈍い音であり,房室弁の閉鎖と半月弁の開放によって生じる.第Ⅱ音は心室の等容性弛緩期に生じるやや高く鋭い音であり,半月弁が急に閉じる時に生じる.第Ⅲ音は房室弁が開き,心房から心室への血液の流入が心室筋の弛緩によって急に減速される時に生じる.馬では聴取でき,犬でも時に聞き取れる.第Ⅳ音は心房が収縮して心室が血液で充満し,拡張される時に生じる.馬では聴取できる.正常な心音とは異なった心音が聴取できる場合,これを心雑音という.心臓弁膜に狭窄があったり,閉鎖不全があったりすると,弁口を通過する血液が渦巻いたり,逆流することで異常な心音を生じる.

4.心拍出量

左心室から体循環系に,あるいは右心室から肺循環系に拍出される血液量はほぼ等しい.左心室から拍出される血液量を心拍出量といい,一回の拍動で拍出される量を一回拍出量,1分間に拍出される量を毎分拍出量という.心拍出量の測定法は大別して二つある.

1)標識物質希釈法

アイソトープやエバンスブルーなどの色素を用いる方法である.一定量の標識物質(A)を静脈内に注入し,動脈から採血すると標識物質は間もなく動脈内に現れ,曲線を描きつつ減少する.標識物質が血中に存在していた時間(t),色素の平均濃度(c)より毎分拍出量(F)は$F = A/(c \times t)$として表される.実際には再循環があるが,無視することができる.

2)フィックの原理

フィックの原理とはある器官が摂取(消費)した物質(B)は,流入する動脈血中の濃度(B_C)と流出する静脈血中の濃度(B_V)の差と血流量(E)の積で表されるというものであり,これを肺のO_2消費量に適用することで,心拍出量を肺血流量から求めることができる.Bは吸気中・呼

気中のO_2量の差として求めることができ，B_CおよびB_Vは動脈血および混合静脈血中のO_2=容積％とし，式より血流量を求めることによって毎分拍出量が求められる．

II 血管系

1．全身の血液循環

 脊椎動物では，心臓，動脈，毛細血管，静脈からなる血液循環系が備えられていて，この系の中を血液が循環してO_2や栄養物の運搬，CO_2や老廃物の除去などが行われる．これらの物質の交換は毛細血管壁を通して血液と組織液の間で行われ，血液が血管外に出ることはない．すなわち閉鎖循環を行っている．同じ脊椎動物の閉鎖循環系でも，魚類，両生類，爬虫類など動物によってそれぞれ構造が異なっており，鳥類やほ乳類のものは多少異なる点もあるが，大体同じと考えてよい．節足動物や軟体動物などでは，心臓から血管に入った血液は血管の末端から組織の中を還流し，血管を通らずに心臓に帰る，開放循環を行う．また，血液循環のほかに間質液の一部は，リンパ循環に入って静脈系に戻る．

2．血　管

 血管壁は内膜，中膜，外膜よりなる．大きな動脈では血管壁が厚く，中膜には輪状の平滑筋と弾性線維がある．動脈は次第に分岐して小動脈となる．小動脈の弾性線維は少なく，平滑筋線維が多く収縮性に富んでいる．小動脈はさらに別れて毛細血管となるか，あるいはメタ小動脈を経て毛細血管床につながる．毛細血管床への入り口には前毛細血管括約筋があり，血流を調整している．また，小動脈から小静脈への短絡路が存在する場所もある（図13・6）．毛細血管は一層の内皮細胞で構成され，連続型と有窓型に分類される．連続型毛細血管は脳，筋肉や肺においてみられ，内皮細胞の隙間が狭く，物質の輸送は困難である．肝臓類洞の毛細血管では内皮細胞がつながっておらず，血漿タンパク質が通過できる非連続型毛細血管となっている．有窓型毛細血管は内分泌腺，腎糸球体や小腸粘膜などでみられ，内皮細胞の一部が薄くなっており，小孔が多数あいている．この孔を通って血液と組織の間で物質交換が行われる．血管は分岐につれて次第に細くなるが，毛細血管は数が多いため，横断面積は動脈・静脈の数百倍となっている．また，毛細血管では流れが緩やかなので，物質交換に適している構造となっている．血液量は静脈において75％と非常に高く，静脈が血液の貯蔵部位となっている．血液は毛細血管より細静脈に至り，これが集まって静脈となる．静脈壁も三層より

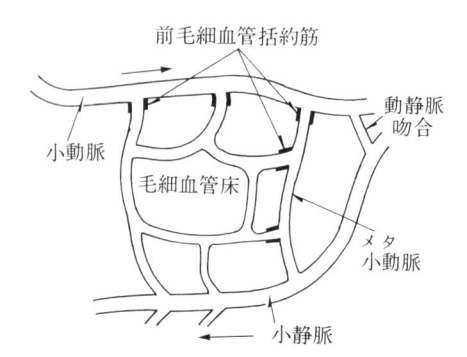

図13・6　毛細血管系の模式図
（PHILLIS, Veterinary Physiology）

なるが，動脈壁より薄く一般に結合組織が多く，平滑筋細胞は少ない．四肢の太い静脈には半月形の弁がついており，血液の逆流を防いでいる．

3. 血圧
1) 血圧の成因と測定

血管内の血液が示す圧を血圧という．血圧には動脈血圧，静脈血圧，毛細血管血圧などがあるが，普通は動脈血圧をさすことが多い．心室の収縮によって血液は動脈内に押し出され，動脈壁と動脈内血液に圧を加える．動脈壁には弾性線維が多く含まれているので，拡張して圧が急に高まることを緩和するが，拡げられた管壁には張力を生じ，心室の弛緩気には反動的に血液に圧を加える．動脈内の血液に圧が加わるのは，心室の収縮期だけであるから収縮期以外では血圧はみられなくなるはずであるが，実際は心室弛緩期においてもかなりの血圧を持っている．これは動脈血管の弾性に由来するものである．

心室の収縮期にみられる血圧の最大値を最高血圧（収縮期血圧）といい，弛緩期にみられる血圧の最小値を最低血圧（拡張期血圧）という（図13・7）．両者の差は脈圧といい，平均血圧とは収縮期および弛緩期圧の平均値ではなく，時間的平均値をいう．

血圧の測定法には直接法と間接法がある．直接法とは血圧を測定する部位にカテーテルを挿入し，圧トランスデューサーによって測定する方法である．カテーテルを動脈の切断端に結んで血圧

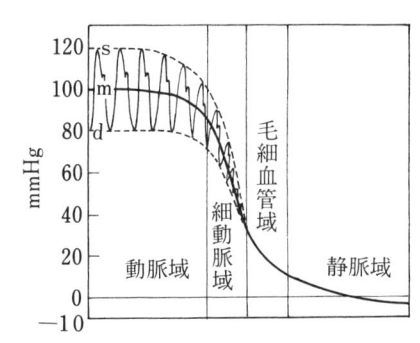

図13・7 血管系の各領域における血圧の変動
s：最高血圧　　d：最低血圧　　m：平均血圧

を測定する時は，血流は止まり，血流の運動エネルギーはすべて圧エネルギーに変わるので，全圧を測定することができる．動脈の側面に圧力計をつなぐ時は，血流は妨げられず，全エネルギーから運動エネルギーを差し引いた圧エネルギー（側圧）を計ることができる．間接法は血管を圧迫して血流を止め，開放する時の血流音（コロトコフ音）を種々の方法（聴診，電気的など）で測定する方法である．

2) 血圧の変動

血圧は心拍出量，末梢血管抵抗および循環血液量の三つによって変動する．心拍出量は心拍数，1回拍出量および心筋収縮力により変動し，末梢血管抵抗は抵抗血管径や血液粘性により，循環血液量は体液量などにより変動する．そして，これらは神経性調節やホルモンなどの液性調節によって調節されている．

心拍数や心拍出量の増加は収縮期圧，弛緩期圧を増加させるが，脈圧は心拍出量増加の場合は増加し，心拍数増加の場合は減少する．一回拍出量よりも毎分拍出量が血圧に大きく影響する．血管

が収縮した時，血流量が変わらなければ抵抗が増加することになるので，心臓はより高い圧で血液を駆出しなければならず，収縮期圧も弛緩期圧も上昇する．血流に対する抵抗は平滑筋が多くとりまいている細動脈でもっとも著しく，毛細血管がこれに次ぐ．血管の内径は血管運動神経や血液内物質（CO_2，酸性物質，ホルモンなど）によって変化する．動脈硬化症や血管運動神経の緊張増加などによる弾性の減少は，血圧，特に収縮期圧を上昇させ，かつ弛緩期圧を低下させる．したがって脈圧は増加するが，平均血圧には変化がない．血液粘度が増減すると，末梢血管の血流に対する抵抗が増減し，毎分拍出量が変化しなければ，収縮期圧，弛緩期圧がともに増減することになる．血液量が増加すると一般に動脈血圧は増加する．一方，大量の出血では血圧は低下する．失った血液量があまり多くない時は，血管縮小，血液貯蔵器官からの血液の流出，組織液の血管内への流入などによって血圧の低下が抑制される．

4．血流速度

血管の総横断面積は心室を出た部分でもっとも小さく，毛細血管部でもっとも大きくなる．血液はこのような血管系を流れるのであるから，狭い場所を流れた水が広い水たまりに入ると流れが遅くなるように，血管の総横断面積の小さな部位では血液速度は速くなり，大きな部位では遅くなる．動脈系から毛細血管系に入るにしたがい，速度は次第に遅くなるが，静脈系に入ると再び速くなる．しかし，静脈の口径は対応する動脈のものより大きいので，流速は動脈血のものより大きいので，流速は動脈血より遅い．血流速度は単位時間内に流れる血液量をその血管の断面積で割ることによって得られる．

血管の中の血流速度は必ずしも一様ではなく，血管壁に近い部位では遅く，中軸部でもっとも速い．これを層流という（図13・8）．この傾向は細い動脈で明らかであるが，毛細血管，小静脈，静脈でもみられる．血液が循環系の中のある部分

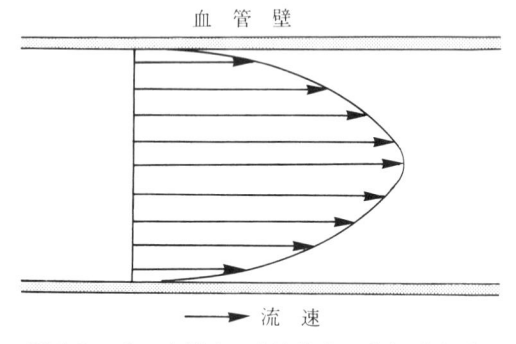

図13・8　血管内の血流速度の分布（層流）

を通過してから同じ場所を再び通過するまでに要する時間を循環時間といい，動物の種類や体の大小，あるいは測定部位などによって異なる．

III　循環機能の調整

1．心臓機能の調節

1）心臓の内因性調節

弛緩期における血液の流入によって心筋線維が伸張され，張力が増すに伴って心筋はこれに対応して収縮力を増加させ，一回拍出量が増加する．この現象はスターリングの法則と呼ばれている．

しかし，過度に心筋が伸ばされると，心臓の拍出力は減退する．

2）心臓の外因性調節

心臓には自律神経が分布しており，状況の変化に対応した神経の興奮の結果が心筋に伝えられて調節が行われる．また，いくつかのホルモンも心臓活動の調節に関与する．これらの因子によって行われる調節を外因性調節という．

交感神経の心臓枝は心房および心室の心臓全体に分布しており，洞房結節および房室結節では特に密である．交感神経末端から分泌されるノルアドレナリンはβアドレナリン作動性受容体（β受容体）に作用する．心臓活動におよぼす自律神経の興奮の効果は以下の四つに分類することができる．心拍数が変化する時は変時差用，収縮力が変化する時は変力作用といい，いずれも増加する時を陽性，減少する時を陰性という．さらに興奮性の閾値の変化を変閾作用といい，低下する時を陽性，上昇する時を陰性という．また興奮伝導速度の変化を変伝導作用といい，早くなる時を陽性，遅くなる時を陰性という．交感神経の興奮によってこれらの四つの作用はいずれも陽性に変化する．

副交感神経の心臓枝は迷走神経が心房筋や房室伝導系に分布している．迷走神経を刺激すると，洞性徐脈や房室ブロックが起こり，上記の4作用はいずれも陰性に向かう．心臓の神経性調節は，交感神経あるいは迷走神経のどちらか一方の興奮の程度が増強，あるいは減弱されることのみでも可能であり，健康な動物の場合は迷走神経が優勢に，かつ持続的に作用していると考えられる．

生体の内外に起こる環境の変化を刺激として捕え，これを電気的変化に変換する部位を受容器という．心臓活動に関与する受容器には機械受容器と化学受容器があり，機械受容器には圧受容器や伸張受容器がある．これらの受容器に生じた興奮により，心臓神経の中枢興奮性が変わり，心臓活動に変化が生ずる．これを心臓反射という．

大動脈弓や頸動脈洞には圧受容器があり，感覚神経の終末が密に分布している．血圧の上昇によって血管壁が進展されると，圧受容器は興奮を舌咽神経または迷走神経を介して中枢に送る．その結果，交感神経活動は抑制されて血圧の下降，心拍数の減少がもたらされる．また，大動脈小体や頸動脈小体には化学受容器があり，血中酸素分圧（P_{O_2}）の減少，血中二酸化炭素分圧（P_{CO_2}）の増加またはpHの低下はこれら末梢化学受容器を刺激し，頸動脈小体は舌咽神経，大動脈体は迷走神経を介して刺激は呼吸中枢に伝えられ，呼吸が促進されると同時に血圧上昇，心拍数の増加をもたらす．

心臓活動はホルモンによっても調節されている．副腎髄質から分泌されるアドレナリンやノルアドレナリンの作用は，交感神経による調節作用とほぼ同じであるが，効果は交感神経による作用が主である．また，甲状腺ホルモンも直接または間接的に心臓活動に影響を与える．

2．血管系の調節

1) 血管の神経性調節

心臓に対するのと同様に血管系にも自律神経系が分布してその支配を受け，状況に応じて血行状態が変化する．しかし，心臓とは異なり拮抗性の二重支配は一部の血管を除いてほとんどみられず，大部分の血管は交感神経の単一支配を受ける．

交感神経性血管収縮線維は動脈，特に小動脈の平滑筋を支配しており，静脈や門脈にも分布するが，毛細血管壁には分布していない．神経終末からはノルアドレナリンが放出され，血管平滑筋のα受容体に作用して血管の収縮を起こさせる．交感神経には血管拡張線維もあり，骨格筋の血管細動脈部に分布している．この線維の神経終末からはアセチルコリンが伝達物質として放出されて血管を拡張させる．

副交感神経性血管拡張線維は唾液腺や外生殖器など限られた部分の血管のみを支配している．神経終末から放出されるアセチルコリンは血管内皮細胞のムスカリン受容体に作用し，一酸化窒素（NO）合成酵素を活性化することで，NOが産生される．NOは細胞膜を透過して血管平滑筋細胞内に入り，グアニル酸シクラーゼを活性化してcGMPを産生させることで平滑筋は弛緩する．

2) 血管の内分泌性調節

副腎髄質からはアドレナリンとノルアドレナリンが分泌されており，これらはα受容体を介して大多数の血管収縮作用を及ぼすほか，骨格筋や肝臓ではβ受容体を介して血管を弛緩させる．交感神経終末から分泌されるノルアドレナリンは作用後ただちに神経終末に取り込まれるために短時間の作用であるのに対して，副腎髄質からのアドレナリンやノルアドレナリンは血中を循環しており，その作用時間は長い．

血漿浸透圧の上昇や血流量の減少は下垂体後葉からバゾプレッシン（ADH）を分泌させる．ADHは腎臓の集合管では水の再吸収を増加させるが，血管では平滑筋に作用して収縮作用をもたらすことで血圧を上昇させる．また，血流量の減少は腎臓からレニンを分泌させる．レニンは肝臓で合成されるタンパク質であるアンジオテンシノーゲンをアンジオテンシンIに分解する．アンジオテンシンIは，血中（特に肺循環）に存在するアンジオテンシン変換酵素（ACE）によってアンジオテンシンIIに変換される．アンジオテンシンIIは強い血管平滑筋収縮作用を持ち，血圧は上昇する．

心房性ナトリウム利尿ペプチド（ANP）は体液量増加に伴う静脈還流量の増加による心房圧の上昇が心房筋伸展刺激となり，分泌されるペプチドホルモンである．放出されたANPは血管平滑筋の受容体を介して血管を弛緩させ，血圧は低下する．

3) 血管の局所性調節

血管内皮細胞は血中からの様々な刺激によって血管収縮・弛緩因子を放出して近接した血管を調節している．エンドセリンは血管が伸展されたり低酸素になることにより内皮細胞から放出され，平滑筋上の受容体を介して血管を収縮させる．アセチルコリン以外にも，サブスタンスPやセロトニンなどにより，内皮細胞でNOが合成され，血管平滑筋は弛緩する．また，内皮細胞より放

出されるプロスタサイクリン（PGI$_2$）も血管平滑筋を弛緩させる．

IV　各種臓器における循環

1．脳の循環
1）脳の血流とその調節

　脳に対する血液の供給は，頸動脈と椎骨動脈によって行われる．2本の椎骨動脈は合一して1本の脳底動脈となり，これはさらに2本の頸動脈とともに脳底でウィリスの動脈輪を作る．この動脈輪からはさらに多数の動脈が出て脳内に分布する．この動脈分布は各家畜によってかなり異なっている．牛，めん羊などでは椎骨動脈の発達が悪く，頸動脈が脳に対する血液供給の大部分を占める．馬では逆に椎骨動脈が発達しており，人では両者がほぼ同等の位置を占める．さらに，内頸動脈と外頸動脈の占める重要性が動物種で異なっている．人では前者が大きな役割を有し，反芻家畜では内頸動脈が無く，顎動脈がその代行をしている．

　脳に対して血液は不断に供給されねばならず，血液供給が4〜5秒間止まるだけで意識は喪失し，4〜5分間に至れば成熟動物でも回復が困難となる．脳の血流は頭部における血圧の動静脈差によって維持される．頸動脈洞や大動脈弓にある圧受容器が頭部の比較的近くにあり，一般の血圧調整を行うと同時に脳の血圧調節をも行っている．血流の調節にもっとも強力な因子はP_{CO_2}である．P_{CO_2}が上昇すると血管は拡張し，低下すると収縮する．太い血管は交感神経からのノルアドレナリンで収縮し，細い血管は血管収縮・弛緩因子によって局所的に調節されている．セロトニン，ヒスタミン，エンドセリンによって血管は収縮し，NO，ATP，サブスタンスP，PGE$_2$，PGI$_2$などで血管は弛緩する．

2）血液脳関門

　血液と脳との間には血液脳関門（blood brain barrier）という特殊な構造があり，ある種の物質の脳への通過を抑制している．一般的に分子量の小さい水，CO_2，O_2などは容易に関門を通過するが，グルコースはGLUT1を介して徐々に通過し，Na^+，K^+，Cl^-，Ca^{2+}，HPO_4^{2-}，HCO_3^-などの血液から脳への通過速度は極めて遅い．

　脳室周囲の視床下部の正中隆起，最後野，終盤の脈管器官，脳弓下器官および下垂体後葉は脳室周囲器官と呼ばれ，有窓の内皮細胞を持ち，血液脳関門が無い．

3）脳脊髄液

　脳脊髄液（cerebrospinal fluid, CSF）は主に脳室の脈絡叢で産生され，くも膜下腔，脳室および脊髄中心管を満たす（図13・9）．CSFの成分は血漿とほぼ同じであるが，血液脳関門および血液脳脊髄液関門の存在により，K^+，Ca^{2+}およびHCO_3^-の濃度は低く，タンパク質濃度は血漿の0.5％以下である．無色透明で，アルカリ性であり，細胞成分はほとんど含まれておらず，凝固性もない．CSFは絶えず産生されており，産生されたCSFはくも膜絨毛から静脈洞へと吸収される．

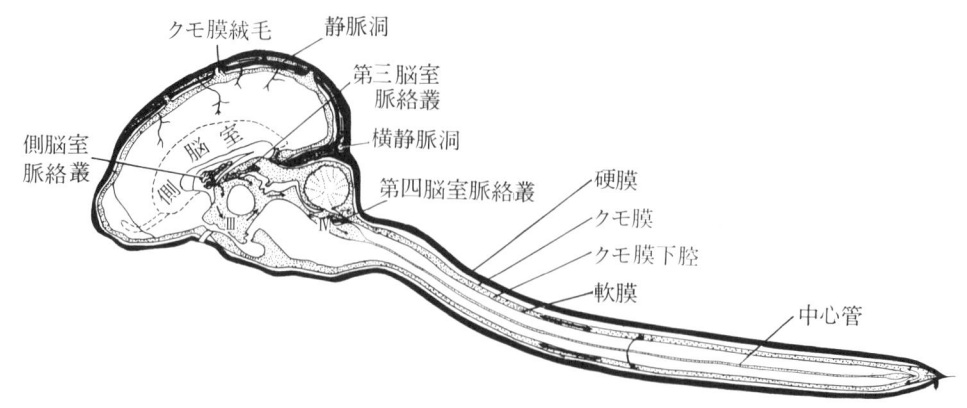

図13・9 脳脊髄液の生成，吸収と存在部位
(点を打ったところに脳脊髄液がある．矢印は流れる方向)
(DE LAHUNTA, Veterinary Neuroanatomy and Clinical Neurology)

CSFの第一の機能は中枢神経系の液体クッションとなっている点であり，脳（比重：1.040）や脊髄をCSF（比重：1.007）の中に入れ，その浮力によりこれらを外部の衝撃から保護し，自重による変形を少なくしている．

2. 心臓の循環

心臓を還流する左右の冠状動脈は，大動脈の起始部で大動脈弁の直後にある大動脈洞に始まる．右冠状動脈は主に右心室および右心房を流れ，前心静脈を経て右心房に還る．左冠状動脈は主に左心室および左心房を還流し，冠状静脈洞を経て右心房に還る（図13・10）．右および左冠状動脈は心臓における全血流量のそれぞれ15％，85％を運ぶといわれる．しかし，動物の種類によっ

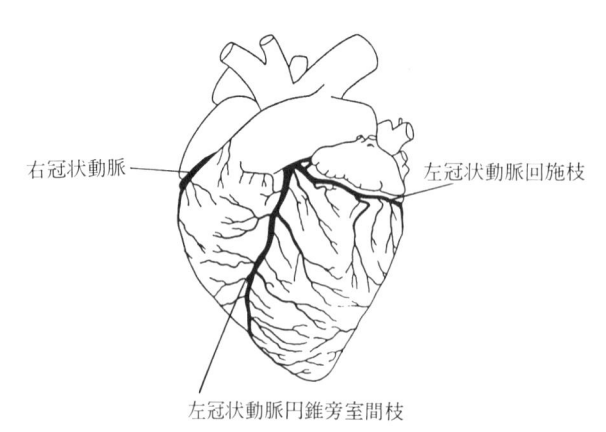

図13・10 馬の冠状動脈の分布
(沢崎，比較心臓学)

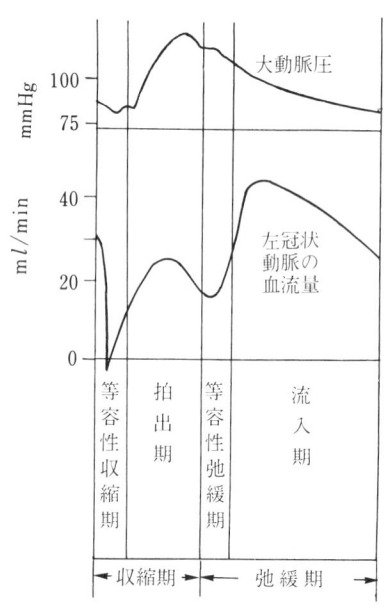

図13・11 心拍動にともなう左冠状動脈の血流量

心室収縮期において，心筋の張力が増加し冠状動脈毛細血管や静脈は圧迫されるので血流は一旦，大きく減少する（図13・11）．心室弛緩期においては心筋の張力は最低なので，冠循環量は最大となる．したがって，心臓の機能を維持するのに必要な十分量の血液を送るために必要な血圧は弛緩期における動脈血圧によってまかなわれていることになる．

冠状動脈の血流量は血圧のほか，心臓神経，化学的物質によって支配される．血管の拡張にもっとも強力な因子はO_2欠乏である．O_2の欠乏により，内皮細胞よりNOやPGI_2が速やかに放出されて血管は拡張する．また，O_2欠乏時には心筋細胞でATPからアデノシンが産生され，アデノシンは平滑筋に直接作用して血管を拡張させる．交感神経や迷走神経による調節は軽度である．

3．肝臓の循環

肝臓は肝動脈と門脈からの血液の供給を受け，肝臓内で肝小葉に分布し，毛細血管網を作り，再び集まって肝静脈となる．門脈には腹部内臓の大部分と骨盤内臓の一部の静脈血が集まるが，腎臓や副腎からのものは入らない．

肝臓は血液に富む器官であり，安静時では心拍出量の30〜40%が肝臓に流入し，このうち7割は門脈から，3割は肝動脈から供給される．犬において門脈圧および肝静脈圧はそれぞれ8および2 mmHgであり，その圧差は6 mmHgと極めて小さいが，比較的多量の血液を肝臓内で還流させるのには十分である．これは肝臓内における血流に対する抵抗が小さいからである．肝臓内の血流抵抗の主なものは，小葉間静脈と洞様血管に由来するものである．類洞（シヌソイド）の管腔は広く，基底膜はなく，内皮細胞であらく取り巻かれているのでタンパク質などの透過性は大きい．門脈血流量は主として門脈に入る前の内臓血管抵抗に左右され，この抵抗が低いと，血流量は増し肝臓内の血流量は増加する．

4．胎仔の循環

胎盤の胎仔面は羊膜に覆われ，臍帯より2本の臍動脈と1本の臍静脈が絨毛膜板に進入し，絨毛組織が絨毛管腔に広がる．胎仔の静脈血を運ぶ臍動脈は自由絨毛内で毛細血管となる．母体の子宮動脈はラセン動脈となって基底脱落膜を貫き，絨毛管腔に噴出する．物質交換後は基底部に開口する静脈を経て子宮静脈へ還る．

胎仔の動脈血酸素分圧は成動物の約4分の1に過ぎないが，それでも十分量の酸素を末梢組織に供給できる．これは，胎仔ヘモグロビンは成人ヘモグロビンに比べ酸素親和性が高いことによる．胎仔血二酸化炭素分圧は約40 mmHg，母体血では約30 mmHgであり，この圧勾配に従って拡散する．CO_2を放出した胎仔血はpHが上昇するため酸素親和性が高まり，母胎血は逆に低くなる（ボーア効果）．これらのことが胎仔血への酸素の拡散を効率的にしている．

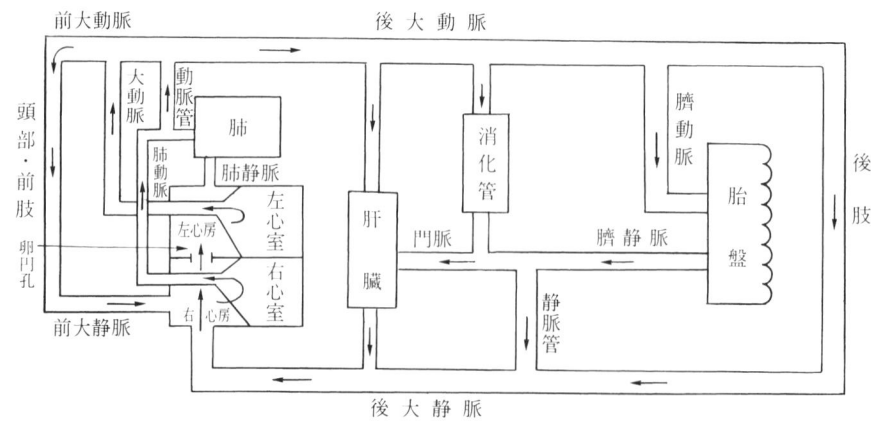

図13・12　胎児の循環（模式図）

　臍静脈血の一部は静脈管を通って直接下大静脈に入り，残りは胎仔の肝門脈血と混合する（図13・12）．下大静脈から右心房に入った血液は直ちに卵円孔を通って左心房に入る．上大静脈の血液は右心房から右心室に入り拍出されて肺動脈に入る．しかし，胎仔の肺はまだ広がっておらず，肺動脈血圧は大動脈血圧よりも高いので，肺動脈血は動脈管を通って大動脈に入る．このように，O_2飽和度の高い血液は左心より頭部に流れ，低い血液は右心より下肢へ流れる．
　出生により胎盤循環路が閉鎖され，末梢血管抵抗は増加する．大動脈血圧は上昇し，肺動脈圧以上となる肺の拡張により肺の血管抵抗は低下し，肺循環血流は増大する．
　左心房圧の上昇に伴い卵円孔は閉鎖する．動脈管は生後数時間で収縮して機能的に閉鎖し，48時間後には血管内膜の肥厚により解剖学的に閉鎖する．

5．リンパ循環
1）リンパの構造と分布
　細胞は一般に毛細血管と直接接することなく間質液を介して血液よりO_2や栄養物質を受け取り，老廃物を血中に戻す．そして，間質液の一部はリンパ系に入ってリンパとなり，静脈系に還る．肺胞，肝臓，脾臓などでは細胞と毛細血管が密に連絡している．肺胞では毛細血管圧が血漿の膠質浸透圧より高くなることはない．したがって，血液成分が血管外に透過することはなく，肺胞の開口部にはリンパ管があるが，肺胞付近ではリンパの生成は起こらずリンパ管もない．
　リンパ管はリンパ毛細管に始まり，集まってリンパ管となり，これが数本ずつリンパ節に入る．リンパ節より出たリンパ管はさらに集まって太いリンパ管である胸管と右リンパ本管とになり，それぞれ内頸静脈と鎖骨下静脈の合流点である左右の静脈角付近より静脈に入る．リンパ毛細管の先端は盲管で終わる部位があり，また分枝したり吻合したりして毛細管網を作っている．管径は毛細血管より太いが，管を構成する内皮細胞は薄く，基底膜はなく，細胞間隙も広い．また，太いリンパ管には弁膜があり，リンパの逆流を防いでいる．

2) リンパ節のはたらき

　リンパ節は主に膠原線維よりなる被膜に覆われ，被膜からは内部に向かって支柱が出ている．この支柱の中で細網細胞と細網線維が網眼を作り，網眼中にはリンパ球が存在する．リンパ節の主な作用は二つあり，その第一は浄化作用である．異物がリンパ節に達すると，組織マクロファージ系の食作用によって捕捉され，あるいは機械的濾過作用によって浄化される．赤血球や細菌はリンパ節を通過することができないが，ウィルスは容易に通過することができる．第二の作用はリンパ球の産生である．リンパ管は少なくとも一度はリンパ節を通過するが，リンパ節通過前のリンパ管内のリンパ球は著しく少ない．これにより，リンパ節でリンパ球の分裂増殖が行われていることがわかる．

3) リンパの性質

　リンパはもともと血漿に由来するものであるため，成分的には血漿と大差はない．しかし，毛細血管壁はほとんど透過できないタンパク質などには差がみられる．これは，リンパ管はタンパク質などの血管から吸収できない物質を透過させうるので，これらの物資のリンパ濃度は高くなると考えられる．

　蛙などはリンパを駆出するためのリンパ心臓が存在するが，哺乳類にはない．哺乳類にリンパ管を構成する平滑筋には収縮性があり，その運動によってリンパの流れを助けている．呼吸運動や体の移動などの場合に生ずるリンパ管への加圧も重要である．さらに，リンパ管の弁はリンパの逆流を防ぐ．これらの機構は静脈血の流れる場合に類似している．

　正常な血管からでも血漿のタンパク質は僅かではあるが濾出されており，リンパを通して再び血液に戻すことがリンパの意義の一つである．血漿タンパク質量の25~50%に相当する量がリンパを介して血中に還流しており，その意義は大きい．また，リンパは水分を静脈に返すことによって，血液量や間質液量の調節を行っている．

　腸管における脂肪の吸収が行われる際には，長鎖脂肪酸はカイロミクロンの形でリンパ管内に吸収され，胸管を経て静脈血中に入る．この場合リンパは白濁し，この状態のリンパを乳びという．リンパ管から吸収される脂肪量は全吸収脂肪の60%を占めるといわれる．

　さらに，リンパにはゆっくりではあるが凝固する性質がある．これはリンパ中に量的には少ないがフィブリノーゲンが含まれていることによる．また，プロスロンビン形成に必要なビタミンKが主にリンパ管系から吸収されることが知られている．

4) 浮　腫

　通常，間質液量はある一定の水準に保たれているが，何かの原因で増加した場合を浮腫という．毛細血管圧の上昇，毛細血管の透過性の増加，毛細血管の拡張，血漿タンパク質濃度の低下，リンパ循環の障害などが主な原因となる．静脈血圧の上昇は動脈血圧との差をなくし，濾過圧を増し，再吸収を妨げるので，心臓疾患，肝臓循環異常などの際の浮腫の原因となる．

第14章 呼吸・体温調節

I 呼吸運動

1. 気道の構造と機能

肺におけるガス交換を行うために関与する一連の諸器官を総称して呼吸器系という．哺乳類の呼吸器系は肺と気道，および胸郭，胸膜，呼吸筋，横隔膜よりなる．気道は鼻腔，咽頭，喉頭，気管，左右気管支から構成され，気管支は細気管支，終末細気管支，呼吸細気管支，肺胞管，肺胞嚢と分岐を繰り返して肺胞に達する．気道はガス交換に関与しない終末細気管支までの導管部と肺胞が現れる呼吸細気管支以下の肺実質に分類できる．気道は気管支平滑筋により収縮し，主に輪状平滑筋によって換気を調節する．気管支平滑筋は肺胞管直前まで分布しており，副交感神経である迷走神経に支配されている．

鳥類の呼吸器は哺乳類とはやや異なる．気管は長く，気管支が分岐するところに鳴器がある．また，肺からは気嚢が発生している．気嚢は薄い膜でできており，普通左右五対あり，内臓部分以外の体腔を満たし，骨の中や皮下にまで入り込んでいる．気嚢の内部は空気で満たされ，鳥体の大きさに比べて軽く，空を飛ぶのに都合がよくなっている．鳥類には哺乳類のように横隔膜はなく肺は伸展性に乏しいが，体壁の骨格筋の運動により気嚢を伸張させることで肺内の空気はよく交換される．

2. 呼吸力学

肺は弾力性の組織であるため，絶えず内部に縮もうとしており，胸腔内圧は約 $-2.5 \sim -6$ mmHg の陰圧を生じる．安静時の呼吸運動は吸息が主であり，横隔膜，外肋間筋および内肋間筋の肋軟骨部（傍胸骨筋）が吸息筋としてはたらくことで，胸腔内陰圧は増加して肺の容積が増加し，肺胞内圧は大気圧より低くなるので大気が肺胞に流入する（図14・1）．呼息は収縮した筋の弛緩，横隔膜の原位置への復帰，吸息時に圧迫された腹腔内臓器の反発力などによって，受動的に胸腔内陰圧を減少させ，肺内の空気を外部に排出させる．

以上は安静な呼吸時に起こる諸現象であるが，激しい運動時や深呼吸時には呼息筋として内肋間筋や腹筋がはたらく．さらに，呼吸運動以外の作用を持った大胸筋，斜角筋，胸鎖乳突筋なども補助呼吸筋としてはたらく．

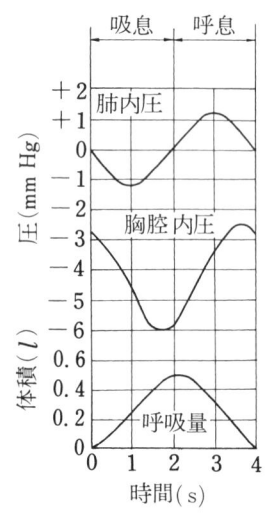

図14・1 呼吸に伴う胸腔および肺内圧の変化（人）

表14・1 呼吸器量 (l)

		人	馬	牛	めん羊	豚
全肺気量 / 肺活量 / 機能的残気量	予備吸気量	2.7	6		0.7	
	1回呼吸気量	0.5	6	3.8	0.3	0.3
	予備呼気量	1.0	12		0.2	
	残気量	1.5	12		—	} 0.7

3. 呼吸気量

　安静時において，一回の呼吸によって呼吸器に入る（または出る）空気量を一回換気量という．吸息ののちにさらに深い吸息によって呼吸器内に入る空気量を予備吸気量，呼息ののちにさらに深い呼息によって体外に出る空気量を予備呼気量という．最大呼息ののちにも呼吸器にはなお空気が残っており，これを残気量という．これら四つの呼吸気量を組み合わせることによって呼吸器内に占める空気の容量を知ることができる．予備吸気量，一回換気量，予備呼気量および残気量の総和は，全肺気量となり，前の三者の和は肺活量，後の二者の和は機能的残気量となる．表14・1にみられるように，一回の呼吸で出入りする空気量は全肺気量の内1/6～1/10にすぎない．肺でガス交換が行われる場所は肺胞のみであり，気道の中にある空気は関与しない．この部分を解剖学的死腔といい，一回換気量の約30％がこの死腔に相当する．また，病変その他の理由でガス交換の行われない肺胞があれば，同じく死腔となり，ガス交換という機能的立場から死腔を定義する場合には，生理学的死腔という．

　気体の容積を表す場合は温度，気圧，水蒸気圧を考慮しなければならない．呼吸計で計ったガス容積はその時の環境温度，気圧，その温度における飽和水蒸気圧に影響されたATPS（ambient temperature and pressure, saturated with water vapor）で表されている．肺気量のような肺の容積に関係する量は，BTPS（body temperature and pressure, saturated with water vapor）で表わす．BTPSは体温，測定時大気圧，体温における飽和水蒸気圧を用いて計算し，得られた値はガスが肺内にある時の状態を示す．また，O_2摂取量やCO_2排出量はSTPD（saturated temperature and pressure, dry）で表す．これは0℃，760 mmHg，水蒸気を含まない状態の時のガス量を示している．

4. コンプライアンスと表面張力

　圧変化に対する容量変化の比をコンプライアンスといい，肺のコンプライアンスは胸腔内圧と肺胞内圧の圧差の変化量に対する肺気量の変化量の比で表され，コンプライアンスが大きいほど肺は拡大しやすいといえる．肺のコンプライアンスは，肺気腫のように肺胞が破壊されて弾性線維が減少すると増加し，肺線維症のように間質に膠原線維が増加すると増加する．

　表面張力は肺胞表面の液体と肺胞内の空気との間で生じる力であり，肺胞を押し潰す方向にはた

らく．表面張力は，ラプラスの法則（内圧を P，半径を r，表面張力を T とした時，$P=2T/r$）より r がゼロに近づくほど P は無限大になるため，一度虚脱した肺胞は拡がることができなくなる．しかし，液体の表面で表面張力を減少させる表面活性物質（サーファクタント）の働きにより，肺胞が小さくなると表面活性物質の濃度が増加するため表面張力は減少し，肺胞は安定に保たれる．

Ⅱ 呼吸によるガスの交換と運搬

1．肺におけるガス交換

空気中のガス組成は O_2：20.79％，CO_2：0.04％，N_2：78.42％ であり，この組成は同時に吸気の組成でもある（図14・2）．肺胞，肺胞管および呼吸細気管支内のガス交換にあずかる空気は肺胞気と呼ばれる．各ガスによって生じる圧力を分圧といい，その総和は大気圧（760 mmHg）に等しくなっている．吸気は咽頭まで通過する際に水蒸気で飽和され，死腔内の気体や肺胞気と混合するので肺胞気の分圧は変化する．呼気も排出される際には死腔内の気体と混合されて排出されるため，肺胞気とはガス分圧が変化する．呼気のガス組成は一定ではなく，動物の状態や動物の種類によって異なっている（表14・2）．

肺胞気と肺毛細血管中の血液との間のガス交換は拡散によって行われる．拡散とはある物質の濃度が場所によって異なり，濃度勾配が生じている時，濃度の高いところから低いところへ物質が移動することをい

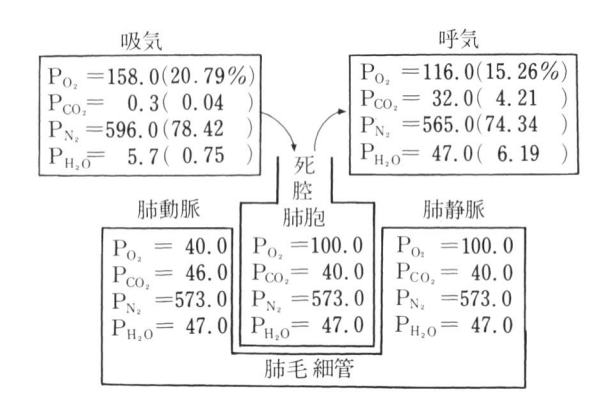

図14・2 肺における呼吸ガスの分圧（mmHg）
肺動脈のガスの分圧の総和は，ヘモグロビンが O_2 とかたく結合しているので 760 mmHg とはならない．
（PHILLIS, Veterinary Physiology）

表14・2　各種動物の休息時における吸気ガス成分（％）

	O_2	CO_2	N_2
吸気	20.9	0.04	79
呼気			
馬	15.9	4.74	79
山羊	17.8	2.9	79
犬	16.2	3.2	79

（N_2 含量を一定として換算してある）

い，拡散速度は面積と分圧差に比例し，厚さに反比例する．肺胞気の O_2 分圧は 100 mmHg であり，肺動脈中の静脈血のそれは 40 mmHg であるから，O_2 は肺胞気中から血中へと拡散する．CO_2 は肺胞気中の分圧が 40 mmHg であり，静脈血では 46 mmHg であるから，濃度勾配に従って血液から肺胞気中へと移動する．O_2 の溶解度を 1 とすると，CO_2 の溶解度は 24 と大きく，CO_2 の拡散係数は O_2 の約 20 倍である．そのため，CO_2 は O_2 より小さい分圧差にもかかわらず，十分に拡散することができる．

2. 酸素の運搬

　肺胞気の血中酸素分圧（P_{O_2}）を100 mmHg，温度38℃，溶解度係数を0.024とすると，血液100 ml中に物理的に含まれるO_2量は0.3 mlにすぎない．しかし，血液100 ml中に含まれているO_2総量は約19 mlであり，そのほとんどはヘモグロビン（Hb）に結合し，HbO_2として存在している．HbとO_2との結合は，P_{O_2}によって左右される．血液を圧力の異なるO_2に接触させて酸素飽和度を測定することで酸素解離曲線（oxygen dissociation curve）が得られる（図14・3）．HbはO_2が次々と結合するにつれて高次構造が変化し，酸素親和性が増加するために酸素解離曲線はS字状を示す．また，HbにH^+，CO_2，有機リン酸である2, 3-ジホスホグリセリン酸塩（2, 3-DPG）などが結合すると酸素親和性は低下する．酸素解離曲線は動物種によって異なっており，一般に小さい動物ほど高い代謝率を保つために，よくO_2を離すので曲線の傾きが小さくなる．

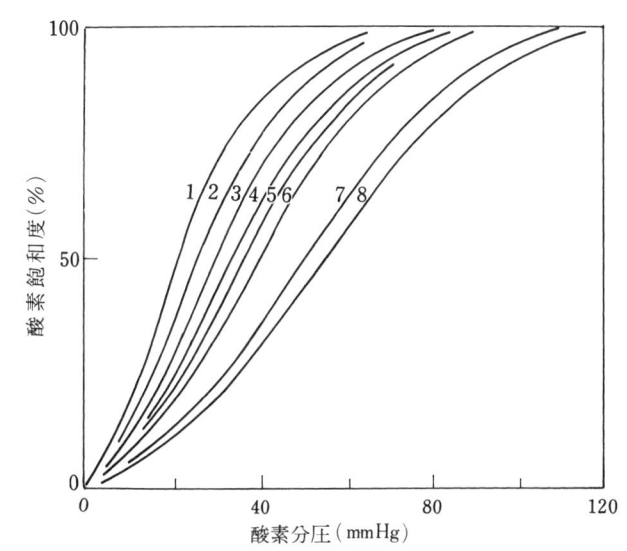

図14・3 各種動物の酸素解離曲線
1：象　2：馬　3：人　4：めん羊　5：キツネ　6：猫　7：ラット　8：マウス
（SCHMIDT-NIELSEN, Animal Physiology）

　血液のpHが低下するとHbはO_2を解離しやすくなり，酸素解離曲線は右方にシフトする．これをボーア効果（Bohr effect）といい，血液の血中二酸化炭素分圧（P_{CO_2}）が増加すれば血液のpHは低下するから，同じく酸素解離曲線は右方にシフトする．また，2, 3-DPGのような有機酸が増加する時も同様にpHが低下することで右方にシフトする．この反応は生体内におけるガス交換を考える場合は都合のよい性質である．組織ではO_2が解離し，代謝されてCO_2が血中に吸収され，P_{CO_2}が上がると，さらにO_2が遊離しやすくなる．すなわち，P_{CO_2}の上昇に伴い一定のO_2分圧下で，Hbの酸素飽和度は減少する．逆に，pHの上昇，P_{CO_2}や2, 3-DPGの低下によって酸素解離曲線は左方にシフトする．血液温度の上昇は酸素解離曲線を右方にシフトさせる．組織の温度は高いため，O_2の解離を容易にする．一方，肺では温度が低いため，O_2は解離しにくい．このことも生体にとってO_2の運搬に都合のよい現象である．

3. 二酸化炭素の運搬

　CO_2の溶解度はO_2よりも約20倍大きいため，血液100 mlに物理的に溶解している量は約3 mlとなっている．しかし，CO_2の総含量は50 mlと，O_2の場合と同様に少ない量であり，CO_2もまた

表14・3 血液中のCO₂の含有形態

	CO₂ 分圧 (mmHg)	全血 (ml/dl)	血漿 (ml/dl) 物理的吸収量	血漿 HCO₃⁻	血漿 カルバミノ化合物	血球 (ml/dl) 物理的吸収量	血球 HCO₃⁻	血球 カルバミノ化合物
動脈血	40	48.3	1.6	33.1	1.0	0.8	9.8	2.0
静脈血	45.4	52.1	1.8	35.2	1.1	0.9	10.5	2.6
差		3.8	0.2	2.1	0.1	0.1	0.7	0.6

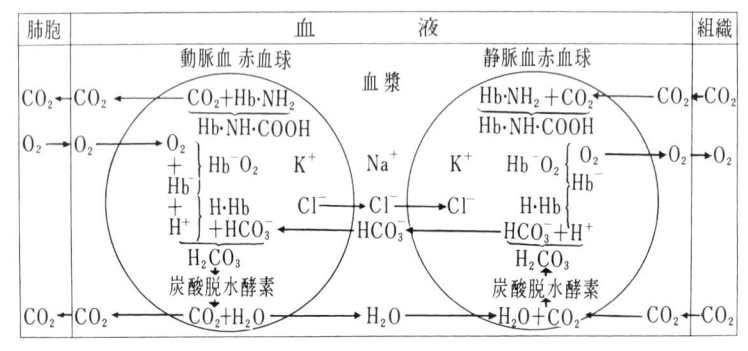

図14・4 肺胞および組織における血液ガスの移動

大部分は化学的に溶解して血中に含有されていることになる．表14・3から総CO₂の63%は血漿中に，37%は赤血球中に含まれており，その大部分は重炭酸イオン（HCO₃⁻）として存在している．

血液がP_{CO_2}の高い部位を流れると，CO₂は拡散によって物理的に血漿および赤血球中に溶け込む．このCO₂は炭酸（H₂CO₃）となり，さらにH⁺とHCO₃⁻に解離するが，その反応は遅い．しかし，この反応は赤血球中の炭酸脱水酵素（carbonic anhydrase, CA）の作用によって炭酸の生成速度は数千倍にも促進される（図14・4）．また，CO₂はカルバミノ化合物としても運搬される．赤血球中に入ったCO₂はHbのNH₂基に結合してカルバミノ化合物となる．

CO₂もまた，O₂と同様にpHや温度の変化によってCO₂解離曲線は変化する．酸素Hbも還元HbもpHが6〜8の間ではイオンに解離をしているが，両者で解離の状況が異なっており，酸素Hbは還元Hbより強い酸性を示す．それゆえ，酸素Hbを含む血液は還元Hbを含む血液より，同一P_{CO_2}を含有する能力が小さい．これをホールデン効果といい，ボーア効果をCO₂の側から表したものである．

III 呼吸運動の調節

1. 呼吸中枢

呼吸運動は呼吸に関与する随意筋の運動によって行われるが，これらの諸筋は随意的に調節し得ると同時に自律的にも調節されている．延髄および橋にはそれぞれ呼吸運動を自律的に制御する呼吸中枢（respiratory center）がある．延髄には孤束核腹側方に背側呼吸中枢群（dosal respiratory group），疑核から後疑核にまたがる部分には腹側呼吸中枢群（ventral respiratory group）があり，橋の背側には呼吸調節中枢が存在する（図14・5）．

これらの中枢が協同して作動し，自動的に周期的に興奮して呼吸リズムを作り出している．また，種々の求心性入力を受け取って呼吸リズムを修飾し，その遠心性インパルスは，胸壁部へは肋間神経，横隔膜へは横隔神経，鼻翼へは顔面神経，声門へは下喉頭神経，気管および気管支には迷走神経を介して伝達される．

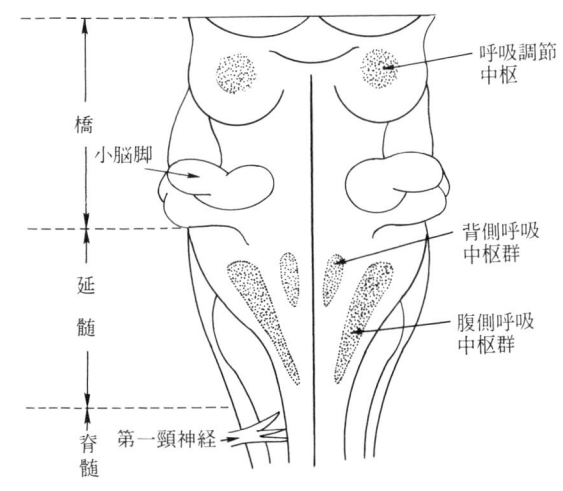

図14・5 呼吸中枢の局在部位

2. 化学的調節

呼吸は血中の P_{CO_2} や P_{O_2} などの血液ガスおよびpHによって変化する．化学受容器はこれらの変化を感知して呼吸中枢に働きかけて換気量を調節しており，これを化学的調節という．

延髄の腹外側には中枢化学受容器が存在している．この受容器は脳脊髄液中に浸されており，血中の P_{CO_2} が増加すると，CO_2 は脳脊髄液中に拡散して H_2CO_3 となり，次に解離して H^+ を増加させて受容器を刺激し，呼吸が促進される．

末梢化学受容器として左右の頸動脈分岐部のそばには頸動脈（小）体，大動脈弓のそばには大動脈（小）体がある（図14・6）．P_{O_2} の減少，P_{CO_2} の増加またはpHの低下はこれら末梢化学受容器を刺激

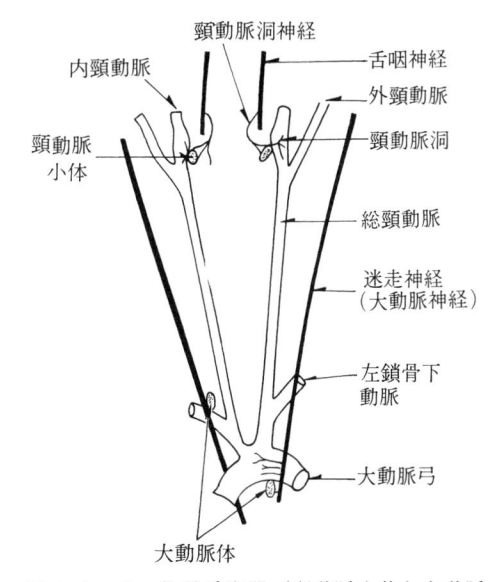

図14・6 化学受容器（頸動脈小体と大動脈体）と機械受容器（頸動脈洞と大動脈弓）の位置と求心性神経

し，頸動脈小体は舌咽神経，大動脈体は迷走神経を介して刺激は呼吸中枢に伝えられ，呼吸が促進される．

3．肺の受容器と反射

肺が過度に拡張すると，肺胞や細気管支に存在する伸展受容器からのインパルスが迷走神経を介して呼吸中枢に伝えられ，吸息を抑制して呼息を促進する．一方，肺が過度に萎縮すると吸息が促進される反射がある．これらを肺迷走神経反射，またはヘーリング・ブロイエル反射という．

咽頭や太い気道粘膜上には刺激（irritannt）受容器が局在しており，異物や煙によって刺激されると迷走神経有髄線維を介して咳をさせる咳嗽反射が起こる．また，末梢気道には気管支C線維が局在しており，刺激受容器と同様に機械的刺激やアンモニアなど化学的刺激に反応し，迷走神経無髄線維を介して咳反射が起こる．外来性刺激のみならず，ヒスタミンやプロスタグランジンなどにも反応し，気管支収縮や粘液分泌作用も持っている．

飼料を嚥下する際は，舌咽神経を介してインパルスが中枢に達し，声門が閉じるので呼吸運動は反射的に止まる．嘔吐や反芻の場合にも声門が閉じるので呼吸運動は抑制される．嚥下は呼息時に起こるが嘔吐や反芻は吸息時に起こる．

4．呼吸の異常

組織のO_2が不足すると低酸素症となり，呼吸の状態が変わってくる．動物が努力して呼吸を行っている状態を呼吸困難という．肺や心臓の疾病，出血，伝染病，栄養不良あるいは高地などでは呼吸困難が起こりやすい．循環や呼吸の障害で血液中のデオキシヘモグロビン含量が増えると，この色は暗紫色であるので，可視粘膜部が青黒くなる．この状態をチアノーゼという．気道が閉塞されると血中O_2が減り，CO_2が増す．この状態を窒息という．まず呼吸は強くなり，努力呼吸をする．血圧，心拍数は急上昇するが，次第に低下し，ついに呼吸は弱くなり停止する．

COはHbと結合してHbCOとなると，COを離さないばかりか，Hbの解離曲線が左方にずれるので，HbO_2のO_2も離れにくくなり，低酸素症となる．この場合，血液のP_{O_2}は低下していないため，頸動脈小体や大動脈体が刺激されず，呼吸の促進は起こらない．小鳥はCOに敏感で人の1/10の短時間で中毒症状を現す．

Ⅳ　血液の緩衝作用と酸塩基平衡

1．緩衝作用

血液のpHは常にほぼ7.4付近に一定に保たれているが，生体は代謝によって絶えず酸を産生しており，緩衝作用によってpHの恒常性を保っている．緩衝作用（buffer action）は，ある溶液のH^+が増加または減少しようとする時，その程度を緩和させようとする働きの事であり，緩衝作用を示す化学反応の一般式は下記のように表される．

$$HA \rightleftarrows H^+ + A^-$$

HAは未解離の酸であり，H^+ および A^- は解離したイオンである．いま，これに強酸が加わり，H^+ が増加しようとすると，上式は左方に進み，HA が増加することになる．一方，強アルカリが加わり OH^- が増えようとすると H^+ と化合して H_2O となるので，上式は右方に進み H^+ の減少分を補う．質量作用の法則により，[ ] 内はそれぞれの物質の濃度を表すとすると，上式の HA は一定の解離定数 K_a を有する．

$$K_a = \frac{[H^+][A^-]}{[HA]}$$

上式を対数で表し，$-\log[H^+]$ を pH，$-\log K_a$ を pK_a で示すと，

$$pH = pK_a + \log\frac{[A^-]}{[HA]}$$

この式はヘンダーソン-ハッセルバルヒ（Henderson-Hasselbalch）の式という．

2．血液における緩衝系

血液の緩衝系には炭酸-重炭酸緩衝系，リン酸緩衝系，血漿タンパク質緩衝系，ヘモグロビン緩衝系などいくつかの緩衝系が存在しているが，もっとも重要なものは炭酸-重炭酸緩衝系である．これを Henderson-Hasselbalch の式にあてはめると，37℃における H_2CO_3 の pK_a は 6.1 なので，

$$pH = 6.1 + \log\frac{[HCO_3^-]}{[H_2CO_3]}$$

$[H_2CO_3]$ は直接測定することは困難なので血液の示す P_{CO_2} と $[H_2CO_3]$ は比例することを利用して計算する．$[HCO_3^-]$ も直接測定できないので，$[全CO_2] - 0.03 P_{CO_2}$ として計算する．0.03 は CO_2 の溶解係数である．

$$pH = 6.1 + \log\frac{[全CO_2] - 0.03 P_{CO_2}}{0.03 P_{CO_2}}$$

緩衝液の緩衝能力は $[A^-]/[HA]$ が 1 に近いほど（$\log 1 = 0$），pK_a が溶液の pH に近いほど，かつ緩衝系の濃度が高いほど，高い値を示す．炭酸-重炭酸緩衝系の pK_a は血液の pH に近いとはいえないが，濃度が高いこと，CO_2 として呼吸によって排出することができることからもっとも重要な緩衝系となっている．

リン酸は，$H_2PO_4^- \rightleftarrows H^+ + HPO_4^{2-}$ と解離し，pK_a も 6.8 であり，細胞内では濃度が高いためその作用は大きいが，血中では量的に少ないのでその緩衝作用は小さい．

血漿タンパク質はカルボキシル基とアミノ基で解離し得るものは両性電解質としての性質を示し，緩衝作用を行う（$H\,Prot \rightleftarrows H^+ + Prot^-$）．しかし，タンパク質量の割合にはその緩衝作用は小さい．

ヘモグロビンは血中では陰イオンの形で解離しており，タンパク質としての緩衝能を示す（H

Hb ⇌ H$^+$ + Hb$^-$). ヘモグロビン分子にはイミダゾール基を構成要素として38個のヒスチジン残基を有している. また, 血中にはヘモグロビンが豊富に存在することから, 血漿タンパク質よりも大きな緩衝能力を持つ.

3. 酸塩基平衡異常と代償作用

血液のpHは各家畜によってその正常範囲は僅かに異なるが, 正常値（動脈血pH 7.4）よりも酸性側に傾く場合をアシドーシス（acidosis）, アルカリ側に傾く場合をアルカローシス（alkalosis）といい, CO_2など揮発性の酸の増減によるものを呼吸性, H$^+$やHCO$_3^-$など不揮発性の酸・塩基の増減によるものを代謝性のアシドーシス・アルカローシスという.

1) アシドーシス

呼吸性アシドーシスは肺胞換気の低下や組織から肺への輸送障害時に起こる. P_{CO_2}の増加によりpHは低下し, 増加したCO_2が緩衝されることにより［HCO$_3^-$］は増加する.

代謝性アシドーシスは筋運動や代謝の異常による乳酸などの増加, もしくは腎不全や下痢による塩基の喪失時に起こる. 相対的に増加する不揮発性の酸によりpHは低下し, 増加した酸を緩衝するために［HCO$_3^-$］は減少する. 反芻家畜では採食時に大量の唾液を分泌し, 唾液中に含まれる［HCO$_3^-$］を一時的に血中から失うことになるので, 採食直後一過性の代謝性アシドーシスを示す. また, 炭水化物の過食によって第一胃内が酸性に傾くルーメンアシドーシス（rumen acidosis）を起こすことがある.

2) アルカローシス

呼吸性アルカローシスは肺胞換気の増加によって起こる. 過換気によりP_{CO_2}が減少することによりpHは増加し, 減少したCO_2を補うために［HCO$_3^-$］は減少する.

代謝性アルカローシスは重炭酸塩などの大量の塩基の摂取や嘔吐による酸の喪失時に起こる. 不揮発性の酸が喪失することによりpHは増加し, 緩衝作用により［HCO$_3^-$］は増加する. 反芻家畜では第四胃変位の場合, 第四胃運動が停滞することで塩酸が蓄積して代謝性アルカローシスを示すといわれている.

3) 代償作用

上述のように血液のpHが変化しようとする時, 肺や腎臓は代償的になるべくpHが変化しないように作用する. 代謝性酸塩基平衡異常時, 血中pHやP_{CO_2}の変化は化学受容器によって感知され, 換気を調節することによって血液のpHは一定に保たれる. 一方, 呼吸性酸塩基平衡異常時, 腎臓のH$^+$の分泌は増加または低下し, それに伴ってHCO$_3^-$の再吸収が増加または低下することで血液のpHは一定に保たれる.

V 熱バランス

家畜のような高度に進化した動物は外気温が大きく変化した時にも, あるいは運動などにより体

熱発生量が増加した時でも，ある一定の範囲に体温（body temperature）を保つ能力をそなえている．このような動物を恒温動物（homeotherms）という．一方，体温が外気温とほぼ同一であるような動物を変温動物（poikilotherms）といい，無脊椎動物，魚類，両生類，爬虫類が含まれる．

1. 体温

動物体の温度を体温という．恒温動物といえども体温がすべての部位で一定であるのではなく，体の深部から外表に向かうに従って低下する．肝臓の温度は直腸温より1～2℃高く，反芻家畜の第一胃内温は微生物による発酵のために，同じく1～2℃高い．皮膚温も部位によって異なり，また外気温によっても影響されやすい（図14・7）．しかし体の深部の温度はほぼ一定に近く核心温度（core temperature）という．この核心温度を表わすために直腸温（rectal temperature）がしばしば用いられる．これは主として測定が容易であることによるが，直腸温は，また他の部位の温度より比較的変化が少ないことにもよる．しかし直腸温が必ずしも核心温度の平均を表しているわけでない．表14・4に各家畜の直腸温の平均とその変動範囲を示した．

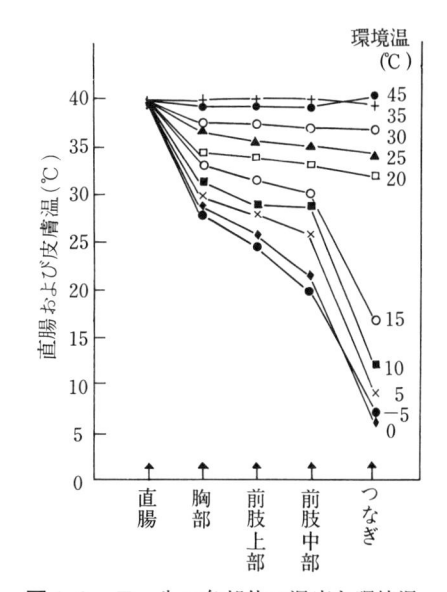

図14・7 牛の各部位の温度と環境温 各環境温（右端）に7時間暴露した時の各部位の温度．直腸温は38.12～41.03℃にある．

表14・4 各種動物の直腸温

動 物	平均（℃）	範 囲
馬（雄）	37.6	37.2～38.1
（雌）	37.8	37.3～38.2
ラクダ	37.5	34.2～40.7
肉 牛	38.3	36.7～39.1
乳 牛	38.6	38.0～39.3
めん羊	39.1	38.3～39.9
山 羊	39.1	38.5～39.7
豚	38.9	37.9～39.9
鶏	41.7	40.6～43.0
犬	38.9	37.9～39.9
猫	38.6	38.1～39.2
兎	39.5	38.6～40.1
人	36.9	36.4～37.4

2. 熱産生

恒温動物の体温が一定に保たれるには，熱産生量と熱放散量が等しくなければならない．したがって，熱産生量がまされば，体温は上昇し，熱放散量がまされればその逆となる．

1）ふるえ産熱と非ふるえ産熱

体内における熱産生の方式は二つに大別することができる．骨格筋の不随意的収縮による，ふるえ産熱（shilvering thermogenesis）と非ふるえ産熱（non-shilvering thermogenesis）とである．ふるえは屈筋と伸筋を支配する運動神経が刺激されて不随意的に毎秒10回の速さで収縮・弛緩を繰り返す運動である．非ふるえ産熱の機構は常時作動しており，基礎代謝量を形成する．この機構は気温の低下などによって増強される．

表 14・5　環境温度とめん羊の体内代謝像との関係(0℃暴露後4日，湿度70%)

		20℃	0℃
熱生産量（kcal/hr）		51.9	87.5
尿中排泄量 （μg/日）	ノルアドレナリン	11.4	91.9
	アドレナリン	4.8	33.8
代謝回転速度 （mg/kg$^{0.75}$・min）	グルコース	3.51	5.98
	酢酸	7.75	6.97

(安保（佳）ら)

2）ホルモンと体内代謝

産熱量の増加はホルモンの作用を介して体内の化学的代謝量の増大によってもたらされるところが大きい．低温環境下において，甲状腺機能は増進する．甲状腺ホルモンは細胞のO_2消費量を増加させ，熱の産生を促す．副腎髄質と交感神経末端から分泌されるカテコールアミンも熱産生増加作用がある（表14・5）．カテコールアミンはグリコーゲンと脂肪の分解を促進し，グルコースと遊離脂肪酸を生成し，これらの酸化に際し熱を産生する．

3．反芻家畜の第一胃内発酵熱

反芻家畜が飼料を摂取すると第一胃内微生物の作用により発酵が起こり，その際に熱を産生する．絶食時には第一胃内と直腸温はほぼ同じであるが，飼料摂取後は第一胃内温が高くなり，その差は約1℃にも達する．飼料の質，量にもよるが易発酵性飼料ほど早い時間に高い温度に達する．

4．熱 放 散

体熱は体表面から大別して二つの物理的方法で外界に失われる．その一つは放射（radiation），対流（convection），伝導（conduction）による方法で顕熱放散（sensible heat loss）といわれる．他の一つは蒸発（evaporation）によって失われるもので蒸発性熱放散（evaporative heat loss）といわれる．なお，体熱の一部は飼料などを暖めるために，また一部は糞および尿中に失われる．これらの機構は次から述べる生理的な調節が加わって，熱放散が助長されたり，あるいは抑制されたりする．

1）皮膚における血流

皮膚血管の血流量は外界の温度によって変化し，皮下組織の熱伝導率（thermal conductivity）を変えることによって深部体温を一定に保つ．深部体温が下がろうとする場合は皮膚血管を収縮し，体深部から表面への熱の移動は減少する．その結果皮膚温度は低下し，放射や対流による外部への熱放散は減少する．一方，深部体温が高い場合は，皮膚からの熱放散が増すために血管は拡張し，大量の血液が皮膚表面を流れる．その結果皮膚温は上がり，熱放散は助長される．

2）対向流熱交換

対向流熱交換（countercurrent heat exchange）とは体中心部からの暖かい動脈血と末梢からの冷たい動脈血とが方向を逆にしてかつ相接して流れることにより熱が交換されることをいう．図14・8は体末端におけるこの機構を模式的に示してある．図の（a）は寒冷時にみられるものであって，中心部から動脈によって運ばれてきた熱は平行して逆方向に走っている静脈内の末端部を流れて冷やされた血流に移される．したがって動脈血は末端部に達するまでにすでに冷やされており，静脈血は中心部に還流する前にすでに暖められている．その結果，深部体温の放散は抑制されその保持が図られる．末梢部では血液は比較的抵抗の高い血管を通り，抵抗の少ない動静脈吻合をほとんど流れない．このように血流量を減少させることによっても熱の放散が防がれる．図の（b）は暑熱時の場合であって，熱交換の様子は（a）と逆になる．

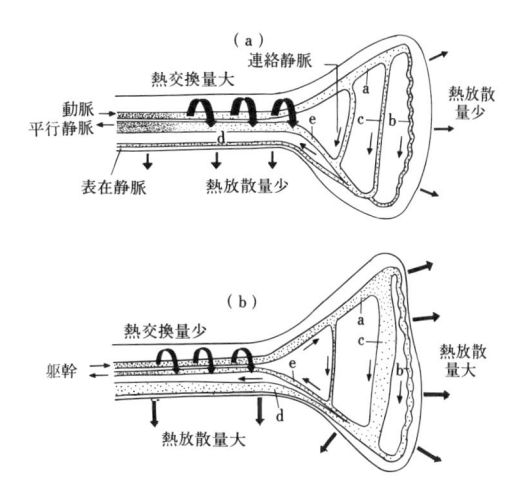

図14・8 肢端における対向流熱交換の模式図
(a) 寒冷時；a, 表在組織に対する流血の絶対量少　b, 皮膚内毛細血管血流量少　c, 動静脈吻合内血流量少　d, 表在静脈血流量少　e, 冷たい血液の平行静脈への還流．動脈血からの対向流熱交換によって暖められる．
(b) 暑熱時；a, 表在組織に対する流血の絶対量大　b, 毛細血管血流量大　c, 動静脈吻合内血流量大　d, 表在静脈血流量大　e, 平行静脈への還流量小
（陰影の程度は血液温度を表し，血管の太さは血流量を表わす.）
（HARDY, Temperature and Animal Life）

3）発　汗

皮膚にはエックリン腺とアポクリン腺の二種の汗腺（sweat gland）がある．温熱的刺激により発汗が起こるが，それには外的および内的要因がある．外部の温度が高く皮膚温が高まる場合と，体熱の産生が多く核心温度が高まる場合とである．一方それらの条件が逆になれば発汗は抑制される．普通はこの二つの条件が互いに関連し合って，もっとも適当な熱放散が行われるように発汗が起こる．

4）浅速呼吸

高温環境下に起こる多呼吸を浅速呼吸（panting, あえぎ）という．浅くて速い呼吸を行うことによって，体熱は顕熱放散と蒸発によって呼気中へ放散される．したがって呼気の温度は吸気温より高いが，顕熱放散によって奪われる熱は少部分であり，大部分が蒸発によって失われる．厳しい暑熱環境下では，努力性の開口型浅速呼吸を行う動物がいる．犬はこの機能のよく発達した動物で，上部呼吸気道に加えて舌面からの熱放散が行われる．

5）唾液分泌

浅速呼吸に伴って，水分に富む唾液が大量に分泌され，熱放散を助長するといわれる．

6）立　毛

被毛のある動物では寒冷条件下で立毛（piloerection, 起毛）が起こり，被毛が包む空気層を厚くして体表面における断熱性を増大させる．

7）行動的変化

寒冷または暑熱条件下で家畜は熱放散の必要性に応じ，体を丸くし，あるいは延ばすなどの姿勢をとる．寒冷時には風雨のあたらない場所，暖かい場所を求め群として集まろうとする．暑熱時には風通しのよい日陰を求める．運動量は減り，採食量も低下する．豚や水牛は体に泥や水をかけ，体熱を直接伝導によって，また水分の蒸散によって放散させる．

VI　体温調節作用

恒温動物において一定の核心温度が保たれるためには，熱生産量と熱放散量が等しくなければならない．そのような平衡を保つために核心温度についての情報を集めて熱産生と熱放散を適当に調節する体温調節中枢が存在している．一方，環境温度が変化して熱の損失や獲得が起きた時，核心温度の変化が生じないように情報を中枢に送り，あらかじめ，熱の産生や放散を調節するために体表に温度受容器が存在している．体温調節中枢は視床下部の前部および後部にある．

1．温度受容器

体表の全面にわたって温度受容器（thermoreceptor）が存在する．しかし，受容器として特殊な構造物はなく，特別に分化した自由神経終末（free nerve endings）で行われるといわれる．被毛に覆われた皮膚にある温度受容器は温度変化を直接受けにくいので，鼻腔，口腔，乳房，陰嚢にある受容器が熱放散に対して特に有効であるとされる．温度受容器は体表のみならず呼吸気道，心臓や血管などのほかに消化管にも存在している．

2．体温調節中枢

生物がある生理的要因の恒常性を保つために，なんらかのフィードバック系（feedback system）が関与することが知られている．フィードバック系とはある得られた制御量を望ましい目標値と等しくするため，制御量を目標値側に戻し，両者の差をなくするように制御装置を作動させる一連の系列のことをいう．体温調節を例にとれば（図14・9），制御量（体温）に影響を与える様々な要因によって変化した制御量は検出部（温度受容器）によって検知され，フィードバック信号となって望ましい

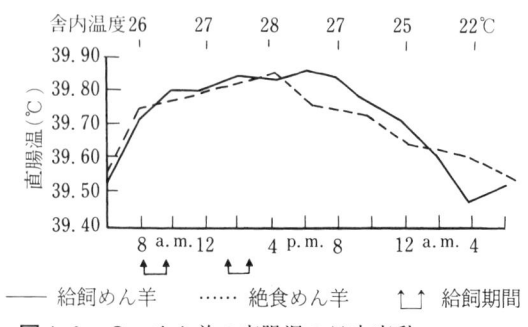

図14・9　めん羊の直腸温の日内変動
（MENDEL & RAGHAVEN, J. Physiol.）
―― 給飼めん羊　……絶食めん羊　↑↓給飼期間

核心温度としての設定値と比較される．その結果は調節部（体温調節中枢）や操作部（神経系，内分泌系）の作用を通して制御対象（筋，血管運動，発汗など）の活動を調節し，体温を設定値に近づける．体の全体にわたる温度調節はそれぞれの単一系が多数集まって，それらが相互に関連し，統合されて望ましい体温を得るように調節される．

体温調節中枢は前視床下部の放熱中枢と後視床下部の熱生産・保持中枢よりなる．これらの中枢はフィードバック機構中において設定値を感知し受容器からのフィードバック信号を判断し，効果器に命令を出している．熱産生・保持中枢は常に興奮している．熱産生を抑制したり，熱放散を促進したりする体温調節の本来の中枢は放熱中枢にあると考えられる．

3. 体温の調節

体温調節中枢は高あるいは低体温をもたらさないように，体性神経および自律神経を通じて温度を受容し，得られた情報を各効果器に及ぼしている（図14・10）．さらに甲状腺ホルモン，副腎皮質ホルモン，抗利尿ホルモンなどのホルモンが同時に協同して作用する．

自律神経系のうち，体温調節には交感神経系が大きく関与し，副交感神経系は唾液分泌にのみ関係している．

環境温がはなはだしく低または高温になると，動物の体温調節機能の限度を超え寒冷死または熱死するに至る．環境温，体温および代謝量の関係が図14・11に示してある．ある温度の範囲で寒暑の感覚が生じておらず，体温調節機構の最小の作動で体温が保てる温域を快適温域（zone of thermal comfort）といい，また，快適温域と同じ代謝レベルで，血管運動や，僅かな発汗や浅速呼吸などで体温の恒常性が維持できる温域を熱的中性圏（zone of thermoneutrality）という．温度の低下により放熱量が増加し，体温を保つためには，代謝量を増加せねばならない温度を下臨界温

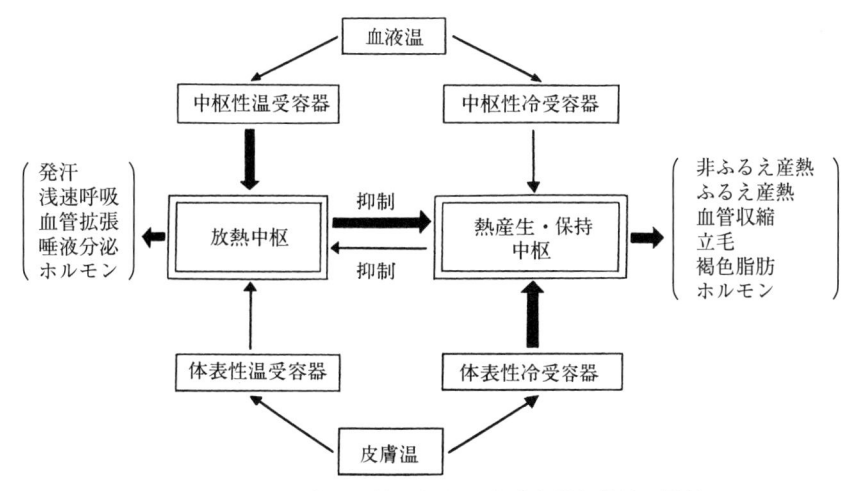

図14・10 体温調節中枢と温度受容器と効果の関係
主な径路は太線で示してある．

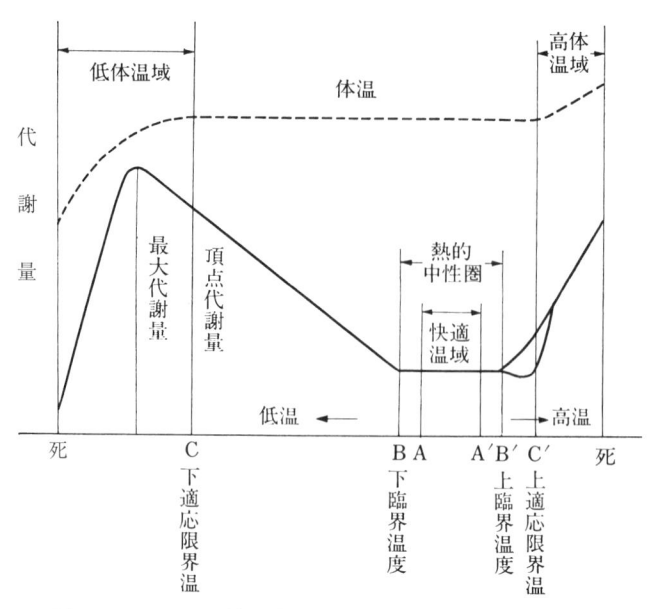

図14・11 環境温度と代謝量，体温との関係模式図

表14・6 各種家畜の下臨界温度

種類	家畜の状態				下臨界温度（℃）
豚	維持		体重 2 (kg)		31
			60		24
			100		23
	肥育		2		29
	（飼料量は維持の3倍）		60		16
			100		14
めん羊	毛長 0.1 (cm)		維持		28
	0.5		〃		25
	1.0		〃		22
	5.0		〃		9
	10.0		〃		-3
肉牛	毛長 1.4 (cm)	日増体量 1.0 (kg)	体重 150 (kg)		-12
	〃	1.3	〃		-15
	2.0	0.8	450		-36
	1.4	1.5	〃		-36

度（lower critical temperature）または単に臨界温度といい，温度の上昇により物理的に代謝量の増大する温度を上臨界温度（upper critical temperature）という．正常体温下で示し得る最大酸素消費量より求められる代謝量を頂点代謝量（summit metabolism），体温が低下し熱産生量もついに低下する直前に得られる代謝量を最大代謝量（maximum metabolism）という．一方，高温域に

おいてもついには体温が上昇し始める温度があるが，上臨界温度との間に，代謝量がむしろ低下する狭い温域がみられることがある．

熱的中性圏は家畜の生産にもっとも適した温度範囲とみなし得るが，この範囲は動物の種類によってはもちろん，動物の状態（泌乳，成長，被毛長，飼料など）によっても異なる．いくつかの例を表14・6に示してある．

参考文献

生理学および比較生理学一般

1) 加藤嘉太郎：家畜比較解剖図説 上，下　養賢堂（1979）
2) 小澤靜司・福田康一郎編集：標準生理学　医学書院（2011）
3) 鈴木泰三，田崎京二，中浜　博：生理学通論 I，II，III 共立全書　共立出版（1972）
4) 鈴木泰三，田崎京二，星　　猛：一般生理学入門　南山堂（1982）
5) 梅津元昌：家畜の生理学　養賢堂（1958）
6) Blood, D. C. & Studdert, V. P.：Bailliere's Comprehensive Veterinary Dictionary, Bailliere Tindall, London（1988）
7) Bone, J. F.：Animal Anatomy and Physiology, 2nd ed. Reston Pub. Comp., Reston（1982）
8) Cummings, J. H., Rombeau, J. L. & Sakata, T.：Physiological and Clinical Aspects of Short-Chain Fatty Acids, Cambridge University Press, Cambridge（1995）
9) Cunningham, J. G.：Textbook of Veterinary Physiology, W. B. Saunders Co., Philadelphia（1992）
10) Frandson, R. D.：Anatomy and Physiology of Farm Animals, 5th ed., Lea & Febiger, Philadelphia（1992）
11) Ganong, W. F.（岡田泰伸訳）：医科生理学展望　丸善（2014）
12) Reece, W. O.：Physiology of Domestic Animals, Lea & Febiger, Philadelphia（1991）
13) Reece, W. O. 著，鈴木勝士，德力幹彦監修：明解哺乳類と鳥類の生理学　学窓社（2011）
14) Schmidt-Nielsen, K.：Animal Physiology, Cambridge University Press, Cambridge（1997）
15) Stevens, C. E. & Hume, I. D.：Comparative Physiology of the Vertebrate Digestive System, Cambridge University Press, Cambridge（1995）

I．情報伝達機構関係

16) Hancock, J. T.：Cell Signalling, Oxford University Press, Oxford（2005）
17) Soneda, J., Pei, L. & Evans R. M.：Nuclear receptors: decoding metabolic disease. FEBS Lett. 582：2-9（2008）
18) Moore, J. T., Collins, J. L. & Pearce, K. H.：The nuclear receptor superfamily and drug discovery. ChemMedChem 1：504-523（2006）
19) Alberts, B., Johnson, A., Lewis, J. & Raff, M.：Molecular Biology of the Cell, 5th Edition, Garland Science, New York（2008）
20) Hadley, M.E. & Levine, J.E.：Endocrinology, 6th Ed. Pearson Education, Inc, New Jersey（2007）
21) Squires, E.J.：Applied Animal Endocrinology, 2nd Ed. CABI, Cambridge（2011）
22) Pineda, M. & Dooley, M.P.： McDonald's Veterinary Endocrinology and Reproduction, 5th Ed, Wiley, Iowa（2008）

II．消化機能関係

23) 星　　猛，伊藤正男 編：消化と吸収の生理学（新生理科学体系 18）　医学書院（1988）

24) 神立誠，須藤恒三 編：ルーメンの世界　農山漁村文化協会（1985）
25) 津田恒之，柴田章夫 編：新乳牛の科学　農山漁村文化協会（1987）
26) 梅津元昌 編：乳牛の科学　農山漁村文化協会（1966）
27) 小野寺良次 監修，板橋久雄 編：新ルーメンの世界 農山漁村文化協会（2004）
28) 佐々木康之 監修，小原嘉昭 編：反芻動物の栄養生理学 農山漁村文化協会（1998）
29) Church, D. C.: Digestive Physiology and Nutrition of Ruminants, 2nd ed, O & B Books, Corvallis（1979）
30) Code, C. F. & Heidel, W.: Alimentary Canal, Handbook of Physiology, Section 6, Vol. V, Williams & Wilkins Co., Baltimore（1986）
31) Dougherty, R. W.: Physiology of Digestion in the Ruminant, Butterworths, London（1965）
32) Hungate, R. E.: The Rumen and its Microbes, Academic Press, New York（1966）
33) Mason, D. K. & Chisholn, D. M.: Salivary Gland in Health and Disease, Saunders, Philadelphia（1975）
34) McDonald, I. W. & Warner A. C. I.: Digestion and Metabolism in the Ruminant, Univ. of New England Pub. Unit, Armidale（1975）
35) Phillipson, A. T.: Physiology of Digestion and Metabolism in the Ruminant, Oriel Press, Newcastle upon Tyne（1970）
36) Reece, W. O.: Duks' Physiology of Domestic Arimals, 12th Ed, Comstock, New York（2004）

Ⅲ．内分泌関係

37) Milligan, L. P., Grovum, W. L. & Dobson, A.: Control of Digestion and Metabolism in Ruminants, Prentice-Hall, Englewood Cliffs（1986）
38) Pineda, M. H. & Dooley, M. P.: McDonald's Veterinary Endocrinology and Reproduction, Iowa State Press, Ames（2003）
39) Squiress, E. J.: Applied Animal Endocrinology, CABI（2010）

Ⅳ．代謝・成長関係

40) 藤野安彦：家畜生化学（改訂版）　産業図書（1991）
41) 清水孝雄 監訳：ハーパー・生化学 丸善（2013）
42) 市川厚 監修，福岡伸一 監訳，マッキー生化学，第3版，化学同人，京都（2005）
43) Kaneko, J. J.（久保，友田訳）：獣医臨床生化学　近代出版（1991）
44) Kleiber, M., 生命の火 －動物エネルギー学－，（亀高正夫，堀口雅昭共訳），養賢堂（1987）
45) Bergen, W.G. & Mersmann, H.J. J. Nutr. 135: 2499-2502（2005）
46) Etherton, T.D. J. Anim. Sci. 82: E239-E244（2004）
47) Etherton, T.D. & Kensinger, R.S. J. Anim. Sci. 59: 511-528（1984）
48) Etherton, T.D. & Bauman, D.E. Physiol. Rev. 78: 745-761（1998）
49) Lobley, G.E. J. Nutr. 123: 337-343（1993）
50) Meyer, H.H. APMIS 109: 1-8（2001）
51) Murdoch, G.K., Okine, E.K., Dixon, W.T., Nkrumah, J.D., Basarab, J.A. & Christopherson, R.J. Quantitative Aspects of Ruminant Digestion and Metabolism 2nd Ed.（Ed by Dijkstra J, Forbes JM,

France J), pp. 489-521（2005）
52) Owens FN, Gill DR, Secrist DS, & Coleman SW. J. Anim. Sci. 73: 3152-3172（1995）

Ⅴ．筋組織関係
53) 星野忠彦：畜産のための形態学　川島書店（1990）

Ⅵ．脂肪組織関係
54) Preedy, V. R. & Hunter, R.J.：Adipokines, CRC Press, Florida（2011）
55) Symonds, M.A.：Adipose Tissue Biology, Springer, New York（2012）
56) 春日雅人：Adiposcience-脂肪細胞からメタボリックシンドロームまで，アディポカイン，第3号 フジメディカル出版（2004）
57) 森　昌朋：Adiposcience-脂肪細胞からメタボリックシンドロームまで，アディポサイトカイン Update　第11号 フジメディカル出版（2006）
58) 佐伯　久美子：医学のあゆみ，褐色脂肪細胞と白色脂肪細胞 242巻12号 医歯薬出版株式会社（2012）
59) Roh, S.G., Hishikawa, D., Hong, Y.H. & Sasaki, S.：Control of adipogenesis in ruminants. Anim. Sci. J. 77: 472-477（2006）
60) Roh, S.G., Song, S.H., Choi, K.C., Katoh, K., Wittamer, V., Parmentier, M. & Sasaki, S. Chemerin‐A new adipokine that modulates adipogenesis via its own receptor. Biochem. Biophys. Res. Commun. 362：1013-1018（2007）

Ⅶ．血液関係
61) 水上茂樹：赤血球の生化学　東大出版会（1977）
62) 大塚英司，玉野井逸郎，片桐千明：図説免疫生物学入門　朝倉書店（1986）

Ⅷ．免疫機能関係
63) イラストでみる獣医免疫学［第7版］著者：Tizard, I.R. 監訳者：多田富雄，古澤修一，保田昌宏：インターズー（2011）
64) 免疫生物学［第7版］著者：Murphy, K. M., Travers, P.& Walport, M. 監訳者：笹月健彦：南光堂（2011）
65) 臨床粘膜免疫学　編集清野宏：シナジー（2011）

Ⅸ．神経系の機能関係
66) ギャンブル（高橋ほか訳）：水と電解質　医歯薬出版（1962）
67) 時実利彦：目でみる脳　東大出版会（1969）
68) Eccles, J.C.：Neuron Physiology in "Handbook of Physiology, Neurophysiology," vol. 1, Am. Physiol. Soc., Bethesda（1959）
69) Oncley, J. C. ed.：Biophysical Science, Wiley, New York（1959）
70) Rose, J. E. & Woolsey, C. N.：Electroenceph. Clin. Neurophysiol., Elsevier Science Pub. Amsterdam（1949）

X. 感覚・採食調節関係

71) 高木雅行：感覚の生理学　裳華房（1989）
72) 田崎京二，小川哲郎 編：感覚の生理学（新生理科学体系 9）　医学書院（1989）
73) Burton, M.（高橋景一訳）：動物の第六感　文化放送（1975）
74) Stoddart, D. M.（木村武二，林　進訳）：晴乳類のにおいと生活　朝倉書店（1980）

XI. 繁殖および泌乳関係

75) 入谷　明，正木淳二，横山　昭 編：家畜家禽繁殖学　養賢堂（1982）
76) 佐藤英明：新動物生殖学　朝倉書店（2011）
77) Austin, C. R. & Short, R. V. eds.: Reproduction in Mammals, I〜VII, Cambridge Univ. Press, London（1972-1979）
78) Cole H. H. & Cupps, P. T. eds.: Reproduction in Domestic Animals, 3rd ed., Academic Press, New York（1975）
79) Hafetz, E. S. E. ed.: Reproduciton in Farm Animals, 4th ed. Lea & Febiger, Philadelphia（1980）
80) Holmes, C. W. & Wilson, G. F.: Milk Production from Pasture, Butterworth, Wellington（1984）
81) Wilde, C. J., Peaker, M. & Taylor, E.: Biological Signalling and the Mmmary Gland, Hannar Research Institute, Ayr（1997）

XII. 腎臓関係

82) Phillis, J. W.: Veterinary Physiology, Sunders, Philsdelphia（1976）
83) Smith, H.: The Kidney, Oxford University Press, Oxford（1951）

XIII. 循環関係

84) 中村良一，米村壽男，須藤恒二：牛の臨床検査法　農文協（1973）
85) 澤崎　坦：比較心臓学　朝倉書店（1980）
86) DeLahunta, A.: Veterinary Neuroanatomy and Clinical Neurology, Saunders, Philadelphia（1977）
87) Phillis, J. W.: Veterinary Physiology, Saunders, Philadelphia（1976）
88) Scheunert, A. & Trautmann, A.: Lehrbuch der Veterinär - Physiologie , 7 Auflage, Paul Parey, Berlin（1987）

XIV. 呼吸・体温調節関係

89) 中山昭雄，入来正躬：エネルギー代謝・体温調節の生理学（新生理科学体系 22）　医学書院（1988）
90) 野付　厳，山本輔紀：家畜の管理（家畜の科学 6）　文永堂（1991）
91) Bligh, J., Cloudsley-Thompson, J. L. & Macdonald, A. G.: Environmental Physiology of Animals, Blackwell Scientific, Oxford（1976）
92) Hardy, R. N.: Temperature and Animal Life, Edward Arnold, London（1972）
93) Robertshaw, D.: Environmental Physiology, MTP Intl. Rev. Sci., Butterworth, London（1974）
94) Phillis, J. W.: Veterinary Physiology, Saunders, Philadelphia（1976）

索　引

2, 3-ジホスホグリセリン酸塩　295
3色説　219
ACC　131
ACP　106
ACTH　57
ADH　61
ADH　273
adipoblast　131
adiponectin　130
adrenaline　76
ANP　274
aP2　132
ATGL　131
ATP　85
ATPS　293
AVP　61
beige　129
blood brain barrier　287
brite　129
BTPS　293
B細胞　172
C reactive protein　136
CA　273, 296
calcitonin　66
CEBP　131
CRH　58
CSF　287
DNA結合領域　6
ECG　278
epinephrine　76
epiphysis　62
FAS　131
FFA　107
FSH　58, 245
GABA受容体　2
GFR　268
GH　53, 113
GHRE　4
GHRH　55
GIP　71
GLP-1　71
GLUT　270
GnRH　59, 245
Gタンパク共役型　2
H^+/K^+ATPアーゼ　20

homeorhesis　79
HSL　131
hyperplasty　131
hypertrophy　131
ICSH　58
IGF-I　114
IL-6　135
insulin　69
IP3　3
IVF　261
IVMFC　261
JAK　4
Krebs回路　87
leptin　130, 134
LH　58, 245
LHサージ　249
lipogenesis　136
LPL　132
LTH　59
MCP-1　135
mesenchymal stem cell　131
MSH　60
M細胞　178
NEFA　107
NO　286
noradrenaline　76
norepinephrine　76
oxytocin　61
pancreas　68
parathyroid gland　67
PI3キナーゼ　4
pineal gland　62
PMSG　255
PPARγ2　131
preadipocyte　131
PRL　59
PTH　67
P波　278
QRS群　278
RPF　269
SGLT　270
shc　4
SI単位系　80
SRIF　55
SS　55

STAT　4
STPD　293
T4　64
TCA回路　87
TGB　64
thyroid gland　62
Tm　270
TNF-α　135
TRH　57
TSH　57
T波　279
UCP-1　129
vasopressin　61
VFA　108
α-黒色素胞刺激ホルモン　237
β-エンドルフィン　237

ア

あい気排出　27
亜鉛（Zn）　109
アグーチ関連タンパク質　238
アクチン　121
アシドーシス　300
アシル運搬タンパク質　106
アセチルコリン　2
圧受容器　285
アディポネクチン　130, 135
アデニル酸シクラーゼ　2
アデニル酸シクラーゼ系　2
アデノシン三リン酸　85
アドレナリン　2, 76, 204
アドレナリン作動性　188
アポクリン腺　11
アマクリン細胞　216
アミノ基転移反応　98
アミノ酸　210
アミノ酸定常説　234
アラキドン酸　210
アルカローシス　300
アルギニン・バソプレッシン　61
アルドステロン　16, 274
アンジオテンシンII　273
暗順応　218
アンドロジェン　5, 246
アンモニア　36

索引

イ

イオウ（S）……………………109
イオンチャネル型受容体……………3
イオンチャネル直結型…………2,3
イオン定常説……………………234
異化作用……………………………80
閾値………………………………184
一次リンパ組織…………………175
一回換気量………………………293
一酸化窒素………………………286
胃底…………………………………17
遺伝子導入………………………261
イヌリン…………………………269
イノシトールリン脂質系…………3
胃抑制ペプチド……………………19
陰茎………………………………251
インスリン………… 2, 69, 114, 235
インスリン受容体…………………4
インスリン受容体基質1……………4
インスリン様成長因子-I‥54, 113

ウ

ウロコルチン……………………238
ウロテンシン-I…………………238
運動神経…………………………190
運動野……………………………195

エ

エクリン腺…………………………11
エストラジオール………………247
エストロジェン…5, 115, 243, 246
エストロン………………………247
エネルギー代謝……………………80
エピネフリン………………………76
エリスロポエチン………………274
遠位尿細管………………………267
塩基好性細胞………………………52
遠近調節…………………………216
嚥下…………………………………17
遠心性神経線維…………………190
延髄…………………………190, 191
塩素（Cl）………………………109
エンテロキナーゼ…………………41

オ

横隔膜……………………………292
黄体期……………………………243

黄体形成ホルモン………58, 245
嘔吐…………………………………19
横紋筋……………………………116
オートファジー…………………101
オキシトシン……… 2, 61, 245, 262
オピオイドペプチド……………238
オルニチン回路…………………100
温度受容器………………………304
温度定常説………………………233

カ

介在板……………………………278
外耳………………………………220
咳嗽反射…………………………298
外側野……………………………232
回腸…………………………………39
快適温域…………………………305
外転神経…………………………199
解糖系………………………………86
海馬………………………………206
外部環境…………………………212
外分泌………………………………11
解剖学的死腔……………………293
開放循環…………………………282
外肋間筋…………………………292
カイロミクロン…………………107
白色脂肪組織……………………129
化学感覚…………………………224
化学受容器…………………285, 297
下顎腺………………………………12
化学的シナプス…………………187
化学的調節………………………297
化学レセプター…………………240
蝸牛………………………………222
蝸牛窓……………………………220
拡散………………………………294
核心温度…………………………301
拡張期血圧………………………283
核内受容体…………………………6
角膜………………………………213
角膜反射…………………………215
下垂体………………………………51
下垂体後葉…………………………51
下垂体前葉…………………………51
下垂体門脈系………………………53
カスケード…………………………2
ガス交換…………………………294
ガストリン…………………21, 236

ガストリン放出ペプチド………237
ガスの生成…………………………37
カゼイン…………………………263
滑車神経…………………………199
褐色脂肪組織……………………129
活性型ビタミンD…………………2
活動電位…………………………184
カテコールアミン………………302
カプサイシン受容体………………2
可溶性グアニル酸シクラーゼ……5
カリウム（K）…………………109
顆粒層細胞………………………254
カルシウム（Ca）………………109
カルシトニン…………………2,66
カルニチン………………………251
カルバミノ化合物………………296
カルボキシペプチダーゼ…………41
カロリー……………………………81
感覚………………………………212
感覚器……………………………212
感覚の種類………………………212
環境温……………………………305
眼瞼反射…………………………215
冠状 AMP……………………………2
緩衝系……………………………299
緩衝作用…………………………298
杵状体……………………………214
冠状動脈…………………………288
間接熱量測定法……………………81
汗腺………………………………303
肝臓………………………………241
乾乳………………………………263
間脳…………………………190, 192
顔面神経…………………………199

キ

機械受容器…………………212, 285
気管支……………………………292
気管支 C 線維……………………298
季節繁殖動物……………………244
基礎代謝……………………………82
基底細胞…………………………225
気道………………………………292
稀突起膠細胞……………………181
偽妊娠……………………………244
気嚢………………………………292
機能的合胞体……………………278
機能的残気量……………………293

揮発性脂肪酸……………… 16, 108
輝板…………………………… 213
キモトリプシノーゲン………… 41
キモトリプシン………………… 41
逆伝導………………………… 186
ギャップ結合………………… 278
ギャップジャンクション…… 187
キャパシテーション………… 256
嗅覚…………………………… 224
嗅覚受容体…………………… 226
嗅覚野………………………… 196
嗅細胞………………………… 225
嗅糸球体……………………… 226
吸収…………………………… 44
吸収後状態…………………… 83
嗅上皮………………………… 225
嗅小胞………………………… 225
嗅神経………………………… 199
求心性神経線維……………… 190
嗅腺…………………………… 226
嗅線毛………………………… 225
吸息…………………………… 292
橋……………………………… 190, 192
凝固…………………………… 161
胸髄…………………………… 197
胸膜…………………………… 176
強膜…………………………… 213
錐体外路系…………………… 195
近位尿細管…………………… 267
緊急反応説…………………… 204
筋繊維………………………… 116
筋層間神経叢………………… 19, 40
筋電図………………………… 128

ク

グアニル酸シクラーゼ型……… 5
空腸…………………………… 39
グラーフ細胞………………… 253
クリアランス………………… 269
グリコーゲン………………… 91
グリット……………………… 18
グルカゴン…………………… 2, 71, 236
グルカゴン様ペプチド-1
　………………………… 42, 210, 236
グルコース・アラニン回路…… 96
グルコース感受性ニューロン… 233
グルコース受容ニューロン… 233
グルココルチコイド受容体…… 6

グルタミン酸受容体…………… 3
クレアチニン………………… 269
クレアチンリン酸……………… 85
グレリン……………………… 56, 236
クロム（Cr）………………… 109

ケ

頸髄…………………………… 197
ケイ素（Si）………………… 109
頸動脈小体…………………… 297
頸粘液細胞…………………… 18
血圧…………………………… 283
血液…………………………… 141
血液型………………………… 164
血液脳関門…………………… 239, 287
血管…………………………… 282
月経周期……………………… 244
血漿…………………………… 141, 156
血小板………………………… 141, 155
結腸…………………………… 43
血糖値………………………… 96
血餅…………………………… 141
血流音………………………… 283
血流速度……………………… 284
ケトーシス…………………… 105
ケト原性アミノ酸……………… 99
ケトン体……………………… 104
ケメリン……………………… 135
下臨界温度…………………… 305
原始卵胞……………………… 253
減数分裂……………………… 250
原生動物……………………… 30
顕熱放散……………………… 302

コ

好塩基球……………………… 167
恒温動物……………………… 301
交感神経系…………………… 201
口腔内消化…………………… 10
虹彩…………………………… 213
好酸球………………………… 167
甲状腺………………………… 62
甲状腺刺激ホルモン………… 57
甲状腺ホルモン……………… 2, 64, 302
甲状腺ホルモン受容体………… 5
酵素結合型…………………… 2
好中球………………………… 166
後腸発酵動物………………… 9

交尾排卵動物………………… 244
興奮…………………………… 182
興奮性細胞…………………… 184
興奮性シナプス……………… 187
興奮性シナプス後部電位…… 188
興奮性伝達物質……………… 188
後葉ホルモン………………… 60
抗利尿ホルモン……………… 61
呼吸運動……………………… 292
呼吸器系……………………… 292
呼吸困難……………………… 298
呼吸商………………………… 81
呼吸中枢……………………… 297
呼吸調節中枢………………… 297
国際単位系…………………… 80
鼓室…………………………… 220
呼息…………………………… 292
五炭糖リン酸経路……………… 91
骨髄…………………………… 175
骨伝導………………………… 222
コバルト（Co）……………… 109
鼓膜…………………………… 220
固有心筋……………………… 277
コリン作動性………………… 188
コルチコステロン…………… 208
コルチコトロビン放出ホルモン 58
コレシストキニン…………… 21, 236
コロトコフ音………………… 283
コンプライアンス…………… 293

サ

サーファクタント…………… 294
最外層………………………… 213
細菌…………………………… 30
最高血圧……………………… 283
臍静脈………………………… 289
採食中枢……………………… 232
採食調節……………………… 232
最大代謝量…………………… 306
最大輸送量…………………… 270
最低血圧……………………… 283
臍動脈………………………… 289
サイトカイン………………… 2
催乳性ホルモン……………… 54
細胞内受容体………………… 2
細胞膜受容体………………… 2
サイロキシン………………… 57, 64
サイログロブリン…………… 64

サイロトロビン放出ホルモン…57	シナプス前要素……………186	心音………………………281
雑食動物……………………9	脂肪…………………………46	真菌…………………………33
酸塩基平衡…………………300	脂肪芽細胞…………………131	心筋…………………………118
酸化的脱アミノ反応…………98	脂肪細胞……………………129	神経下垂体……………………51
酸化的リン酸化………………89	脂肪酸………………………103	神経系…………………………1
残気量………………………293	脂肪酸輸送タンパク質……108	腎血漿流量…………………269
酸好性細胞……………………52	脂肪前駆細胞…………129, 131	腎血流量……………………270
三叉神経……………………199	脂肪組織……………………129	心室…………………………277
酸素解離曲線………………295	脂肪定常説…………………233	腎小体………………………267
	視野…………………………220	心臓…………………………277
シ	射精…………………………251	腎臓…………………………267
ジアシルグリセロール………3	集合管………………………267	心臓周期……………………279
視覚…………………………213	収縮…………………………118	伸張受容器…………………285
視覚伝達路…………………219	収縮期血圧…………………283	伸展受容器…………………298
視覚野………………………196	自由神経終末………………304	心電図………………………278
耳下腺…………………………12	十二指腸………………………39	浸透圧受容器………………193
色覚…………………………219	終脳…………………………190	浸透圧利尿…………………274
色素嫌性細胞…………………52	絨毛…………………………289	心拍出量……………………281
色素好性細胞…………………52	ジュール………………………80	新皮質………………………194
糸球体………………………267	主細胞…………………………18	深部感覚……………………212
糸球体胞……………………267	樹状突起……………………180	心房…………………………277
糸球体濾過…………………268	受精…………………………255	心房性ナトリウム利尿ペプチド
糸球体濾過量………………268	受動輸送………………………44	………………………………274
軸索…………………………180	受容器電位…………………218	
軸索輸送……………………181	主要組織適合抗原…………168	**ス**
刺激伝導系…………………277	春機発動期…………………242	膵アミラーゼ…………………42
刺激受容器…………………298	鞘（シュワン）細胞………181	随意筋………………………116
視交叉………………………219	乗駕…………………………242	膵液…………………………40
嗜好性………………………231	消化管……………………8, 239	髄質…………………………72
自己分泌系……………………1	松果腺…………………………62	髄質ホルモン…………………76
視索上核………………………60	松果体………………………208	髄鞘…………………………181
歯式……………………………8	条件反射…………………13, 191	水晶体………………………214
脂質合成……………………136	脂溶性リガンド………………2	錐状体………………………214
脂質分解……………………136	小腸…………………………39	膵臓……………………………68
視床……………………190, 192	常乳…………………………264	錐体路系……………………195
視床下部…190, 192, 205, 232	小脳……………………191, 196	水溶性リガンド………………2
耳小骨………………………220	蒸発…………………………302	スターリングの法則………284
耳小骨伝導…………………222	上皮小体………………………67	ステロイドホルモン…………2
視神経………………………199	上皮小体ホルモン……67, 274	ストレス……………………204
雌性前核……………………256	上臨界温度…………………306	ストレッサー…………205, 206
自然排卵動物………………244	食性……………………………8	
室傍核…………………………60	食道……………………………17	**セ**
シナプス……………………186	初乳…………………………264	精液…………………………251
シナプス可塑性……………190	鋤鼻器………………………228	精細官…………………242, 251
シナプス間隙………………186	自立神経……………………305	精子……………………242, 250
シナプス系……………………1	自律神経系……………190, 200	精子形成……………………242
シナプス後要素……………186	飼料通過速度…………………28	精子細胞……………………250
シナプス小胞………………186	腎盂…………………………275	静止電位……………………182

精子の凍結保存……………261	前葉ホルモン……………52	唾液分泌……………11, 303
静止膜電位………………182	**ソ**	多食………………………232
精娘細胞…………………250	双極誘導法………………279	多精子侵入………………256
生殖腺……………………242	桑実胚……………………257	脱共役タンパク質……90, 129
性成熟……………………242	草食動物……………………9	脱分極……………………184
性腺刺激ホルモン………242	僧帽細胞…………………226	脱落膜……………………257
性腺刺激ホルモン放出ホルモン	層流………………………284	単胃…………………………17
……………59, 242, 245	咀嚼…………………………10	単胃動物……………………9
精巣………………………242	ソマトスタチン……………55	単球………………………168
精巣上体…………………251	**タ**	単極誘導法………………279
精祖細胞…………………250	第一胃……………………23	短鎖脂肪酸…………………16
正中隆起……………………53	第一胃内発酵……………28	炭酸脱水酵素…………273, 296
成長曲線…………………112	第一胃内発酵熱…………302	胆汁…………………………42
成長ホルモン………2, 53, 113	第一極体…………………253	胆汁酸………………………42
成長ホルモン受容体…………4	第一次卵胞………………253	炭水化物の消化……………34
成長ホルモン放出ホルモン	体液………………………140	タンパク質…………………46
………………………55, 236	体温………………………301	タンパク質の消化…………35
正伝導……………………186	体温調節中枢……………304	単離ストレス……………207
精母細胞…………………250	体外受精…………………261	**チ**
性ホルモン…………………2	対向流交換………………272	チアノーゼ………………298
生理学的死腔……………293	対向流増幅………………272	知覚………………………212
セカンドメッセンジャー……2	対向流熱交換……………303	知覚神経…………………190
脊髄………………………197	第三胃……………………23	膣スメア…………………243
脊髄神経…………………200	胎児………………………257	窒息………………………298
セクレチン……………42, 236	胎仔ヘモグロビン………289	窒素平衡…………………100
舌咽神経…………………199	代謝回転速度………………98	緻密斑……………………273
絶縁伝導…………………185	代謝型受容体……………3, 4	着床………………………257
舌下神経…………………199	代謝体重……………………83	着床遅延…………………258
舌下腺………………………12	代謝率………………………80	中耳………………………220
赤血球………………141, 145	代償作用…………………300	中枢………………………191
節後線維…………………201	体性感覚野………………195	中枢神経系………………190
摂餌…………………………10	体性神経…………………305	中脳…………………190, 192
節前線維…………………201	体性神経系……………190, 201	中胚葉系幹細胞…………131
セルトリ細胞……………247	大腸…………………………43	中膜………………………213
セルトリ細胞…………247, 251	大動脈小体………………297	中葉ホルモン………………59
セレン（Se）……………109	第二胃……………………23	腸液…………………………40
セロトニン受容体…………2	第二胃溝反射……………27	聴覚………………………220
前胃発酵動物………………9	第二極体…………………254	聴覚野……………………196
腺下垂体……………………51	第二次卵胞………………253	長期増強…………………190
全か無かの法則…………184	大脳基底核………………191	長期抑制…………………190
仙髄………………………197	大脳皮質……………190, 194	頂点代謝量………………306
浅速呼吸…………………303	胎盤…………………257, 258	跳躍伝導…………………185
先体………………………252	胎膜………………………258	直接熱量測定法……………81
先体反応…………………256	第四胃……………………23	直腸…………………………43
前庭窓……………………220	対流………………………302	直腸温……………………301
蠕動……………………17, 18	唾液腺………………………11	チロシンキナーゼ共役型……4
全肺気量…………………293		チロシンキナーゼ内蔵型受容体・4
腺房…………………………11		

テ

低 Ca 血漿 … 68
低酸素症 … 298
テストステロン … 247
鉄（Fe） … 109
電解質コルチコイド … 73
電解質コルチコイド受容体 … 5
電気緊張性伝播 … 185
電気的シナプス … 187
電子伝達系 … 89
転写促進領域 … 6
転写促進領域-1 … 6
伝導 … 182
伝導心筋線維 … 277
伝熱 … 302

ト

糖 … 45
銅（Cu） … 109
同化作用 … 80
動眼神経 … 199
糖原性アミノ酸 … 100
瞳孔 … 213
瞳孔反射 … 216
糖質コルチコイド … 23, 74, 205
糖質コルチコイド受容体 … 5
動静脈吻合 … 303
糖新生 … 94
糖定常説 … 232
糖尿 … 96
糖の閾値 … 96
洞房結節 … 277
動脈管 … 290
透明帯 … 252
等容性弛緩 … 281
等容性収縮 … 279
特殊心筋 … 277
ドナンの膜平衡 … 183
トリアシルグリセロール … 102
トリカルボン酸回路 … 87
トリグリセリド … 102
トリプシノーゲン … 41
トリプシン … 41
トリヨードサイロニン … 57, 64
トロンビン … 161

ナ

内耳 … 220
内耳神経 … 199, 223
内蔵神経 … 19
内部環境 … 212
内部環境の恒常性 … 204
内分泌 … 50
内分泌系 … 1
内分泌腺 … 50
内分泌調節 … 193
内肋間筋 … 292
ナチュラルキラー細胞 … 175
ナトリウム（Na） … 109

ニ

肉食動物 … 9
肉用鶏 … 207
ニコチン性アセチルコリン受容体 … 2
二重支配 … 203
二次リンパ組織 … 175
乳酸回路 … 94
乳脂肪 … 264
乳腺 … 262
乳腺上皮細胞 … 262
乳腺の退行 … 266
乳腺胞 … 262
乳タンパク質 … 264
乳糖 … 264
乳熱 … 68
乳量 … 263
ニューロペプチドY … 238
尿 … 267
尿細管 … 267
尿細管糸球体フィードバック … 269
尿石 … 276
尿素 … 100
尿素回路 … 100
尿道括約筋 … 275
尿膜 … 258
尿膜水 … 258
妊娠 … 256
妊馬血清性性腺刺激ホルモン … 255

ヌ

ヌクレオシド … 101

ネ

熱産生 … 301
熱産生・保持中枢 … 193, 305
熱生産量 … 81
熱増加 … 83
熱的中性圏 … 305
熱伝導率 … 302
熱放散 … 302
ネフロン … 267
ネフロンループ … 267
粘膜下神経叢 … 40
粘膜固有層 … 178
粘膜免疫系 … 177
粘膜ワクチン … 179

ノ

脳下垂体 … 205
脳幹 … 191
脳脊髄液 … 287
脳定位法 … 232
能動輸送 … 44
脳波 … 196
脳由来神経養因子 … 206
ノルアドレナリン … 76
ノルエピネフリン … 76

ハ

肺 … 292
胚 … 256
パイエル板 … 177
肺活量 … 293
排泄 … 11
排尿 … 275
排尿筋 … 275
排尿反射 … 275
胚盤胞 … 248, 257
肺胞 … 292
肺胞気 … 294
肺迷走神経反射 … 298
排卵 … 242
バゾプレッシン … 273
発汗 … 303
白血球 … 141, 153, 166
発情 … 242
発情期 … 243
発情周期 … 242
パラアミノ馬尿酸 … 270

索引

パラソルモン……………………67
半規管……………………221
パンクレアチックポリペプチド
　……………………………238
半月弁……………………277
反射……………………191, 198
反射弓……………………191
反射中枢…………………191
反芻………………………26
半透膜……………………183

ヒ

非エステル型脂肪酸………106
皮質………………………72
皮質ホルモン……………72
ヒス束……………………277
微生物との共生…………28
脾臓………………………176
肥大化……………………131
ビタミン…………………47
ビタミンD受容体………5
ビタミンの合成…………37
非特異的な生理反応……205
泌乳………………………265
非ふるえ産熱……………301
皮膚感覚…………………212
表面活性物質……………294
表面張力…………………293
ピロリ菌…………………209

フ

フィックの原理…………281
フィブリノーゲン………161
フィブリン………………161
ふるえ産熱………………301
フェロモン………………227
フェロモン受容体………228
複胃………………………17
複胃動物…………………9
副交感神経系……………201
副甲状腺ホルモン………2
副腎………………………72
副神経……………………199
副腎髄質…………………204
副腎皮質…………………205
副腎皮質刺激ホルモン
　…………………22, 57, 237, 205
副腎皮質刺激ホルモン放出因子ホ
ルモン……………………237
副腎皮質刺激ホルモン放出ホルモ
ン…………………………205
腹内側核…………………232
浮腫………………………291
不随意筋…………………116
物理レセプター…………240
ブライト脂肪細胞………129
ラプラスの法則…………294
振子運動…………………40
ふるえ……………………193
プルキンエ線維…………277
プルオピオメラノコルチン……237
プロジェスチン…………246
プロジェステロン………5, 247
プロスタグランジン……274
フロセミド………………275
プロトロンビン…………161
プロラクチン……………59, 245
分圧………………………294
分節運動…………………40
分泌………………………11
分泌神経…………………190
分娩………………………260
分娩間隔…………………244
噴門腺……………………18
噴門部……………………17

ヘ

平滑筋……………………117
平衡感覚…………………224
平衡砂……………………221
平衡電位…………………183
閉鎖循環…………………282
ベージュ脂肪細胞………129
ペースメーカー…………278
β酸化……………………103
ヘーリング・ブロイエル反射…298
壁細胞……………………18
ヘキソースモノリン酸側路……91
ペプシノーゲン…………18, 19
ペプシン…………………19
ペプチドYY……………238
ペプチドホルモン………235
ヘモグロビン……………147, 295
ペルオキシソーム増殖剤受容体…5
ベル・マジャンデイの法則……198
変䦰作用…………………285
辺縁系……………………194
変温動物…………………301
変時差用…………………285
ヘンダーソン-ハッセルバルヒの
　式………………………299
変伝導作用………………285
ペントースリン酸回路…91
変力作用…………………285
ヘンレ係蹄………………267

ホ

傍胸骨筋…………………292
膀胱………………………275
傍糸球体細胞……………273
房室結節…………………277
房室束……………………277
房室弁……………………277
放射………………………302
放熱中枢…………………192, 305
傍分泌系…………………1
ボア効果…………………295
ボーマン嚢………………267
ホールデン効果…………296
ホスファチジルイノシトール-4,
　5-ビスリン酸…………3
ホスホリラーゼ…………2
補体………………………159
歩調取り電位……………277
ホメオスタシス…………204
ホメオレーシス…………78
ホルモン感受性リパーゼ…2
ホロクリン腺……………11
ボンベシン………………237

マ

膜結合型…………………5
マグネシウム（Mg）……109
マクロファージ…………168
末梢………………………239
末梢血管抵抗……………283
末梢神経系………………190, 199
マンガン（Mn）…………109
満腹中枢…………………232

ミ

ミエリン鞘………………181
ミオシン…………………120
味覚………………………229, 230

味覚受容器……………229	毛様体……………213	卵子形成……………252
味覚受容体……………230	網様体……………192	卵子細胞……………254
味覚野……………196	モリブデン（Mo）………109	卵娘細胞……………253
味孔……………229	**ユ**	卵祖細胞……………252
味細胞……………229		卵胞期……………243
水……………44, 47, 108	有機物質……………48	卵胞刺激ホルモン……58, 245
水利尿……………274	有効腎血漿流量……270	卵母細胞……………252
ミネラル……………109	有髄繊維……………181	卵用鶏……………207
脈圧……………283	雄性前核……………256	**リ**
脈絡膜……………213	有毛細胞……………222	
味蕾……………229	幽門腺……………18	リガンド結合領域………7
ム	幽門部……………17	立毛……………304
	遊離脂肪酸……………107	利尿剤……………275
無機物質……………44, 48, 109	輸出細動脈……………267	リパーゼ……………42
無条件反射……………13, 191	輸送……………44	隆起部……………51
無食症……………232	輸入細動脈……………267	リン（P）……………109
無髄繊維……………181	ユビキチン・プロテアソーム系	臨界温度……………306
メ	………………101	リン酸化定常説………234
	ヨ	リンパ……………290
明暗順応……………218		リンパ節……………177, 291
鳴器……………292	羊水……………258	**ル**
明順応……………218	腰髄……………197	
迷走神経……………19, 199	ヨウ素（I）……………109	涙腺……………215
メサンギウム細胞………269	羊膜……………258	ルーメンアシドーシス………300
メタボリックボディサイズ……83	抑制性シナプス……………187	**レ**
メラトニン……………208	抑制性シナプス後部電位……189	
メラニン細胞刺激ホルモン……60	抑制性伝達物質……………189	レシピエント細胞…………262
メラノコルチン受容体-4……237	ヨドプシン……………218	レチノイド受容体……………5
免疫……………209	予備吸気量……………293	レニン……………273
免疫グロブリン………158, 174	予備呼気量……………293	レプチン……………114, 130, 134
免疫系……………1	**ラ**	レム睡眠……………197
モ		連合野……………196
	ライディヒ細胞……………247	レンニン……………20
毛細血管……………282	ラセン器……………222	**ロ**
盲腸……………43	ラトケ嚢……………51	
盲斑……………214	卵円孔……………290	ロドプシン……………217
網膜……………214	ランゲルハンス島……………68	
網膜電図……………219	卵子……………252	

| 新編 家畜生理学 | © 加藤和夫　2015 |

2015年4月10日	第1版第1刷発行
2019年6月25日(訂正)	第1版第2刷発行
2021年2月25日	第1版第3刷発行

著作代表者　加藤和雄

発　行　者　及川雅司

発　行　所　株式会社 養賢堂　〒113-0033
東京都文京区本郷5丁目30番15号
電話 03-3814-0911／FAX 03-3812-2615
https://www.yokendo.com/

印刷・製本：株式会社 真興社　　用紙：竹尾
本文：淡クリームキンマリ 70 kg
表紙：タント 180 kg

PRINTED IN JAPAN　　　　ISBN 978-4-8425-0535-0　C3061

JCOPY ＜出版者著作権管理機構 委託出版物＞
本書の無断複製は著作権法上での例外を除き禁じられています。複製される場合は、そのつど事前に、出版者著作権管理機構の許諾を得てください。
（電話 03-5244-5088、FAX 03-5244-5089／e-mail: info@jcopy.or.jp）